U0920017

话说中国海洋
HUASHUOZHONGGUOHAIYANG
军事系列
张召忠 主编

百年航母 上

张召忠 著

廣東省出版集團
广东经济出版社

图书在版编目（CIP）数据

百年航母．上册／张召忠著．—广州：广东经济出版社，2012.12（2020.2重印）
（话说中国海洋军事系列丛书）
ISBN 978-7-5454-0853-9

Ⅰ．①百…　Ⅱ．①张…　Ⅲ．①航空母舰—发展史—世界　Ⅳ．①E925.671

中国版本图书馆CIP数据核字（2011）第131744号

百年航母（上册）
BAINIAN HANGMU（SHANGCE）
张召忠　著

出版发行	广东经济出版社（广州市环市东路水荫路11号11－12楼）
经销	全国新华书店
印刷	佛山市迎高彩印有限公司（佛山市顺德区陈村镇广隆工业区兴业七路9号）
开本	730毫米×1020毫米　1/16
印张	14.5　2插页
字数	230千字
版次	2012年1月第1版
印次	2020年2月第6次
书号	ISBN 978-7-5454-0853-9
定价	66.00元（上、下册）

广东经济出版社网址：http://www.gebook.com 微博：http://e.weibo.com/gebook
图书营销中心地址：广州市环市东路水荫路11号11楼
电话：（020）87393830 邮政编码：510075
如发现印装质量问题，影响阅读，请与承印厂联系调换。
广东经济出版社常年法律顾问：胡志海律师

《话说中国海洋》丛书编委会

封金章（上海海洋大学副校长）
陈　勇（大连海洋大学副校长）
何建国（中山大学海洋学院院长）
金庆焕（广州海洋地质调查局高级工程师、中国工程院院士）
李　杰（海军军事学术研究所研究员）
沈文周（国家海洋局海洋战略研究所研究员）
黄伟宗（中山大学中文系教授）
司徒尚纪（中山大学地理科学与规划学院教授）
向晓梅（广东省社会科学院产业研究所所长、研究员）
庄国土（厦门大学南洋学院院长、教授）
李金明（厦门大学南洋学院教授）
柳和勇（浙江海洋学院海洋文化研究所所长、教授）
齐雨藻（暨南大学水生物研究所所长、教授）
黄小平（中国科学院南海海洋研究所研究员）
陈清潮（中国科学院南海海洋研究所研究员）
何起祥（国土部青岛海洋地质研究所原所长）
莫　杰（国土部青岛海洋地质研究所研究员）
秦　颖（南方出版传媒股份有限公司出版部总监）
姚丹林（广东经济出版社社长）

总序

Zong Xu

林　雄

自古以来，华夏文明的辞典中，就不乏“海国”一词。华夏民族，并不从一开始就是闭关锁国的，而是有着大海一般宽阔的胸怀。正是大海，一直激发着我们这个有着五千年历史的文明古国的想象力和创造力。一部中国海洋文化的历史是波澜壮阔的历史，让后人壮怀激烈，意气风发。

金轮乍涌三更日，宝气遥腾百粤山。

影聚帆樯通累译，祥开海国放欢颜。

古人寥寥几行诗，便把广东遍被海洋文明之华泽，充分地展现了出来。两千多年的海上丝绸之路，就是从广东起锚，不仅令广东无负“天之南库”之盛名，更留下千古传诵的“合浦珠还”等众多的神话传说。而指南针的发明，造船业的兴盛，尤其是航海牵星术，更令中国之为海国，赢得了全世界的声望。唐代广州的“通海夷道”、南汉的“笼海得法”、宋代的市舶司制度，充分显示了我们作为海洋大国的强势地位。明代郑和七下西洋，更创造了古代对外贸易、和平外交的出色典范。尽管自元代开始，有了禁海的反复，但明清“十三行”，在推动开海贸易上功不可没，并带来了大航海时代先进的人文与科学思潮，也为中国近代革命作出长期的铺垫，成为两千多年海上丝绸之路上的华彩乐段。新中国的广交会，可以说是“十三行”的延续，为打破列强的海上封锁，更为今日走向全面的对外开放，功高至伟。改革开放之初，以粤商为主体的国际华商，成为中国来自海外投资最早的，也是最大的份额。这也证实了中国民主革命的先驱孙中山先生所说的，国力强弱在海不在陆。海权优胜，则国力优胜。他的海洋实力计划，更在《建国方略》中一一加以了阐述。进入21世纪，中国制定了《全国海洋经济发展规划纲要》，提出了要把我国建设成为海洋强国的宏伟目标。海洋强则国家强，海业兴则民族兴。曾经有着辉煌的海洋文明的中国历史和现实充分印证了这一点。

正是在这个意义上，国家的强盛，历史之进步，无不与海洋相关。今日改革开放之所以取得如此巨大的成功，包含了当日海洋文化传统得以发扬光大的成果。在经济腾飞的今天，文化在综合竞争力中的地位已日益突出。而作为华夏文化的重要组成部分之一 —— 海洋文化，更早早显示出其强劲的势头。当我们致力于提高文化的创新力、辐射力、影响力与形象力之际，更应当从海洋文化中吸取取之不竭、用之不尽的活力源泉。

为此，我们出版《话说中国海洋》丛书，给海洋文化建设添加一汪活水，为推动广东乃至全国的海洋经济建设，使我国在更高层次、更宽领域参与国际合作与竞争，发挥一份力量。丛书亦可进一步增强国民的海洋意识，让国民认识海洋，了解海洋，普及海洋知识，激发开发海洋、维护海权的热情。这在当前，是一件很有现实意义的事情。

历经千年不息的海上丝路，来往的何止是数不胜数的宝舶，奔腾而来的更是始终推动世界文明进步的海洋文化。灿烂的东方海洋文化走到今天，当有更辉煌的乐章，从展开部推向高潮部，愈加丰富多彩，愈加激动人心。《话说中国海洋》丛书的出版，当为这一高潮部增色，令高亢、激越的乐曲久久回荡在无边的大海之上，永不止歇！

是为序。

（作者系中共广东省委常委、宣传部部长）

绪言

XuYan

1985年，广东省中山市拆船公司从澳大利亚购买了一艘2万吨级的墨尔本号航空母舰。消息传到北京后，我满怀激动的心情前往中山市。当汽车行驶到距离航母还有十几公里的时候，她那雄伟壮观的身影就呈现在我们面前。我迫不及待地登上航母，可惜，雷达、通信、导航、武器等几乎所有关键设备都已被拆除，全舰没有动力，舱内漆黑一片。我们拿着手电筒，冒着酷暑高温，在那艘破旧的航空母舰上里里外外折腾了快一个月。那一年我33岁，虽已是而立之年，但踌躇满志，仍然是做梦的年龄。尽管当时我国海军装备还比较落后，最大的驱逐舰才3000多吨，受军费限制，海军一年连一艘中型舰艇都买不起，但我坚信，中国一定能够建立强大的海军，中国海军一定能够建造自己的航空母舰，而责任也必将落到我们这一代青年军官身上！从那时起，我用了十几年的时间研究航空母舰，对航空母舰的发展历程、技术特点、作战运用及发展前景有了深入的了解，许多成果获得国家级和军队级科技进步奖。

1994年和1996年，我作为中国人民解放军的代表，前往瑞士日内瓦和意大利参加国际海战法专家会议，从那时起我用了5年的时间研究国际法、海洋法和海战法。随着对国际法规的学习和研究，我了解到美国在没有确切证据的情况下，对一个主权国家进行指控和威胁，对一艘悬挂着中国国旗、隶属于中国政府并在公海正常航行的远洋船舶进行海上封锁、拦截、临检是严重违反国际法准则的。那时，我想起了毛主席的伟大教导："为了反对帝国主义的侵略，必须建立强大的海军！"

2008年下半年，我到南海舰队参观见学，这是我离开海军到国防大学工作之后第一次登上最先进的潜艇和导弹驱逐舰、两栖运输舰。在此之前，我曾以中国军队联络员的身份多次登上来访的外国军舰，相比外国军舰而言，中国的军舰与美国、俄罗斯、英国、法国、印度的军舰相比，也有不少值得称道的地方。20多年前我的航母梦至今没有实现，但是我相信在我有生之年这个梦想一定会实现！20多年前我国海军每年只能订购一两艘中小型舰艇的历史永远成了过去，今天的人民海军舰艇吨位不断增大，武器装备日新月异，我们最新型的战舰乘风破浪，出马六甲海峡、进阿曼湾，再次驶入十几年前银河号受辱的那片海域为中国船舶进行远洋护航。今日公海大洋之上，美国舰队、法国舰队、俄罗斯舰队不断地向中国远洋护航编队致敬。作为一个老海军，我经历了近40年的风风雨雨，深知外交是以实力为后盾的，没有一支强大的军队，就没有一个强大的国家！

中华人民共和国正在从大国走向强国。

2011年9月

VFA-15 E

目录
CONTENTS

上册

第一篇 航空母舰面面观 /1

4 第一章 分门别类谈航母

航空母舰的分类 /4

重型航空母舰 /5

中型航空母舰 /12

轻型航空母舰 /17

23 第二章 航空母舰的历史沿革

航空母舰雏形问世 /23

大舰巨炮与航空母舰 /25

要原子弹不要航空母舰 /27

“二战”后航母大量被淘汰 /29

航空母舰的认识误区 /30

军事革命为航母注入活力 /39

54 第三章 航母舰载机的前世今生

陆基飞机上舰 /54

喷气式飞机上舰 /56

飞行甲板的演变 /59

舰载机弹射起飞 /61

舰载机阻拦着舰 /67

舰载机垂直起降 /70

目录 CONTENTS

A-12复仇者之死 /74

舰载机优化组合 /78

81 第四章 航空母舰是怎样打造出来的

发展航母的战略权衡 /82

武器装备发展战略 /85

武器装备型号论证 /89

武器装备可行性研究 /92

航空母舰的综合集成 /94

98 第五章 航空母舰的战场环境

海战样式的历史变迁 /99

海战场向多维空间拓展 /99

海上攻击向精确化发展 /101

海上非军事行动日渐多元 /104

冷战结束后的战略转型 /105

精确制导武器与精确作战 /109

空袭与反空袭中的兵力对抗 /112

115 第六章 航母战斗群的兵力构成

航母战斗群的作战编成 /116

航母战斗群的火力配系 /120

航母战斗群的攻防配置 /122

航母战斗群的联合作战 /124

128 第七章 航空母舰的作战运用

航空母舰决战大西洋 /129

航空母舰决战太平洋 /130

航空母舰海上大对决 /131
哪里有航母，哪里就有战争 /134
低强度冲突的高技术特征 /136
独立号航母勇闯波斯湾 /138
航空母舰海上封锁与临检 /140
航空母舰慑止海上危机 /141
一体化联合作战初露端倪 /142
海上联合打击力量的编成 /145
联合打击力量部署的特点 /147
航母战斗群对地攻击作战 /149

第二篇 海洋强国的航母路 /151

154 第八章 美国：航空母舰是主宰海洋的利器
航母发展的序曲 /155
条约型航空母舰 /156
战争加速了航母的发展 /159
“二战”中的航母遗产 /161
航母进入巨无霸时代 /163
航母进入核动力时代 /166
超级航母成为海上霸主 /168
航空母舰进入转型期 /171
未来航母什么样儿 /174
信息化航空母舰呼之欲出 /178

187 第九章 英国：盛也航母，衰也航母
“地理大发现”，英国走向远洋 /187

科技创新是英国崛起的原动力　/189
工业革命是英国崛起的发动机　/190
航母探索英国走在最前列　/192
航母发展英国一马当先　/194
航母建造英国到达巅峰　/197
国力衰落航母式微　/202
买得起马未必配得起鞍　/204

下册

目录 CONTENTS

216 第十章　日本：航母发展从巅峰摔落谷底
首艘航空母舰　/216
改造航空母舰　/217
轻型航空母舰　/219
正规航空母舰　/220
改装航空母舰　/222
日向号航母悄然服役　/226
明修栈道，暗度陈仓　/229
从“八八舰队”到“八十八舰队”　/232
日向号仅仅是个探路者　/234

236 第十一章　俄罗斯：梦断航母，梦圆航母
航母发展，美梦难圆　/237
从近海防御走向远洋进攻　/238
第一代航母举步维艰　/240
第二代航母非驴非马　/242

第三代航母命运多舛　/245
第四代航母胎死腹中　/247
从远洋进攻退缩为近海防御　/249
俄罗斯舰队闯进美国后院　/250
俄罗斯航母挺进地中海　/254
美国大造舆论，航母没有用　/258
美国好言相劝，大航母不如小航母　/262
我的航母我做主，可惜走向灭亡　/264
俄罗斯又要造航母，美国偷着乐　/267
航母发展的冷思考　/268

272 第十二章　印度：风雨坎坷航母路
印度崛起的奥秘　/273
购买英国航母　/275
俄罗斯赠送航母　/278
自行建造航母　/283
游走在梦想与现实之间　/285
忍饥挨饿造航母　/288

第三篇　大国崛起话航母　/289

292 第十三章　中国崛起的根基在海洋
海洋强国在东方崛起　/293
东方龙变成了一条虫　/295
巨龙出海，短暂的辉煌　/296
大国崛起靠海洋　/298
海上称霸靠海权　/300

304 第十四章　中国人的航母梦
中华民国的航母梦　/305
航母与中国擦肩而过　/307
修建水泥航母　/309
购买废旧航母　/310

313 第十五章　发展航母有哪些制约条件
航空母舰的制约条件　/314
航空母舰的发展途径　/320
航空母舰的关键技术　/322

328 第十六章　大国崛起话航母
日本轻型航空母舰悄然服役　/328
航母是强国的身份证　/337
世界大国为什么争相发展航母　/342
要用平常心看航母发展　/357
寻找航空母舰的软肋　/361
英国航母发展进入裸奔时代　/387
日本正在打造四个航母战斗群　/402

ONE

第一篇

航空母舰面面观

航空母舰是一个大家族，有很多不同的类别和型号。航空母舰经历了近百年的发展，一路走来有很多辉煌与坎坷。航空母舰是一个浮动的海上飞机场，它的作战武器是舰载机，它的安全防卫由护航舰艇来完成。

科学技术的发展引发了武器装备的革命，新型武器装备在战场上的使用，又促使作战样式、编制体制和军事战略发生了天翻地覆的变化。

20世纪初期，海上战场发生的一个最大变化，就是从单一平面的战场，变成了水面、水下和空中并存的三维战场。空中战场的出现完全是由于航母和舰载机的作战运用，而水下战场的出现，则归功于潜艇的使用。

20世纪中期以后，海上战场进一步复杂化和多元化。卫星等航天器的出现，使航天战场成为可能。天眼在上，海军的作战力量时刻都难逃外层空间装备的侦察和监视。计算机、雷达、电子战等信息装备的出现，使海上战场迅速变为一个电磁战场，在这种复杂的电磁环境中，海军作战面临前所未有的困惑。

19世纪是战列舰和巡洋舰的时代，巨大的作战平台、厚重的舰艇装甲与远程舰炮的结合，使海上堡垒式机动作战成为可能，这种“大舰巨炮”无坚不摧，沿海国家闻风丧胆，不战而溃。

20世纪航空母舰出现以后，其作战平台比战列舰和巡洋舰大出好几

倍，攻击武器使用了舰载机，轻而易举就能够对数百公里、上千公里以外的目标发动袭击，而自己却远远地躲在敌人的火力圈之外，对方是危险的，而自己是安全的。世界上还从来没有像航空母舰这样的一种装备，能够把进攻与防御如此紧密地融合在一起，成为海空一体、纵深攻防的海上利器。

“大舰巨炮”与“海上制空”比较起来相形见绌，几十公里射程的舰炮和战列舰、巡洋舰这样的装甲战舰很快就退出历史舞台，航母战斗群成为20世纪海上的霸主，成为20世纪海战的主宰。两军交战，拥有航母的一方总是获胜，而没有航母的一方却总是任人宰割。航母成为胜者的王牌，败者的克星！胜者希望拥有更多、更为先进的航母，败者则希望通过航母来获得心理安慰，建立海上霸权，维护国家尊严。

太平洋战争是前无古人、后无来者的一次航母大对决，从此以后再也没有过航母大决战。21世纪初，很多国家发展了很多航母，但这些航母的发展都是各人自扫门前雪，多数用来壮胆或者看家护院，绝对不会出现与美国航母战斗群分庭抗礼、公海对决的场面。谁都明白，那是鸡蛋碰石头，自取灭亡的小把戏。当然，航母并不是不可战胜的，但反航母作战的兵器不再是航母，或许导弹、飞机、潜艇会更有用武之地。

第一章　分门别类谈航母

物以类聚，人以群分，分类是阐述任何重大问题的前提。

我们经常说，中国周边的印度、日本、韩国、泰国都有航空母舰，中国也应该建造自己的航空母舰。

是的，道理的确如此。但是，这些国家拥有的航空母舰是什么类型？与英国、法国、美国相比，他们的航空母舰有哪些不同？不同类型的航空母舰分别都能担负怎样的作战任务？

关注航空母舰，让我们从航空母舰的分类谈起。

航空母舰的分类

航空母舰简称“航母”，中文“航空母舰”一词来自日文汉字。航空母舰是一种以舰载机为主要作战武器的大型水面战斗舰艇，以航母为核心组成的作战编队简称“航母战斗群”。航空母舰的内涵和外延很大，不管是1万吨还是10万吨，人们习惯上笼统地称之为“航空母舰”。因此，有必要对其基本概念进行确定。

第二次世界大战以前，人们习惯于按照航母担负的任务来分类，当时主要有攻击型航空母舰、护航航空母舰、反潜航空母舰、多用途航空母舰和通用型航空母舰等。战后以来，由于舰载机、动力和造舰技术的革命，航空母舰的概念发生了重大变化，致使航母的分类和名称产生了混乱。航空母舰按其舰载机性能又分为固定翼飞机航空母舰和直升机航空母舰，前者可以搭乘和起降包括传统起降方式的固定翼飞机和直升机在内的各种飞机，而后者则只能起降直升机或者可以垂直起降的固定翼飞机。如果按照动力形式则可分为核动力航母和常规动力航母；要是按照吨位大小来分，又可称为超级航母、大型航母、中型航母和小型航母。信息化战争强调综合集成，单一用途和功能的分类方式不再适合，应按航母吨位、用途、载机和任务混合分类，现役航母可以此划分为重型、中型和轻型三大类。

重型航母是指满载排水量6万吨～10万吨，可携载60～100架重20吨～30吨、作战半径800～1000公里常规起降飞机的航母，它能够全球部署，可执行预警、侦察、防空、反舰、反潜、电子战和对地攻击等多种任务。中型航母是指满载排水量3万吨～5万吨，可携载30～50架重10吨～20吨、作战半径400～600公里常规起降飞机或垂直/短距起降飞机和直升机的航母，它能够在中远海域部署，可执行舰队预警、防空、反舰、反潜和对地攻击任务。轻型航母是指满载排水量3万吨以下的航母，通常部署在近海或中远海域，可执行反潜、反舰等作战任务。

此外，美国、日本、韩国、法国等海军还有一种外观类似航母的舰船，称作“两栖攻击舰”或“两栖输送舰”，这种舰艇满载排水量为2万吨～4万吨，载机数量多达30～40架，也能携载和起降军用直升机或垂直/短距起降飞机。

重型航空母舰

美国始终是世界上重型航母数量最多的国家。“二战”期间，美国在短短的两三年时间里，就建造了数十艘攻击型航母并改装了100多艘护航航母。“二战”结束后，美国航母数量逐渐减少，从20世纪60年代的50多艘，减少到七八十年代的十几二十艘。冷战结束之后，美国又开始裁减，短短几年工夫，美国海军的中途岛号、珊瑚海号、萨拉托加号、肯尼迪号等常规动力航母接连退役或转入预备役。2009年5月12日，小鹰号常规动力航母退役封存。目前，美国海军有11艘航母在役，其中尼米兹级10艘、企业号1艘。到2012年，企业号航母将退出现役，届时10艘现役航母将全部为尼米兹级航母。2015年，新一代福特级航母首舰开始服役，尼米兹级航母将随着福特级航母的不断服役有计划地逐渐退役，预计美国航母现役数量不会突破10艘。除美国外，只有俄罗斯海军拥有1艘重型航母库兹涅佐夫号。

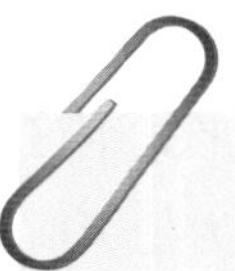

链接　杜鲁门号航母服役

当21世纪的钟声即将敲响之时，在21响礼炮声中，美国杜鲁门号核动力超级航空母舰于1998年7月25日正式服役，克林顿总统亲自主持了入役庆典，上万人聚会海军军港一睹这艘世界上最大军舰的风采。

十年磨一剑，总统亲临主持庆典

1998年7月25日上午9时许，美国海军诺福克海军基地12号军港码头彩旗招展，杜鲁门号航空母舰紧靠码头停泊，全舰挂满旗，CVN-75巨大的舷号下悬挂着一面奇大无比的美国国旗，星条旗下便是万人瞩目的主席台，盛大的航母服役典礼就在这里举行。

早在一周前就接到《致杜鲁门号舰员家属一封公开信》的来自全国各地的舰员家属、亲属和朋友们，先购买了入场券（成人5美元，儿童3美元），然后领取了大会组委会发给每人的一份丰盛可口的午餐，便兴致勃勃地找到自己的预订座位，遥望着那艘自己亲人正在工作的巨大的航空母舰。杜鲁门号航母的

杜鲁门号航母

承建人员、海军各部门的官员、国防部等政府部门要员共1万多人参加了庆典。拥有大量军事迷和普通电视观众，知名度较高的美国“发现”频道的摄制组一大早就来到现场，寻找最佳拍摄角度并展开现场采访和实拍。曾获得艾美纪录片大奖的制片人和著名导演一起，从1997年10月就开始追踪拍摄，他们决定拍摄一部杜鲁门号航空母舰的专题纪录片，让观众在荧屏和银幕上一睹航空母舰建造、施工、试航、训练和生活等方面的神秘风采。

上午11时，典礼正式开始，海军仪仗队鸣21响礼炮。国防部长科恩，海军部长多尔顿，海军作战部长约翰逊上将等贵宾出席并先后致辞。上午11时40分，克林顿总统讲话。这是继1975年前总统福特在同一军港主持尼米兹号航空母舰服役仪式之后，由美国总统亲自主持的又一次大型军舰入役庆典。

杜鲁门号航空母舰先后历经10年才正式服役，真可谓“十年磨一剑”。早在1988年6月30日就批准了杜鲁门号航空母舰的建造合同，1993年11月29日开始铺设龙骨，1996年9月7日举行宗教仪式和洗礼，1996年9月13日下水，1998年5月31日高速巡航试验，1998年6月11日建造厂商试航，1998年6月22~24日海军组织接收试航，1998年6月30日交付使用，1998年7月25日正式交付海军大西洋舰队服役。

航母服役是舰艇正式加入海军战斗序列的重要标志，但并不是说海军人员从这一天才开始上舰和操舰，也并不是说军舰一服役就能够开赴海洋去作战和形成战斗力。在军舰的整个建造期间，海军海上系统司令部都派遣专门的监造人员去现场监督和验收。1996年5月，即在军舰服役前2年多就提前任命了舰长、副舰长和舰上各主要部门长，主要舰员和关键战位的人员就开始就位，他们的主要任务是提前上舰熟悉情况，开展军事技术训练，与造船厂一起组织试航，对舰上设备、设施和系统等提出意见，以便在服役前进行改进和调试。1998年6月8~11日和23~24日进行了两次最后试航，造船厂工程技术人员、舰艇监造人员、海军海上系统司令部以及舰员参加了试航，对动力、航速、适航性等指标进行了测试，并从即将配属该舰的VF-101飞行联队临时调用一架F-14战斗机对舰上起降设备进行了测试。

舰艇服役之后，距离形成战斗力还有较长时间，要做的工作主要有三类：一是舰载机起降训练。航空母舰服役只能证明舰艇本身具备了服役条件，但搭乘航母的舰载机联队还没有配备，飞行联队上舰后还要在海军航空试验中心的协同下对飞机起降设备进行检验，先挑选优秀飞行员进行起降试验，然后再逐步开展全面训练。二是护航编队合同训练。杜鲁门号航母配备4～6艘护航舰艇，包括巡洋舰、驱逐舰、核潜艇和后勤保障舰船等，这些不同类型的舰艇将以航空母舰为核心组成航母战斗群，战斗群各成员之间必须进行作战协同训练。三是联合战役协同训练。航母战斗群不仅与美国空军、陆军和海军陆战队兵力进行协同，还要与盟军等外国军队进行协同作战。航空母舰看起来像是战术级单位，其实任何作战行动都处于战略级指挥和控制之下，所以如何联合作战和战役协同是训练的一个核心内容。所有这些科目训练完毕至少再需要一两年的时间，当然，现在采用计算机虚拟现实技术为基础的作战训练辅助系统之后时间可能大大缩短。尽管如此，也仍然做不到服役之后就立即形成战斗力。

一艘航母就是一座“海上钢城”

航空母舰是大工业时代的典型产物，是国家综合国力的象征，是国家科技水平的缩影。一艘航空母舰从论证研究、方案设计、开工建造到建成服役需要10～15年的时间。杜鲁门号属于尼米兹级航母系列，所以不需要前期论证研究工作，仅开工建造到建成服役就用了10年时间，耗资45亿美元，差不多合290亿元人民币，相当于中国全军军费总额的一半还要多。

杜鲁门号（CVN–75）核动力航空母舰是用美国第33位总统的名字命名的一艘超级航母，是尼米兹级（CVN–68）航空母舰中的第8艘舰；第9艘是用前总统里根的名字命名的，舷号为CVN–76；第10艘是用前总统老布什的名字来命名的，舷号为CVN–77。杜鲁门号服役之后，原驻泊在日本母港横须贺的第七舰队航母独立号于1998年9月退役。

杜鲁门号航母从舰首到舰尾总长是332米，在水线部分测量长约317米；由于航母上部的飞行甲板有很大的外漂，所以飞行甲板的宽度达76米，在水线部分测量的宽度是41米；吃水11米；正常排水量91487吨，装满3个月海上航行和作战使用的全部油料、淡水、食品、货物之后的满载排水量为97000吨以上，所以被喻为“海上钢城”。主机采用2座核反应堆，航速30节（56公里／时）以上，连续航行25年才需要更换一次燃料；装有4组8000千瓦发电机，4组可提供应急动力的2000千瓦发电机，据称其发电量相当于纽约市的总用电量。这艘巨大的航空母舰全靠4个螺旋桨推进，螺旋桨全部用青铜制成，每个桨有6.4米高，重达30多吨。航母在海上锚泊或进港停靠主要依赖两个巨大的铁锚，每个锚重30吨以上，光锚链就长达305米，每条锚链有684节链环。

航空母舰本身就像是陆上的大型飞机场一样，只是一个运载平台，作战的主要武器是舰载机。除少数战斗值班的飞机外，考虑到海上烟雾侵蚀的影响，所以舰载机平时基本上都存放在飞行甲板下面的机库里面。在机库与飞行甲板之间有4座大型升降机，每座升降机的提升力有60吨左右，一次可运载2架飞机。舰载机的起飞和降落需要蒸汽弹射器和着舰阻拦索，这是航母的两个最关键的设备。弹射器长70多米，舰上共装有4部，可同时弹射4架飞机升空，60分钟内可保证40架飞机起飞。飞行甲板尾部设有4个阻拦索和1个阻拦网，阻拦索用来正常拦阻舰载机着舰，阻拦网是用粗尼龙绳编织的类似于排球网那样的强力网，主要是在飞行员受伤、飞机故障、阻拦索出现问题等意外情况时，保证飞机撞网后安全着舰的装置。杜鲁门号航母的载机能力达100架以上，现在的正常配置为85架，编有1个航空联队，下辖9个中队，外加2个分遣队。舰载机主要包括F-14雄猫战斗机、F／A-18大黄蜂战斗／攻击机、EA-6B徘徊者号电子战飞机、S-3B北欧海盗反潜机、E-2C鹰眼预警机、SH-60海鹰反潜直升机、C-2快轮运输机等。

杜鲁门号航母与同级其他航母相比，进行了一些技术改进，主要是采用了一些信息技术革命的成果，如大面积使用光纤电缆，提高了数据传输速率；布设了IT-21非保密型局域网，将计算机、打印机、复印机，作战兵力战术训练系统，舰艇图片再处理装置，数字化综合印刷厂及综合数据库等连为一体，实现了无纸化办公，提高了信息处理能力；增设了保密战术简报室，舰员配备了数字式身份卡，还为舰载机起降配备了综合电视监控系统。此外，舰艇总体也进行了部分改进，如提高了干舷的安全性能，采用了固体废品和有害废品处理装置，舰员使用的床铺全部采用轻型模块化设备，还专门为女舰员配备了海上专用生活设施。

一艘航母就是一座城市

杜鲁门号航母大约有24层楼房那么高，舰上有3360多个舱室，其中舰员工作舱室2700个，空调舱室950个，可供舰上人员休息娱乐和工作使用。海水淡化设施每天可生产40万加仑淡水，足够2000个家庭日常使用。舰上电线电缆密如蛛网，要是排列开来，可达1450公里长。舰上设施齐全，光灯具就有29600个，椅子的数量如果排成一列，有3.2公里长。电话有2000多部，舰上人员可相互通话，也可与家人通话，还可通过国际互联网络获取信息。舰上分航海、枪炮、作战、航空、飞机维修、轮机、供给、军医和牙医等许多个作战和支援部门，还有商店、服装店、图书馆、电影厅、广播站、电视台、印刷厂和小教堂等生活设施。

舰上人员总数5500人，战时可容纳5912人，主要包括舰员和航空人员，其中有相当数量的女军人，还有工程师、飞机维修技师、电子工程技术人员、飞行员、行政管理人员、邮政人员、洗衣工、理发员、厨师、领航员等。所有这些人都需要吃、喝、休息、娱乐，所以每天有100多名不同级别的厨师准备至少18150份饭菜。舰员们可以在商店里买到自己需要的日常用品，可以到电影院去看电影，到音乐厅去欣赏音乐，到酒吧去消遣娱乐，或者到飞行甲板或机库里去踢足球、打篮球或长跑等。舰上还配有随军牧师和宪兵警察，牧师是为舰员做政治思想工作的，而宪兵警察则是舰上的执法队，专门整治那些不听招呼、违反纪律的舰员。另外，还配有海军陆战队员，他们身穿笔挺而漂亮的军服，跟着航空母舰到处走，主要是负责进行码头舷梯前面的站岗和保卫工作，这是美国人的门面。

飞行员出身的舰长

航空母舰舰长人选的选拔是最复杂的，非经专门训练绝不可胜任。论行政管理，他的工作堪与一座城市的市长相比；论作战训练，他必须精通战略战役理论、战术作战战法和联合作战方法；论技术知识，他首先是一个合格的舰载机飞行员，其次是要通晓全舰数十个大系统、数百上千个战斗部位，特别是航海、作战、核动力等关键部门的技术知识；论个人素质，身体必须健壮，要能够适应在海上恶劣环境下长期工作的需要，所以年龄不能太大，军衔也不能太高，初任舰长上校比较合适。

杜鲁门号航母的新任舰长叫托马斯·奥特比因，上校军衔，1970年美国海军军官学校毕业，然后进海军研究生院进修，获硕士学位。之后接受飞行训练，于1973年2月成为一名合格的海军飞行员。在VT–21飞行联队担任过一段时间的教官之后，1975年12月在VF–111飞行联队进行F–4鬼怪式舰载战斗机的飞行训练，此间曾驾驶F–4N战斗机在富兰克林·罗斯福号（CV–42）航空母舰上执行任务，当时该舰部署在地中海，属于大西洋舰队。1978年后，开始飞F–14A雄猫舰载战斗机，这时他所在的VF–111飞行联队换防至小鹰号（CV–63）航空母舰，部署在西太平洋，曾参与过伊朗人质危机中的大营救行动。1980年8月，他转至VX–4航空联队，担任作战试验主任，直至1982年8月。

从那时起开始调到卡尔·文森号（CVN-70）核动力航空母舰VF-51舰载飞行联队，继续飞F-14A雄猫战斗机并被任命为作战部门长，参与了该舰“环球”处女航。1983年12月，被任命为海军战斗机武器学校副校长。1984年起到1985年7月，代理该校校长。1986年1月，转入VFA-125飞行联队接受F／A-18大黄蜂战斗／攻击机的飞行训练，之后被任命为VFA-161飞行联队的副队长。积累了4100个飞行小时，进行了750次航母阻拦降落。1986年12月，被任命为中途岛号（CV-41）航空母舰VFA-195舰载飞行联队的副队长，当时该舰驻守在日本的横须贺。1988年4月15日，被任命为中队长直到1989年8月，然后接受核动力工程训练。1991年6月完成训练任务后，担任美国大西洋舰队海军航空兵司令部部队安全办公室参谋。1991年11月荣升为西奥多·罗斯福号（CVN-71）核动力航空母舰的副舰长，此间参与了在航母上首次举行的特种任务海空陆特混部队联合演习，以及索马里的“恢复希望”救援行动和南斯拉夫“禁飞区”作战行动。

1993年10月15日，托马斯·奥特比因被任命为纳什维尔号（LPD-13）两栖船坞运输舰舰长，此间该舰参与了支援海地民主化进程的海上威慑活动，获美国武装部队远征勋章，该舰获得“优胜”奖章和全舰披挂“战斗优胜”绶带奖。1995年4月，再次到大西洋舰队海军航空兵部队司令部任参谋，1995年8月，参加海军作战部长战略研究小组。1996年5月，被任命为杜鲁门号（CVN-75）核动力航空母舰的舰长，主要是组织预编舰员训练，与造船厂和舾装厂进行联络。1998年7月25日以后，正式率领该舰参与作战与训练活动。

托马斯·奥特比因上校的个人经历，从一个侧面反映出美国海军在培养跨世纪人才方面的一些做法和特点，最突出的有两点：首先，重视个人素质的培养。选好苗子以后，就进行重点培养，初级阶段主要是院校培养和深造，从技术院校到指挥院校都要走一遍，然后再进行飞行训练、舰上专门技术训练等，对个人技术水平和技能进行培训。其次，频繁变换工作岗位，以获取更多的经验和知识。跨世纪航母舰长不是传统意义上的船老大，光会开船不行，必须具有多种理论和实践知识，必须把书本知识与实际工作相结合，所以要通过到不同舰种、不同部队、不同司令机关和院校、科研单位的任职，来培养和锤炼一名合格的人才。当积累了各方面知识之后，再着重提高作战理论水平，吸收参与海军战略研究活动，到国外见学和交流，参加与友军和盟军举行的军事演习等，以便使之能够从战略角度来思考战役和战术指挥问题，以造就一位合格的战略级战术指挥员。

中型航空母舰

中型航母是一种高不成、低不就的装备，美国人有钱，要全球作战，当然想搞大一点的，看不上三四万吨级的航母；第三世界国家没有钱又想搞航母，作战海域仅离岸200海里左右，轻型航母足矣，自然不会选择中型航母；英国、西班牙和意大利这样的发达国家，经费可以负担但并不富裕，作战海域虽大但基本是区域防御，所以搞中型航空母舰也感到浪费。目前，世界上中型航空母舰主要集中在四个国家：俄罗斯、印度、巴西和法国。2007年英国计划建造伊丽莎白二世号和威尔士亲王号两艘中型航母，其排水量为65000吨，可携载40架战斗机，分别于2014年、2016年开始服役。从未来发展看，中国有可能发展中型航空母舰。

苏联时期奉行远洋进攻战略，所以发展四艘基辅级中型航空母舰，到了俄罗斯时代海军战略由远洋进攻转为近海防御，加上国内经济危机的困扰，所以不仅淘汰了所有中型航空母舰，而且也不打算再发展中型航母。印度海军拥有一艘维兰特号中型航母，是从英国引进的竞技神号，目前

印度维兰特号航母

正在进行现代化改装，估计再服役10多年也将退役。同时，俄罗斯赠送印度的戈尔什科夫海军上将号中型航母正在改装，预计2012年服役。印度自行研制和建造的中型航母蓝天卫士号2009年年初刚刚铺设龙骨，说是2015年服役，估计还要往后推迟。2020年前，印度拥有三艘中型航母没有太大问题。

巴西是世界上最早拥有航母的发展中国家，早在1956年其就购买了英国的退役航母巨人级复仇者号。该艘航母于1942年建造，1945年在英国海军服役，其标准排水量15890吨，满载排水量19890吨；长211.8米，宽24.4米，甲板宽37米。巴西海军购买后耗资965万英镑在荷兰进行了全面改装，于1960年编入巴西海军服役，命名为米纳斯吉拉斯号。进入巴西海军服役后，1976年进行了为期4年的大修，1991年又进行了一次大修。2002年以200万美元的价格被拍卖给一家在香港注册的中国公司，但后来到印度被拆解。

苏联基辅级航母

2000年11月，巴西从法国购买的福煦号航母正式服役，并将其命名为圣保罗号。进入巴西海军服役后，曾在巴西轰动一时，大家都认为这艘巨大的航空母舰对于提升巴西海军的远洋作战能力会产生巨大作用。但好景不长，老态龙钟的圣保罗号就事故不断，在2005年5月17日发生的蒸汽管路爆裂事故中，舰艇严重受损，舰员3人死亡，10人受伤。修复管道本来计划90天完成，但是后来发现很多地方都要修理，不得不大修。至今已近4年仍然停靠在船坞里。虽然购买航母仅仅花了1200万美元，可有舰无机怎么能行？2000年，巴西斥资7000万美元从科威特买了23架越战时期的老飞机A-4天鹰。这种飞机耗油量很大，每小时飞行费用达1万美元。2008年，巴西海军在与美国乔治·华盛顿号核动力航母战斗群联合军事演习的过程中，巴西航母飞行员看到美军航母上每1～3分钟就有飞机起降一次，非常羡慕，感慨万千，他们说美军飞行员一个星期的飞行时间比巴西和阿根廷舰载机飞行员一年的飞行时间还要多。由于缺乏经费，这些飞机一直没有完成升级改造，到2008年只有两架飞机

法国福煦号航母

法国戴高乐号航母

能飞，2009年就仅剩一架能用了，这些飞机再搁置下去很快就变成废铜烂铁了。圣保罗号航母与其说是一艘大型战斗舰艇，倒不如说是一种豪华的摆设。绣花枕头烂草包，由于这艘漂亮的航母总是停靠在港内休息，所以人们讽刺它是里约热内卢城市旅游观光的一处美景。

“二战”结束后，法国作为北约的一个成员国，既要承担北约分配的任务，又要维护海上利益，重振大国的雄威，迫切需要建立一支强大的海军。为此，各盟国，特别是美国、英国、加拿大抽调部分舰艇补充法国海军，给了法国海军200艘包括3艘航空母舰在内的舰艇，另外，法国从战败国德国、意大利海军手中得到35艘舰艇，补充了本国海军。在此基础上，法国开始自行研制和建造大中型舰艇。法国是一个独立性非常强的国家，在军事上独来独往，不受美国牵制，强调独立自主、自力更生，因而成为西方世界中国防工业自主研发能力最强，而又独立于美国军事体系的一支强军劲旅。

1961年和1963年法国自行研制和建造的克莱蒙梭号和福煦号中型航空母舰分别服役。20世纪80年代，法国海军提出航母发展规划，准备建造两艘戴高乐级核动力航空母舰以取代两艘克莱蒙梭级现役航母。没有想到，航母建造计划在执行过程中一再延误，主要原因除经费不足外，在技术上也存在很多问题，其中问题最大的是斜角式飞行甲板长度不足，无法安全起降美制E-2C鹰眼式空中预警机。为此，2000年又进行了甲板延长改造工程，将斜向甲板的长度增加了1米多，这是一个改动较大的工程项目，因为牵涉到航母的总体结构和布局。

戴高乐号航母1987年开工建造，原计划1996年服役，后来推迟到1998年10月，最终于2001年5月18日服役。在这种情况下，法国航母出现了青黄不接的状况，老旧的克莱蒙梭级航母早已不堪大任，1997年不得不将其退役。福煦号曾有过大规模现代化改装的方案，主要是想加装10度仰角的滑跃式飞行甲板，起降阵风战斗机。由于改装费用高昂，且改装之后是否能够起降法国战机和预警机都是个问题，所以1998年法国放弃了福熙号的改装计划，2000年将其转入后备役，随后便售予巴西。

戴高乐号是法国历史上拥有的第十艘航空母舰，其命名源自法国著名的军事将领与政治家夏尔·戴高乐。戴高乐号不仅是法国第一艘核动力航空母舰，有史以来第一艘，且是唯一一艘除美国航空母舰之外的现役核动力航空母舰，也是历史上第一艘在设计时加入了隐形性能考虑的航空母舰。由于其满载排水量还不到美国尼米兹号航母的一半，因而载机量大为减少，只能携载阵风式M型和超军旗式战斗机，以及美制E-2C鹰眼式空中预警机。受飞行甲板限制，蒸汽弹射器仅安装了两部，而尼米兹号航母是四部，这样舰载机升空的速度和频度至少减少了一半。同样，机库面积、升降机数量也同比减少。

该级舰满载排水量4万吨，预算造价28亿美元，其中14亿美元为研制费。实际造价为185亿法郎，约合35亿美元。该航母飞行甲板面积为1.2万平方米，机库面积4600平方米，最多可容纳40架战斗机，一般可携载30～33架阵风M型战斗/攻击机，3～4架E-2C预警机和4～6架NFH-90新型直升机。舰载机起降仍采用传统的蒸汽弹射器和着舰阻拦装置，美国C-7型弹射器可在75米的距离内以5g的加速度弹射22吨重的舰载机，弹射离舰速度可达170节以上。

为了始终保持一艘航母在海上执勤，法国海军至少要有两艘航母服役。因此，法国原计划建造两艘克莱蒙梭级航母，但由于建造和使用费用过度昂贵，法国政府无力给予支持，所以后续舰的建造计划已经取消。法国前总统希拉克和英国前首相布莱尔曾经确定，两国联手打造三艘航空母舰，建成后法国购买一艘，英国购买两艘。该级新型航母估计要花费30亿～40亿欧元，在深陷经济危机的今天，人们对此没有兴趣，可能要等到2012年经济恢复以后才能确定。

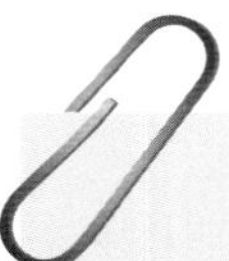

链接 克莱蒙梭号航空母舰

1961年，法国自行研制和建造的中型航空母舰克莱蒙梭号服役；两年后的1963年，后续舰福煦号航母服役。直到20世纪80年代之前，克莱蒙梭号航母一直是世界上除美国航母之外的吨位最大、能够携载常规起降飞机的航空母舰。该级航母的主要任务是：保护法国领土、领海与海外省、领地的安全，支持政府的对外政策，保障海上交通线的畅通，进行独立作战与协同其他海空兵力作战。法国认为，作为兵力投送的工具和战术核武器核威慑政策的组成部分，航空母舰是提供援助的最好工具，是掌握岸基飞机无法行动的海区的制空权所不可缺少的。

法国海军于1952年提出建立一支以航空母舰为核心的能适应海战新条件的海上力量发展计划，并得到法国政府的批准，于是建造航空母舰的计划便应运而生。第一艘航空母舰克莱蒙梭号于1953年制定预算，1955年11月动工，1957年12月下水，1961年服役。第二艘福煦号于1955年制定预算，1957年开工，1960年7月下水，1963年7月服役。两艘航母都以20世纪初期法国著名的军事将领与国家领袖来命名：克莱蒙梭是法国第一次世界大战中总理的名字，福煦是第一次世界大战时期曾任西线协约国最高统帅的著名将军。

克莱蒙梭号航空母舰标准排水量为27300吨，满载排水量为32780吨。全长只有265米，宽31.72米，吃水8.6米，从龙骨到舰桥顶部高达51.2米，足有十几层楼那么高。舰上发电机的总发电量达14000千瓦，相当于一座中小城市的照明用电量。采用全通式飞行甲板和斜角飞行甲板，岛形上层建筑位于舰体右舷，飞行甲板采用两具美制BS-5蒸汽弹射器以及四道降落阻拦索，右舷位于舰岛后方以及舰岛左前方舰体中央各设有一具飞机升降机。可载飞机44架，其中10架F-8E十字军战士战斗机、20架超军旗攻击机、10架阿里兹反潜机、2架超黄蜂直升机和2架云雀直升机。由于航母吨位太小，在机种更新上受到很大的限制，到20世纪80年代还只有超军旗战斗机能称作是主力战斗机，F-8E则早就是老掉牙的机型。由于舰载机性能太差，参与第一次海湾战争的本级舰只好当作飞机运输舰来使用。克莱蒙梭号航母还能当作两栖攻击舰使用，可携载40架两栖运输直升机。

不论是在航行期间还是在停泊期间，克莱蒙梭号航母始终是一座开动的综合工厂。它有自己的推进装置、发电装置、空气压缩装置、空调装置、加油装置、充气装置和消防装置等。此外，舰上还设有飞机的维修保养部门，有军械车间、机械车间、金工管道车间、电气电子设备车间等。所有这些对于航空母舰在海上的长期活动都是必不可少的。两艘克莱蒙梭号航母进行过三次大规模现代化改装，舰载机、防空武器、核武储放能力、升降机、弹射器、通信系统以及飞行甲板、舰岛、轮机舱、弹药库的装甲强化等方面的性能都得以提升，同时重点提升了携载战术核武器的能力。

克莱蒙梭号航母退役后无处安身，由于担心船体含有大量的石棉等有害物质，多年来都没有找到一个合适的栖身之所，只能把它闲置在布雷斯特军港。2006年，克莱蒙梭号航母驶往印度，打算在该国一座拆船厂拆解。但印度最高法院以船只有毒物质含量信息不明、违反禁止越境转移危险废品的《巴塞尔公约》为由，拒绝其进入印度领海。经过重重波折后，终于有一家英格兰东北部的拆船厂愿意接收。2009年2月，一艘英国拖船将克莱蒙梭号航母拖走，随后其将被拆解。

轻型航空母舰

轻型航空母舰是指排水量为15000吨～20000吨，可携载15～30架作战半径200～400公里的垂直／短距起降飞机和直升机的航空母舰。它主要在中近海域部署，只能执行编队防空、反舰和反潜作战任务。这类航母较多，主要是英国的无敌级卓越号和皇家方舟号各1艘、海洋号1艘，意大利的加里波第号1艘、凯沃尔号1艘，西班牙的阿斯图里亚斯亲王号1艘，泰国加克里·纳吕贝特号1艘。另外，日本的日向号属于反潜直升机母舰，韩国的独岛号属于两栖输送舰。

轻型航母和重型、中型航母相比，虽然具有无法携载常规起降飞机、续航力有限和载机数量及种类较少等缺陷，但优点也很多，比如造价低廉，技术简单，形成战斗力快，不需要太复杂的码头、补给等保障设施，不需要复杂的常规起降飞机弹射起飞和着舰设备，能够与海军现役驱逐舰和护卫舰等灵活编成，执行任务的范围比较广泛等，因而对那些奉行区域作战和近海防御作战战略的国家而言，是一种比较理想的飞机平台。

战后以来，失落的大英帝国，企图重新找回昔日的辉煌。20世纪70年代，英国独辟蹊径，研制成功垂直／短距起降飞机和专门用来携载这种飞机的轻型航空母舰，并恢复使用第二次世界大战中采用的直通式飞行甲板，从而使世界航母发展出现了戏剧性的变化。英国首创的轻型航母满载排水量在2万吨以下，无敌级卓越号航母建成服役后，在世界上掀起了一股轻型航母热，意大利、西班牙、巴西、印度、泰国等一起跟风，发展了十来艘轻型航母。在发展航空母舰方面，英国是一个不断推陈出新的国家。在保持现役两艘无敌级航母的情况下，又建造了一艘海洋号航空母舰。该航母1993年开工建造，1995 年下水，1998年9月30日服役。海洋号航母是英国海军近20年来建造的最大的军舰，也是英国21世纪的主力舰。其主要任务是登陆作战、后勤支援和运送海军陆战队装备。海洋号航母破例采用了商船的建造标准，从而使费用大大减少，这在世界航母发展史上又是个创新。海洋号航母满载排水量21758吨，航速18节，续航力8000海里／15节。舰长203.43米，飞行甲板长170米，宽31.7米。舰员265人，航空人员180人，最多可载1275人。可携载24架EH-101型直升机和 6架垂直／短距起降飞机。

“二战”结束后，为限制德、意、日三个战败国复活军国主义，相关条约对其发展重型装备，尤其是进攻性武器装备方面有着严格限制，在这方面，德国遵守得最好，意大利次之，日本最差。意大利1987年8月建

英国无敌级卓越号航母

意大利加里波第号航母

成服役第一艘轻型航空母舰加里波第号，从而突破了不能建造航空母舰的法律限制。1993年开始携载固定翼飞机，从而突破了军舰不得携载固定翼飞机的法律限制。加里波第号航母是继英国无敌级航母之后出现的又一具有代表性的轻型航空母舰，它比无敌级吨位更小，排水量只有无敌级的2/3，号称世界上吨位最小的航空母舰。它的外形与无敌级大致相同，也是直通式飞行甲板，首部甲板有6.5度的上翘。经过周密细致的设计，其吨位虽小，却可载16～18架飞机。舰上武器配置齐全，反舰、防空及反潜三者攻防兼备，既可作为航母编队的指挥舰，又可单独行动。该舰的主要任务是在地中海执行警戒巡逻，扼守和保卫直布罗陀海峡通道，单独或率领特混编队执行反潜、防空和反舰任务，掩护和支援两栖攻击，为运输船队护航，确保海上交通线畅通等等。该舰标准排水量10100吨，满载排水量13370吨；全长180米，甲板长173.8米，全宽33.4米，吃水23.4米。动力装置采用体积小、重量轻、功率大、启动快、操纵灵活的燃气轮机，使航速达30节，而且机动性强，从静止状态到全功率状态只需3分钟。舰载机为16架AV－8B鹞式战斗机、18架SH－3B海王式反潜／空中预警直升机。

作为西方七强中的一员，意大利尽管经济总量和军事实力并非名列前茅，但却不甘心屈居欧洲二流强国的地位，更不愿意其海军沦为欧洲二流海军。加里波第号航空母舰服役20多年了，在作战性能和吨位、载机量等方面根本无法与法国的戴高乐号航母、英国的无敌级轻型航母相比，差距相当明显。尤其是2002年维内托号巡洋舰退役之后，意大利海军大型战斗

西班牙阿斯图里亚斯亲王号航母

日本日向号航母

舰艇就只剩下加里波第号了，形单影只，很难完成从地中海海域东进西出的海上行动及有效保卫自己海洋权益的任务。为此，意大利政府决定投资8.5亿美元，为海军建造一艘无论是吨位还是总体性能均优于加里波第号的新型航空母舰凯沃尔号，以期保持拥有两个轻型航空母舰编队的实力。凯沃尔号航母2001年开工建造，2004年7月20日下水，经过一段时间的舾装、试航，2007年交付使用，2008年正式服役。该航母满载排水量27000吨，自持力18天，最大航速28节，可持续航行约7000海里，人员编制1200人。全长244米，宽39米，可携载12架直升机和8架鹞式垂直／短距起降战机，甚至可搭载和起降美国JSF闪电联合攻击战斗机。除此之外，凯沃尔号还能担负两栖作战任务，机库内能够容纳100辆轻型车辆或者24辆主战坦克，并通过两个60吨的跳板进行车辆和坦克的装卸，一个跳板位于右舷靠近船艏的部分，另一个跳板设在舰艉。

西班牙的崛起是从海上开始的。1492年10月，哥伦布发现西印度群岛。此后，西班牙逐渐成为海上强国，在欧、美、非、亚均有殖民地。1588年西班牙“无敌舰队”被英国击溃后开始衰落。战后以来，西班牙试图重振海军，1967年向美国租借了“二战”时期的老航母迷宫号，后于1973年正式买入。1979年10月，西班牙巴赞造船公司开工建造阿斯图里亚斯亲王号轻型航母，1988年5月3日正式进入海军服役。该舰全长195.5米，宽24.3米，吃水9.4米，满载排水量16900吨，全通式飞行甲板长175.3米，宽29米，滑跃起飞跑道前部的跃升角为12度。其动力装置为2台LM-2500燃气轮机，最大航速27节，续航力为20节时（6500海里）。平时载机22架，包括10架AV-8B垂直／短距起降战斗机，6架海王直升机、2架海王预警直升

意大利加里波第号航母

机以及4架AB-212直升机；但在紧急情况下可载机37架，其中17架放在机库中，20架放在甲板上。该舰编制舰员600人，另有230名航空人员。

泰国是继印度之后第二个拥有航空母舰的第三世界国家。1992年7月，泰国与西班牙巴赞造船公司签订建造合同建造加克里·纳吕贝特号航空母舰，1994年7月开工，1996年1月下水，1997年3月服役。该舰与西班牙的阿斯图里亚斯亲王号航母相似，满载排水量11486吨，最高航速26节，最大航程12节时（1万海里），全舰长度182.6米，飞行甲板长174.6米，宽27.5米，舰载机包括AV-8S鹞式垂直／短距起降飞机6架，S-70B海鹰直升机6架。

链接 无敌级航空母舰

英国人发展航母有自己的一套思路，开始是发展大型斜角甲板航母，美国人跟它学，全发展这样的航母。后来英国人改了，创造性地发展轻型航母，结果意大利、印度、西班牙和泰国都跟着学。这些年英国人又改了，用商船或民用标准来发展廉价的航母或直升机母舰。其实，利用商船改装航空母舰历来是航母发展的一条重要途径，“二战”期间，各国用巡洋舰和商船改装了近200艘护航航母，马岛海战中英国也用商船紧急改装了飞机运载舰，马岛海战后英国还用28000吨的百眼巨人号集装箱船改装了航空训练舰，能携载18架飞机和直升机。在海湾战争中，这艘百眼巨人号还曾开赴海湾参战，而且又改装成了医疗救护船。

无敌级航空母舰的研制工作是从1962年开始的，但由于人们在认识上的差距争吵了10年才把方案确定下来。当时争论的焦点是继续发展20世纪70年代退役的鹰号航空母舰那样的斜直两段式飞行甲板的、能够携载固定翼飞机的攻击型航空母舰，还是改变发展策略，发展一种作战效能较差、造价便宜、只能携载垂直／短距起降飞机和直升机的轻型航母。最终确定发展无敌级轻型航母，首制舰无敌号于1980年7月服役，后续舰卓越号和皇家方舟号分别于1982年和

1985年服役。最后一艘舰的造价为3亿英镑。

无敌号航空母舰1973年7月开建，1977年5月下水，1980年7月正式服役，2005年8月3日退役。满载排水量20600吨，航速28节，总长 209.1米，水线长192.6米，总宽36米，水线宽27.5米，吃水8米。采用滑跃式直通飞行甲板，其长度为167.8米，宽13.5米，首部滑跃式飞行甲板上翘12度。主动力装置为4台燃气轮机，94000马力，航速28节，以18节速度巡航时续航力为5000海里。舰员编制666人，航空兵402人，共1068人。可搭载9架鹞式战斗机、3架海王式空中预警直升机和9架海王式反潜直升机。

无敌级航空母舰最大的特点是应用了滑跃式飞行甲板，舰载机采取滑跃起飞，就是将飞行跑道前端约27米长的一段做成平缓曲面，向舰首上翘，无敌号和卓越号的上翘角度为7度，皇家方舟号为12度，海鹞舰载机通过滑跃甲板起飞，在滑跑距离不变的情况下可使飞机载重增加20%，载重量不变的情况下可使滑跑距离减少60%。

无敌级航空母舰的主要任务是实施和指挥反潜作战，执行一定的舰队区域防空和反舰作战，担任指挥舰，在编队中负责作战协调，支援两栖登陆作战，以及执行海上救援运输和保卫海上交通线。1982年4月2日至6月14日，英国以2艘航空母舰、40余艘作战舰艇、140架飞机 (含60架鹞式战斗机)、2. 7万人，航渡19天奔赴13000公里之遥的南大西洋海域作战。马岛海战中，无敌号携载了30多架垂直／短距起降飞机和直升机，并作为指挥舰在南大西洋进行反潜、防空和反舰作战，同时也在对地攻击作战中发挥了重要作用。1989年1月完成了为期27个月的现代化改装，使载机量至少达到21架，其中9架海鹞飞机、12架各种用途的海王直升机。1991年海湾战争中，皇家方舟号参加了作战，在两栖登陆作战和近距支援方面发挥了作用。1999年4月参加了北约空袭南联盟。2005年8月1日退出作战序列，在8月1日退役当天前往朴茨茅斯海军基地进行了最后一次的航行。英国皇家海军出动了海鹞战机、海王直升机和山猫飞行表演队在皇家方舟号航母上空进行了列队表演以纪念这个重要的日子。

第二章　航空母舰的历史沿革

20世纪初，当莱特兄弟第一次驾机飞向蓝天的时候，他们绝不会想到，这个本来是出于好奇的探索却导致空军、海军航空兵和航空母舰的出现。

20世纪初，当国会议员、美国总统和海军部长们众口一词信誓旦旦地要大力发展航空母舰的时候，他们也不会想到，自己的后任是怎样百般阻挠这种新型武器的发展。

短短一个世纪，航空母舰经历了几多沉浮，几多考验，终于从谁也看不起的“丑小鸭”，变成了人人趋之若鹜的“白天鹅”。

世纪之交的新军事革命，再次对航空母舰提出挑战，“航母无用论”老调重弹。

航空母舰雏形问世

在航空母舰的早期发展方面，美国、英国、日本进行了一系列大胆的创新，拥有一大批重大技术发明，他们的成功实践为后来的航空母舰发展奠定了重要技术和物质基础。

舰载机弹射起飞和拦阻降落装置试验成功之后，英国海军率先在暴怒号巡洋舰舰体中部上层建筑前半部铺设了70米长的飞行甲板用于飞机起飞，舰艇尾部加装了87米长的飞行甲板，并安装了简单的拦阻降落装置用于飞机降落。1918年4月，世界上第一艘为舰载机同时提供起飞和降落跑道的舰船改造完成。

暴怒号改装型航母的舰载机起降装置是首尾两段式，起飞的时候使用舰艇前面的弹射器，降落的时候使用舰艇后面的阻拦索，舰艇中间是舰艇的上层建筑，用来进行指挥控制。在使用中发现，这种两段式的起降装置在设计上不是太合理，没有充分发挥飞行甲板的空间使用潜力，所以，英国在暴怒号的基础上又进行新的尝试，看能否把舰艇中部的上层建筑移到舰艇的一侧，这样能够为航母提供更大的飞行甲板空间。1917年，英国按照航空母舰标准全新设计建造了竞技神号航空母舰，第一次把舰桥、桅杆、烟囱等转移到飞行甲板右舷，在那里设置了一个岛形上层建筑。岛形上层建筑的发明为全通式飞行甲板的设计提供了思路，英国人开始利用百眼巨人号客轮改装全通式飞行甲板，飞行甲板长度达到168米，甲板下面是机库，有多部升降机可将飞机从机库升至飞行甲板。1918年9月，百眼巨人号全通式飞行甲板航母改装完毕。

英国在航母弹射、阻拦和岛形上层建筑设计等方面的技术创新，大大鼓励了美国发展航空母舰的积极性。1919年6月11日，美国海军在1920年预算案中第一次批准改装航空母舰。用来执行改装任务的第一艘舰船是1913年下水的木星号补给舰(AC-3)，这是一艘运煤船，当时的舰艇是蒸汽动力，煤炭是主要燃料。美国海军之所以看上这艘船，主要是因为这艘船载运煤炭用的腹舱容量充足，具有改装为航空母舰的潜力。经过两年的改装，第一艘能够在海上起飞和降落舰载飞机的舰艇兰利号下水，这就是后来人们所说的航空母舰的雏形。1922年5月20日，美国第一艘改装型航空母舰兰利号（CV-1）在诺福克基地正式服役，这标志着航母试验阶段的结束和发展时期的来临。

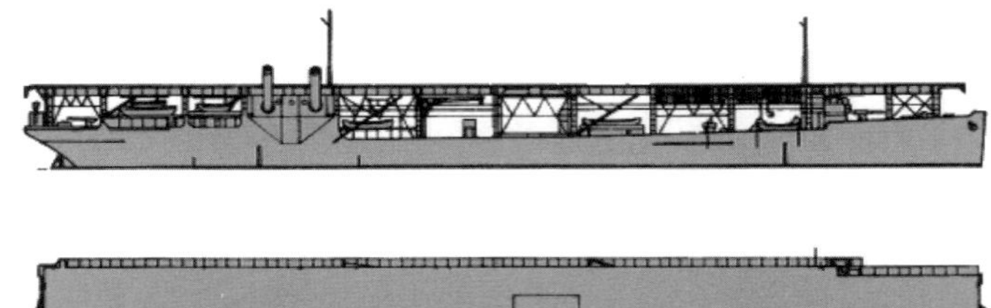

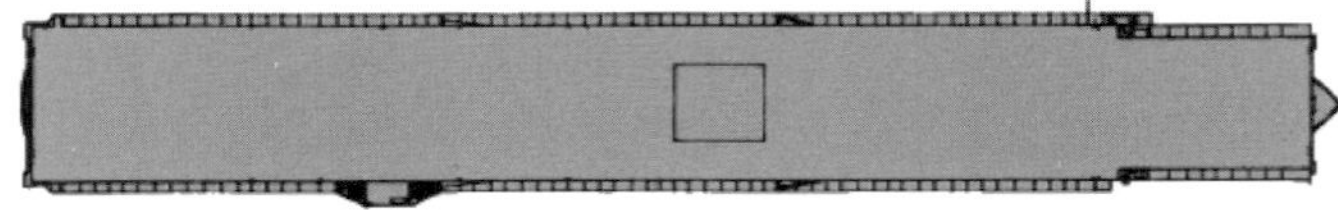

美国第一艘改装型航母兰利号平面图

英国和美国虽然对航母的早期发展作出了重大贡献，但利用舰船改装和探索的居多。英美的航母创新理念给工业化强国日本提供了很多的创新借鉴，日本决定要自行研制和建造一艘真正的而不是改装的航空母舰。这艘航母在采用英美广泛流行的弹射阻拦装置、直通式飞行甲板和岛形上层建筑等高新技术的基础上，综合集成，大胆创新，自行研制、设计和建造了世界上第一艘真正的航空母舰凤翔号，并于1922年12月完工服役。这艘航母成为后来世界各国发展航空母舰的样板。1930年，英国建造的皇家方舟号航空母舰在技术上进一步创新和整合，采用了全封闭式机库、一体化岛形上层建筑、强力飞行甲板、液压式弹射器，被誉为“现代航母的原型”。

大舰巨炮与航空母舰

1918年第一次世界大战结束后，国际战略格局正处于战后调整之中，调整的重点是裁军、撤军、削减军费军备，建立一个没有战争的、和平的国际安全环境。1922年，英、美、日、法、意五个海军强国协调裁军和削减军备的立场，希望利用战后的和平时期来限制军备发展，最终导致《限制海军军备条约》（《华盛顿海军条约》）的出台。这个条约不仅限制了五个国家海军舰艇的总吨位（分别为52.5万吨、52.5万吨、31.5万吨、17.5万吨、17.5万吨），更重要的是限制了单舰最大吨位，规定战列舰、巡洋舰和航空母舰的吨位分别不得超过35000吨、10000吨和27000吨。

在18世纪工业革命浪潮的推动下，蒸汽机、钢铁制造业等大机器产业的飞速发展造就了战列舰这种钢铁巨舰横行于世界海洋的现实，英国纳尔逊将军指挥庞大的战列舰编队横扫地中海、大西洋和太平洋，为大英帝国的“日不落地位”立下汗马功劳，致使“大舰巨炮制胜”的传统观念在政治家和军事家们的脑海里深深地扎下了根，他们怎么会相信那种几个人就能抬得动，飞行时速只有几十公里，靠飞行员用手枪、步枪射击，甚至靠投炸药包对地面袭击的飞机会对庞大的军舰构成什么威胁，用飞机摧毁装甲厚达五六百毫米的战列舰就像是蚊子叮大象，蚍蜉撼大树，荒唐又可笑，简直是白日做梦。为了反击这种阻碍和扼杀新生事物的保守潮流，许多有识之士进行了理论抨击，美国米切尔等人则亲自驾驶飞机对停泊于海上的舰艇进行攻击和破坏试验。当巨大的巡洋舰在飞机炸弹的轰鸣声中默默地沉入大海之后，海军决策者们受到了强烈的震撼，航空母舰从此在武器装备发展规划中被摆放到重要位置。

1922年7月1日，美国国会批准了海军将两艘尚未完工的列克星敦号和萨拉托加号战列巡洋舰改装为航空母舰的申请，这是按照《限制海军军备条约》（《华盛顿海军条约》）建造的第一批条约型航空母舰，因为条约中明确规定缔约国可以用战列舰改装航空母舰。1927年11月16日，萨拉托加号（CV-3）服役；当年的12月14日，列克星敦号（CV-2）服役。从此之后，美国海军航空母舰的发展进入一个新的历史时期，即不再利用别的舰船改装，而是专门设计和建造新型的航空母舰。突击者号（CV-4）有幸成为第一艘真正的航空母舰，1931年9月26日在纽波特纽斯造船厂铺设龙骨，1933年2月25日下水，1934年6月4日服役。此间，日本建造了赤城号和加贺号航空母舰。

1936年《限制海军军备条约》（《华盛顿海军条约》）期满失效，海军列强又展开了新一轮军备竞赛。在这一轮军备竞赛过程中，具有军事变革思想、能够看到未来技术发展的国家坚持大力发展航空母舰的军事战略，而思想保守落后的国家却继续坚持“大舰巨炮制胜”的思想，大力发展以战列舰为主的军事战略。美国乘机加速了航空母舰的发展，一系列新

日本赤城号航母

型航母陆续服役：1937年9月30日，约克城号（CV-5）服役；1938年5月12日，企业号（CV-6）服役；1940年4月25日，黄蜂号（CV-7）服役；1941年10月20日，大黄蜂号（CV-8）服役；1941年6月2日，长滩号（AVG-1）护航航空母舰服役。至此，美国海军已经拥有9艘航空母舰，而当时世界航空母舰的总数是37艘。此外，日本建造了翔鹤级航空母舰，英国建造了光辉级航空母舰。

要原子弹不要航空母舰

1945年，美国空军的两架B-29战略轰炸机向日本的广岛和长崎投放了两颗原子弹，从而揭开了核竞赛的序幕。既然战略轰炸机能够在全球范围内投放核炸弹，既然洲际弹道导弹可在洲际范围内投射核弹头，既然一枚核弹头能够毁灭一座城市，那么还有什么必要发展航空母舰，还有什么必要让舰载机飞行员去冒生命危险迎敌作战呢？一个令人恐怖的核战略在形成和发展之中，而航空母舰从此被打入冷宫。出于军种和部门之见，海军发展航母受到严厉批驳，在空军和陆军看来，把有限的经费用来发展航母简直如同把金钱扔进大海，毫无价值。海军哪里肯服，认为航空母舰永远是国家威力的象征和现代战争的核心与支柱，于是举国上下展开了一场空前的学术大辩论，所谓“大小航母之争”、“航母与轰炸机之争”等都是那个时代的产物。正当学术界“自由化”情绪日益严重的时候，美国国会突然决定将已经开工建造的美国号航空母舰立即下马，以便省下钱去发展B-52轰炸机和战略核导弹。此举惹恼了海军将领，于是不少三星、四星将军纷纷辞职，拂袖而去，愤然离开领导岗位，从而酿成了闻名于世的美国“海军将领大造反”事件。

20世纪50—60年代，美国海军航空母舰数量从“二战”中的100多艘骤然减少到20多艘，航母发展从此进入谷底，没有人再理会这种“过时”的装备。从朝鲜战争和越南战争失败的阴影中走出来的曾经不可一世的美军，不得不重新审视自己的军事战略：是准备打一场从来不会真正爆发的核大战，还是准备打那种经常使用航母战斗群的中、低规模常规战争？1962年的古巴导弹危机，1982年的马岛海战，1983年的美军袭击格林纳达，1986年的美利冲突，特别是20世纪90年代以后的美军入侵巴拿马、索

马里救援、海湾战争和波黑维和等军事行动，使美国人不得不对航母的作用重新认识，最终使航空母舰得以重新定位，并决定继续作为海军兵力结构的龙头、核心和支柱进行发展，并作为推行强权政治、武力威慑、遏制危机、前沿部署、兵力投送和对地攻击作战的理想工具。

“二战”后初期至20世纪60年代的英国海军，曾经拥有50来艘航空母舰和1000架左右的舰载机，但后来很快遭到削减，其原因倒不是军事战略问题，而主要是国家经济困难，所以卖航母一度成了英国刺激经济、走出危机的一大时髦举措，澳大利亚、阿根廷、巴西、印度等国的航母，都曾是英国皇家海军的家当。最令人痛心的还不是卖航母的事，海军战略的改变最终使英国从巅峰跌入低谷。航空母舰大量退役之后，海军就不再负责海上制空权，全部舰载机和海军飞机交给英国空军管辖，海军只保留垂直/短距起降飞机和直升机，一支昔日强大无比的海军就这样被活生生地肢解了，无敌级航母就是在这种万般无奈的背景下出笼的。海鹞式垂直/短距起降飞机和滑跃式飞行甲板的创新在当时被认为是一种新潮，许多国家纷纷仿效，其实那是英国海军从大甲板常规起降飞机航母向轻型载机航母时代过渡的一种无奈之举。

苏联海军在“二战”以前是一支被人看不起、很不起眼的近海防御型海军，战后初期斯大林曾经制定了一个雄心勃勃的振兴海军装备规划，计划1946—1967年建造1500艘舰艇，其中确定发展4艘航空母舰。20世纪50年代进入核时代之后，受美国航母发展悲观论调的影响，赫鲁晓夫认为建设远洋舰队的计划是错误的，在核武器时代，航空母舰不过是一种“浮动

苏联基辅级航母平面图

棺材”，反对发展航母，主张优先发展核导弹和远程轰炸机，这种思想与美国的反航母派如出一辙。1962年古巴导弹危机，赫鲁晓夫在美国航空母舰面前俯首帖耳，丢尽了脸面，于是乎铁了心要发展航空母舰。先是建造了2艘直升机航母，后来又建造了4艘基辅级4万吨的中型航空母舰，20世纪80年代末开始建造6～7艘7万吨的重型核动力航空母舰库兹涅佐夫级。谁知，天有不测风云，人有旦夕祸福。苏联的解体，使本来有希望在20世纪末拥有10来艘航母的一支强大海军，几年内被倒腾个精光，只剩下1艘在家门口转悠，其余的要么进了炼钢炉，要么就卖给了别的国家成为游乐园，为此而倾注了毕生精力的苏联海军前总司令戈尔什科夫元帅不仅前功尽弃，且下场悲惨。

“二战”后航母大量被淘汰

1945年“二战”结束时，世界上有航空母舰180多艘，还不包括战损的那些航母，也不包括用商船改装的200多艘护航航母。可现在，即便把那些勉强称为航空母舰的万吨级航母也计算在内的话，也只有20多艘。如果抛开数量只谈航母技术发展的话，“二战”以来应该算是航母发展最重要的一个历史时期，一系列新技术革命的推动，核动力装置的采用，喷气式飞机的上舰，蒸汽弹射器、着舰阻拦和助降装置的采用，精确制导武器、指挥控制通信和导航系统的使用都使航空母舰有了很大的改进和提高。核动力装置的采用无疑是航空母舰的一次重要革命，它不仅使航母续航力趋于无限，持续航速大大提高，25年才需要更换一次燃料，而且也为发展9万吨、10万吨航母提供了必要的物质基础，美国航空母舰已经全部实现核动力化。1945年开始喷气式战斗机首次上舰，把舰载飞机的航速从每小时150～600公里一下子提高到1100多公里，飞机的重量增加到20吨甚至30吨以上，体积也大大增加。这些突如其来的变化对航母提出了新的更高的要求，蒸汽弹射器等特种装置的研制也为超音速舰载机的安全起降提供了可能。

1991年以后，世界战略格局发生了巨大变化，苏联解体、华约集团解散和40年冷战结束，使强大的美国海军舰队再也找不到能够在公海大洋上与之进行对抗的对手了，于是国会议员们对海军是否仍然有必要保持15艘航空母舰提出异议，航母再次成为国家沉重包袱的代名词，航母又一次成为众人谴责的对象和靶子。英国和法国是两个老牌的殖民主义国家，原来发展航母是为了对外侵略扩张和保护海外领地及利益，如今那些往日的殖民地一个个实现了独立，没有谁再继续需要宗主国的“保护”，所以航母的需求从此降低了，只有看家护院的份。第三世界国家都是些穷国，经济上不去，科技落后，人才素质也差，要想发展航母绝非易事，即便是有能力搞，航空母舰在200海里范围内转悠又有多大用处呢？航母已经到了没有用武之地的时代！

航空母舰的认识误区

有人认为，航空母舰是一种进攻型武器，中国的军事战略是积极防御的，我们如果发展航母这种进攻型武器，那不是违背我们积极防御的军事战略了吗？周边国家是否会因此而产生“中国威胁论”呢？这种看法极具普遍性，但它是片面的和不正确的。任何武器都不是单一进攻型或单一防御型的，关键是要看使用武器的人采用何种战略和战术。谁都认为手枪是防御型武器，但在以色列拉宾广场袭击前总理拉宾的那把手枪难道不是进攻型武器吗？炸药包本身不能机动、射程有限，或许是防御型的，但震惊世界的亚特兰大爆炸案和炸毁波音-747飞机的那些炸药包难道是防御型武器吗？波音-747飞机是民用航空客机，但被恐怖分子劫持后撞向美国世贸大厦和五角大楼的时候它就变成进攻型武器了。武器装备本身是不具备攻击性的，只有在人的掌握和控制下才能发挥进攻和防御的作用。1941年12月7日，日本的航空母舰在山本五十六的率领下对美国珍珠港进行偷袭，从而挑起了太平洋战争，那一刻航空母舰毫无疑问成为侵略战争的工具。后来，美国的航空母舰在太平洋发动了一个又一个海上攻势，不仅歼灭了日本的航母战斗群，还对其内陆本土进行了轰炸并迫使其无条件投降，从这个意义上说，航空母舰又成为和平的卫士。中国发展不发展航母，绝不能看外国人的脸色行事，不能别人一说“中国威胁论”我们就赶紧停止航母发展。中国的战略是防御的，即便是拥有了一艘或多艘航空母舰，仍然是执行积极防御的军事战略。航空母舰只是海军武器装备的一种类型，仅仅因为有了这样一种武器装备绝不会改变中国的军事战略。“中国威胁论”是外国人蓄意制造的，其实质是歪曲中国的政策，制造武器装备的对比性落差，为其增加军费、加速自身武器装备的发展制造舆论。

有人认为，航空母舰是一种过时的装备，与其发展航母，不如发展核潜艇、飞机和导弹。航母和其他任何武器一样，总是要过时的，世界上没有永恒的东西，当然，何时将全部淘汰是值得研究的问题。许多人都希望青春常驻，广告上说，“今年二十，明年十八”，但这是不可能的。事物发展的客观规律决定了人必然从青春走向衰老直到死亡，这是任何人都无法抗拒的自然规律。但是，在高技术发达的今天，延长青春和寿命还是可能的。

早在“二战”初期，曾经称霸世界海洋数百年的战列舰让位于航母之后，它实际上已经过时了，但直到1991年的海湾战争后这个舰种才彻底消亡。现在我们说巡洋舰是一个过时的舰种，只是说很少国家再发展它了，但现役的巡洋舰还要服役二三十年才能退役，所以有个过渡期。航母也是这样，“二战”时建造的直通甲板航母早已过时，但英国、意大利、西班牙、泰国、日本、韩国仍把这些类型的航母当宝贝。美国宣称已经进入信息时代，钢铁、能源和大工业面临淘汰，信息高速公路和计算机便是这个时代的代表。我国呢，目前刚刚进入工业时代，钢铁、粮食、能源仍然是国民经济的支柱，不要说信息高速公路，老牛破车还在乡间小路上慢悠悠地碾滚。在这种情况下，我们将关注什么呢？计算机还是牛车？饱汉不知饿汉饥，别人认为是过时的东西，在我们这里可能还是方兴未艾。所以，在某个历史阶段新与旧的重叠和交替是必然的，问题是必须认清主流，把握大趋势。

在20世纪，航母在两次世界大战和许多局部战争中，起到了举足轻重的作用，这是毋庸置疑的。但在世纪之交的过程中，在航母的摇篮美国，“航母过时论”却炒得沸沸扬扬。美国国防部综合评估办公室主任马歇尔博士和美国前参谋长联席会议副主席欧文斯海军上将认为，21世纪是军事革命的年代，航空母舰、作战飞机和主战坦克这样的传统作战平台都将面临淘汰，信息战将成为主要的决定性作战样式。前美国海军作战部长布尔达海军上将对发展一种大型导弹运载和发射舰艇来取代航母舰载机的方案表示出极大的热情和明确的支持，作为航母的替代方案，美国曾经提出过一种武库舰的方案。曾担任过航母特遣部队作战指挥任务的美国海军上校查尔斯·戈尔文则尖锐指出，马汉的主力舰思想早已过时，超级航母已近黄昏。应该看到，航空母舰和其他武器装备一样，同样面临更新换代的危险。在信息化和军事革命大潮的推动下，我们看到有太多的武器装备被淘汰出局。

首先是战列舰和巡洋舰。这两种舰艇在过去几百年的海战中，都曾经是海军的主力舰，是海军的灵魂，海上战斗力的象征。1991年海湾战争结束以后，战列舰就彻底退出历史舞台，几年之后，美国所有级别的核动力巡洋舰全部退役，现役的提康德罗加级巡洋舰也将面临退役高潮的来临，这很可能是美国最后一个级别的巡洋舰，之后这个舰种将随之消失。为什么这两个舰种会迅速消失，而且消失之后不仅没有削弱美国海军的战斗力，相反却大大加强了战斗力？主要原因如下：战列舰和巡洋舰是“大舰巨炮”时代的作战平台，装甲很厚，功能单一，虽然改装了导弹和电子设备，但旧瓶装新酒味道不是很纯正，作战效能很低。由于机械设备老旧，自动化程度很低，人员编制众多，故障率很高，出勤率很低，维护费用居高不下。把这样的舰艇裁剪掉，用节省下来的经费发展新型综合多功能舰艇，作战效能会有很大程度的提高。后来发展的伯克级导弹驱逐舰，从吨位上看接近1万吨，与提康德罗加级巡洋舰差不多；从功能上来看，防空、反舰、反潜都行，由于信息化功能强大，还能参与多军种联合作战，一艘舰艇相当于过去三四艘舰艇。

作战飞机的更新换代也是同样的道理。在1991年海湾战争时期的航母舰载机中，A-6、A-7、F-14都是战功卓著、声名显赫的舰载攻击机和战斗机，1993年军事革命以后，美国海军很快就把A-6、A-7攻击机淘汰出局。当时大家很不理解，美国航母舰载机序列中只有这两种对地和对海攻击作战的飞机，淘汰之后有没有替代型飞机，美国对地作战和对海攻击用什么？原来，美国仍然沿用了军事革命的基本思路，即综合集成。淘汰单一功能的舰载攻击机，是为了把节省下来的编制和经费，用到改造和发展新型舰载机上去。按照这种思路，美国加大了对F-14雄猫战斗机的改造力度，使这种舰载战斗机不仅具备强大的制空作战能力，而且具备全天候、全天时对地攻击和对海作战的能力，使之成为歼击攻击机，实现了一机多型、一型多能、综合集成的战略目的。在此基础上，以后又淘汰了F-14雄猫战斗机，发展了第四代F-35舰载新型战斗机。

花无百日红，月无百日圆。夕阳无限好，只是近黄昏。后来者居上，这本是历史发展的自然规律，航空母舰的发展已有百年之久，理应退出历史舞台，但十几年过去了，我们亲身经历了这次军事革命的全过程，目睹了美国及其他国家武器装备的发展计划，奇怪的是，航空母舰并没有像战列舰、巡洋舰、攻击机和战斗机那样被淘汰出局，也没有像那些预言家预测的那样衰落下去，相反，在21世纪初期却掀起了一股遍及全球的“航母热”。在军事革命的发源地美国，虽然常规动力航母逐渐退役，但11艘现役航母却首次实现了核动力化。同时，正在加速发展10艘新一代信息化重型核动力超级航母福特级。该级航母将持续建造到2058年，也就是说，2058年该级最后一艘航母才能够服役。近几年美国退役的航母基本上服役期都在50年以上，按照这样一个服役期计算，2058年服役的最后一艘福特级航母至少将服役到22世纪初期，换句话来说，航空母舰到22世纪初期都不会过时！当然，福特级航母与传统的航空母舰相比已经完全不一样，它已经实现了信息化，是一艘真正意义上的信息化航空母舰。

战列舰和A-6、A-7攻击机之所以过时，之所以被淘汰，主要原因是单一用途，单一功能，不适合信息化战争中对武器装备综合多用途的要求。巡洋舰之所以被淘汰，是因为在吨位上、功能上与驱逐舰相同，被驱逐舰同化。航空母舰不仅不过时反而具有广阔的发展前景，是因为它具有三个明显的特点：

首先，它是平台与负载的结合体。大型水面战斗舰艇是海上机动和作战的平台，其负载分为三个部分：舰载机、武器系统和电子设备。航空母舰与其他大型水面战斗舰艇在平台方面表现突出，吨位很强、机动性很强、续航能力很强，这是任何一种舰艇所不能比拟的。舰载机、武器系统和电子设备三种负载与其他舰艇虽有类似，但航空母舰装载能力更强大，舰载机种类更加齐全、多样，这是其他舰艇所不具备的。驱逐舰可以携载一两架直升机，但不可能携载常规起降飞机，而且不可能携载数十架舰载机。

其次，它是机械化与信息化的综合体。一种战争形态转为另一种战争形态，通常需要数百年，有时甚至需要上千年的时间。从机械化战争向信息化战争的转变，虽然从1999年科索沃战争就已经开始，但这个转型期是漫长的，整个21世纪都处于转型过程之中。在这个漫长的过渡时期内，我们不可以轻易说哪一天就结束了机械化，从哪一天起就进入了信息化，它是一个相互融合、循序渐进的过程。在这个过程中，航空母舰能够较好地把机械化与信息化相互融合。航空母舰具有充足的空间，能够容纳各种电子设备和武器装备，改装起来比较方便可行。航母舰载机种类和型号的更新换代比较简单，可以根据信息化建设的需要不断更新，只要新型舰载机能够上舰，就能够把信息化建设的主要成果在战争中展现出来。舰载机以航母为平台进行起飞和降落，先进电子设备和武器装备又以舰载机为平台不断进行更新换代，一艘航母在整个服役期内，至少要更换三四代舰载机，这样的吐故纳新为航母增添了无穷的生机和活力。当然，福特级航母已经远远超出机械化与信息化相互融合的技术水平，它已经发展成为一艘信息化航母，不再是一个简单的海上飞机起降平台，而是一个海上兵力结构的核心、一个海上指挥控制的中枢。

最后，它是平战结合、威慑力与打击力的融合体。在讨论航母是否过时的过程中，有人认为，航空母舰目标庞大，机动速度缓慢，很容易招致敌人潜艇兵力和导弹武器的精确打击，因此，与其发展航空母舰，倒不如发展核潜艇更为有效。这样的观点的确很有道理，在第二次世界大战中，没有什么航空母舰但却有大量常规潜艇的德国海军，在大西洋战场屡创战绩，对同盟国海上护航编队和航母编队构成极大威胁。潜艇机动和作战全都依赖水下战场，所以是一种神出鬼没的秘密武器，因此，在实战中潜艇的作用不可低估。和平时期与战争时期相比有一些特殊的地方，和平时期从危机发展到冲突，再从冲突上升为战争需要太多的内外条件，任何一个条件不成熟战争都打不起来。在这个兵力对峙、政治较量、危机四伏的关键时刻，能够遏制战争，慑止战争，打消对方发动战争念头，使之老老实实就范的最好方式就是航空母舰。大量实践说明，航空母舰不仅是一种实战能力很强的武器装备，也是一种炫耀武力、慑止战争最有效的武器装备。主要原因是航空母舰外形壮观、块头大，以航母为核心组成的战斗群声势浩大，海空一体，杀气腾腾，这种阵势通过电视媒体渲染之后具有很大的震慑力。当然，核武器、核潜艇和战略轰炸机也具有非常强大的作战能力，但是核潜艇在水下、核武器轻易不能使用、战略轰炸机在1万米高空，这些武器装备很厉害但不能轻易示人，是一种无形的威慑，而无形的东西在和平时期是很难产生快速震慑效果的。当一个巨人站在一个侏儒面前的时候，这位侏儒就会真切地感受到来自巨人的威慑力，如果通过看书读报听别人说巨人是多么厉害，这位侏儒不会有“威胁就在眼前、敌人就在身边”的切身感受。所以，看得见和看不见是有很大差别的。航空母舰恰好就是这种既能看又能战，平时和战时都能用，威慑与实战都好用的装备。

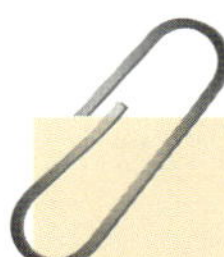

战列舰与航空母舰的抗争

19世纪末20世纪初，正处于世纪之交的关键时期，18世纪工业革命的大部分成果开始在军队建设和武器装备中表现出来，新旧观念及军事理论的冲突日趋明显。一方面，在工业革命中产生和发展起来的铁甲舰、战列舰、巡洋舰和驱逐舰等钢铁巨舰横行于世界海洋，打遍天下无敌手，致使“大舰巨炮制胜”的理论深入人心，牢牢地扎根于军队建设的大厦之中；另一方面，机枪、坦克、潜艇、飞机等新型武器装备在短时期内的迅速涌现，使人们眼花缭乱，分辨不清哪种武器装备是未来发展方向，原有的装备哪些还具有广阔的发展前景。观念保守的人们眼睛向后看，总认为大舰巨炮是经过战争考验的武器装备，而新发明的那些装备未必可靠，所以不赞成在新型武器装备上下更大的工夫。类似于马汉、米切尔、杜黑、富勒等一批思维敏捷、观念前卫的军事理论家则不然，他们对新涌现出来的武器装备十分青睐，认为这些装备不仅能够在未来战争中发挥巨大作用，而且还能在空中、水下、地面和水面形成广阔的战场，因而大声呼吁要夺取制空权和制海权。

美国年轻的飞行员米切尔和一些颇有战略远见的军事家就大胆预测：战列舰所构成的海上威力将丧失，由于战列舰将受到飞机和潜艇的双重威胁，所以发展战列舰在军事效能和费用权衡方面是得不偿失的。在未来，以战列舰为基础的水面舰队，不可能成为控制海上交通线的主宰力量。主张大力发展空军和空中力量的军事家们认为，空中力量改变了传统的进攻和防御概念。在传统的防御概念中，防御通常是线式的和多层次的，要想入侵一个国家的内陆本土，就必须突破这个国家在边界上建立的坚固的多道防线。如果这个国家濒临海洋，则要突破其以战列舰为核心组成的海上机动编队所构成的纵深防御防线，由前沿岛屿、炮台和岸基防御工事所构成的坚固防线，然后才能深入其内地和本土。飞机的出现使这些防线变得完全没有用处，它可以越过所有的这些海陆防线直接进入对手的本土或心脏地带，而对腹地纵深进行空中袭击作战，而且可以在令人难以想象的极短的时间内完成。进攻一方一旦使用空中力量夺取了制空权，对手的有生力量和用来支援战争的交通运输、物资储备及动员体系也将遭到严重破坏。因此，那些拥有强大的空中力量和握有制空权的一方往往就是战争的胜利者。

他们强烈呼吁，既然飞机有如此大的发展前景，应下大气力发展飞机而不是战列舰。美国海军当时拥有18艘战列舰，如果花费同样的价值，可以购买72000架飞机，这些具有军民两用、平战结合特点的飞机所发挥的作用肯定比战列舰要大得多。同时认为，由于飞机和潜艇这两种新型武器装备的发展和使用，已经使未来战争样式产生了根本的变化，所以，战列舰和水面舰艇正迅速失去存在的价值，它们不仅造价高昂、作战效能很差，而且不堪一击。

米切尔等人重视发展飞机，主张取消战列舰的观点虽然受到海军的强烈反对，并引发了一场大论战，但后来的实践证明是正确的，是有先见之明的。但米切尔鼓吹大力发展飞机的观点中过多地强调了发展陆基飞机而不是舰载飞机，他认为航母舰载机无法夺取制空权，过分贬低海军舰艇和潜艇的看法则被证明是过激和错误的。

保守派与改革派的思想交锋和理论辩争的结果是保守派理论占了上风。在这种保守落后的战略思想指导下，1918年第一次世界大战结束时世界航母和战列舰的比例为13：142，即便是到1939年“二战”开始的时候，这个比例也只有25：40，航空母舰的发展异常缓慢。相反，到1941年太平洋战争爆发时，日本海军航空母舰和战列舰的比例却达到了10：10，而保守的英、美海军强国的这个比例却分别只有7：15和7：16。由于没有数量众多的航空母舰，致使英、美海军在“二战”初期分别在太平洋战场和大西洋战场陷入被动。

链接 飞机、潜艇与航母的博弈

飞机和潜艇的出现，的确使战争理论和作战样式产生了革命，但如何认识这两种武器所引起的革命性变化，却是值得认真探讨的。由于飞机的出现，使海军水面舰艇面临的空中威胁增大了，这迫使海军不得不认真考虑编队防空问题，但并不是说飞机作用增大了，水面舰艇就一定要淘汰，战列舰、巡洋舰，甚至航空母舰在飞机面前将一筹莫展，只能成为飞机的靶子。显然，米切尔等人的观点过于偏激，实践也充分证明了这一点。航空母舰和舰载机的迅速崛起，以航空母舰为核心的海上编队的出现，充分证明海军水面舰艇在海上编队防空、夺取制空权和对海对地攻击方面的巨大作用。当然，没有舰载航空兵和以战列舰、巡洋舰为核心组成的水面舰艇编队，则无法夺取和保持海上制空权，所以其生存能力很差，作战效能明显降低。

关于潜艇出现对水面舰艇的冲击问题，米切尔等人认为潜艇威力已经强大到足以摧毁任何水面舰艇，所以战列舰、航空母舰这样的水面舰艇除了当作靶子之外将不会有任何用途，这显然又是一种过激的看法。大西洋反潜战充分证明，米切尔等人所预料的“潜艇将淘汰水面战舰”的情况并没有出现，相反，以水面舰艇和飞机组成的强大的反潜兵力却使潜艇的水下活动受到限制。在5年半的战争中，美、英等同盟国先后击沉德国潜艇778艘，不仅夺取了海上控制权，保卫了海上交通线，而且最终取得了大西洋之战的全面胜利。飞机和潜艇是战场上出现的两颗新星，它们分别向空中和水下拓展了当时的作战空间，使持续了数千年的以水面和地面为主体的平面作战空间第一次呈现出立体化。一种高新技术武器装备的出现和投入使用，往往会直接导致作战方式上的革命，然后便将促使军队的作战训练、编制体制和战略理论等产生一系列相应的革命。对于新生事物，人们都需要一个认识过程，飞机和潜艇一出现，不可能所有的人都立即认识到它们潜在的巨大作用和对未来战争的巨大影响力。

作为最先发明了飞机的美国，空中力量却一直未能给予应有的重视。第一

次世界大战期间，美国仍然以“航空勤务部队”的名义作为美国远征军航空队参战；战争结束后，航空勤务部队这个称呼包括了军用航空处和飞机生产局。1920年，美国陆军根据《陆军改组法》成立了航空勤务部队，这时它成了美国陆军中的一个兵种，即陆军航空兵。主张发展独立空中力量的军事家们对此愤愤不平，他们从战略理论、作战需求和装备发展等各种角度去论证空军独立的必要性，但直到1947年以后，空军才得以独立出来，单独作为一个军种。

20世纪50年代初，根据“核遏制”战略，美军便开始围绕如何确定军种发展的优先顺序，要裁减哪些军兵种，从哪里开始动刀子，各军种之间谁控制谁，谁优于谁，谁支援谁等一系列问题争吵不休。新任国防部长是前海军部长福莱斯特尔，他对发展航空母舰情有独钟，认为应该发展以航母舰载机为主的核力量。但他的观点与陆军和空军的观点相悖。据说，他由于三个军种无休止的吵架而最后导致自杀。

这位国防部长去世后，一位叫约翰逊的陆军部长接替了国防部长职务。这位新国防部长很快便站在陆军的角度，制定了一项主要依靠远程陆基飞机投送核炸弹的新军事战略，决定把空军发展放在最优先位置，用远程战略轰炸机取代航空母舰执行核战争使命。这样，空军首次得以发展75架重型远程B-36型轰炸机，而海军正在建造的美国号超级航空母舰计划则被迫取消。本来打算批量建造的企业级核动力航空母舰，也在反对的浪潮声中大幅削减，最终只建造了1艘。

军事革命为航母注入活力

科学技术的发展往往成为高新技术武器装备发展的原动力。当初航空母舰之所以能够快速发展，正是得益于飞机和航空技术的发展，所以在当时看来，无论是舰载机还是航母，都属于高技术武器。经过近一个世纪的发展，无论是舰载机还是航空母舰都成了强弩之末，与航天飞机、激光武器、粒子束武器、电磁炮、巡航导弹相比，航母根本算不上什么高技术武器，谁还愿意花大钱去购置这种过时的玩意儿呢。美国国防部综合评估办公室主任马歇尔博士更是语出惊人："今后20年在内，航空母舰、作战飞机和主战坦克都将被淘汰！"

20世纪90年代初开始的这场以信息技术为核心的军事革命，来势凶猛，影响巨大。C4ISR（指挥、控制、通信、计算机、情报、监视和侦察）、精确制导武器和信息战成为这场军事革命的核心和支点。站在军事革命的潮头，人们普遍认为：既然精确制导武器已经达到超视距、远射程、高精度、全天候的水平，能够从1000公里，甚至数千公里外把核弹头或常规弹头准确地投射到目标区，还有什么必要发展航空母舰和舰载机，特别是超级航空母舰呢？因而，网络化、信息化、一体化作战的数字化装备必将全面取代工业时代的航空母舰、主战坦克和作战飞机！航空母舰在世纪之交的今天再次成为人们批判的焦点实属不幸，但这种情形让人又回想起"二战"后初期的航母大论战，导弹核武器的出现曾经使人们头脑发热，想扔掉航母转而发展导弹核武器和战略轰炸机，半个世纪的实践证明，当初的想法是多么幼稚、荒唐而可笑。然而，为什么人们在军事革命兴起的今天，再次爆发出把航母淘汰出局的呼声呢？难道航空母舰真的到了走投无路的地步了吗？还有没有绝处逢生的境地呢？21世纪还需要航母吗？

在军事革命的策源地美国，国防部的官僚和学术界的专家在大肆散布"航母过时论"和信息战、网络战之类的超前军事思想，而海军部在做什么呢？他们一方面裁减数量，15艘航母被减少到12艘，还有1艘保留预备役，嚷嚷半天实际上减少了3艘老掉牙的破舰。另一方面提高航母的质量，常规航母全部退役，现役航母首次全面实现核动力化。2012年，世界上第一艘核动力航母企业号将退出现役，届时美国现役航母将只有一个级别，那就是尼

米兹级。再过两三年，一个新级别航母将会服役，它就是福特级航母。

今天，我们突然想起美国国防部综合评估办公室主任马歇尔博士的预言，他说，再过20年，世界上将不会再有航空母舰、作战飞机和主战坦克。到2015年就是20年了，我们看到的是美国将会拥有12艘全核动力的新型超级航空母舰，印度将会拥有3艘中型航空母舰，日本将会拥有2艘轻型航空母舰和3艘大隅级远洋两栖运输舰，英国、俄罗斯也在建造大甲板航母。航空母舰发展的步伐不仅没有缓慢下来，相反，在融入了电子信息技术、吸纳了新军事革命的最新成果之后，蜕变成一种综合集成度最高、融机械化与信息化为一体的军事装备，蕴含许多新的概念和内涵。

站在21世纪的历史制高点上，我们回望20世纪以来的几次航母大讨论，虽然每次都有唱衰航母的呼声，但航空母舰仍然坚定不移、斗志昂扬地驶向远洋。航空母舰的服役期是50年，美国最新一级的航母福特号将于2015年服役，此后，美国将可能建造10多艘福特级航母以取代尼米兹级航母。由此可以推论，美国福特号航母将会服役到22世纪。只要美国有航母，别国的航母就不会退役。由此看来，航母是否需要、航母是否有发展前途的争论显得没有什么必要。

美国福特号航母平面图

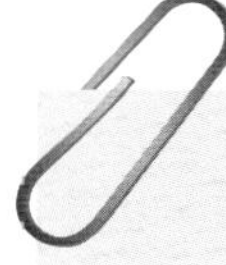

链接 航空母舰纵横谈

——腾讯网新闻中心访谈实录

主持人：亲爱的腾讯网友们，大家好！欢迎大家收看“召忠说军事”，2009年一开年，世界军事最热门的事情莫过于造航母了，新一轮的“航母热”在全球开始涌动。英国、法国、美国、俄国、印度等这些大国都在研发新一代的航空母舰。就在上周，日本新一代航空母舰日向号也正式宣告完工并正式服役了，看来航母确实是世界大国都在争相追捧的极其重要的战略武器。今天我们非常荣幸地请来了腾讯网的老朋友，军事专家张召忠教授。张教授您好！

张召忠：您好！大家好！

主持人：刚一开年，新一轮的“航母热”就在全球兴起了，我们知道您曾经研究过航母，首先我想请您为我们广大网友介绍一下：航母被这么多国家追捧，它究竟是一个什么样的武器装备呢？

张召忠：航空母舰是一个大型的武器装备，从第二次世界大战开始到现在，航空母舰的排水量是所有的武器当中吨位最大的，美国的尼米兹级航空母舰的排水量达到10万吨，一般驱逐舰也就是几千吨，航母的排水量大，吨位大，是一个巨无霸。另外，它携载飞机的能力非常强，一般来说，10万吨的航空母舰会携带80～100架的飞机。再一个就是，航空母舰是舰队的核心，比方说美国现在有300多艘舰艇，300多艘舰艇在编队中的编成模式都以航空母舰为核心，12艘航母就编成12个航母战斗群，都是以航空母舰为核心来编队，海军的兵力结构也是以航空母舰为核心进行编成的。

另外，航空母舰是一个国家综合实力的反映，也是一个大国的象征，联合国常任理事国（除了中国）都有航空母舰。除去联合国常任理事国以外，像西班牙、意大利、印度这些国家都有航空母舰，包括泰国和我们周边的日本、韩国这些国家都有。当然，各国的航空母舰不一样，大的航空母舰排水量10万吨，小的航空母舰排水量1万吨，但是不管怎么说，它也是一个国家强盛的象征、海军强大的象征、国家综合实力中的高科技实力的反映。航空母舰成为大家追捧的一个焦点。

主持人：它的主要的军事用途是什么呢?

张召忠：主要的军事用途就是说，它是陆地和近海沿岸海军力量向海上方向的延伸。我们知道，陆地机场起飞的战斗机由于受作战半径的影响，一般三代战机的作战半径是几百公里到1000公里，四代战机的作战半径大一点。一架飞机如果它的作战半径是1000公里的话，说明它是2000公里的航程，飞过去再飞回来。它飞到1000公里的时候，最多在那个地方逗留5分钟，然后赶紧回来，否则它就没油了。

飞机如果前伸到1000公里作战的话，你在那个地方逗留的时间或者巡航的时间或者战斗的时间就会非常短，如果是航空母舰前出到1000公里，在那个地方持续作战，飞机起飞以后可以连续作战一两个小时。当它降落时，别的飞机又飞起来了。

主持人：等于说，飞机巡逻和作战的时间增加了。

张召忠：这样就可以远距离作战，最主要的就是把陆地的机场延伸到海上远洋这个方向。能够保持持续的作战能力，能够保持空中的威力，就是航空母舰主要的作用了。同时，航空母舰还有一些其他的作用，其他的护航舰艇要保护航空母舰的安全，像驱逐舰、护卫舰、核潜艇等，一般有四五艘舰艇来给它

美国现役航母

护航，形成了不仅是制空还有反舰和反潜这样的作战能力。

主持人：刚才您也说了，各国的航空母舰不一样，大的有10万吨级的，小的有1万吨级的，那么，航空母舰是按什么来分类的？是按吨位分还是有什么其他的方法？

张召忠：航空母舰的分类很乱很杂，过去有一段时间按照飞行甲板来分，最早的飞行甲板叫做直通式飞行甲板，刚才您讲的日向号就是直通的，从舰尾到舰首就是这么一个甲板，这叫直通式飞行甲板。直通式飞行甲板它有一个什么缺点呢？飞机的起飞和降落不能同时进行，要么都起飞，不能说起飞的时候还要降落。

到了20世纪50年代，就发明了斜角甲板，多出一个角去。这样飞机在起飞的过程当中也可以降落，起飞和降落同时进行。有一段时间的分类就分成直通式飞行甲板航空母舰，斜角式航空母舰或者是大角式航空母舰。另外，第二次世界大战也有叫做攻击型航空母舰的，有的叫护航航空母舰。还有的按动力分，叫做常规动力或者是核动力航空母舰。

这个分法很多，但是我个人倾向于根据目前各国航母的情况，其实我自己对这个分类也有所调整，我分重、中、轻三种，6万吨～10万吨为重型的，四五万吨为中型的，2万吨以下为轻型的，现在世界上航空母舰一共有20多艘，美国占了一大半，从这个现状来看，我现在把它分成大中小三类，大型的、中型的、小型的，在这三个之外还有一个超级航母，它已经不能归到这些类了，它太庞大了，10万吨～11万吨，现在美国造的福特级满载量能够达到11万吨，属于超级航空母舰，5万吨～6万吨叫大型航空母舰，大型的有俄罗斯库兹涅佐夫号航母，还有三四万吨属于中型的，像法国的戴高乐号。还有俄罗斯卖给印度的戈尔什科夫号是37000吨，其他还有两个姊妹，在中国天津有一艘叫基辅号，深圳有一艘叫明斯克号，这都属于中型航空母舰。

印度准备造的这艘航母也是3万多吨到4万多吨，属于中型航空母舰，再下来就是轻型的了，轻型的一般是在2万吨以下，这里比较大的，到2万吨左右的，有英国的无敌级，无敌、皇家方舟这一类的都是2万吨左右的，还有日本刚服役的日向号，是18000吨满载排水量，标准排水量13500吨。接下来小一点的就是像韩国的独岛号航空母舰，泰国的轻型航空母舰，意大利的加里波第号，西班牙是阿斯图里亚斯亲王号，基本上这些都是属于轻型的了，1万吨左右，不到2万吨。

主持人：我想不管您说的大、中还是轻型，航空母舰的基本组成结构都是大同小异的吧？我想请您帮我们介绍一下它由哪些系统组成？

张召忠：日向号航空母舰是这样的，它现在有很多的称呼，一开始有人管它叫准航母，它立项的时候叫16DDH，16就是平成十六年，2004年开始建造的，DDH就是驱逐舰，美国和日本早期把它作为航母型驱逐舰来立项，但是到这个舰艇出来之后，日本自己说它是航母型护卫舰，是这么一个定性。

但是我个人认为，作为一个航空母舰有这么几个判断的标准，一是它有飞行甲板。飞行甲板有两种，一种是直通式的飞行甲板，直通式的飞行甲板主要是用来起降直升机或者是垂直／短距起降飞机，垂直／短距起降飞机过去有俄罗斯的雅克38铁匠，英国的无敌号上载的海鹞飞机，还有现在的美国装备的第四代战斗机F–35，F–35也具有垂直／短距起降飞机的能力，这些都可以在直通式飞行甲板上降落。

另外的飞行甲板就是斜角飞行甲板，斜角飞行甲板是装四个弹射器的，一般的直飞式都不装弹射器，美国的都是斜角甲板，大甲板。斜角甲板装四座弹射器可以同时弹射四架飞机。斜角甲板主要是弹射十几吨到三四十吨的飞机，飞行甲板是判断航空母舰的一个关键性的因素。日向号一看全都是飞行甲板，这肯定就是航母。

第二个就是光有直通式飞行甲板还不行，还得看它有没有机库，还需要有升降机，升降机可以把甲板上的飞机和直升机降到机库里去。为什么有机库呢？因为航空母舰在海上航行的时候受到海上盐雾的侵袭很容易锈蚀。咱们到海边都喜欢买海景房，海景房也很贵，你买的时候很高兴，但是住一年两年之间后就会发现窗子全锈了，因为海边盐雾的侵蚀非常厉害。如果飞机不放在机库里，老停在上甲板，照个相可以，作战可以，如果平时老放着那很快就会锈蚀了，所以一定要有机库。这个机库一般要占两层到三层甲板，是非常占空间的，因为飞机本身就很大，所以说海军的舰载机机翼都要折叠起来，把它放到机库里头。有没有机库或者是机库有多大，是衡量航空母舰很重要的标志。比方说有的航母，像美国的航母，要放100架飞机那得要多大的机库，首都机场要是放100架飞机得要多大的地方。放在航母的机库中，需要通过升降机的电梯上下运输，要有升降机，要有电梯，这个电梯是让飞机坐的，飞机从平台上移到电梯上，从电梯上进入机库，这又是一个判断的标准。

第三个判断的标准是它必须有航空指挥系统，就是飞机的调度，空域的管理，起飞和降落的指挥，飞行员的控制，舰上有另外一种编制，就是航空部门还有飞行员这一套系统，所以基本的判断的标准就是这三个，如果说满足这三个就是航空母舰。

主持人：航空母舰从“二战”开始到现在发展这么多年了，各个大国也都曾经拥有和仍在拥有航空母舰，航空母舰发展到现在这个阶段，这些大国还要再继续研发新型的航母，从技术上来讲，航母还有哪些突破？还能有哪些发展的空间呢？

张召忠：这其实是一个非常好的问题，因为随着新军事革命的推动，有一段时间大家都说航空母舰过时了，美国就感觉很有危机感，因为其他的国家也在造航空母舰，美国就想如何对航空母舰进行推陈出新，把军事变革的一些事情，信息化的一些事情都融合到航母中来。现在大家看到比较新的是美国的福特号航空母舰，现在正在建造，这艘航空母舰和以前的航空母舰相比有一些新的系统，一个是它的推进装置改用电力推进，这是一个很大的改进，再一个改进是它的蒸汽弹射器系统全部不再用了。

蒸汽弹射器系统，我们都知道这是英国的专利，然后被美国买了去，美国的航空母舰一直使用蒸汽弹射器。蒸汽弹射器是一个很古老、很传统的机械化

弹射前指挥飞机就位

系统，很复杂，但是很有用，这个东西其他国家都想学。比方说后来法国在建造中型航空母舰的时候，它曾经跟美国谈过，希望美国提供蒸汽弹射器，但是美国不提供，因为法国在军事上不服从北约领导，美国没有给它。俄罗斯在20世纪90年代研制航空母舰的时候就组织研究了十几年，没有破解蒸汽弹射器的技术，最后俄罗斯也没有搞出来，没有办法就只能利用跃升滑降甲板技术，使用米格-29或者苏-33舰载机，通过增大舰载机的推重比起飞。

实际上这么多国家都在着急，发展航空母舰没有蒸汽弹射器。美国这时却说我不要了，我现在要搞新的玩意儿，它搞电磁弹射器，电磁弹射器是利用电磁感应技术。电磁弹射器和蒸汽弹射器相比有什么更大的好处呢？更大的好处就是原来的蒸汽弹射器只能弹射重的飞机，比方说十几吨的飞机，但是它不能够弹射几吨重的或者是几百公斤的这种小飞机，只能弹射大家伙。福特号航空母舰改成电磁弹射以后能够弹射小飞机，还有无人机。为什么要进行改进呢？福特号再有几年就服役了，服役开始美国的航空母舰将进行重大的改进，有人驾驶的战斗机要大幅度减少，起码要减少24架，减少两个中队，要增加两个无人驾驶的飞机中队，这些无人驾驶的飞机要通过小的电磁弹射器弹射出去，电磁弹射器世界上没有，这是美国首创的。

另外，美国利用航空母舰作为一个大的指挥平台用来联合作战，这也是一个很新的创举，吨位还是10万吨以上，造价比以前高了，美国在造企业号和尼米兹号时的造价是34亿美元，福特号的造价是100亿美元左右，将来可能要到110亿美元，这是非常昂贵的。

主持人：刚才您也说了，100多亿美元确实是一个非常大的数字，现在处于全球经济危机的情况下，制造航空母舰又是一个费钱、费力、费人工的事情，为什么这么多国家还在经济危机的情况下研发新的航母？它是出于什么样的目的？

张召忠：因为经济与军事的关系非常密切，尤其是金融市场。某个国家如果要建造航空母舰，在消息透露出来之后，有关钢铁板块的股票就上升了，说明经济危机的情况下如果发生战争，如果造航空母舰，如果发展武器装备都会大量地拉动内需，而不是相反。我是需要投入，但是你想想它能拉动钢铁产业。

主持人：其实是一个刺激经济增长的方式。

张召忠：它是刺激经济增长，越打仗越刺激经济增长，打仗拉动需求，吸引人们的注意力，让人们从颓废中马上振奋起来，所以说是这样的一个过程。如果说有战争，有武器装备的发展，武器装备的建设会拉动经济，会带动大量的上游的和下游的一些企业，一艘航空母舰至少有上万家企业配套生产各种各样的东西。所以说它是拉动经济发展的一个措施。

主持人：日本、韩国、印度、泰国等很早就拥有了航母了，他们这些国家拥有航母的大概的情况是什么样的?

张召忠：大约1985年的时候，当时广东省中山市拆船公司从澳大利亚买了一艘墨尔本号的退役航空母舰，根据合同的要求，这艘航空母舰在拖到中山市以后被拆除炼钢。当时我就到这艘航母上看了一下，之前我没有见过航母，那个时候我还很年轻，不像现在已经很老了，我去了以后，在那个地方待了一段时间，所以我了解了航空母舰所有的技术原理，它的结构，每个地方的功能，从那个时候开始我就一直研究世界各国的航空母舰。

20世纪80年代，印度还没有自己造航空母舰的构想，一开始，它是想造2万吨的，换了国防部长以后又说印度这么大的国家怎么才造2万吨的，将来中国造的话有可能造大的，我们怎么能搞2万吨的呢？把那个方案推翻了，搞4万吨的。正在他想搞4万吨的时候，俄罗斯来劝他，说你搞4万吨的就不要造了，我那儿正好有一艘，我送给你算了。印度说，你送给我，有这好事吗？俄罗斯说造航母很难的，你看你要造这么大的航母，6000吨以上的造船厂都没有，印度一想也是，两手准备，准备自己造自己的航空母舰，既然俄罗斯要送给自己，那就送吧。俄罗斯说没有任何附加条件，我就赚你一个装修钱，装修钱得多少呢？第一笔就签了10亿美元。在俄罗斯的北德文斯克造船厂，多长时间能搞完？说是4年。去年印度去了一些军官去接那个航母，到那儿一看刚开工，说怎么回事，俄罗斯说这不行，10亿美元根本拿不下来，你再掏12亿美元，再加4年的时间，那就到2012年服役，10亿美元加12亿美元就是22亿美元了，印度就感觉很伤心，本来想自己造一个，也差不多该弄出来了，让我们2004年也自己造的话也差不多服役了，结果花了22亿美元了，今年又涨了7亿美元，成了29亿美元了，这还没试航，一试航又要花5亿美元，最终至少34亿美元，还弄了一个二手货，美国34亿美元就搞了一个尼米兹号了。印度就感觉是一块鸡肋，扔了很可惜，但是吃了闻又没有什么味道。

我们周边的一个国家日本的日向号服役了，是2004年开工建造的，日本这一点我很佩服，不到5年的工夫就搞出来了。人家2004年就说我这个航母2007

年下水，2009年3月份服役，到了2009年3月份就真的服役了，很厉害，而且第二艘2011年服役。这些周边的国家都活动起来了，连韩国都搞了一个独岛号航母。

主持人：制造航空母舰涉及哪些能力？

张召忠：第一个是政治上有没有条件。政治上有没有条件呢？比方说日本，日本在第二次世界大战时，最多的时候拥有27艘航空母舰，27艘全部被美国干掉了，全部击沉了，美国在最后一次莱特湾大海战的时候一次出动100多艘航母，上千架飞机来攻击日本航母。日本有没有能力造航母，它有，你给它两三年时间就能够搞一个4万吨的来，但是它受政治上的限制，它在政治上不是一个独立自主的国家，首先是和平宪法，日本以国家的名义永远放弃战争，不能拥有陆、海、空三军，不能拥有进攻型武器，除非它修改宪法。另外，政治上美国在日本驻军，你要搞大型的航母，美国先不干，中国也不允许，世界各国爱好和平的人们都会阻止这个事情。中国就不存在这个事，我想干什么你管不着，政治上中国是一个独立自主的国家。这一点中国是有利的。

然后是经济上。这次日本的航母花了1200亿日元，换算成人民币的话大约是92亿元人民币，咱们看看这个价格，我们国家今年和明年将会拿出4万亿元人民币来刺激经济，这个钱已经不存在问题了。现在很多人，我原来在海军工作的时候也有很多人要自己捐钱，中国一个人捐10元我们也能够造航母的，捐钱这个事情我想就不必要了，我们国家现在还不至于让大家捐钱造航母，如果是战争状态的话有可能，和平时期我们有这个财力，我们有这个能力，我们中国的GDP的增长这些年一直是非常快的，8%、9%，有的时候是两位数，今年还是6%～8%，我想财力上不存在问题。那就是政治上可行，经济上有钱。

第三个就是军事上需要。你要不要搞这个玩意儿，你像有的国家我感觉就没有太大的必要发展航母，比方说朝鲜，朝鲜就那点海域，它发展航空母舰干什么呢？它就没有必要发展。但是中国是这样的，中国的东海和黄海还好一些，但是南海，从海南岛出发到曾母暗沙，到中国最南端的海疆线要有2000～2500公里，这太远了。守卫我们的海疆线这个范围以及专属经济区这个范围是很大的任务，没有大的舰艇是不行的。

第四个就是技术上可行。航空母舰的技术可以说分为三大类，一大类就是传统的造船技术，航空母舰有很多技术是和平常的造船造军舰技术通用的，各层甲板的分布，焊接的工艺还有造船用的钢铁，传统的机电这些都跟一般的造船一样，我们自己造潜艇、造核潜艇，我们造商船已经能够造到10万吨、20万吨，造船一点儿问题都没有，这个技术是完全可以的。还有一块是涉及航空母舰的专用的技术，这是一个问题，这是航空母舰的关键技术。关键技术包括什么呢？包括在航空母舰上战机的弹射和起飞，要有蒸汽弹射器，这是一个关键技术，比较制约中国，俄罗斯搞不出来，法国也搞不出来，法国最后是自行研制的，美国也不给它，这是一个关键技术，要么你研制弹射器，要么就采用别的方式。

主持人：现在好像只有美国拥有这个。

张召忠：要么你采取别的方式起飞，这是一个关键技术，还有阻拦索的技术，阻拦索就是有四道大约大拇指这么粗的钢缆，大约半米高，安装在航母尾部。飞机着陆的时候用尾钩钩住任何一个阻拦索就能拦截，使飞机平稳停下来。飞机在地面上降落能放减速伞，在海上就靠阻拦索。我到航母上看，这个索两端是若干齿轮，根据这个齿轮结构的原理，就是小齿轮带动大齿轮，不同的齿轮变换就吸收了飞机降落向前滑行的能量，这是一个非常高难度的技术，这个事情搞不好也不行。比方说库兹涅佐夫号前两年在训练的时候，一架飞机可能是苏-33，苏-33起飞很正常，不用弹射器，苏-33起飞以后绕了一圈回来，回来以后成功地钩住了四个阻拦索当中的一根，然后顺利地平稳地停在甲

准备降落

板上，停住之后，飞行员以为停好了，就把发动机关了，就在这个时候阻拦索断了。断了以后飞机还有一点点惯性，就像汽车停在坡上，发动机停了但是忘了拉手刹了，还有一个往前的惯性，就看见这个飞机慢慢掉海里了。我从研究航母开始，就没有发现过阻拦索断的，所以这个阻拦索，俄罗斯都弄不了，这是一个很重要的技术。还有飞机着舰，因为航空母舰在海上是不平稳的，如果说航空母舰大一点还可以，大一些就晃得幅度小一些。晃有两种，一个是横摇，一个是纵摇，甲板上要有灯光，要有助降系统，这一套对中国来说也是新的，中国历史上没有研制过航母，所以我们没有这种技术，这些对我们是一个挑战。但是这些东西我想对于中国人来讲并不是最难的，这几个困难是能够克服的，这是第二类关于航母的特种设备。

第三类就是电子设备。电子设备我们不成问题，电子系统、雷达、声呐、导航、通信、电子战设备，因为其他舰艇上都有我们移植过来就行。

主持人：我们知道航母不是一个单打独斗的系统，它需要其他的船只进行辅助和护卫，我们国家目前这些辅助护卫舰艇的发展能否适应未来的航母呢？

张召忠：我们这次去索马里护航的舰艇171舰，被称为神盾。衡量一个舰艇大约有几个要素，一个是它的排水量，排水量是不是处于世界领先水平。我们这几年建的舰艇都在6000吨～7000吨，这个排水量是和美国、俄罗斯一个水平的。俄罗斯这些年落后了，日本、韩国走在前头，日本、韩国比英国、法国、意大利都要走得快，非常厉害，这些年韩国和日本像金刚级、世宗大王这些都非常厉害。第二个就是看舰的舰形，这艘舰是不是有隐形功能，它的外形设计是不是比较现代，舰上是不是全封闭。三是舰上一般的武器配备，武器配备主要是看它有没有导弹垂直发射系统。导弹垂直发射系统是衡量舰艇非常重要的标准，像韩国和日本的舰艇都采用美国的MK-41导弹垂直发射系统，日本的日向号也装了MK-41，导弹垂直发射系统应该说90年代以后建的战舰都有，日本、韩国它们都有。

四是看雷达，过去的雷达是机械扫描的，来回转的，现在的雷达是固定的，电子扫描，相控阵雷达。还有是看这个舰艇是不是能够携带一架到两架的直升机，还有直升机库。电子方面看它能不能有数据链，进行编队的通信和指挥控制，所有我说的这些要素我们新造的舰艇全具备。那就是说，我们的舰艇已经具备21世纪世界发达国家先进舰艇所具备的水平，但是俄罗斯不行。俄罗斯的舰艇在我刚才所讲的这些方面远远落后，它没有这些条件。比方说，俄罗斯舰艇把各种设备乱七八糟都排放在甲板上，满得要命，特别难看。现在西方舰艇包括我们国家造的舰艇非常整洁，是全封闭的，有什么设备你看不到，像隐形的舰艇，瑞典的舰艇连炮都不露在外面。我们国家的舰艇现在应该说比俄罗斯的舰艇要先进不少，俄罗斯的水平很好，但是它的劲没有用在这个方面，下一步俄罗斯也想发展，也想造航母，想造6艘航母，俄罗斯的技术也有这个传统，但是这几年有点落伍了。

主持人：我们都知道，舰载机是航空母舰不可或缺的一个重要武器。

张召忠：航母的舰载机采取一种什么样的方式是个问题。说到舰载机在航母上的起降，一般的战斗机在地面上起降要2000～5000米的跑道，航空母舰上的跑道只有两三百米，还不能都给你跑，你真正能够起飞使用的也就一两百米。飞机要在200米内起飞，它要求发动机的推力和功率要非常大，瞬间爆发的推力要非常大，而且飞机不能太重。俄罗斯的米格-29，它的起飞重量在15吨~16吨，15吨~16吨是什么概念呢？例如，日本日向号上面载的CH-53超级种马直升机的重量应该在23吨～25吨，就是说日向号的一架直升机的重量都比俄罗斯米格-29舰载机的重量重出10吨去，你想想它还有什么战斗力，你像鸟似的飞着好玩可以，但是你飞出去打不了仗，它就是这么大重量，这是一个问题。但是俄罗斯的苏-33还是不错。

主持人：这些航母上作战的官兵，对他们肯定有一些特殊的要求，对于这些官兵的培养、培训，都需要哪些过程？培养出一名合格的航母指挥官大概需要多长时间？

张召忠：从美国来讲，培养航母的指挥官通常是这样的，航空母舰的舰长一般第一个要素就是，你必须是航空母舰舰载机的飞行员，美国的航母舰长全都是飞行员出身，一般是飞战斗机的，比方说杜鲁门号的飞行员，他的成长简历我了解过，他曾经飞过F-14、A-6、A-7、F/A-18，是一名优秀的飞行员，飞到一定程度就安排他到一个中级的飞行学校去当飞行教官，当了一段飞行教官感觉他教得不错，就当飞行教研主任，再接下来在飞行学校里当校长，中校军衔。从他自己驾飞机一直到培训别人，怎么样给别人讲解怎么开飞机，然后到飞行学院的院长，这个时候就让他到地方的一所大学学习核动力，什么意思呢？这是往舰长方向培养，你光会飞不行，你光训练别人飞不行，你光知道飞机的原理不行，你还要知道航空母舰上的核动力，因为核动力非常重要，包括动力、机电，维修、损害管理、损害保障，舰艇总体这一套系统全都要学习。因为航母上面有2500个水密舱，相邻几个舱进水以后，采取措施得当是不会沉的，这一套措施都要学。动力、损害管制，舰艇上的维修保养，整个的机械电子电路等都要学。这是舰长需要掌握的。

到第三个阶段以后，毕了业没有让他当舰长，让他到大西洋舰队当参谋，为什么要当参谋呢？要熟悉舰队以上的指挥作战流程。当参谋跟着首长学习，进行战法的创新，理论的创新，学习联合作战，不同军兵种的联合作战，学习期间他个人参与了一些作战行动，之后让他到海军战略小组学习一年战略研究，毕业之后让他当航空母舰的副舰长，副舰长不管作战的，负责吃喝拉撒睡，管人的，就管这些东西。在航空母舰当了一年的副舰长，然后让他到两栖舰艇上当舰长，两栖舰艇是配合航空母舰作战的，最后才让他当航空母舰的舰长，当时是上校。这个人我研究了他的经历，他基本上是这样。

美国的太平洋总部司令又换了，我发现美国的太平洋总部历任海军司令无一例外都曾经是航空母舰的舰载机飞行员，而且至少飞行3000小时，比方说法伦，接下来是基廷，麦凯恩也是飞行员，老布什原来也是飞行员，美国的航母舰载机飞行员是一个舰长成长的基础。美国航空母舰舰长的成长历程对于中国未来航空母舰舰长的培养是一种很好的参照，但是我们不一定有它这么复杂，但是这个路线应该是大致差不多的。

主持人：有一种观点说航母是海上“漂浮的活棺材”，您怎么看待这个问题，有没有更好的战术和方法打击航母?

张召忠：“航母是海上‘浮动棺材’”这句话是赫鲁晓夫说的，他说的背景是20世纪五六十年代赫鲁晓夫当政的时候，美苏处于一种核大战的状态下，美国正在建造美国号航空母舰，当美国号航空母舰造了一半的时候，空军就发起了一场运动，说航空母舰没有用，美国号六七万吨，搞这么大的一个东西在海上像浮动的棺材一样，苏联一枚核导弹就把你搞沉了，我用这个钱还不如发展战略轰炸机，或者是搞陆基的洲际导弹那就更省事，直接就把核武器发射出去了。美国总统感觉有道理，说这样吧，以后海军不要造航母了。美国号就停下来了，把本用来造航空母舰的钱用来发展空军的战略轰炸机B-52。这个事就造成空军特别乐，钱全部弄来发展空军了，海军就停了，海军的将领就据理力争，说怎么回事，这个航母还是有用的。海军的将领说航母有用，但他在国会里没有什么声音。海军不用说了，航空母舰是肯定不造了，现在就是发展飞机，发展陆基的洲际导弹。当时有很多笑话，连陆军也要发展核武器，陆军说不能空军发展，我们也要发展，它发展加农炮，加农炮上发射核弹头，最后发现这可能是世界上最傻的一个东西，加农炮的射程只有30公里，把敌人杀死的同时自己也死了。在这种情况下，赫鲁晓夫就说航空母舰没用，这是海上“浮动棺材”，所以说苏联不要发展航空母舰，这是在特定情况下说的。

但是以后你再看，美国当时说不发展，以后比谁发展得都凶，从6万吨造到10万吨，越造越多，当时苏联说航母是浮动的棺材，最后它也造了7艘，现在剩了1艘，但毕竟造出来了，都服役了。什么东西都有优点和缺点，航空母舰的优点就是在海上是一个浮动的机场，是海军兵力结构的核心，能够快速地形成战斗能力，而且有制空制海的战斗能力。换一句话，如果真是打核战争，确实核炸弹也很容易把它摧毁，而且潜艇也很容易把它摧毁，这些都是它的弱点，航母一个是怕核武器，一个是怕核潜艇。但是不用这些东西的话，你打航母很难。

第二次世界大战当中，日本的航母基本上被美国干掉了。第二次世界大战以后的航母没有一艘沉过，当然也没有大规模的战争，战争也有，越南战争、朝鲜战争，但是不足以把美国的航空母舰打掉。在和平时期，基本上危机和冲突比较多，航空母舰还是威慑力比较大，从这个角度来讲，航空母舰还是威慑力度最强的一种武器装备。

主持人：由于时间关系，今天就到这儿，谢谢张教授做客腾讯。

美国福特号航母

第三章　航母舰载机的前世今生

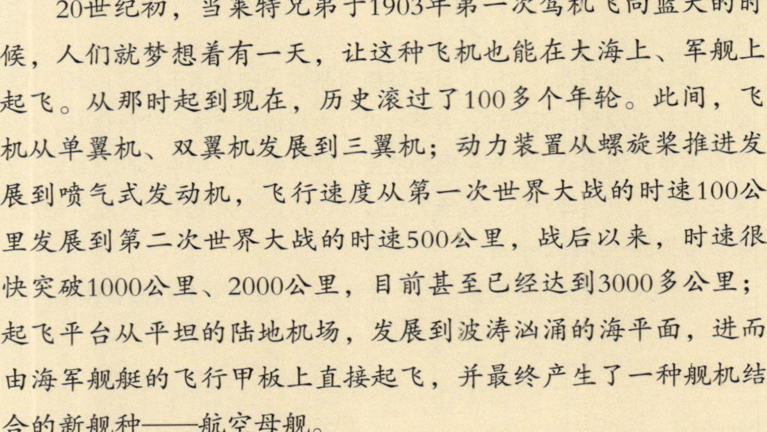

20世纪初，当莱特兄弟于1903年第一次驾机飞向蓝天的时候，人们就梦想着有一天，让这种飞机也能在大海上、军舰上起飞。从那时起到现在，历史滚过了100多个年轮。此间，飞机从单翼机、双翼机发展到三翼机；动力装置从螺旋桨推进发展到喷气式发动机，飞行速度从第一次世界大战的时速100公里发展到第二次世界大战的时速500公里，战后以来，时速很快突破1000公里、2000公里，目前甚至已经达到3000多公里；起飞平台从平坦的陆地机场，发展到波涛汹涌的海平面，进而由海军舰艇的飞行甲板上直接起飞，并最终产生了一种舰机结合的新舰种——航空母舰。

舰载机的发展历程经历了哪些坎坷，舰载机是怎样在航空母舰上起飞和降落的，未来航空母舰将携载哪些类型的舰载机，请你阅读本章内容。

陆基飞机上舰

20世纪的钟声刚刚响过，两位美国的修车匠莱特兄弟就异想天开地制造了一架叫做“飞机”的机器，居然在1903年驾驶它第一次飞上了蓝天，这无疑成为新世纪开始的一件新鲜事。飞机的出现使敏感的军人们嗅到了新技术革命的味道，陆军在思考如何用来进行空中侦察，而海军做起了如何才能让飞机在军舰上起飞和降落的美梦。

1909年11月3日，一位名叫乔治·斯维特的海军军官，搭乘一架美国陆军飞机上天飞行，想亲身体验一下坐飞机的滋味究竟有多么好受。恐怕连斯维特自己也没有料到，他居然成为美国海军历史上第一位上天飞行的美国海军军官，在美国，他算是第一个穿着军装“吃螃蟹”的人。斯维特的空中之旅给当时担任海军部长的乔治·梅耶先生以重大启迪，他感到海军军官乘坐陆军的飞机上天有失军种尊严，海军必须开始探索关于飞机的问题。1910年9月26日，这位新潮的海军部长便任命华盛顿·查伯上校作为他的助理，专门负责航空装备方面的工作，这位查伯上校从此便成为美国海军部第一位负责航空方面的军官。

1910年11月14日，一位24岁的小伙子尤金·埃利，驾驶一架柯蒂斯式飞机，从一艘舰首铺设木制飞行平台并经过简易改装且处于锚泊状态的伯明翰号（CL-2）轻型巡洋舰上起飞，然后在陆地降落，从而成为第一位从海军舰艇上起飞的飞行员。几个月后，这位埃利先生又开始继续他的飞行试验，这次的试验将进行相反的动作，即如何在舰上降落。1911年1月18日上午11时01分驾驶柯蒂斯式飞机从陆上起飞，11时58分成功地降落在处于停泊状态的宾夕法尼亚号（ACR-4）装甲巡洋舰的后部经过改装的飞行甲板上。埃利成功的飞行试验，证明陆基飞机在海军舰艇上起飞和降落是完全可能的，这给予海军军官们以巨大的鼓舞。

由于当时的舰艇吨位较小，过于狭窄和短小的飞行甲板很难给上舰的陆基飞机提供足够的助跑空间。能不能给飞机提供一种外部推动力来加速飞机在军舰上的起飞呢？1915年11月5日，亨利·马斯丁海军中校驾驶一架AB-2型飞机从北卡罗莱那号（ACR-12）舰艇上起飞，开始进行首次弹射起飞试验。最早是采用压缩空气推动，后来利用甘油炸药瞬间爆发的推力来做试验，当然，还用飞轮快速旋转的方法来助飞，也采用过液压式弹射器弹射的方法。经过多年的试验，直到1934年11月1日，美国海军才制造和试验成功MK-IH型舰用液压弹射器，这种弹射器使弹射重型飞机成为可能。

飞机在舰艇上如何起飞的问题解决之后，怎样在航行中的舰艇上降落又成了一大难题。刚开始时是在飞机底部装一个浮筒式滑翘装置，先在水面上降落，然后用吊车把飞机吊上舰艇。这种方法显然过于笨重，应该考虑一种能让飞机在航行中的舰艇上降落的方法。最简便的方法是人力拉阻着舰，就是飞机着舰前先示意一下或打个招呼，舰上选几个身强力壮的大汉站立于甲板两侧，待飞机着舰之时，便七手八脚地直接拽住降落中的飞机的任何部位就可以了。这种办法对付小飞机可以，稍微大一点、重一点、速度快一点的飞机就拽不住了，怎么办呢？人们在飞行甲板的两侧布设了许多装满沙子的麻袋，中间系上一些很粗的绳索，降落中的飞机放下尾钩钩住绳索就可稳稳地落在舰上。这个办法非常有效，一下子就解决了飞机着舰的难题，所以它一直沿用至今，当然阻拦索不再是绳索，但基本原理是完全一样的。

喷气式飞机上舰

1939年“二战”开始的时候，航母舰载机还主要是使用陆基飞机，根据海上作战的特殊需要，也开始研制一些海上专用的舰载机。由于弹射和阻拦装置的配备使用，所有舰载机都改装了舰上起降设备。这时的舰载机种类有较大的变化，战术技术性能也有明显的提高，战斗机、鱼雷机、轰炸机、战斗轰炸机等广泛装备使用，飞机速度已经达到每小时380～660公里，续航力960～1840公里，飞机重量2.4吨～6.3吨。从1941年年底的珍珠港事件到20世纪60年代初，约20年，这是航母技术突破最大的一个阶段，也是20世纪中航母数量最多、航母作用最大的一个历史阶段。“二战”前夕，世界上只有29艘航空母舰，到1945年“二战”结束时就发展到180多艘，还不包括战损的那些航母，也不包括用商船改装的200多艘护航航母。从技术上来看，这个时期有两大突破点：喷气式飞机上舰和采用蒸汽弹射器、着舰阻拦装置和助降装置。

1942年，德国人和美国人分别研制出了首架喷气式战斗机。7月27日，德国试飞了一架梅塞施密特-262型喷气式战斗机，因而成为世界上第一架喷气式战斗机。不过，两个月后的10月2日，美国也试飞了一架P-59型喷气式战斗机。螺旋桨飞机是采用活塞式发动机，靠螺旋桨产生的拉力来推动的，航速最快每小时仅达750公里。喷气式发动机和螺旋桨发动机的原理不同，它是靠空气和煤油燃烧后所产生的大量高温高压气体，向后喷射而推动飞机前进的，所以一般在机身前面和侧面都开有专门的进气口，机身后部留有喷口。喷气式发动机可获得较高的推重比，使飞机获得较高的飞行速度、高度和机动性能。

挡焰板竖起，准备弹射起飞

1945年喷气式战斗机首次上舰，把螺旋桨飞机每小时150~600公里的航速一下子提高到1100多公里，飞机的重量增加到20多吨，体积也大大增加。这些突如其来的变化对航母提出了新的更高的要求，于是，航空母舰开始了一系列革命：先是安装蒸汽弹射器，就是用一台锅炉和储气罐来专门制造和存储蒸汽，飞机起飞前先把它调整到滑轨上，用轮挡固定住，再用挂钩把飞机和弹射器的牵引钢索连接起来，然后撤掉轮挡，竖起位于飞机尾部用来遮挡气流和火焰的挡流板。这时，飞机启动发动机，当达到一定推力时弹射器突然释放蒸汽，蒸汽的推力要超过飞机重量的3~4倍，进而把飞机推出长达75米的弹射器，然后飞机开始自行控制飞行。

超音速飞机的上舰虽然获得成功，但同时也给着舰带来不少麻烦，比如在茫茫大海中舰载机如何寻找和发现自己的母舰，由于恶劣气象而导致母舰大幅度横摇和纵摇时，舰载机飞行员如何确认母舰的水平位置并准确把握着舰的时机，如此高的飞行速度在着舰时能否在长度只有几十米的距离内稳稳停住，这一切最终导致飞机着舰阻拦装置和助降镜等辅助降落设备的装舰使用。同时，为了在一艘航母上同时起飞和降落多架飞机，还采用了斜直两段式飞行甲板，从而为航空母舰的大型化奠定了基础。

航空母舰难度最大、风险最大的就是舰载机起飞和降落，因为很多飞机事故都出现在这两个阶段。陆地机场的飞机跑道长度3000～5000米，即便是推重比最好的飞机，起飞跑道长度也要有700～1000米长，尽管如此，飞机起降过程中还经常发生事故。航空母舰的飞行甲板，大型航母只有两三百米，一般中型航母只有100多米，何况航母平台随波逐流，受天气和海况的影响很大，横摇纵摇都非常厉害，始终不可能有一个类似陆地跑道那种非常平稳的状态，要想在这样的平台上成功起降，难度可想而知。

在最初阶段，由于飞机很轻，速度也很低，所以起飞时赋予它一个初始速度再加上人力的推动，飞机就可以起飞了。后来，飞机重量增大，速度也提高了，如何从舰上起飞成了一个问题，于是人们开始研究和试验各种外力助推的方法。当时试验的方法主要有：用压缩空气推动，用甘油炸药瞬间爆发的推力推动，用飞轮助飞，用液压式弹射器弹射等。

航母起降方式很多，随着飞机的不断改进，起降技术也不断更新。最早的起降方式就是什么都不用，飞机靠自己的两个轮子就能够起飞和降落，一架小飞机在舰艇上边搭块板就飞走了。到了1911年，美国有一位叫西奥多·埃里森的海军上尉，他发明了一种办法，就是用三条绳子拉着，前边装着砝码，往前头一抛，给一个重力加速度，这样飞机就飞走了。后来，埃里森又对这种原始的弹射器进行改进，研制成功压缩空气弹射器，于1912年11月12日进行了人类史上第一次弹射起飞。

飞机弹射起飞后长达90米的弹射器留下烟雾带

以后研究出一种液压式弹射器，就是搞了一个储压桶，弹射飞机的时候短时间内把那个储备的压力猛然释放出去，推动飞机起飞。这个办法倒挺有用，对小飞机很有效。以后就搞飞轮式和火药式的弹射器等等。火药式弹射器很有意思，火药爆炸以后，利用短期产生的爆炸效应，把飞机推出去。这种火药式弹射器现在还在用，现在发射无人机就是用这种方式。把无人机置于发射轨道之上，在后边点燃火药，利用爆炸产生的初始推力一下子就把它给推出去。现在我们发射火箭、卫星都是利用这种火药式推进原理。

飞行甲板的演变

1913年的时候，航母处在萌芽时期，当时是利用巡洋舰和商船改装水上飞机母舰，就是在这类舰船上用木板搭起一个平台，用来携载水上飞机，到达作战海域后，用舰船上的吊车把水上飞机吊到海面上，飞机从海面上起飞执行作战任务。返航时同样停在海面上，再用吊车吊到舰船上，有时则干脆飞回陆地降落。当时英国的肖特-184是一种很不错的水上飞机，属于鱼雷轰炸／侦察机，航速每小时140公里，飞机重量2.4吨，续航力240公里。舰载机主要是陆基通用的轰炸机和战斗机，航速每小时220～280公里，续航力500～900公里，飞机重量1.2吨～4.2吨。

利用巡洋舰等作战舰艇改造的常规起降飞机航母，就是把主炮拆了以后，在舰首装一块60～90米长的甲板就可以了。当时的飞机很小很轻，飞行甲板有一个10度左右的自然下滑坡度，飞机发动机开足马力，自己用滑轮向海平面方向滑下去就能起飞了。当时是螺旋桨飞机，飞行速度很慢，这样的方式就能够确保顺利起飞，但是起飞之后怎么降落却成了一个大问题，最早飞机从航母上起飞以后就在陆上降落，或者是落在海面上，然后再用吊车把飞机吊上来。很显然，这样操作太麻烦，也不利于作战使用。后来，就把巡洋舰舰尾的炮也拆了，在上边搭了一个专门用来降落的甲板，很快就解决了飞机着舰的问题。

后来，开始建造常规起降飞机航空母舰，在舰上设有专门的飞行甲板，最初的飞行甲板是首尾两段式的，前面的一段飞行甲板呈倾斜状，向海面自然倾斜一个角度，以便给飞机一个初始速度，让它顺利起飞。在舰艇的尾部则设有另外一个飞行甲板，那是用来让飞机降落的。首尾两段式飞行甲板就是舰首有一段，舰尾有一段，中间为什么没有呢，因为中间是指挥用的舰桥，当时的舰桥是舰长指挥舰艇航行和对海对空观察的战位。

在使用中发现，首尾两段式飞行甲板如果单纯从前甲板起飞没有关系，单纯在后甲板降落也没事，如果在前头起飞的同时在后边降落，会产生一种物理现象，即围绕舰桥周边产生一种湍流，这是一种莫名其妙的气流，这个气流很强，再加上海风的话，足以把飞机吹到海里去。很明显，舰桥是造成湍流的最大元凶。那时候的舰桥比较复杂，因为当时的舰艇是烧煤或者烧油的，所以舰上的大烟筒就有三四个，还有好多纵横交错的桅杆，桅杆上装满了雷达和通信设备。这个东西太碍事了，但是把它拆了以后烟囱和桅杆怎么办？后来人们想了个办法，飞机起飞的时候就把三四个大烟囱都给它放倒，这个办法最早是日本人想出来的，等飞机起飞以后再把烟囱给竖起来，这个办法是可以的，但操作起来太复杂了。

后来感觉这样做很麻烦，索性就把中间的舰桥也给拆了，前后两段飞行甲板连通成为通长型飞行甲板，舰面上所有的东西都不要了，就平平的一个甲板。飞行甲板下面用立柱支撑起来，上面一马平川，所以当时人们把这种直通式飞行甲板的航母叫做平原型航空母舰。这样一来就好多了，飞行甲板扩展成200多米，中间有一个网子，前面起飞有100多米，后边降

飞机起飞前飞行甲板调整

落也有100多米，起飞和降落可以同时进行，如果把网子拿掉以后，从后边往前可以全都用来起飞，所以这种直通式的飞行甲板在第二次世界大战当中非常流行。

直通式飞行甲板有什么问题呢？就是不能起飞大飞机，尤其是喷气式飞机上舰以后，就必须要用蒸汽弹射器了，不能这边弹射飞机，那边降落飞机，这是不可以的。战争进行过程中非常麻烦，有时候前面的飞机着急要起飞，后面的飞机又着急要降落，打了半天仗燃油耗没了，如果不让它降落，一分钟后可能就掉到海里了，不能说等着前面的飞机弹射完了再降落，所以起飞照样进行，降落也应该同时进行。怎么解决这个问题呢？英国有一位上校叫卡梅尔，20世纪50年代他想出了一个主意，他说搞成斜直两段式飞行甲板不就可以了嘛，一段叫直通式飞行甲板，另一段再搞一个斜角飞行甲板，斜角甲板和直通式甲板的夹角是10度，这样如果起飞在直通式飞行甲板上进行，降落就可以在斜角飞行甲板上进行，两架起飞和降落的飞机按照各自不同的轴线进行，两不耽误。

卡梅尔的这个设计最终得到英国海军的认可，美国最早在中途岛号航母上进行了试验，1952年就连续试验了400多次，最后感觉这是个很好的办法，就固定下来了。美国现在所有的航母都采用这种斜直两段式飞行甲板，在斜直两段式起飞甲板上装有4部蒸汽弹射器，斜直两段各装2部，在降落甲板上装4根阻拦索，这样就可以确保飞机起飞和降落同时进行。

舰载机弹射起飞

最早的飞机很轻，只有不到1吨重，俩人一抬就起来了。以后发展到五六吨，时速达到150～200公里，第二次世界大战的时候达到500～600公里，1945年以后喷气式飞机出来了，时速超过1000公里，以后发展到2000公里。速度提升这么快，重量也大了很多，原来一架飞机两三吨、五六吨，一般的弹射器很快就弹射出去了。第二次世界大战的时候有很多弹射器很好用，像液压式弹射器、轮式弹射器都很好，但是那些正规的航空母舰根本不用，像美国的列克星敦号等航母，都是三四万吨，很大，舰上的直通式飞行甲板有90～100米长，而飞机很轻，螺旋桨飞机自己就能够起飞，不用弹射，弹射器主要用在护航航母，或者飞机运载航母上，那上边密密麻麻装了几十架飞机，甲板空间很小，只有五六十米，这样的情况下只能弹射起飞。

战后初期，航母舰载机发生了一些重大变化：在机种方面，除传统的战斗机、攻击机外，航空母舰上新增加了战斗／攻击机、反潜机、预警机、加油机、侦察机、电子战飞机和直升机等一些崭新的机种。在飞机性能方面，主要的舰载作战飞机都实现了超音速飞行，主要作战飞机的重量已达30吨以上，作战半径达到700公里左右，而且能够进行空中加油。在舰载机的武器配备方面，实现了导弹化和制导化，不仅能够进行远程精确打击，而且还能使用激光制导炸弹凌空轰炸。

1946年，第一架鬼怪型喷气式战斗机在美国海军罗斯福号航空母舰上起飞，这种在重量和速度方面都比螺旋桨飞机大好几倍的新型飞机使航空母舰面临严峻的考验。老式的弹射阻拦装置和直通式飞行甲板已很难满足它的战术需求，于是，航空母舰开始更换新型弹射阻拦装置。

1950年英国海军航空兵后备队司令米切尔率先研制出动力冲程45.5米的BXS-1蒸汽弹射器，它用舰上主锅炉的蒸汽作动力，弹射能量大，安全性和加速性能好，并装备在英国海军英仙座号航空母舰上。1951年8月，英国航空母舰的舰载机第一次从10度斜角的飞行甲板上试飞成功。后来美国人又于1960年研制成功了内燃式弹射器，并安装到企业号核动力航空母舰上。不过，这种内燃式弹射器仍不能令人满意，所以，除装备内燃式弹射器之外，还装备有蒸汽弹射器。

蒸汽弹射器实际就是一台往复式蒸汽机，只不过其动力冲程很长。蒸汽弹射器由发射系统、蒸汽系统、拖索张紧系统、润滑及控制系统等部分组成。工作时，由锅炉产生高压蒸汽，并把这种高压蒸汽储存在蒸汽室里，弹射前，用拖索将舰载机钩在往复车上，一旦将高压蒸汽充入汽缸筒，蒸汽的巨大压力推动活塞，活塞带动往复车，往复车就带动舰载机飞速向前滑动，从而将飞机弹射出去。如美国的C-13型蒸汽弹射器，可将36.3吨重的舰载机以每小时339公里的高速弹射出去。

60多年来，世界上几乎所有大、中型航空母舰都是装备这种蒸汽弹射器。这种弹射器最大的优点就是弹射速度快，基本上20～30秒就可以弹射一架飞机，晚上准备的时间会长一点，大约80秒钟可以弹射一架飞机。像尼米兹级这样的重型航母，设有四台弹射器，在直通式甲板可以同时弹射两架飞机，在斜角甲板也可以同时弹射两架飞机，四架飞机都可以同时弹射出去，不到一个小时，舰上几十架飞机都可以升空，所以这个工作效率是非常高的。

航空母舰通常在舷侧、岛形上层建筑或者前飞行甲板上都标有该舰的舷号，比如尼米兹号航空母舰的舷号是CVN-68，这是表示“核动力航母”，编制序列第68号。飞行甲板通常划分专门的区域，比如飞机调整区、飞机起飞区、飞机降落区、武器装载区、指挥控制区等等。在飞机起飞和降落过程中，严禁无关人员到甲板上去，因为航母在飞机起飞的时候必须保持高速航行，而且风大浪高，舰面上气流不稳定，如果无关人员在舰面上到处溜达，很容易发生危险。

我们平时经常看到美国航母上密密麻麻放了好多飞机，其实那是专门为了拍照片摆设的，平时不能把飞机都放在上面，因为海上很潮湿，盐雾侵袭很严重，如果每天放在飞行甲板上日晒雨淋、盐雾侵蚀，飞机寿命就会大大缩短。因此，平常一般把飞机放在机库里头，用的时候就给它提上来。舰上设有3～4部飞机升降机，机库在下面，飞机从下边乘升降机上来，每一部升降机的提升重量是108吨左右，一次可以提升两架，就是30吨～35吨的飞机可以提升两架，当然在机库停放和进入升降机的时候机翼是折叠的，这样节省空间。

机库位于飞行甲板下面，飞机在机库和飞行甲板之间的移动需要借助于升降机。早期航母的升降机一般布置在飞行甲板的中线上，称之为“舷内升降机”。这种升降机不受风浪影响，但它既影响了飞行甲板的强度，又影响了飞机的起降。美国在1942年完工的埃塞克斯号上首先采用了舷侧式升降机，它消除了上述缺点，不过也存在着易受风浪影响的不足。权衡利弊，舷侧式升降机被普遍应用于现代航母上。美国海军从福

飞机升降机

指挥飞机就位

弹射准备完毕，可以起飞

莱斯特号开始一律使用舷侧式升降机，一般设4部，左舷1部，右舷3部。以企业号上的升降机为例，它是用镁铝合金制造的，长23.5米，宽15.9米，面积374平方米，自重105吨。这种升降机可容纳2架主翼折叠的A-7攻击机，具有1分钟内升降全重47.6吨的能力。

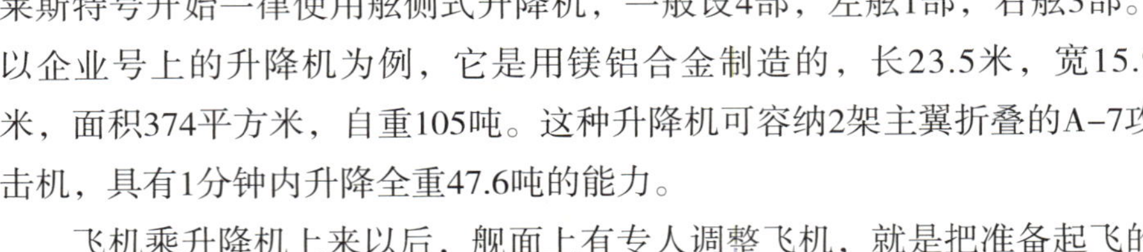

飞机乘升降机上来以后，舰面上有专人调整飞机，就是把准备起飞的飞机调整就位，比方说这架飞机要起飞，要用一号弹射器进行弹射，就给它调整到一号弹射器的位置。蒸汽弹射器的原理其实就相当于一个弹弓、弓箭或猴皮筋，先储备能量，然后突然释放能量，一下子就弹出去了。弹射器就像是一个大弓箭，飞机就好像是搭在弓弦上的一支箭，拉满了弓以后突然释放就把箭射出去，就是这个道理。

调整到位以后飞行员打开座舱，开始登机，检查舱室内的仪表工作状况，然后把座舱关闭，伸手示意，把飞机上的牵引挂钩放下去，在空勤人员的帮助下把飞机对准弹射器下边的挂钩，连接到弹射器上，飞机往前稍微走一点，拉紧这个锁钩。空勤人员检查看是不是拉紧了，这个时候飞行员坐在座舱里头，重新检查座舱内仪器仪表的工作状态，看看有没有什么东西没有固定好，哪怕是一支铅笔随手放在那儿，飞机起飞也会对人造成伤害，因为飞行速度很快。

飞机弹射之前后边有一个挡板，叫做燃气导流板。这个导流板必须要竖起来，因为飞机发动机的尾焰非常炙热，很容易烧坏飞行甲板。如果是单发的发动机要竖一个导流板，双发发动机就竖三个导流板，左边一个，右边一个，后边一个，往前一推，这样飞机尾焰就不会烧坏航母甲板。为防止高温燃气烧坏导流板，导流板还装有供循环冷却水流动的格状水管。目前美国使用的这种水冷式喷气导流板，放下后与飞行甲板齐平，能承受31.572吨重的飞机在中等海况下从上面通过或静止不动地压在板上。

舰载机离舰瞬间

空勤人员检查完了之后，飞行员启动发动机，开到最大马力，松开手刹，让弹射器的动力传递到飞机上来，手抓着油门，但是油门必须要锁定，因为在弹射瞬间飞行员有可能会突然失去知觉，这个时候必须确保始终要给油，发动机处于连续工作状态。飞行员准备好了就示意准备完毕，可以弹射。穿黄背心的弹射器准备人员就启动弹射器，在波峰浪谷的变换过程中抓住一个波浪升起的过程，突然弹射，飞机顶着风、迎着浪似离弦之箭冲出去。这个时机的把握很重要，顺风升力不足，浪涛向下跌落的时候弹射飞机很容易使飞机栽进海里。

飞机弹射出去以后，速度是非常高的，蒸汽弹射的这个推力要比飞机的重量大3～4倍，只有这样才能把它推出去。飞机弹出去之后，在离开航母的瞬间，会有一个短暂的向下沉降，这个时候是非常危险的。沉降的原因是惯性所致，因为飞机太重，或者推力比较小，这是很自然的现象，沉降一下没关系，飞行员马上可以拉起来，然后再往前开，这个过程是非常刺激的。

随着航空母舰吨位的增大，以及弹射和阻拦装置的改进，舰载机的机种结构和战术技术性能都产生了巨大的变化。在机种方面，除传统的战斗机、攻击机外，航空母舰上新增加了战斗／攻击机、反潜机、预警机、加油机、侦察机、电子战飞机和直升机等一些崭新的机种。在飞机性能方面，主要的舰载作战飞机都实现了超音速飞行，主要作战飞机的重量已达30吨以上，作战半径达到700公里左右，而且能够进行空中加油。舰载机的武器配备实现了导弹化和制导化，不仅能够进行远程精确打击，而且还能使用激光制导炸弹凌空轰炸。

对于航空母舰而言，一次舰载机起降就相当于一次中等规模的战争，这话的确不假。一项调查表明，对航空母舰生存能力威胁最大的重大事故有三种：飞机起降、火灾和爆炸。在对215架次舰载飞机的飞行事故进行分析后发现：33%发生在起降时刻、32%发生在空中、35%情况不明。因此，舰载机的飞行事故比岸基飞机要多一倍以上。1981年，美国海军舰载机A级事故率竟是岸基飞机的3.8倍。

蒸汽弹射器的缺点相当明显。众所周知，蒸汽机的热效率是比较低的。为了将淡水烧成蒸汽，必须耗费大量的能源，要为贮存燃料留出额外的空间。如果直接从舰上的动力装置中引出热能，用于航行的功率就要大大降低，舰速会相应减小；而在飞机起飞和降落时，正需要航母以30节左右较高的航速逆风前进，减小航速自然对起降不利。航空母舰分系统多、结构复杂，而蒸汽弹射器除了要在舱内留出设备位置外，还需要大型水箱来存放淡水，弹射1架中型战斗机，大约要消耗1吨淡水。如此一来，整个航母的尺寸和吨位就不得不加大，蒸汽弹射器也因此只能用于大中型航母。一艘大型航母上配备有80架左右的飞机和5000多名舰员和飞行员，每天的淡水消耗量相当惊人。如果不能及时从岸上或辅助船上补充水源，就必须自己制造淡水；而到目前为止，尚没有一种令人满意的高效、节能的淡水制造装置。因此，带蒸汽弹射器的航母的运行费用相当高，一般国家即使装备了航母也根本负担不起。目前，解决航母所需淡水的最佳途径，是利用核动力装置制造淡水。4部蒸汽弹射器每天要消耗淡水320余吨，而1艘大型核动力航母每天可自产淡水3000吨左右，可以满足需要。

为了克服上述缺陷，美国下一代航母将使用电磁弹射器。电磁弹射器由通用原子公司研发，它利用电磁技术来弹射舰载机，而不是目前航母上基于蒸汽的弹射技术。海军要求通用原子公司研制4部电磁弹射器，每部重530吨，但每部弹射器最终超重约100吨，使总重超出400吨。海军感觉没关系，就算电磁弹射器重630吨，航母仍能够满足需求。4部电磁弹射器可以共享电气系统和变换器，这样使电磁弹射器的保障系统更加可靠，一个部件出现故障后不会对相应的弹射器产生影响。样机试验表明，电磁弹射器能够将45359公斤的小车加速到每小时200英里。传统的蒸汽弹射系统需要120余名舰员操作，新型电磁弹射系统只需要90人即可。新型电磁弹射器可以让飞行员更加平稳地升空，从而避免了蒸汽弹射器因瞬时过载而导致的颠簸之苦。美国海军2009年采购电磁弹射器，2011—2012年间将其安装到航母上，2015年装有电磁弹射器的福特号航母将服役。

舰载机阻拦着舰

飞机不像导弹，从舰艇上发射出去就不管了，舰载机还有一个回收的问题。飞机在舰艇上起飞的难题解决之后，如何在航行中的舰艇上降落又成了一大难题。刚开始是在飞机底部装一个浮筒式滑橇装置，先在水面上降落，然后用吊车把飞机吊上舰艇。这种办法显然过于笨重，应该考虑一种能让飞机在航行中的舰艇上降落的办法。最简便的办法是人力拉阻着舰，就是飞机着舰前先示意一下或打个招呼，舰上选几个身强力壮的大汉站立于甲板两侧，待飞机着舰之时，便七手八脚地直接拽住降落中飞机的任何部位就可以了。这种办法对付小飞机可以，稍微大一点、重一点、速度快一点的飞机就拽不住了，怎么办呢，人们在飞行甲板的两侧布设了许多装满沙子的麻袋，中间系上一些很粗的绳索，降落中的飞机放下尾钩钩住绳索就可稳稳地落在舰上。这个办法非常有效，一下子就解决了飞机着舰的难题，所以它一直沿用至今，当然阻拦索不再是绳索，而是换成了拇指粗的钢缆，但基本原理是一样的。

超音速战斗机在陆地机场降落的时候，通常要拖降落伞降落，即便如此也要滑跑很长距离才能停稳。大型航母飞行甲板总共才有300多米长，用来降落的区域也就是几十米长，飞机要在这样短的距离上准确降落而且快速停稳难度可想而知。因此，要求飞行员在上航母降落之前，先在陆地上进行起降训练，至少要完成800个起降才能上航母。上航母以后，训练满一年才能正式起降，所以培养一个舰载机飞行员是非常难的。

阻拦索

飞机着舰之前飞行员通过助降系统自己找平衡，高了不行，低了也不行，高了以后就会从航母上空飞过去了，低了以后就会撞到航母尾部甲板坠海，所以必须把握到最佳位置，这个很难，因为飞机本身要保持机身稳定，舰艇虽然很大但在海浪的作用下，纵摇横摇都没有规律可循，瞬息万变，情况复杂，飞行员只有通过大量的训练、自我感觉和经验积累才行。

1952年，英国海军中校格德哈特设计成功了第一代航母助降镜——反射式光学助降镜。这种光学助降镜是在甲板上设置一面大曲率的反射镜，从舰艉向镜面打出灯光，灯光通过镜面反射到空中，给飞行员提供与海平面成3.5～4度夹角的光柱。飞行员则驾驶飞机沿这条光柱往下滑落，同时以飞机在镜子中的位置修正误差，使飞机安全降落在甲板上。通常，助降镜的光柱可照射2海里以上。

20世纪60年代，为适应喷气式飞机着舰的需要，英国人研制成功了“菲涅耳”透镜式光学助降镜。这种助降镜由甲板边缘装置、电源和控制板组成，安放在航空母舰飞行甲板中部靠左舷的一个稳定平台上，以保证透镜发出的光束不受航空母舰摇摆的影响。透镜式光学助降镜的装置可发出5层光束。这5层光束与飞行跑道平行，和海平面保持一定的角度，形成5层波面。这5层光束中间为橙色光束，向上向下分别为黄色和红色，两边为绿色基准光束。当舰载机下降时，舰载机飞行员就观察助降镜，如果看到的是橙色光，就可以准确着舰了；如果看到的是黄色光束，说明飞机所在处太高，需要下降高度；如果看到的是红色光束，说明飞机所在处太低，需要上升高度，否则就会撞在航空母舰的舰艉上；如果看到的是绿色光束，说明飞机偏左或偏右了，需调整水平位置。

20世纪70年代以后，美国人为保证飞机全天候盲降，率先装备了“全天候电子助降系统”。这种助降系统通过装设在航空母舰上的精确跟踪雷达，测得飞机在降落过程中的实际位置和运动情况，将这些测得的参数输入计算机中心，得出舰载机正确的着舰位置，并将舰载机的实际位置和正确位置在计算机中心进行比较，然后发射到舰载飞机的终端设备内，指令舰载飞机的自动驾驶仪自动修正误差从而准确着舰。这样，不论晴天还是雨天雾天，舰载飞机都能以几十秒的间隔不断地降落到狭窄的航空母舰甲板上。

在螺旋桨飞机和直通式甲板航母时代，飞机着舰后必须在飞行甲板2/3处停住，否则就会冲入前方停机区。在直通式甲板航母上设有10～15

舰载机尾钩钩住阻拦索瞬间

道阻拦索和3~5道防冲网。现代航空母舰的舰载机降落区位于飞行甲板尾部，设有4道阻拦索，阻拦索钢缆有拇指粗，距离舰面高度30~50厘米，第一道阻拦索距离舰尾的距离大约是55米，第一道和第二道之间的间隔是14~15厘米。陆基飞机在快到机场降落的时候要先把起落架放下来，舰载机没有起落架，是一个尾钩，要把尾钩放下来。飞机减速到三四百公里时速，根据气象条件并参照舰尾的助降镜自主降落，尾钩只要钩住一道阻拦索就行。钩住以后，飞机的巨大能量传输到阻拦索，阻拦索通过一系列复杂的齿轮传动系统吸收飞机降落时的能量，强迫飞机在90米的短距停下来，但此时飞机仍应保持三四百公里的时速，一定不能停机，以保持万一不能停稳能够继续复飞的动力，直到飞行员和空勤人员确认后才能够停机。美国航母的MK-73型阻拦索缓冲器可使30吨重的舰载机以140节的速度着舰后滑跑91.5米停止。舰载机停下后，阻拦索自动复位，迎接下一架着舰机的到来。

飞机降落过程是非常危险的，经常出事故。在战争状态下，飞行员因为受伤或神志不清醒，自己难以判断飞机与舰面的相对位置，所以经常出现飞机撞击航母尾部甲板坠海、从航母尾部甲板侧翼坠海、没有钩住阻拦索反而跌跌撞撞冲向上层建筑撞坏其他飞机和舰上设施、多次降落钩不住阻拦索最终因燃油耗尽坠海等事故。但是，从来也没有发生过因阻拦索断裂而导致舰载机坠海的事故，这样的事故却在俄罗斯库兹涅佐夫号航母上发生过，苏-33飞机尾钩钩住阻拦索后发动机停机，结果此时阻拦索突然断裂，飞机已丧失复飞的动力，惯性导致飞机摇摇晃晃地掉进大海。

在白天天气条件良好的情况下，飞机尾钩能够钩住第二道和第三道阻拦索为最佳，这样的飞行员一般占62%～64%。钩住第一道和第四道阻拦索的飞行员就比较少了，约占16%和18%。第一次降落失败后复飞的概率，白天一般是15%，即100架次只有15架次飞机要复飞，绝大多数飞机能够一次降落成功。晚上高一些，复飞率在15%以上。

舰载机垂直起降

航母舰载机弹射器从甘油式、火药式、飞轮式、液压式发展到蒸汽式，现在美国正在建造的新一代航母福特级又发明了电磁式，应该说弹射技术已经非常成熟，而且经历了长达半个多世纪的使用，可靠性很好。尽管如此，这么一个弹射技术其他国家却一直掌握不了。弹射器是航母的关键技术，没有这个东西，重型飞机就很难升空，重型飞机不能上天，航母平台造得再好又有什么用？

20世纪50年代，美国国家航空航天局就曾为航空母舰设计过一种微翘斜板并进行过试用，以便弥补弹射器功率的不足。但由于蒸汽弹射器的功率满足了喷气式舰载机的起飞需要，美国海军不久便将滑橇起飞方式束之高阁。20世纪70年代，英国海军成功试飞垂直／短距起降海鹞式舰载机之后，海军中校道格拉斯·泰勒建议对滑橇起飞方式进行深入研究，以扩展这种飞机的活动空间，提高其作战效能。英国军方采纳了这一建议，并与西班牙合作，在地面上利用斜板滑橇起飞，对海鹞式飞机进行了一系列试验。垂直／短距起降战斗机采用滑橇起飞的好处是，可以节省燃油、增大航程、提高载弹量。

垂直/短距起降飞机的起降方式很特别，发动机是可以旋转的，正常状态下，可以像常规起降飞机那样飞行和降落。如果把发动机旋转一下，让喷口向下，就可以产生向上的升力，这个时候飞机就可以拔地而起，从而实现垂直起飞和垂直降落。飞行员通过调整喷口的方向和角度，便可改变飞机的飞行姿态。这种飞机实际上把固定翼飞机与旋转翼飞机的原理合二为一，综合集成，使用起来很方便，不仅可以在中型航空母舰上使用，1万吨的轻型航母也没有问题，甚至有一块35米×35米大小的空地便可起降，所以非常适合于在较小的岛屿或航母上使用。美国、英国、苏联等分别研制了AV–8B鹞式、海鹞式和雅克式垂直/短距起降飞机，并装备了航母和两栖战舰。1982年马岛海战期间，英国海军特混舰队携载了28架海鹞式飞机，为执行空中作战任务出动1100多架次，为支援进攻出动90多架次，击落阿根廷飞机23架。

作战使用中发现，这种飞机由于在起飞和降落过程中燃油消耗过大，致使其作战半径缩小，武器携载能力降低，作战效能还不如重型直升机好，所以热度迅速降低。在这种情况下，各国又开始思考如何降低油耗的问题，最后英国人发明了滑跃式飞行甲板，就是在飞行甲板上搭建一个上翘的甲板，用来供垂直/短距起降飞机起飞。由于把原来的垂直起飞改变为短距离滑跃起飞，所以节省了燃油，增大了作战距离。这种飞机现在是轻型航母的主战飞机，英国、意大利、西班牙都在使用。

最初，英国海军无敌级的无敌号和卓越号的上翘角度为7度，而皇家方舟号为12度。皇家方舟号航母满载排水量20300吨，能搭载8架海鹞式垂直起降战斗机和12架海王直升机，舰艏部加装了一段滑橇跑道，将飞行跑道约27米长的前端做成向舰艏上翘的曲面。大量的计算和试验证明，斜坡甲板的上翘角为10～15度时，舰载机的滑跑距离最短。滑橇甲板可以增加武器装备或燃油的装载量，增大

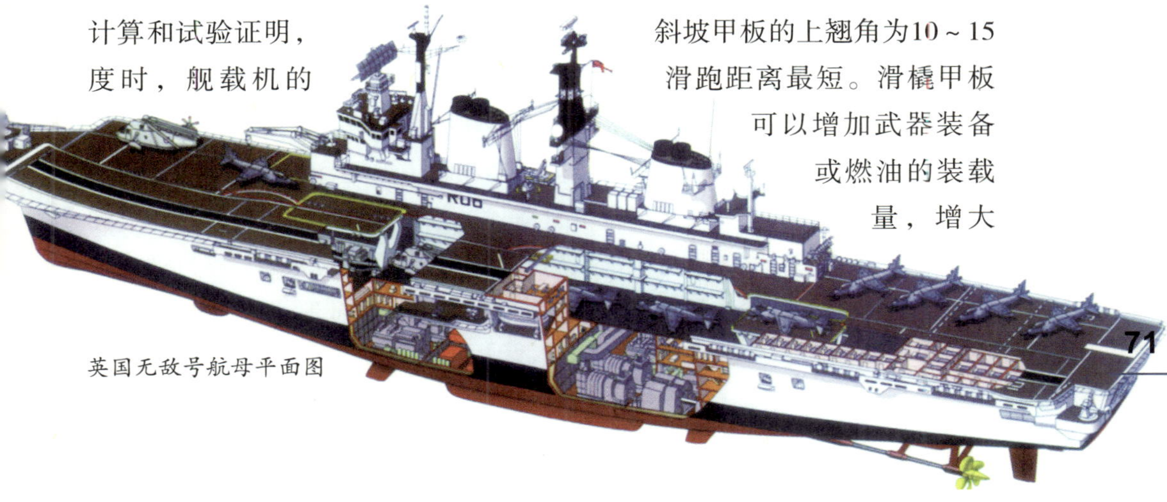

英国无敌号航母平面图

飞机的作战半径。以无敌级航母为例，当舰载机在其滑跃式甲板上滑跑180米时，机上可多携带1.2吨的燃油或武器。此外，滑橇甲板起飞舰载机相对平直甲板而言更安全、更可靠。平直甲板短距起飞舰载机时，升力稍有不足就容易坠沉入海；而舰载机在滑橇甲板上起飞时，由于增加了向上的动量，在离开舰艏后能稳稳地平飞前行而不易沉坠。继英国第一艘无敌级航空母舰1980年服役之后，意大利海军装有6.5度滑橇甲板的加里波第号航空母舰于1985年服役。1988年服役的西班牙阿斯图里亚斯亲王号、改装的印度维拉特号，以及1997年服役的泰国差克里·纳吕贝特号航空母舰，装设的都是12度滑橇甲板。美国新服役的第四代战斗机F-35也采用了垂直／短距起降的技术，在研制过程中还聘请英国的专家参与其中。F-35不仅具备优良的常规起降能力，短距起降能力也很好，所以将来有可能会取代海鹞式飞机。

除垂直／短距起降飞机外，20世纪80年代美国研制成功一种新型偏转翼飞机，它是集固定翼飞机与直升机特点为一体的高技术舰载机，目前美国正处于研制和试飞阶段，将来主要作为海军陆战队的舰载机。所谓偏转翼飞机就是说它的旋翼可以旋转，在机翼的端部，装有可以旋转的发动机，飞机起飞的时候，旋翼处于水平向上的位置，因而可以像直升机那样垂直起降或在空中悬停；在飞行状态，旋翼可以转向前方，用产生的拉力拉着飞机向前飞行，它的最大飞行速度每小时660公里，比直升机高一倍。美国装备使用的V-22鱼鹰偏转翼飞机，它的最大垂直起飞重量为18吨，如使用150米长的跑道，起飞重量可增大到26.8吨。为便于舰艇携载，V-22的机翼还可以折叠，折叠后的飞机最大宽度只有5.5米。

苏联先后搞了三级航母，都没有试验成功弹射器，这不能不说是一个巨大的遗憾。第一级航母是莫斯科级，因为没有弹射器，只能起降直升机，垂直起降。第二级是基辅级，因为没有弹射器，所以不能携载常规起降飞机。第三级是库兹涅佐夫级，当时苏联下决心解决弹射器问题，因为这一级航母必须携载重型舰载机。但是，苏联组织研究了十多年，弹射器居然没有研究出来。美国实行技术封锁，想学习借鉴也没有机会。在这种情况下，借鉴了英国无敌级航母采用滑跃式飞行甲板的思路，不再把技术攻关的重心放在研究弹射器上，而是转向提高飞机的起降性能。这个思路很重要，从此以后就把精力放在米格-29和苏-27K上，苏-27K以后改名叫苏–33。舰载机的改进重点主要是加大发动机的推力，提高推重比，增强飞机的爆发力，使之能够在很短的距离上依靠自己的巨大推力，无需外力助推自主式起飞。这是一个很重要的观念创新，基本上解决了苏联常规起降飞机上舰的问题。

苏联人一直没有解决蒸汽弹射器的技术问题，因此经过反复论证最终修改为使用滑跃起飞甲板。在一系列的舰载机起降实验之后总结经验再次发展出了长53.5米、宽17.5米，升角改为14度，并安装了新型的阻拦索装置。1982年7月24日，由试飞员沙道夫尼克驾驶苏霍伊设计局的T10–3首次在地面起飞制动试验装置模拟器上作了阻拦索装置的试验。8月21日，由试飞员阿尔法·法斯托维兹驾驶米格–29的舰载型号试验机成功从T–1上起飞，米格–29k原型机起飞重量为12吨，滑跑距离为250米，起飞时速达到240公里。8月27日由沙道夫尼克驾驶的T10–3完成从起飞制动装置上冲出滑跃起飞甲板模拟试验平台装置上起飞的试验。T10–3起飞重量18.2吨，滑跑距离不到230米，即以232公里的时速成功起飞。9月9日，著名的“眼镜蛇”动作试飞员普加乔夫驾驶T10–3从T–1装置上以更短的距离滑跃起飞。试飞后得出的综合数据显示：T10–3起飞重量18吨、最重22吨时，需要滑跑距离142米，起飞速度每小时178公里；米格–29k原型机起飞重量最大14.5吨，起飞滑跑距离150米，起飞速度每小时180公里。之后，陆基型的苏–25YTF也进行了36次起飞降落试验。

根据物理学原理，滑跃式的甲板有一个10～15度上翘的自然坡度，这就为飞机提供了一个向空中投射的抛射角，就是说飞机本身如果推重比很高的话，自己就会产生一个向上抛射的力，八九十米的距离就可以自主起飞了。苏–33是重型飞机，米格–29是轻型飞机，这两种型号飞机的推重比都很好，都具备短距起飞的能力，没有问题。但是，其他飞机则没有这个能力，所以不可能在航母滑跃式飞行甲板上成功起降。所以，苏联创新的这种东西只解决了一部分问题，多种类型飞机在航母上起降的大问题其实并没有解决。现代战争是一体化作战，没有预警机、电子战飞机和空中加油机的配合，光战斗机升空有什么用？只是一个靶子而已！所以，苏联在航母舰载机起降方面仍然处于困境之中，这个问题始终困扰着其航母的发展和使用。

A-12复仇者之死

如果把航空母舰比作是弓，舰载机就是箭，两者结合之后才是“弓箭”。由此可见，舰载机的发展建设是何等重要。舰载机的服役年限通常是15年，超过此限要么退役，要么进行现代化改装。因此，舰载机更新换代的速度非常快，研发和制造舰载机成为航母国家的一项重要任务。大有大的难处，即便是美国，也为如何为航母配备合适的舰载机伤透了脑筋。

20世纪90年代以前，美国军种之间相互独立，一般情况下海军和空军在重大武器装备发展项目方面互不通气，各行其是。海军绝对不使用空军的飞机，因为海军认为自己是老大，为此会提出种种说辞，比如海军舰载机有很多特殊的地方，弹射起飞，阻拦着舰，机翼需要折叠，航电设备特殊等等。20世纪90年代以后爆发的军事革命，强调横向一体化，武器装备要互联互通互操作，各个军种和部队要有联合作战的思路，在这种情况下，海军和空军要想发展重大武器装备项目，就不可能再各行其是了。这种新的形势，对海军舰载机研制项目是一个沉重的打击，致使其费尽周章研制的A-12复仇者舰载隐形攻击机黯然下马，取而代之的是F-35闪电联合攻击战斗机。当然，该型飞机性能很好，由于海军、空军和海军陆战队联合研制，节省了经费，降低了造价，提高了效能，从军事革命的观点来看，也是一个战略机遇。A-12复仇者倾注了美国海军和研制部门的大量心血，A-12复仇者所经历的苦难应该引以为戒，很值得其他航母国家学习借鉴。

舰载机机翼折叠

20世纪80年代，美国海军提出一种“先进战术攻击机”（ATA）计划的原型机，是美国八大新技术军机计划之一。1988 年，美国海军与通用动力和麦道公司集团签订合同。先投资 790 万美元，时间限期 11个月，确定了研制方案。美国海军成立了专门的型号办公室，随后签订研制合同，初步预算 4.8 亿美元。预计总生产数量 858 架，海军计划购买 620架，海军陆战队购买 238 架，空军也考虑购买 400 架，估计平均单价约1亿美元。

原计划在20世纪 90 年代中期替换 A-6 攻击机，号称使用了比空军 F-117A 更先进的隐形技术，同时有效载荷能力也远大于F-117A。A-12采用三角形飞翼式布局，双发双座，载弹量可达10吨。与A-6E相比，A-12的速度更快，航程更远，并且可在内部弹舱内挂载大量武器，以减少阻力并维持低雷达截面外形。在具体的指标上，除要求有良好的隐形性能外，A-12 还要求作战半径比 A-6E 大 60%，载弹量高40%，低空水平增速性能，瞬时盘旋角速度和最大盘旋角速度都要比 A-6E 好，甚至最大盘旋角速度要与 F-18C相当或更好一些。在对地攻击时以相对于 23 毫米高炮燃爆弹为准的被弹面面积计算，应与 A-10 相当或只有 A-6E 的 1/12，F-18C 的1/5。

现在看来这些战术和技术指标也是十分高的，很不容易达到。如研制成功，A-12将是进入美国海军服役的第一种大量采用复合材料的先进隐形舰载飞机，美国空军当时也准备用A-12II型来取代 F-111 战斗机。A-12的性能与现有飞机比较，最大的进步不是在性能参数上，而是在于隐形。如果说一种雷达能在 80 公里远处探测到美国海军的飞机，而 A-12 抵近到 16 公里时才被探测到，使得敌方的反应时间大大缩短，增加了 A-12 的任务灵活性和生存能力。当 F/A-18 和 A-6外挂武器作战时，最大速度大大降低，雷达截面则放大数倍，而具有内部弹舱的 A-12 没有这方面的困扰。

为了提高隐形性能，A-12 采用三角形飞翼式布局，完全没有尾翼和明显的机身。机翼面积 109.6 平方米，翼展 20.2 米，前缘后掠角约为 47 度。停放航母机库内时左右翼尖部分可折起，这时翼展只有 9.83 米，满足对航母载机的尺寸限制，增加在航母内存放数量。机长 10.85米，机翼根部厚度约 2.1米。双座串列座舱布局，但由于受机翼影响，后座空勤人员下半球能见度很差。在驾驶舱右侧壁板上部装有一个收放式空中加油探管。两台发动机装在机翼当中，梯形进气口在机翼下方，喷口在机翼后上方，这样配置是为了提高隐形性能。

A-12 的最大有效载荷为 24 枚 MK-82 炸弹，每枚 224 公斤，另外还有自卫用的先进中距离空对空导弹，总载重 6 吨以上，相当于 F-117A 飞机的 3 倍，而 A-12 机体大小只比 F-117 稍大一些。海军声称A-12 还可以再外挂武器，但这样做大大增加 A-12 的雷达可探测性，只适合遂行不需要隐形性能的任务。

A-12 的航程超过 A-6，当携带 12 枚 MK-82 炸弹，按高—低—高剖面飞行，其作战半径为 1220 公里。A-12 的速度和机动性也超过A-6，并具有较强的空空作战能力。

1990 年 4 月，时任国防部部长切尼批准了A-12飞机的采购计划，但作出降低生产速度和取消 238 架海军陆战队订单的决定，保留了海军620 架飞机的订单。切尼同时决定将空军的订单推迟超过 5 年，从 1992 年推迟到 1998年，并从海军计划中分离。确定首飞日期为 1990 年 12月，1993 年进行航母适应性试验，1995 年夏进行作战使用鉴定。美国海军订购首批发展型飞机 6 架，后来增加到 8 架，每架是2 亿美元的天价。

1990 年 6 月美国海军觉察到该项目的发展存在严重的问题，于是与国防部组织联合调查团进行全面审查。1990 年 11月，调查结果表明主要承包商隐瞒了大量问题没有向海军报告，该项目办公室也没能发现。A-12 由于在结构上广泛使用复合材料而备受困扰，复合材料并没有达到预期的减重效果，因达不到要求，一些构件最后不得不使用更重的金属部件来代替。飞机腹部蒙皮开口太多，两个机翼翼梁承受负荷很大，必须加强，复合材料也要特别加厚，改进工作量很大。飞机重量超过30 吨，比预期超重 30%，逼近航母舰载机重量上限。另外在复杂的逆合成孔径雷达系统上也遭遇困难，先进航电发展全面迟延。

通用动力公司和麦道公司曾要求将其首飞时间推迟到 1992 年年初。费用方面，据承包商估计，研制费及第一批生产费将超支 8.5亿美元以上。最后，由于“不确切因素太多，谁也不能说清楚”，特别是性能和费用方面的问题，1991年1月7日切尼下决心该项目全部停止研制，并否决了美国海军提出的调整组织、修改战术和技术要求继续研制的方案。当时有人估计A-12已经变得如此昂贵，以至于它会耗尽未来3年内70% 的海军飞机预算。

在 A-12 项目终止后，海军启动 AX 项目来取代 A-12。海军估计 AX 单机价格1.5亿美元，比 A-12 “经济”得多。1992 财年，AX 项目收到 1 亿美元启动资金。AX 基本上是 A-12 的简化型，在航程、有效载荷，特别是隐形性能方面都低于A-12。海军强调新项目将侧重攻击能力，而舍去华而不实的空战能力，他们不再需要一种“面面俱到”能执行所有任务的攻击机，就像 A-12企图达到的那样。但是 1993 年年初，国会预算草案办公室发现砍掉 AX 项目将在未来 5 年内节省 36 亿美元，于是在 1993 年年底中止了AX项目，至于 A-6E 后继机问题，经过几年争论，最后确定了对F / A -18舰载机进行大改的方案，这就是现在已装备使用的 F / A-18E/F。同时，美国海军与空军联合研制“JSF联合攻击战斗机”已经装备空军使用，2015年起将首先装备福特号航母。

福特号航母至少携载75架飞机，其机种机型大大简化，作战效能成倍提高，使用维护更加方便。舰载机包括4个F / A-18战斗 / 攻击机中队，F-35闪电II型联合攻击战斗机将加入F / A-18战斗 / 攻击机编队。同时配合使用这两种超音速战机，可以发挥F-35强大的作战能力。此外，还有一个S-3B侦察机中队，一个E-2C指挥控制飞机中队和一个直升机中队。无人驾驶飞机将正式列编，格鲁曼公司的X-47B无人驾驶飞机将可能成为美国海军第一架航母舰载无人驾驶战斗机的试验机。

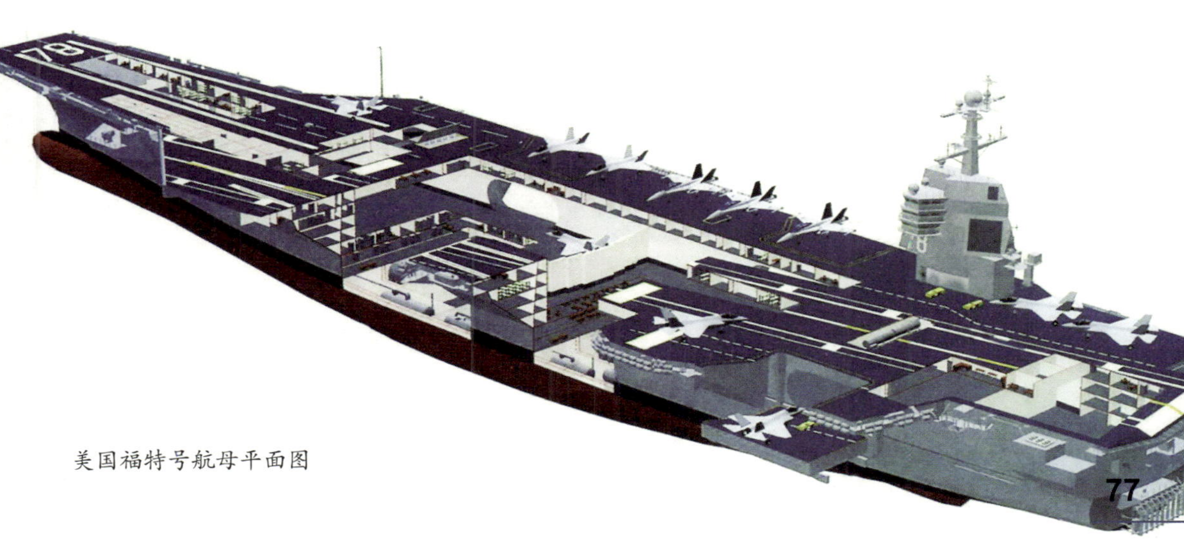

美国福特号航母平面图

舰载机优化组合

进入21世纪后，航母舰载机的机种产生了重大变化。改变了过去那种舰载机航空联队与航母战斗群固定编成的概念，改为根据作战任务灵活编成。海军航母不一定仅携载海军的舰载机，海军陆战队的飞机也可上舰，舰载机的重点是大纵深对地攻击、沿岸和陆上的近距防空与拦截。舰载机机群综合化，才能够保证航母攻防兼备。机群综合化就要求舰载机的种类较全，能分别承担各种作战任务。同时舰载机的武器装备也要综合化，即能对空作战，又能对海、对陆作战，还能进行反潜。

过去的舰载机中A-7和A-6这样的攻击机是主要机种，现在全部撤除，而使用经过改装的歼攻合一型F／A-18C大黄蜂战斗／攻击机作为主要远程对地攻击力量。过去F-14主要是进行舰队防空和空中截击作战，现在F-14全部退役。过去一般都载有一个中队的S-3反潜机和KA-6D加油机，现在都取消了，经改装后S-3B成为侦察、控制和电子战飞机。这些改变，致使机型得到简化，实现了一机多能，具有较强的单机综合作战能力。F／A-18C／D大黄蜂战斗／攻击机改型为F／A-18E／F型后，2000年开始具备初始作战能力，海军采购了1000架，研制费40亿美元，单价3600万美元。改型后航程将增大35%～50%，达3700多公里，作战半径1020公里；有效载荷能力从2.5吨增至4吨，载弹量从7.7吨增至8.2吨，起飞重量增大到30吨；雷达反射面积大大减小，为1.19平方米，作战损失率可减少87%；机动空战能力及夜战能力也将明显提高。

海军的飞机主要是特种飞机、舰载机和舰载直升机，目前海军型战斗机要求具备对地攻击能力，攻击机强调歼攻合一和多用途，预警机逐步改装成相控阵雷达，反潜机也加装反舰导弹和对地对海探测设备，用于反舰作战和战斗支援，直升机已经成为所有舰船必须装备的一种重要装备，所有飞机都要求必须具备夜战能力、电子战能力、全天候作战能力和隐形能力。

一艘航母上配备何种飞机不再有死的硬性规定，如果作战需要更多的对地攻击机，可从美国本土、前进基地或任何地方将海军、海军陆战队，甚至空军或陆军的飞机调往航母，临时进驻航空母舰并以此为基地进行作战。按照这种编成，其他军种的飞机将经常在海军航空母舰上驻留，而航空母舰则真正变成了一个平台，这样发展下去，最终可能导致取消海军航空兵，建设一支多军兵种合成的远征航空兵。机载武器类型因此而发生了重大变化。过去海军航母舰载机从来不使用空军的武器，鱼雷、水雷、大型反舰导弹等是主要武器，不具备强大的对地攻击能力；现在的舰载机则主要是使用空军的机载武器，如杰达姆联合直接攻击弹药、空射导弹、激光制导炸弹、通用炸弹和弹药。

海军航母舰载机的这些变化结果，提高了航母战斗群的全天候远程奔袭作战的能力，与其他军兵种协同作战和空中支援的能力，以及对地精确打击能力。一个典型的航母舰载航空联队，通常装载包括空射导弹、激光制导炸弹、通用炸弹和弹药，具体包括：鱼叉反舰导弹、哈姆反辐射导弹、小牛空地导弹、响尾蛇空空导弹、麻雀空空导弹、白星眼空地导弹、中程空空导弹、百舌鸟反辐射导弹、斯拉姆空地导弹和火神机炮20毫米枪弹等。

新型舰载机型号简化，功能增强。舰载机是航空母舰的称雄之本，是舰上的主要进攻武器，因此其先进性将决定航母作战能力的高低，也常常成为制约航空母舰战斗力发展的瓶颈。近年来，高新技术的运用已使未来航空母舰上的舰载机型号更简化、性能更突出、作战半径也更大。美国与英国、澳大利亚、加拿大等12个盟国共同研制的F-35闪电“联合攻击战斗机”已经开始装备使用，这种第四代战斗机具有超音速巡航、机动性好、载弹量大、多用途等特点，可以减少航母搭载飞机的种类；而且它具有多种型号，既有垂直／短距起降型，又有舰载常规起降型，下一代美国航母福特号将开始携载此型飞机。

舰载无人机的体积小、重量轻、成本低、费效比高，用途广泛，且可避免人员伤亡。美国海军研制的垂直起降“火力侦察兵”等舰载无人机将装备实用。这些舰载无人机不仅能提供超视距瞄准数据，通过前视红外和合成孔径雷达等传感器，对广阔的海面进行监视，空中早期预警、战场实时评估等，而且能执行支持两栖登陆作战、反潜、救援和攻击任务，甚至还能配合潜艇作战。随着平台技术和机载遥感技术，特别是精确制导武器技术的发展，无人机还将成为发射精确制导武器的理想平台，航空母舰上的无人机将不仅用于执行攻击任务，其后还将发展成为无人轰炸机。美国从下一代航母福特号开始，将正式装备两个中队24架无人机。

准备挂弹

第四章　航空母舰是怎样打造出来的

细节决定成败。事物发展的本来规律是由小到大、由近及远、由简单到复杂、由低级到高级，循序渐进，先后顺序不可颠倒。但是，由于中西文化背景的不同，在发展观念上大相径庭。

美国、英国、俄罗斯发展航母的思路，第一是技术创新。看在技术上有哪些突破，比如电磁弹射技术、相控阵雷达技术、导弹垂直发射技术、无人机起降技术等等。第二是概念创新。未来的航母是什么样子，与以前的航母相比有哪些不同，在哪些方面有所突破和发展？比如武库舰、超级航母、潜水航母、浮岛式航母方案等等。第三是虚拟制造。航母三维模型的建立，虚拟现实技术的演示，把一个航母概念变为一个可以观察、思考、分析的动态模型。第四是模拟对抗。把未来建造的航母与护航舰艇、舰载机一起建模，构建一个未来航母战斗群。同时，把潜在作战对象未来的海上力量和作战编队也进行相应的建模，放在一个相同的战场环境下进行模拟对抗，加入战术、战役和谋略因素，对其作战能力进行综合评估，看看在作战能力上有哪些提升，还存在哪些风险和漏洞。第五进入研制程序。规划航母发展的路线图，设立航母发展的时间节点。

发展航母的战略权衡

发不发展航母，主要取决于一个国家的政治、经济、科技和军事实力，也就是说在军事上要有需求，在经济上要有钱支持，在技术上要能够实现，在政治和外交上要符合国家利益。国家战略决定军事战略，军事战略决定军事需求，军事需求牵引装备发展，所以航空母舰的发展必须服从国家战略的需要。有些事情从军事上看很需要，但从政治外交和国家战略上考虑就不一定可行。航母是军事装备中的龙头老大。美国推行的是全球战略，没有大型航母显然难以成为“国际警察”；英国、法国等国家奉行的是区域防御战略，也只能发展中型航母；而西班牙、意大利等国家基本是在距离本土200海里的领海和专属经济区内执行巡逻和作战任务，所以轻型航母应该说是能够满足其国家战略和军事需求的。所以，航空母舰的发展是一项极为复杂的系统工程，必须统筹兼顾，科学发展。

一般来讲，国家确定是否发展航母要涉及三个关键性要素，即为什么发展航母？发展什么样的航母？怎样发展航母？第一个问题是讲需求的，就是要从国家战略、军事战略、海军战略的高度来权衡，看是否有必要发展航母。无论哪个国家，航母的发展大致如此。首先，军队要对未来进行威胁分析、态势设想、作战模拟和能力评估，最终确定有没有必要发展航母。如果认为有必要发展，就上报国家政府批准，政府机关则站在国家战略的高度，在综合考虑政治、经济、军事、外交和科技等重大因素的基础上，最终确定是否发展航空母舰。所以，航空母舰发展与否，不是哪个个人或部门能够确定的事情，它是事关国家利益的重大战略决策。

第二个问题是讲方案选择的，方案选择有两种方法可供使用，一种是先定任务和能力再寻找方案，另一种是先定经费再权衡方案。前一种方法实际上是为了获得强大的能力而不惜花费任何政治和经济代价的做法，1983年美国海军在对低威胁区内完成应付冲突、武力威慑、快速反应和力量存在这样的作战任务时，需要什么兵力最合适的多方案选优论证中，就曾采用过这种方法。当时提出上、中、下三种方案，分别列出各自的作用、优点和缺点，然后再进行综合评估。结果确定上方案为重型航母，中方案为中型航母，下方案为远程岸基飞机和核潜艇。后一种方法是最实在的方法，就是先把经费盘子定死，然后在这个经费范围内再选择多种最优化方案。1982年美国海军确定了1008亿美元的最高限额，并做了三个不同的方案：第一方案是2艘航母、12艘护航舰艇和180架舰载机；第二方案是65架B-1B战略轰炸机；第三方案是76艘可垂直发射巡航导弹的攻击型核潜艇。经过对武器投射量、威慑力、机动力、生存力等因素进行比较论证后选择了第一方案。讲清楚这一点非常重要，就好比家庭开支要量入为出的道理一样。小别墅、小轿车和大屏幕彩电你都想要，确实也都需要，但你是工薪一族，只能有多少钱办多少事，因此不得不放弃那些过高的奢求退而求其次，继续去住你的筒子楼、去挤你的公共汽车和看那很小屏幕的14寸彩电。

第三个问题是讲途径选择的。“条条大路通罗马。”要达到一个目的有多种途径。航空母舰作为最优化方案确定之后，如何发展将是一个策略问题，是改装、购买还是自行研制，这些都需要认真研究和论证。利用商船改装航空母舰历来是航母发展的一条重要途径。“二战”期间，各国用巡洋舰和商船改装了近200艘护航航母，马岛海战中英国也用商船紧急改装了飞机运载舰，马岛海战后英国还用28000吨的百眼巨人号集装箱船改装了航空训练舰，能携载18架飞机和直升机。购买几乎是穷国发展航母的

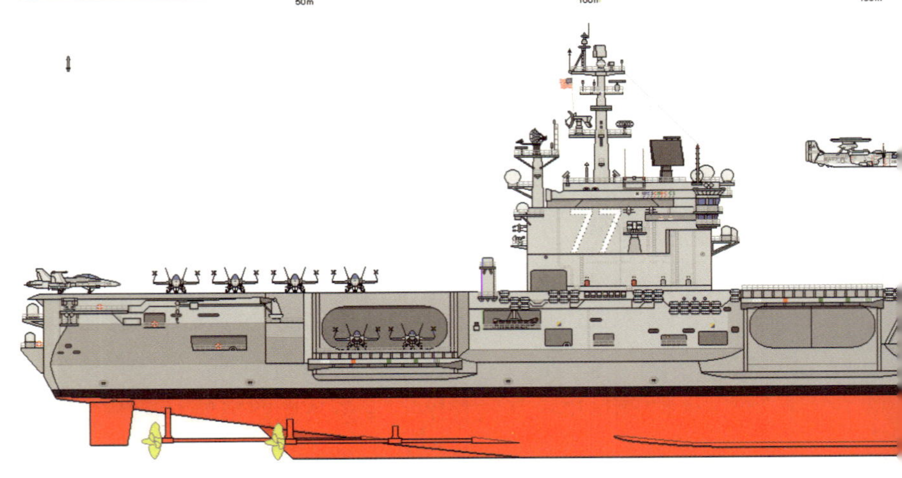

唯一途径。“二战”结束时，英国和美国分别有70多艘和100多艘航空母舰，由于战后要裁军所以大部分航母都退役、拆除和处理了，澳大利亚、阿根廷、巴西、印度和西班牙等国趁机购买了一些航母，充实了本国的舰队，其中有些至今还在服役。此外，1986年印度还从英国购买了竞技神号航母。俄罗斯的基辅级和瓦良格号航母也已出售。自行研制是强国发展航母的一种主要途径，具有这种水平的只有美国、俄罗斯、英国和法国，西班牙和意大利只能建造轻型航母。自行研制和建造航母能够显示国家的威力和科技实力，能够带动国防工业的发展，而且可以遏制外国势力的制裁和禁运，所以这种方式对于大国来说是非常重要的。

有关中国航空母舰发展的问题，媒体炒得沸沸扬扬，很多都是些胡乱猜测，并没有科学依据。要知道，盖一栋房子之前需要考虑很多要素，必须进行充分的论证，要考虑这栋房子的周边环境，居住环境，水电条件，地质条件，环境污染情况，国家的房改政策，什么时候完工、房子的造价及市场价格等等，这些确定之后，才是房子本身的论证和设计。准备盖成什么样子，房子内部如何布局，采用什么样的建筑材料，准备盖多高、多少平方米，这些确定之后，才是地基挖多深、钢筋选多粗、混凝土什么标号、施工队什么标准等等。修建一栋房子都要如此复杂，研制、设计、建造一艘航空母舰可想而知。为了让大家对航空母舰的复杂性有所了解，我

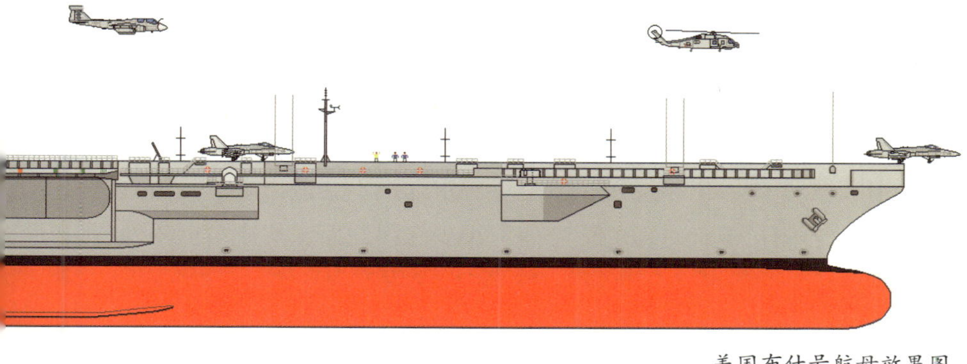

美国布什号航母效果图

们可以把美国舰艇研制的一般程序作为案例来参考借鉴，在此基础上发挥我们自己的想象力，看看中国航空母舰的发展将会是一种什么样的情况。

武器装备发展战略

美国在发展一型航空母舰、驱逐舰、作战飞机等大型装备的时候，整个建造时间一般只有五六年，但论证研究、概念探索、可行性研究和方案研制却要花费十几年甚至更长的时间。为什么美国人要用这么长的时间和精力来讨论一型新装备的发展呢？主要有两个主要原因：第一，这是美国人的性格所决定的。美国人在发展一型新装备的过程中，通常采取的策略是高层领导先煽风点火，说要打算发展什么新舰艇，有什么远景规划，以吸引人们的注意。然后，军事学术界开始讨论，专家学者，特别是那些身居高位的上将、中将，那些校官、尉官甚至普通士兵和军事爱好者们便开始冥思苦想，通过各种媒体来发表自己的观点和设想。官方在吸收学术营养的基础上，最后集中主要观点来进行概念探索、需求论证和方案设计。这种广泛深入的学术性探讨和研究，对于促进新型武器装备的发展是极其重要的，我们有些同志往往不理解，认为美国人无密可保，一种新型舰艇还处在研究过程中就“严重泄密”，其实这正是最好的保密，因为真正的保密不是把所有东西都封起来，该保密的保密，不该保密的就开放研究，否则，很难出现革命性的突破。第二，在探索性研究阶段就大张旗鼓地展开宣传攻势，也是一种信息战和威慑策略。美国的经验表明，前段研究阶段虽然花费时间较长、投入经费较少，但却对一型新装备产生决定性的影响。在方案确定之前可以争来争去，一旦方案确定，进入舰艇研制程序，就会按照国家的相关法律而不是个别领导人的指示精神来实施。船大难掉头，一艘航空母舰的发展需要十几年、投资上百亿美元、成千上万个部门参加，如果朝令夕改、出尔反尔，航空母舰永远都不会造出来。美国总统四年一届，政府阁员走马灯似的更迭，但很少有因此而影响航空母舰发展和建造的情况。

航空母舰是美国海军水面舰艇中的一个舰种，此外还有战列舰、巡洋舰、驱逐舰、护卫舰、两栖攻击舰、水雷战舰艇、攻击型核潜艇、弹道导弹核潜艇等等。那么，航空母舰与其他类别的舰艇是什么关系？每个时期有多少艘退役、多少艘服役？新型舰艇的发展如何考虑？重点发展什么类型、多大吨位、如何部署？完成什么任务？所有这些都要统筹兼顾，科学发展，决不能头痛医头，脚痛医脚，为发展航母而发展航母。如何才能做

美国卡尔·文森号航母

到统筹兼顾，科学发展？首先要有一个统筹全盘的战略指导。其次要根据战略指导确定兵力规划，根据兵力规划调整兵力结构，根据兵力结构确定航空母舰或其他舰艇发展的类型和数量，然后再具体到某一个型号进行论证、研制和建造。这一切，统称为武器装备发展的前段研究。在美国，主要是兰德公司、海军分析中心、预先研究公司等民间智库和咨询公司组织研究，因为这些公司相对独立，比较超脱，研究结果比较公正客观。冷战结束之后，面对一个新的变化了的国际形势，美国开始研究论证21世纪武器装备发展战略，调整海军兵力结构，确定武器装备的发展方向及重点。近20年过去了，反思当初美国海军装备发展战略的构想，对于准确定位航空母舰在美国海军战略及兵力结构中的地位和作用还是很有帮助的。

1991年世界上发生了三件大事：海湾战争结束；苏联和华约相继解体，东欧随之产生巨变，长达40多年的冷战宣告结束；以信息技术为核心的军事革命正在猛烈冲击着军队建设的方方面面，要求军队必须尽快进行全面改革。在这样一个大背景下，美国开始进行新的思考：过去的主要作战对象苏联不存在了，庞大的苏联海军舰队已经从大洋上消失，美国海军面临的是一个没有竞争对手的海洋，这种情况下继续在公海大洋进行海洋控制还有多大价值？谁将是未来的主要作战对象，未来的军事威胁来自何方？从1992年起，美国海军就开始进行海军战略研究，探讨军事革命条件下未来海军建设的方向和重点。

1992年，美国海军先推出一个“由海向陆”的临时性海军战略，经过两年试行后，于1994年正式确定为“前沿存在，由海向陆”的海军战略，并经海军部长多尔顿、作战部长布尔达上将和海军陆战队司令芒迪上将联合签署后执行。“该战略将指引冷战后的美国海军和海军陆战队进入21世纪。根据新战略，美国海军的战略重点发生了重大调整，美国海军原先强调以远洋作战为重点，而现在则以向近海地区进行兵力投送和兵力部署为重点。这些近海地区将处在海上部队的直接控制和攻击之下。” 美国海军战略转变的实质表现在：作战对象从对付苏联转向第三世界国家；作战空间由公海大洋转向敌对国的近海沿岸；作战目标由争夺大洋海域控制权转变为夺取近海沿岸控制权；作战样式由传统的海上决战转变为支援岸上作战，由海上远洋作战转变为从海上实施的联合作战。战略转变的核心内容主要强调前沿存在概念。海军兵力由过去的前沿部署转变为前沿存在，平时不一定再在前沿海域、基地或盟国驻扎大量兵力，但必须在前沿海域保持相应的海上兵力，也就是前沿存在。强调和确立应急远征作战概念。平时，海军兵力不再进行传统的控制海洋的作战行动，而是要前沿存在。一旦发生危机，这些前沿存在的兵力就会立即作出反应。如果兵力不够，海军便调集其他兵力向危机海域提供支援，实施应急远征作战，确立支援地面作战和联合作战的概念。海军不仅要控制海洋，还要与其他军种协同，共同控制战区的空中、地面和电磁空间；不仅要提供舰炮火力支援，而且要使用巡航导弹、舰载机等远程火力对地面作战空间实施远程打击和纵深遮断袭击；不仅要支援和输送陆战队两栖登陆部队上陆，而且要与陆军、空军协同，直接参加地面作战。

冷战结束后，美国海军根据调整后的新战略研究制定了《未来海军兵力规划》和《2021年兵力规划》，描绘了未来海军建设的远景目标，重点是研究未来20～25年的作战需求、装备结构和规模，同时进行作战效能评估。总的趋势是：缩小规模，突出重点，提高质量，优化结构。在此基础上，确定了《2001年的兵力规模和结构》，提出了未来5年内海军装备结构调整方案。

根据总体作战需求，海军的武器装备进行了一系列重大调整，包括战列舰、核动力巡洋舰在内的大型战斗舰艇已经全部退役，除提康德罗加级以外的常规型巡洋舰也将全部退役。未来水面主战舰艇的发展趋势有三个：一是取消护卫舰，改装驱逐舰。由于保卫海上交通线和大洋反潜的任务逐渐减轻和取消，佩里级护卫舰将逐步退役并转入预备役，长期内不打算继续发展护卫舰。斯普鲁恩斯级驱逐舰中的12艘舰艇将改装战斧式巡航导弹和海麻雀舰空导弹，使之具备对地攻击和防空能力，然后继续服役到2010年。二是继续建造宙斯盾导弹驱逐舰。宙斯盾舰艇集中在两个型号，到2007年，提康德罗加级巡洋舰将保持27艘，伯

伯克级导弹驱逐舰

克级驱逐舰装备57艘，总共是84艘，占届时水面舰艇总数（110～116艘）的80%。三是发展SC-21系列舰艇。SC-21系列舰艇计划将发展一批5000吨～25000吨级的新型舰艇，其设计方案有四种：全新概念的武库舰、海上控制舰、新型船体战斗舰和兵力投送舰。

1997财年，海军舰艇由战后初期的2000多艘、50年代的1000多艘、80年代的600艘、90年代初期的540多艘缩减到357艘，到2000年缩减到340艘左右，潜艇和水面战斗舰艇削减幅度在42%～47%之间，海军年度军费也由80年代的1100亿美元降低到约74亿美元，军费和武器装备的数量均已降低到战后以来的最低水平。与1988年相比，2000年兵力结构中削减比率最大的分别为：舰艇总数削减42%～47%，海军人数削减24%，水面作战舰艇削减43%，作战支援舰船47%，攻击型核潜艇47%，弹道导弹核潜艇41%，两栖舰船33%，航母削减14%，航空联队削减26%。

根据兵力结构调整的这些大方向，在舰种方面将有更具体的调整。到2000年，美国海军兵力结构为：航母12艘，水面舰艇110～126艘，两栖舰船40艘，反水雷战舰艇20艘，战略导弹潜艇14艘，攻击型核潜艇45～55艘。到2020年，美国海军的兵力结构为：3艘浮岛式航母，10艘超级航母，12艘两栖舰船，100艘沿海超级舰，45艘攻击型核潜艇，共约200艘舰船。将以12艘CVX航空母舰为核心组成12个航母战斗群，以12艘两栖攻击舰为核心组成12个两栖戒备大队。护航兵力将产生重大变化，主要是隐形核潜艇、新型武库舰和SC-21新型战舰，舰载机主要是JSF隐形联合打击战斗机等。

武器装备型号论证

武器装备型号是依据装备发展规划计划、装备发展战略、兵力结构和军事战略等大的原则确定下来的。型号确定之后，还要围绕这个型号展开广泛深入的科学论证，主要是确定该型舰艇将来执行什么任务，应该具备的战术和技术性能，准备发展多少数量，分别在什么时间节点上进行建造和服役，总共花费多少钱，在技术上有没有难度，存在多大的风险等等。SC-21舰艇是20世纪90年代美国为21世纪初期确定的一类舰艇，这是一个实际的舰艇研制案例，航空母舰、核潜艇和作战飞机的研制程序都是一

样，以此为例进行分析，可以对了解和掌握航空母舰的研制和建造程序有所帮助。

20世纪90年代中期以来，美国海军作战重点从公海大洋反舰、反潜和舰队防空作战转向近海沿岸支援海军陆战队在世界各地的浅水水域登陆、为地面部队提供海上火力支援、控制作战空间并进行战区防空和反导等新的作战任务之后，海军开始加紧发展SC-21水面战舰、改进宙斯盾武器系统、研制海军型陆军战术导弹系统和战斧改进型舰载对地攻击巡航导弹等，以满足新的作战任务，为陆军和海军陆战队向岸上运动提供超视距攻击和近岸火力支援能力。

按照美国海军舰艇命名规则，CVN代表核动力航空母舰，BB代表战列舰，CG代表巡洋舰，DD代表驱逐舰，FF代表护卫舰，而SC则哪型舰都不代表，所以不能把它认为是一级新型舰艇或一个舰种。SC-21是“21世纪水面战斗舰艇”的英文缩写词，它不是一级新型舰艇的代号，更不是一级舰艇或首制舰的舷号，而是一组未来战斗舰艇的项目代号。SC-21战舰是海军未来水面舰队长期发展计划中的核心，它建成后将逐步取代斯普鲁恩斯级驱逐舰、基德级导弹驱逐舰、提康德罗加级宙斯盾导弹巡洋舰和佩里级护卫舰等许多类型的水面舰艇。海军现役31艘斯普鲁恩斯级驱逐舰和4艘基德级导弹驱逐舰将于2008—2019年退役，佩里级护卫舰将于2008—2014年退役完毕。SC-21战舰应于2009年加入舰队服役，与提康德罗加级巡洋舰和伯克级驱逐舰这两级宙斯盾舰艇一起编成。2029年以后，提康德罗加级巡洋舰退役，届时只有伯克级驱逐舰和SC-21作为海军水面战斗舰艇的核心。

SC-21战舰是冷战后按照新时期海军战略，在新军事革命背景下论证设计的第一型水面战斗舰艇，所以在作战思想、论证方法、设计原则和总体构想等方面都有重大突破，充分体现了信息时代新型武器装备发展的新特色。SC-21论证研究阶段进行的工作主要分两大类：

第一类，明确作战需求，确定使命任务。宏观的总体作战需求是确定未来海军的兵力结构和规模，在其总体构想之下，再具体对SC-21舰艇进行需求论证，主要回答这样一些问题：为什么要发展一型新舰，难道现有舰艇不能满足未来作战需求？建造这样一型新舰与现有舰艇相比有哪些革命性的变化，能够应付哪些威胁？该型舰艇将如何与其他舰艇编成作战，能够执行哪些作战任务？应该具有什么样的战术和技术性能、计划建造多少艘、建造批次如何确定、全寿命内需要多少费用等。该舰的任务需求评估主要由海军作战部进行分析和论证，最后提出《需求论证报告》呈送参谋长联席会议（军令系统）批准，最终交由国防部（军政系统）批准并在未来国防工业发展计划中安排。军方针对这艘舰提出的任务需求主要是考虑适应21世纪远征部队水面作战的需要，因此要求该舰具有多种任务能力，要能够控制作战空间，进行综合一体化作战，以及与其他友邻部队和盟军部队进行联合协同作战。特别要求能够在浅水作战，并向敌陆地纵深投送精确打击力量。海军提出的作战需求符合1993年9月28日《美国国防部1995—1999财年国防计划指南》中所确定的基本原则，因而1994年9月“联合需求评估委员会”顺利批准前期论证，并下达《任务需求书》，明确要求该舰应具备的能力包括：力量投送，作战空间控制，指挥控制和监视，联合部队持续作战，非战斗行动，生存和机动。

第二类，进行概念探索，确定选择方案。SC–21战舰是新军事革命成果的集中体现，在论证阶段，采用了计算机仿真和模拟方法，进行了充分的费效比分析，还运用虚拟现实技术对方案进行先进技术验证，先在计算机上“建造”一艘舰艇，把它放到整个虚拟的作战空间和全球信息网络中去，看看作战效能、战术和技术性能如何，最后再确定是否建造和发展。所谓论证也被称为前期论证，许多准备发展的型号在这个阶段可以随便讨论，各抒己见，但《任务需求书》正式下达后，说明这个项目已经立项，而且有专门的经费支持，这时开始正式转入“概念探索和确定阶段”（0阶段）。1995年1月，经国防采购局批准，SC–21计划进入0阶段研究。这个阶段主要是由民间咨询机构和工业部门围绕如何满足军方提出的任务需求来进行论证和风险评估，核心是进行合同设计（初步设计）。这个阶段完成之后，将转入详细设计和建造阶段，从2003年开始，批准工程和建造计划，由海军与工业部门签订合同后进行详细设计和首舰建造，首舰计划在2008年交付。

在初级阶段，要进行SC–21战舰的“费用和作战效能分析”。费效比分析分两个阶段进行：第一阶段由海军分析中心（民间咨询机构）负责，1996年中期完成，主要是从长远（2015—2025年）和宏观（全球安全状态下的兵力投送，海军舰艇建造预算和规模）两个方面进行综合分析。具体方法是：先设定一些作战设想，例如平时部署、前沿存在、同时打赢两场局部战争和应付各种冲突等，然后再在确定费用的前提下提出多种SC-21舰艇方案，以供决策人员选择。费效比分析的第二阶段从1996年8月开始，仍然由海军分析中心抓总，但海军水面战中心、约翰霍普金斯大学应用物理实验室等一些机构也参加工作。主要是通过作战模拟和计算机仿真及作战设想来运行各种备选决策方案，在满足预定任务需求的前提下，比较各方案作战效能，优选出至少三个费效比最佳的备选方案，呈送海军作战部长办公室审批，以便为工业部门的研制、设计、建造等提供一个坚实的基础。在论证阶段，备选方案很多，有利用现有伯克级导弹驱逐舰进行改进的方案，有与6艘武库舰和现有的宙斯盾舰艇一起编成且适合于水面和水下反潜作战的“制海舰”方案，也有“全能舰”（或综合多用途）或“力量投送型舰”的方案。还有一种取消武库舰、发展“海上火力支援舰”的方案等等，论证的目的就是综合权衡，多方案选优。

21世纪水面主力战舰具有两个显著的特点：一是单舰排水量增大，以提高携载新型武器和电子设备的能力，改善适航性与居住性，提高海上持续作战能力以及加大其现代化改装的潜力。二是综合多功能。军事技术革命使武器和电子设备等负载功能增多、重量减轻、体积减小、效能提高，这样就没有必要再建造单一功能的舰艇，一艘舰艇可执行多种作战任务，一艘驱逐舰携载的武器相当于过去十多艘舰艇所携的武器，从而使平台和舰种大大简化。

武器装备可行性研究

美国海军舰艇研制程序十分复杂，大约经过这么几个程序：首先是概念探索和可行性研究，就是先对未来发展一种什么样的舰艇有个基本的描述；其次是作战需求、战术和技术性能论证，就是要对未来威胁进行评估和判断，说明现在的舰艇存在哪些问题和弱点，提出发展新型舰艇的充分理由，最后证明必须要发展一型新舰艇。这些研究工作通常是由海军作战部牵头，海军分析中心等军内外科研单位为主进行研究。这些研究报告最终由国防部批准，如果最终确定要发展一型新舰艇，就要转入方案设计，有关造船厂和工业部门就开始搞方案，参与工程竞争，希望最终拿到项目。经过一番竞标之后，军方在费用和作战效能上进行综合评估，确定最终研制和生产厂家，由这家企业负责进行详细设计，然后签合同并逐步转入建造、海试、舾装，最后交付部队使用。

美国人认为，现在高新技术发展很快，像计算机这样的技术每18个月就更新一次，舰载武器和电子设备虽然不一定更新得这么快，但相对舰艇平台来说是快多了，一艘舰艇平台可以服役30年、40年，甚至50年以上，只要主机能转舰艇就能跑，所以更新很慢。舰载武器和电子设备则不然，两三年就要更新一次，所以舰艇经常需要现代化改装。因此，美国人在舰艇发展中有个原则，就是一定要先发展舰载武器和电子设备，把它做成标准模块或组件，然后再考虑舰艇平台的发展，这样只要把现成的模块拼接起来就行了，所以前期探索研究时间很长，后期建造时间却很短。传统落后的舰艇发展模式是先确定未来发展什么舰艇平台，然后才围绕这个平台去发展武器和设备，要是哪个设备过不了关，对不起，平台就得等，这种思路与信息时代和军事革命原则是不相符的。在10年的探索研究中，美国集中研究了隐形技术、导弹垂直发射装置、以“哥白尼”计划为核心的全球C4I系统、协同作战能力系统等一系列关键技术和设备，到SC-21舰艇方案确定的时候，已经形成万事俱备，只欠东风的局面。

美国研制一种新装备时特别强调，在关键技术上要比作战对手超前10年以上，在武器装备上要大胆创新，在作战效能上要有革命性的突破，这是美国海军战后以来、特别是20世纪80年代以来的主要思路，不这样就无法抢占21世纪的制高点，就无法保持技术优势和军事优势。在SC-21舰艇进行艰难探索的10年中，发生了“二战”以来一系列重大的战略性变化。

首先是战略环境变化。美国海军战略由20世纪80年代的“海上战略”转变为“前沿存在，由海向陆”的战略，作战对象由过去的苏联海军转变为第三世界国家海军，作战海域由过去的公海大洋转变为近海沿岸，作战样式由过去海军独立作战转变为配合地面部队和空中力量协同作战，由过去大洋反舰、反潜和舰队防空作战转变为远程对地攻击，高、中空弹道导弹拦截和浅水沿岸作战。

其次是军费削减。在战略转变的牵引下，美国年度军费预算从20世纪80年代的3300亿美元一下子降到1997年的2400亿美元左右，虽说海军军费仍排在第一位，但比当时的1100亿美元已经有大幅度下降，只有700

亿~800亿美元。一向财大气粗的美国海军不得不学会过苦日子。

最后是舰艇结构的变化。20世纪80年代美国海军水面舰艇结构主要分为三大类：以15艘航空母舰为核心编成15个航母战斗群；以4艘战列舰为核心编成4个水面战斗群；以数艘两栖攻击舰为核心组成多个两栖战大队。1997年的情况是：战列舰早已全部退役，核动力巡洋舰基本上也已全部退役，护卫舰也将全部退役，保留下来的舰艇只有12艘航空母舰、27艘提康德罗加级巡洋舰、31艘斯普鲁恩斯级驱逐舰、4艘基德级驱逐舰和正在建造的数十艘伯克级驱逐舰。这些舰艇虽然具有很强的制海能力，但对地攻击和对岸火力支援能力却比较差，当年战列舰在役时，用406毫米大口径火炮对两栖战进行火力支援是非常有效的，可现在这些舰艇上装的火炮最大口径只有127毫米，威力不足，射程只有十几公里，因此很难适应海军战略转变和“由海向陆”进攻的作战需求。SC-21舰艇正是在这样的背景下产生和发展起来的。

航空母舰的综合集成

航空母舰建造是一项庞大的系统工程，需要成千上万个不同的企业和部门分工合作，在这个过程中如何进行规划计划和综合集成，显然是一项难度相当大的管理工程。因此，要讲究科学发展观，要能够统筹兼顾。美国尼米兹级航空母舰后续舰的建造已经实现标准化、系列化，采用分段承包、最终合成的方式，由数百上千的工厂分段建造的航母各个功能部分，最终像积木一样拼装在一起，严丝合缝，按时按质交工，不存在任何质量上的缺陷，这不能不说是一种奇迹。

福特号航母建造技术更加先进，全面采用模块化建造方式，根据标准化、系列化的技术总要求，预先绘制的图纸把一艘完整的航母切分成数千个模块，分工到数千个不同的企业和工厂进行

福特号航母效果图

制作，最后进行总装。2005年就签订了价值27亿美元的独立合同，进行预先准备。2008年8月就启动了福特号航母的建造准备工作，包括采购多种新设施。比如专门为福特号航母生产厚钢板并进行展平的设施，900吨龙门吊改装为起重能力达1050吨龙门吊工程等。该航母有1200多个结构性构件，其中有1/3在2008年以前就已经开始建造。合同的签订也与以前有所不同，过去是海军与造船公司签订建造合同，航母开工日期比较好确定，而现在所有工作都有条不紊地提前进行，真正到最后总装就比较简单了。福特号航母到2009年11月才铺设龙骨，但是在20世纪末，有关该航母的前段论证研究工作就早已展开。进入21世纪以后，某些关键技术、设备和设施的攻关合同也一个接一个地签订。尽管真正的建造合同在2009年年底之前还没有签署，但有1/3的分段承包合同却早已开始执行。到2008年年底，有273个构件已经完全完成。

在经费预算方面，福特号航母由于是该级航母的首舰，所以造价相对批量建造的后续舰而言要高一些，主要是额外投入预先研究费用、航母建造设施费用和关键技术攻关费用等。美国先期投资30亿美元对航母进行技术攻关和预先研究。就航母造价而言，首舰总预算为110亿美元，如果在2015年建成服役之前的8年时间内，其建造成本上浮不超过10%，美国海军将承担超出的10亿美元费用。该级航母计划建造10艘，用来分期分批替换现役的尼米兹级航空母舰，建造计划安排到2058年。福特号航母2009年秋季铺设龙骨，2015年服役。该级第二艘航母2009年已经订货，计划4年后铺设龙骨，2019年服役。

美国航母建造的各个阶段全都公开透明、新闻发布，接受公众和媒体的监督，在向国会提交项目的时候，就明确提出建造的时间表和经费预算额度，虽然航母发展要跨越十几年的漫长时间，但什么时候开工、什么时候下水、什么时候试航、什么时候服役，基本上说到做到，十分精确。这一点很难得，其他国家没有一个能够做到。比如法国航母建造过程中经费不断攀升，时间一再后推，原来批准建造两艘航母的计划，最终只能落实一艘。

英国是最早发展航母的国家，在航母建造技术上向来独树一帜，曾经创造过许多辉煌。尽管如此，这个昔日的超级帝国在走向衰落以后，航母发展一再受挫。从大甲板攻击型航空母舰转向直通式甲板的轻型航空母舰，进入21世纪以后，又决定恢复建造大甲板重型航母，并为此做了大量预先研究工作。早在1998年，英国提出的两艘新型航母的建造计划，分别于2012年和2014年服役。结果，直到2007年7月25日，英国国防大臣德斯·布朗才在议会下院宣布了新航母的建造计划。两艘新航空母舰分别命名为伊丽莎白女王号和威尔士亲王号，单艘造价为39亿英镑，分别于2014年和2016年服役。满载排水量65000吨，可携载40架飞机，包括36架F-35型联合攻击战斗机和4架空中预警飞机。2008年12月，英国决定推迟建造两艘航空母舰，主要原因是造价持续增长，英国没有这么多钱来建造航母。2009年6月30日，英国国防部发表声明，指出航母的造价大幅度突破，由原来的近40亿英镑猛增到50亿英镑（约90亿美元），这对于身处经济危机之中、国防预算不断削减的英国而言，无疑是雪上加霜。与此同时，陆军和空军也对英国海军耗巨资建造航母提出质疑，认为应该把有限的军费花在应对最紧要的军事威胁方面，而不应该搞航母、三叉戟核导弹等一些过度奢华的武器装备。

苏联时期航母研制和建造技术主要集中在乌克兰，俄罗斯在造船方面的特长主要是常规潜艇及核潜艇，在航空母舰方面不是很擅长。当前，乌克兰急于加入北约，具有航母建造传统的尼古拉耶夫黑海造船厂有可能为北约建造航母，但不太可能对俄罗斯建造航母提供支持。而急于发展航空母舰的俄罗斯不仅缺乏航母研制和建造技术，更缺乏航母建造设施、经验和技术，这样的现状将严重困扰俄罗斯航空母舰的发展和建造。俄罗斯经常是眼大肚子小，说到但做不到，关于建造航母的雄伟规划一再正式发布，但总是光打雷不下雨，最后有可能不了了之。

第三世界国家中率先使用、研制和建造航空母舰的是印度。作为第一个吃螃蟹的印度海军，在使用了两艘航母长达半个世纪的基础上，自以为对航母无所不知，结果在2004年拿到了一只烫手的山芋，俄罗斯戈尔什科夫号航母的转让合同使之成为世界航母发展史上最大的一个冤大头，34亿美元买了一艘几乎没有太大用处的老航母。在此基础上，印度于2009年年初已经开工建造蓝天卫士号新型航空母舰，这艘航母在造船技术上没有什么技术突破，只是建造一艘吨位更大些的战斗舰艇而已。在舰载机起飞方式上，几乎完全照抄照搬俄罗斯滑跃式起飞模式，也没有任何创新。印度之所以自行研制和建造航空母舰，完全是为了独立自主、自力更生，这艘航母与其说是一艘战斗舰艇，倒不如说是一艘争气航母，争的是一口气，而不是像美国那样把航空母舰作为一个信息化作战平台去研制。每个国家都有自己的军事需求，发展什么样的航母不可强求统一，但在技术上应该有所追求、有所创新，否则，投巨资研制和建造出来的航空母舰会成为不合时宜的老古董。印度在航母改造和航母建造上交了不少学费，制造了许多故事，也为其他国家避免重蹈覆辙提供了有益的借鉴。

印度建造航母在很多方面不靠谱儿，虽然全国上下一条心，没有人对发展航母提出异议，但在实施过程中却有太多的不顺。全力以赴研制了十几年的轻型航母，在马上就要开工建造的时候高层却突然改变主意，转而发展中型航母。当中型航母开始研制的时候，突然决定从俄罗斯购买二手航母。从20世纪90年代就发布公告，声称印度自行研制和建造的航母在20世纪末就要服役，之后一再推迟到2002年、2004年、2008年，结果到2009年才铺设龙骨。欢天喜地地为航母开工剪了彩，才突然发现用来建造航母的钢铁还没有准备，这可真是开了个天大的玩笑！盖大楼奠基仪式举行完毕了，可用来盖房子的砖头水泥还没有着落呢！

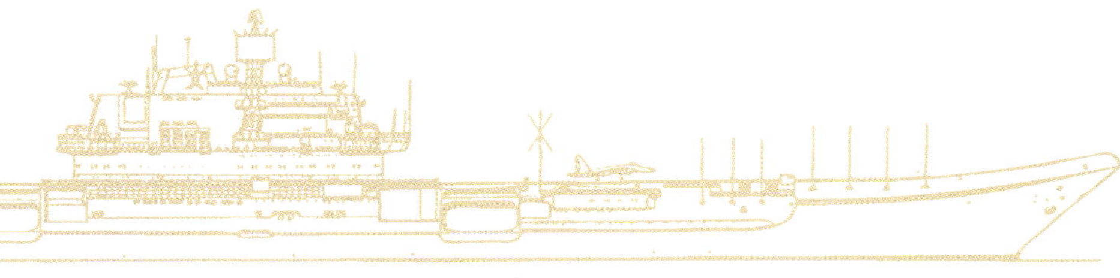

第五章　航空母舰的战场环境

1991年冷战结束之后，美苏两个超级大国、北约和华约两大军事集团公开对抗的战略格局产生了巨大变化，美国因失去传统作战对手而陷入迷茫之中。在这种情况下，克林顿政府不失时机地提出“信息高速公路”、“信息基础设施建设”等新的构想，美国国防部紧随其后，也提出大力开展军事革命，加速军队信息化建设，实现一体化联合作战的军事构想。

为了适应新的国际形势和信息化建设的需要，美国军事战略进行了较大的调整，美国海军战略也进行了相应的调整。战略调整之后，对作战理论、作战战法、编制体制等产生了一系列直接的影响，而这一切军事改革的效果如何，没有人能够说得清楚。1998年12月，美国对伊拉克发动了代号为“沙漠之狐”的联合作战军事行动。这是一场规模不大、持续时间很短的作战行动，没有为世界所关注。其实，这是美国从机械化战争向信息化战争转变过程中一次最大规模的战争实验，美国把此前广泛研究、论证、试验过的一切概念、理论、编制和装备统统纳入到这场军事行动之中，一个一个地进行了实战验证。3个月之后，美国把“沙漠之狐”的基本作战经验和作战方案几乎未加任何修改地套用在科索沃战争中，从而开启了第一场信息化战争的历史序幕。经过“沙漠之狐”这个战争实验室的实战检验，作战效果如何？有哪些经验教训？给我们留下哪些启示和思考？

海战样式的历史变迁

科学技术的发展和进步，必然要促进武器装备的发展和改进；先进武器装备的研制成功和作战使用，又必然促使传统的作战样式产生重大变革；新的、能够最大限度地发挥先进武器装备的军事学说、作战样式和编制体制逐渐形成后，又反过来对武器装备的发展提出新的更高的要求，从而使武器装备发展进入一个良性循环周期。航空母舰和舰载机出现之后，很快淘汰了传统的“接舷战”、“战列线作战”和“舰队决战”样式；信息技术和精确制导武器装备海军舰艇之后，又使传统的“近战”、“夜战”、“机动战”和“歼灭战”样式显得苍白无力。

悠悠万世，人类经历了太多的战争磨难，但总的来看，大致可分为三个阶段：第一个阶段是征服战时代，大约在公元前2800年至公元1945年“二战”结束。其特点是列强使用武力来推行种族灭绝、焦土政策和文化霸权，通过掠夺别国的领土、自然资源和人口来得到经济和战略利益，从而扩大国土面积，增加财富，维持统治和确保安全。第二个阶段是威慑战时代，大致在1946—1991年的冷战时期。其特点是各国竞相发展和制造大规模杀伤性武器作为遏制侵略的威慑力量，确保相互摧毁和国家生存是军队的主要目标。第三个阶段是精确打击和瘫痪战时代，主要是1991年冷战结束以后新安全观的确立，对抗和战争开始转化为对话与合作，国家安全更多地依赖于经济安全和综合国力的竞争。在新军事革命的推动下，信息战、瘫痪战又作为一种崭新的作战样式开始出现。

海战场向多维空间拓展

水面舰艇是最早出现的海军装备，在长达2000多年的时间里，海军一直是在水面单维空间平面作战，“大舰巨炮”曾长期作为海军力量的象征。大约200年前潜艇出现之后，海军的作战空间扩展到水下，浩瀚无垠的海洋本身成为一片神秘莫测的水下战场。100多年前，当飞机出现并迅速装备航空母舰之后，海军的作战空间又扩展到海洋上空，湛蓝色的海空与蔚蓝色的海洋浑然一体，形成现代海军更为广阔的战场。战后以来，随着航天技术、导弹技术和电子信息技术的飞速发展，海军的作战空间又向

航天和电磁等有形和无形的多维空间拓展，海军兵力建设也由传统的水面舰艇部队，扩展到包括潜艇部队、航空兵部队、海军陆战队和岸防部队在内的，集陆、海、空三军为一体的综合性战略军种。

战场空间多维化的变化趋势，对各军兵种之间和兵力兵器之间的协同要求提高。从遥远的帆船时代到钢铁巨舰盛行的“二战”时期，由大吨位水面舰艇组成的浩浩荡荡的海上舰队一直是表现海上力量、海军威严和海上作战能力的象征，谁的舰艇吨位大、装甲厚、数量多，似乎谁就胜券在握。舰长和编队指挥官们神气活现，他们屹立在高耸的舰桥甲板上，高举双筒望远镜，不时地观测敌军舰队的出没和己方编队的队形变化。海上侦察、监视、跟踪、决策和指挥这样一些繁杂的作战业务，在相当长的时期内是依靠目视、喊话、手旗、望远镜和手工标图来完成的，即便是在雷达、声呐和通信、导航设备装舰使用后的“二战”及战后初期，由于受地球曲率的影响，舰长或编队指挥员的指挥范围也很难超过20公里。整个海战场就像被浓重的迷雾笼罩，指挥员很难透过这些迷雾去寻找和发现目标，即使发现了也很难把信息传送到指挥部，马岛海战中英国谢菲尔德号驱逐舰充当雷达哨舰被一举击沉的战例便充分说明了这一点。

预警机准备降落航空母舰

随着航天技术和信息技术的发展，新型舰载相控阵雷达，大型监视声呐，侦察、监视和通信卫星等探测设备构成了大纵深、全方位、多层次、立体化的目标获取、识别、跟踪和定位系统，舰载大型相控阵雷达的对空探测距离达400公里以上，预警机在1万米高度时对海上目标的探测距离达450公里，覆盖面积为67万平方公里，能为舰队提供30分钟以上的预警时间；而运行于3万米高空的海洋监视卫星，其覆盖范围为113万平方公里，能清楚分辨舰艇类型，并能对各种潜艇和飞机进行跟踪。舰长和舰队指挥官的指挥位置从舰桥挪进了舰艇战斗情报中心，在那里能够通过计算机网络系统获取各军兵种和各种兵力兵器的实时信息，海战场变得更加透明，兵力兵器之间的协同更加紧密。

随着海上侦察、监视、跟踪和指挥控制系统的发展以及海战场日趋透明化，使握有高技术武器的一方随时能够全面掌握和控制战场态势，能够不分白天黑夜、海情好坏地进行全天候和全天时作战，能够根据作战时机来选择武器和兵力的投入数量和规模，而且能够控制海战结束的时机。所以，未来海战爆发的突然性增大，只要时机有利，对方就会在某个突然的时机主动发起先发制人的攻击，挨打的一方在被动挨打之后，尚未反应过来，甚至还没有搞清敌人在哪、敌人是谁的时候，海战就已经结束。

由于舰艇、飞机，特别是远程导弹的机动速度明显提高，所以战略、战役或战术机动将十分灵活，海战场流速明显加快。信息技术能够最大限度地节约兵力，准确地把兵力兵器机动到合适的海域，而且能够实时地获取目标信息，并能有区别地对目标发动精确打击。武器实现精确制导以后，将使传统的消耗战、阵地战面临挑战。要想摧毁既定目标，没有必要再像以前那样运送大量的弹药或进行所谓的狂轰滥炸，新一代灵巧型武器和精确制导武器的使用，可对目标进行外科手术式的精确打击，能够有选择、有区别、准确地对目标进行攻击，从而减少大规模毁灭性攻击和附带损伤。

海上攻击向精确化发展

武器装备的战术和技术性能决定战术和战役的样式，“有什么武器打什么仗”便是这种逻辑的最佳诠释。冷兵器时代的海战，主要武器是刀枪剑戟和桨帆战船，规模虽盛大无比，但作战效能低下，两军交战多短兵相接和接舷作战，基本没有什么作战距离可言，通常是近战接敌，靠高强而精湛的武艺和独特的水战战术来夺取海战的胜利。

热兵器的发展先后使后发滑膛炮、前装滑膛炮、后装滑膛炮和威力巨大的线膛炮装备海军舰船，致使海上作战距离从十几米、几百米、几公里，一直扩展到十几公里，谁的舰艇能够装备数量众多、口径巨大的火炮，谁就拥有海上作战的强大火力。就这样，一艘舰艇携载的火炮数量从几门发展到十几门、数十门甚至上百门，舰艇钢铁装甲厚度从几十毫米猛增到半米，甚至一米多厚，从而导致舰艇吨位越来越大，千吨级、万吨级舰艇司空见惯，到“二战”末期，六七万吨的主战舰艇已不在少数。把数量众多的“大舰巨炮”排成战列线，在海上组成堂堂之阵，对敌展开火力突击和机动作战是19世纪和20世纪中期以前的典型作战样式。

航空母舰和舰载机的出现虽然对“大舰巨炮”制胜的观念形成挑战，但在海上舰队作战样式方面却没有任何改变，相反，在海上战役规模上反而有所增大。1941年12月日本偷袭珍珠港时，出动了由6艘航母、423架舰载机、24艘大中型舰艇和5艘潜艇组成的海上联合舰队。1942年5月的珊瑚海海战中，日本、美国双方共出动了5艘航空母舰、266架舰载机和47艘舰艇，进行了第一次纯航空母舰编队对抗的海上大决战，双方交战距离第一次超出目视距离和20公里的舰炮射程，所有护航舰艇都一弹未发，任凭航空母舰舰载机进行海空一体的激烈交战。

在中途岛海战中，美国、日本双方兵力规模再度攀升，共出动了8艘航空母舰、106艘大中型水面舰艇，此战迫使日本转入战略守势。在决定太平洋战争最后胜利的莱特湾大海战中，仅美国海军便于1944年10月出动34艘航空母舰、1400余架舰载机和岸基飞机、147艘大中型水面舰艇和29艘潜艇，总兵力14万人，向日本海军发起海上总攻，这次战役是第二次世界大战中最后一次航空母舰编队相互对抗的海上战役。冷战时期，美国、苏联虽然在公海大洋经常进行对抗和对峙，但并没有发生过任何大规模的海战或冲突。

信息技术和精确制导武器的发展使海战规模和样式产生了前所未有的重大变化。在过去的近战、接舷战、战列线式作战等传统海战样式中，规模庞大的海上编队、巧妙的战术动作、抢占有利的攻击阵位、利用夜幕掩护进行勇敢拼杀等往往成为夺取海战胜利的重要保证。现在，远程侦察、监视、导航和指挥控制系统可以确保巡航导弹、飞机等远程武器在敌人领海、领空、领土甚至防区外进行发射，光电技术、隐形和夜视技术的发展可以使各种兵力兵器利用夜暗发起攻击，战争不再分白天和黑夜、前期和后期、前线与后方，非线式、非常规、全天候式的战争将成为未来战争的主要样式。由于航空母舰舰载机和舰载巡航导弹可以在1000公里以外的公海海域对陆地目标进行大纵深精确打击，所以对舰艇数量的多少、舰艇机动能力的强弱和舰艇战术动作的要求已经不高了，巧妙的战术动作似乎显得多余而无效，全纵深不见面的精确打击成为重要的作战样式。

在现代海战场上，发现目标就意味着命中目标，而命中目标就意味着摧毁目标。谁先发现对方谁就能获得主动，谁能先发第一枪就能先胜一筹，海上作战中的主动进攻比任何时候都更加重要。高性能舰载机和巡航导弹等远战兵器在局部战争中的大量使用，使超视距攻击、不见面的战斗成为可能。避实就虚、避强击弱、避开位于战线前沿机动的有生力量，攻击固定的防守较松懈的后方目标已成为现代海上局部战争的一个重要特色。前线与后方的概念已经模糊不清，战争爆发后，可能前线无战事但后方却遭到极大的破坏，用于支持战争的工业、能源、交通和军事基础设施可能被首先摧毁，前线的军队处于孤立无援和被动挨打的境地。

肯尼迪号航母

海上非军事行动日渐多元

19世纪的英国独臂将军纳尔逊，曾率领海军舰队进行过数百次海战，历时34年之久，先后击败了西班牙、荷兰、丹麦和葡萄牙等海上劲旅，为英国称霸海洋、拓殖世界立下了汗马功劳。在纳尔逊看来，波涛汹涌的海洋就是从英国本土到亚洲、非洲、美洲大陆的跳板，海军的任务就是保护英国100多个海外殖民地，保护运回原料、运出产品的海上航线，与敌国舰队进行殊死的海上决战。纳尔逊将军万万没有想到，曾载运英军舰船浴血奋战过的万顷波涛而今突然变得身价百倍，海洋正在从一个人类相互侵吞和厮杀的通道、跳板变为一个为人类生存与发展造福的聚宝盆。大陆战略时代已成为过去，海洋经济时代的航船已经起锚，正在全速驶向新的海洋世纪。

1982年通过、1994年11月生效的《联合国海洋法公约》确立了新的海洋制度，也对海上危机、冲突和战争造成重大影响。第三世界各国之间因海洋划界、岛屿争夺和海洋资源等所诱发的各种矛盾和冲突将成为未来海上非正规作战和武装冲突的根源。海洋不再仅仅是运载坚船利炮肆意侵略扩张的通道，其本身丰富的交通运输和自然资源成为海洋经济时代的关注焦点，如何维护海洋权益和海洋资源成为现代海军日常作战巡逻的重要任务之一。西班牙和加拿大在海上渔业权益斗争中，装有导弹和火炮的现代化军舰只能在对方船队附近转来转去，真正发挥作用的是靠那些专门装备渔网切割器的舰船来驱逐对方的渔船，先进的导弹舰艇似乎成了多余的摆设。

19世纪以后的美国海军和西方部分国家海军，一直把海军的战场确定在公海大洋，典型的作战样式是争夺和控制海上交通线、寻歼和摧毁敌人的海上舰队、集中优势兵力进行海上决战，企图将敌人歼灭在海面、海空和水下。20世纪90年代以来，持续了一百多年的制海权战略思想开始面临挑战，美国人在失去苏联这个对手后，突然发现在公海大洋上再也找不到能够与之匹敌的对手了，那么将来和谁打仗，在哪里打仗将是一个值得研究的新问题。“前沿存在，由海向陆”新战略的推出，说明美国海军开始由公海大洋作战转向以第三世界国家200海里专属经济区及其内陆本土的近海沿岸作战。

受现代海洋观和新安全观的影响，海上非正规作战和非军事行动将成为未来海上军事斗争中不可忽视的一个重要方面。战则两伤，和则两利。海洋虽仍然是屯兵、机动和交战的场所，但再依赖传统的军事对抗、舰队对峙、军事威慑和炮舰政策来维持地区和平与安宁则越来越不得人心，1998年年初美国“沙漠惊雷”计划的破产就足以说明这个问题。所谓非正规作战和非军事行动是相对局部战争和武器冲突等正规作战而言的，通常泛指国际维和行动、海上危机控制、海上军事威慑、国际人道主义救助、多国联合海上军事演习及配合海上封锁进行的海上拦截、临检等军事行动。这些行动的主要特点是显示国家威力、尊严和军事实力，支持国家的外交政策，维护国家利益和海洋权益。

海军是一个国际性军种，许多传统和惯例有着特殊的国际特色，因而是开展此类行动最合适的一个军种。罗斯福总统有两句名言，“说话要和气，但手里要有大棒”，这个大棒指的就是海军舰队；“一千项外交声明，顶不上一支海军舰队”，是说军事对外交的支持具有极为重要的作用，没有军事上的威慑和支持，任何外交政策将黯然失色。

冷战结束后的战略转型

海军战略是海军建设的总指导，海军战略的转变要求海军建设的方方面面都要随之产生相应的变化，以适应战略的总需求。1991年冷战结束之后，美国海军认真总结海湾战争的经验教训，充分利用军事革命和信息化建设的成果，优化兵力结构，加速海军战略转变，创新作战理论，提出了一系列新的思想、理论、观点和作战方法，并在1999年科索沃战争、2001年阿富汗战争和2003年伊拉克战争中广泛运用，效果明显。

美国海军战略转变要求海军作战理论进行彻底的革命性变革，即在对传统的作战理论进行修改和完善的同时，研究制订新的作战理论，使之符合“前沿存在，由海向陆”战略的总要求。20世纪90年代，美国海军作战理论的精髓是“战略威慑、前沿存在、兵力投送两栖作战”，重点突出协同作战理论和海、空、地一体化作战理论。“协同作战理论”是海军和海军陆战队共同研究制订的作战理论，体现了两个军种密切协同作战的共同愿望。“海、空、地一体化作战理论”体现了海军顾全大局和一体化的作战思想，不再强调为了控制海洋而进行独立的大规模海上战役和交战，而是为打赢未来可能发生在近海沿岸地域的高技术局部战争，并向陆军、空军和特遣部队提供各种支援。

根据新的作战理论，美国海军的使命任务有了较大的改变：通过保持海上优势，维护地区稳定，实施海上和两栖作战行动，夺取并保卫海军基地，以及实施对海上作战有重要影响的陆上作战，促进和捍卫美国的国家利益。这些任务可以归纳为“前沿存在，威慑行动，海洋控制和兵力投送”。在这种情况下，美国海军制定了新的作战设想：首先通过核和常规威慑，制止危机和冲突，慑止战争的爆发；如果威慑失败，则迅速战而胜之。根据这样的设想，作战样式应该是：首先从公海大洋向近海海岸机动，这时海军兵力必须具有控制作战空间和强大的兵力投送能力；其次由近海沿岸向陆地纵深推进，这时海军兵力必须对作战地域提供足够的火力支援和作战空间控制。

作战理论创新是战法创新前提和依据，根据创新的作战理论，美国海军提出“精确打击、灵活机动、集中火力和控制信息”的主要战法。精确打击是以高技术武器装备、精确制导武器、先进探测装置和信息系统为基础，攻击敌人的特殊目标，打击敌人的意志。灵活机动和集中火力是依靠迅速、突然的进攻，选择最佳路线和最佳目标，以迅雷不及掩耳之势，击中敌人的要害，打击敌人的重心，使敌人迅速丧失反应能力，完全摧毁其继续战斗的意志。控制信息则是取得战争胜利的先决条件，能否以最大的效果、最经济的手段实施精确打击、灵活作战和集中火力，完全取决于能否控制信息。强调从海上远程对地攻击和非线性作战。利用水面舰艇和潜艇从遥远的公海大洋，使用巡航导弹和舰载攻击机对作战地域内的重要目标进行精确打击,为地面作战兵力提供远程火力支援、纵深火力遮断或近距空中支援，使前线与后方的概念模糊不清。同时，特别强调要以非正规作战为主。非正规作战也称为非战争行动，通常泛指国际维和行动、海上危机控制、海上军事威慑、国际人道主义救助、多国联合海上军事演习及配合海上封锁进行的海上拦截、临检等军事行动。这些行动可以发挥海军的优势和特长，炫耀武力，实施威慑，支持国家外交政策，维护国家利益和海洋权益。

美国海军战略转变后，也要求在组织体制上对作战编成、兵力运用和编制调整等进行相应的调整。为适应远征作战、近岸作战和联合作战的需求，海军提出按照一体化作战理论组建海上联合远征部队，这是美国海军战略转变之后参与联合作战的一种新的组织编成形式。以信息技术为主导的军事革命，其核心应该是综合集成、一体化和资源共享，其目的是通过信息网络化、实时化和指挥控制自动化来提高部队的战斗力，减少人为干涉，精简指挥层次，裁减部队兵员和节约军费开支。主要原则有三个：一是缩小规模，精兵合成，优化结构。目前，美国海军的兵力规模和装备数量达到战后以来的最低水平，但兵力结构、作战效能和装备质量则达到历史最高水平。二是部队指挥由树状垂直结构转向扁平状网络结构。纵向的树状指挥层次和金字塔形结构将面临挑战，数量众多的中间指挥机构因作用降低而逐步取消，扁平状的网络化结构将更为普遍，横向一体化是主要发展方向，单舰、单机、特遣队等基本战斗单元的作用将增大。三是兵力运用由集中兵力转向集中火力和集中能力。信息技术革命的结构是从传感器到射手、从探测到打击可实现实时信息传输，因此集中兵力不再是趋势，分散兵力、集中火力和作战能力将成为重要趋势。

海上联合远征部队的任务，主要是前沿存在，实施威慑，夺取战区制海权，并协同空军夺取和保持制空权，通过两栖作战强行夺取敌岸纵深地域，与后续开进的陆军部队一起，打赢地面战争。海上联合远征部队必须具有指挥、控制、通信和监视能力，作战空间控制能力，兵力投送能力和部队保障能力。

海上联合远征部队的编成样式，主要是以一个航母战斗群和一个两栖戒备大队为核心进行组建，航母战斗群与两栖戒备大队混合编成、联合作战。由航母战斗群指挥官负责指挥控制，适当配备一些反水雷、反潜和反舰作战部队，以及预置部队和海运部队等。

海上联合远征部队航母战斗群的编组形式为：航母战斗群由6～11艘舰艇组成，包括防空型巡洋舰、驱逐舰2～3艘，反潜或防空型驱护舰2～3艘，攻击型核潜艇1～2艘，后勤支援舰1～2艘。编入联合远征部队后的航母战斗群的任务为：独立或协同空军夺取从公海到近岸大约370公里，以及从近岸到陆地大约1000公里作战空间（陆、海、空、天、电磁）的控制权；为两栖登陆部队提供火力支援，打击陆岸纵深目标并对岸上作战提供近距支援；从海上向陆地投送兵力，独立遂行或支援陆军部队进行地面作战。

海上联合远征部队两栖戒备大队的编组形式为：由3艘两栖攻击舰、船坞登陆舰和两栖船坞运输舰组成，可携载一个2500人的陆战远征分队。12个两栖戒备大队在21世纪初计划各配备一艘装有500枚导弹的武库舰，然后与12个航母战斗群进行混合编成，组成12个海上联合远征部队。

企业号航母

精确制导武器与精确作战

自从1968年美军在越南战争中首次使用激光制导炸弹轰炸清化大桥开始，精确制导武器便逐步为人们所熟知，但在一次空袭战役中全部使用精确制导武器，这恐怕还是第一次。1967年10月，一艘排水量只有几十吨的埃及蚊子级导弹艇，向以色列的埃拉特号驱逐舰发射2枚冥河式苏制导弹后将其击沉，从而揭开了导弹战时代的序幕。从那时起到现在，几乎所有的战争和武装冲突中都少不了导弹的身影。即便是导弹中的“王中王”战斧式巡航导弹，在1991年海湾战争中也发射了288枚，之后，美国在对伊拉克作战、空袭波黑塞族阵地和打击阿富汗和苏丹的行动中，又先后发射了200多枚。应该说，战术导弹以及巡航导弹在战争中大量使用不再是什么新鲜事，但在独立空袭战役的第一个最重要阶段全部使用海基和空射巡航导弹作战，从而形成巡航导弹战局面，这在战争史上恐怕还算是第一次。以往那种数百架机群突袭的壮观场面不见了，而代之以“导弹干、飞机看”这种无人化、不见面、非线式远程空袭作战的新样式。使用数百枚巡航导弹对人口密集、目标难以区分的繁华城市或首都进行空袭，绝不是件轻而易举的事情，它起码说明：目标侦察、定位、信息传递和计算能力已经达到相当精确的程度，巡航导弹的圆概率误差已经达到10米、甚至5米以下，巡航导弹的可靠性和可使用性已经非常有把握。这种巡航导弹战可能在昭示着一个新趋势，那就是无人化战争可能要在近期内出现。以无人机进行侦察、监视和攻击，以巡航导弹进行远程纵深打击，以无人驾驶的地面装甲车辆或机器人进行的特种作战或城市巷战，正在呼之欲出。

据初步统计，在“沙漠之狐”空袭行动中，美军使用了GBU-16和GBU-24为主的1000～2000磅激光制导炸弹，使用了包括小牛空对地导弹、斯拉姆空对地导弹、哈姆反辐射导弹以及JSOW联合远程武器在内的多种战术导弹，还使用了GBU-28型5000磅钻地炸弹。由于精确制导武器可进行远程或火力圈外发射，可提高武器的命中精度和摧毁效能，所以在空袭中广泛使用这种武器可以减少弹药的投放数量和飞机的凌空轰炸架次，因而能够降低战争消耗、减少人员伤亡并确保空袭效果的达成。此次空袭虽然只使用了325枚战斧式巡航导弹、90枚AGM-86空射巡航导弹和650架次的空袭飞机，从数量和规模上可能只属于传统概念中的小规模空

袭，但从破坏效能和人员伤亡比例上来看，则大大超过以往传统的大规模空袭作战。

在整个空袭行动的报道中，不断有狂轰滥炸的说法，其实，此次美军空袭作战基本上使用的是精确制导弹药，可以说不存在什么狂轰滥炸的实质，如果真是狂轰滥炸，死伤人数不会如此少。从第二轮空袭开始，美军就减少了战斧式巡航导弹的使用力度，而转用机载空对地导弹和精确制导炸弹，这说明第一轮巡航导弹的空袭效果比较有效。第一轮打击的目标主要是伊拉克的地对空导弹基地、军事指挥和控制中心、军事和情报总部以及导弹和核、生、化武器生产设施，当然还有一些政府要害部门和总统府等。首先摧毁这些目标的目的，是减少己方的损失，如果这些目标没有处于瘫痪和无法继续工作的状况，美军不会贸然使用作战飞机在低空或超低空进行空对地攻击。空袭中主要是使用海军舰载机投放激光制导炸弹，由于美国海军不具备这方面的实战经验，所以估计在巴格达上空凌空投弹时命中精度不一定很好。

巡航导弹防御应引起高度重视。巡航导弹技术是20世纪50年代发展起来的，走走停停，曲曲折折，在整个冷战期间，几乎都没有得到重视。冷战结束后，战争样式从核大战转向常规作战之后，巡航导弹开始受到广泛关注。美国的战斧式巡航导弹是70年代的技术，不能算是现代高技术武器，虽然战斧–Ⅲ型经改装后性能明显提高，但有些致命的弱点仍难以克服。比如巡航速度低，只有0.8马赫左右，从波斯湾飞到巴格达要一两个小时；战斗部小，只有450公斤，仅相当于一枚GBU–16激光制导炸弹的威力；体积庞大，且不具备隐形能力，外形就像一架米格–23战斗机。因此，几乎每次实战，战斧式巡航导弹都有被击落的记录。此次空袭中伊拉克先后两次宣布，分别击落了77枚和23枚，这对于一个没有远程防空预警体系、没有快速反应防空拦截体系的伊拉克来说显然是夸大其词，但击落几枚是有可能的。

在1991年的海湾战争中，虽然也是首先使用战斧式巡航导弹，但同时也使用了大量的隐形战斗机和攻击机群。在此次空袭行动中，虽然也在17日凌晨的第一波导弹袭击之前，起飞舰载EA–6B电子战飞机发射反辐射导弹摧毁了伊拉克的地对空搜索和跟踪雷达，但主要目的是打开通路，此举没有形成像海湾战争中“白雪”行动那样的独立的战役阶段。空袭行动

飞机与甲板弹射滑块锁紧，准备起飞

舰载机尾钩钩住阻拦索瞬间

中，美国破例第一次在独立空袭战役的第一个最重要阶段全部使用200多枚巡航导弹，从而形成密集的导弹战局面，这在战争史上还是第一次。在第一轮空袭中之所以使用大量巡航导弹而不首先使用作战飞机，主要的考虑是担心人员伤亡和飞机被击毁。战斧式巡航导弹自1991年海湾战争中首次使用后，近8年来又在伊拉克、波黑、阿富汗和苏丹等战场使用过近200枚，这次使用量则超过300枚，看来巡航导弹将开辟21世纪无人攻击作战的一个新时代。

根据美国军事原则，目标毁损状况小于15%，称为轻度毁损；15%～45%，称为中度毁损；45%～75%称为重创；75%以上定义为目标被摧毁。国防部在提供的一份详细评估报告中显示，空袭中有96个目标被命中，其中被摧毁的目标10个（其中防空系统1个、指挥控制系统 7个）；被重创的目标18个（其中防空系统和安全设施各5个，指挥控制系统 4个，共和国卫队目标3个）；中度毁损的目标28个；轻度毁损的目标17个；尚未评估的目标22个。综合美国国防部目标毁损评估报告、空袭中伊拉克伤亡人数（伤180人，亡68人）以及被毁损目标的特征情况分析，对美国、英国空袭效果有三个基本估计：一是巡航导弹、空对地导弹和制导炸弹的命中概率较高，可能在60%以上，个别武器有可能达到80%左右；二是对预定目标的破坏强度较大，预定目标基本上全部被命中，但目标命中后被摧毁和重创的概率较小，不超过60%；三是对预定目标内具体固定式点目标（生化武器储存和生产场所）、地面机动性目标（地对空导弹、作战飞机、坦克和装甲车辆）、特别是重大战略性目标（地下指挥部、萨达姆政

权核心人物所在地）的摧毁概率极小，可能只有10%左右。这样的空袭效能说明，空袭战役的难度相当大，即便是使用高技术武器也很难保证完全达成预定作战目标。

空袭与反空袭中的兵力对抗

在现代作战行动中，强调交战各方必须遵守战争法中的一条基本原则，即“目标区分原则”。就是在战争中，只能袭击军事目标，如果袭击民用目标则被认为是非法。从历次作战实践来看，要完全达到这一点是不可能的，但必须向这个方向努力。美军之所以选择在深夜和凌晨进行空袭，可能已经考虑到这样的原则，即便如此，实际上已经给巴格达的平民和民用目标造成了大量损伤，这也说明高技术武器在性能上的不稳定性。

虽然战斧式巡航导弹已经发展到第三型，比海湾战争期间有了根本的改进，但命中精度仍然令人怀疑。有一枚战斧式巡航导弹本来是想袭击巴格达的总理府，却差一点炸毁旁边的共和国大桥；有一枚战斧式巡航导弹想袭击总统府，结果在建筑物附近爆炸，据说是被密集的防空炮火击中后爆炸的；还有一枚可能是导弹上GPS定位和导航系统出了毛病，本来想打巴格达，结果飞到了伊朗西南部胡齐斯坦省的霍拉姆沙赫尔市，幸亏没有造成人员伤亡。1998年8月美军袭击

阿富汗和苏丹的时候，也有一枚导弹落在了巴基斯坦境内。更不幸的是，位于市中心的一家妇产科医院居然接连被四枚导弹所击中，这应该算是违反战争法原则的一起恶性事件，因为按照战争法原则，医院是受保护和免遭袭击的。

美国海军在进行冲突和局部战争时，一般派遣2～3个航母战斗群，携载800～1200枚战斧式巡航导弹和200架左右的舰载机，这还不算空军远征部队加强的作战飞机和巡航导弹。这些导弹和飞机如果对一两座城市进行轮番空袭的话将是高强度、高密度的饱和轰炸，所以如何应付这种饱和空袭将是一个值得研究的问题。如果没有远程防空预警和指挥体系，如果没有数千上万枚不同射程的防空导弹和快速反应体制，要想进行有效的防空将是非常困难的。对巡航导弹的防御和拦截是划分阶段的，在不同阶段进行拦截其效能是有本质区别的。比如，在初始段拦截最好，如果不行就在巡航段拦截，效果都不错。但如果让它进入目标区，在末段使用密集的炮火和轻武器进行拦截，虽然拦截的概率较高，但基本上没有多大用处，因为导弹已经抵近目标，拦截不拦截它总要对目标区域进行爆炸性破坏，这时拦截的唯一效能是减缓对既定目标进行精确破坏。导弹是一种进攻性武器，即便是落后的导弹对防御方而言仍是非常危险的，因为只要有百分之几突袭成功就能造成很大的破坏。

由于精确制导武器可进行远程或火力圈外发射，可提高武器的命中精度和摧毁效能，所以在空袭中广泛使用这种武器可以减少弹药的投放数量和飞机的凌空轰炸架次，因而能够降低战争消耗、减少人员伤亡并确保空袭效果的达成。以精确制导武器为主进行远程空袭作战，将从根本上改变狂轰滥炸的传统概念，以投放弹药数量、重量和出动飞机架次为标准来衡量空袭规模、强度的传统观念也将面临挑战，空袭效能与投入弹药数量、费用和人员伤亡代价之比将成为衡量空袭作战效能的重要判据。

美、英对伊拉克发动的“沙漠之狐”空袭行动完全是一边倒局面，空袭一方使用的是具有20世纪90年代先进水平的高技术武器装备，而反空袭一方使用的是却是“二战”时期的战法和战后初期的轻型武器和非制导武器，这种空袭与反空袭的较量完全不是在一个水平上进行的，就连美军平时正常军事训练中的对抗强度也不如。这种没有电磁干扰环境、没有恶劣气候影响、没有强威胁对手的空袭作战，对指导现代战争和未来战争没有多大的军事价值和实用价值。

政治、经济和军事从来都是战略家手中的三张王牌，什么时候打什么牌，完全是依靠战略家对局势的正确判断和评估。从“二战”后半个多世纪的风云变幻来看，在40年冷战期间，军事这张王牌发挥了非常重要的作用，无论是美苏相互遏制和对抗，还是大国对弱国和小国的军事干预和颠覆，战胜者们都取得了重大成果，谋取了巨大利益。美国在与苏联进行了长达40年的军事对抗之后，最终拖垮了苏联、解散了华约集团，成为称霸全球的唯一一个超级大国，在战略上谋取了巨大利益。强国依靠庞大的军事实力，在干涉和颠覆别国政权方面也取得了许多成效。1982年英国远征南大西洋，发动封锁和进攻战役，最终夺取了马尔维纳斯群岛并一直占领至今；1983年美国兴兵入侵格林纳达、1986年美国动用三个航母战斗群和数十架岸基飞机，远征利比亚，进行空袭作战，也达成了预定的作战目的。1989年12月20日，美军发动了自越南战争以来最大的一次代号为“正义事业行动”的军事行动，出动了27000人的兵力，终于将巴拿马政府首脑诺列加抓捕到美国投入大牢。

冷战结束之后，美国霸权主义味道更加浓厚，由于没有苏联和华约集团的军事钳制和制约，所以在采取军事行动时带有更多的随意性。在对伊拉克行动方面，继海湾战争之后，就曾先后四次动用作战飞机和巡航导弹对伊拉克首都和禁飞区内目标进行武力打击。在海地、索马里和波黑冲突中，更是不惜动用航空母舰和作战飞机，实施武力威胁、遏制和军事打击。即便是对付阿富汗和苏丹境内的少数恐怖分子，也要大动干戈，居然从阿拉伯海和红海的舰艇上发射了75～100枚战斧式巡航导弹。“沙漠之狐”行动美国更是胆大妄为，不仅没有和安理会打招呼，即便是像北约、日本和澳大利亚这样的盟国也没有通气，这种为所欲为的霸道行径引起人们的强烈不满。

第六章　航母战斗群的兵力构成

当世界各地出现危机之后，美国总统第一句话就是：我们的航母在哪里？当世界各地出现战争的时候，美国总统最关心的是：我们有几艘航母在战区？

航空母舰是一种海军装备，但更是一种战略武器，它不仅仅是巡弋在深海大洋上的一艘舰艇，更重要的是国家的象征、力量的体现。太平洋战争初期，美国在珍珠港之战中失利，幸亏航空母舰不在港内，才得以在后续的珊瑚海、中途岛、莱特湾海战中一马当先，挫败日本联合舰队，夺得太平洋战争的胜利。

40年冷战时期，美、苏两个超级大国进行全球对抗，美国航母战斗群首当其冲，充当着冷战威慑和局部战争的急先锋。冷战结束后，在一超独霸的时期，美国航母战斗群更是说一不二，全球巡航，充当着世界警察的角色。进入21世纪之后，世界向多极化发展，中国崛起之声不绝于耳，韩国、日本、泰国、印度相继发展了航空母舰，美国顿时感到威胁和挑战加剧，致使航母战斗群的作用进一步提升，它将继续成为全球投送、遏制危机、打赢战争的重要力量。

航空母舰是一种什么样的装备，它是怎样进行战斗编成的，又是怎样进行联合作战的？建造航空母舰的目的是为了运用航空母舰去作战，因此了解航母的作战运用对于认识航母的作用、地位是非常重要的。

航母战斗群的作战编成

美国海军兵力主要有三根支柱：舰载航空兵力、水面舰艇兵力和核潜艇兵力。舰载航空兵力以6万吨以上重型航母为核心组成的战斗群；水面兵力包括水面战斗舰艇、两栖作战舰艇、水雷战舰艇和后勤作战支援舰船；核潜艇则包括弹道导弹核潜艇和攻击型核潜艇。以航空母舰为核心的航母战斗群是美国军事战略中的重要支柱，是显示国家威力、支持外交政策、保护国家利益、制止危机和冲突的有效兵力。和平时期，它可通过军事演习、访问他国军港等活动开展外交与军事合作；危机时期，可快速部署与展开，实施武力威慑，进而制止危机；战争时期，可通过其海空兵力对敌海上和陆上纵深目标实施战术或战略核／非核攻击。

第二次世界大战以来，美国共卷入了约250起各种战争、武装冲突和危机事件，其中，海军单独参加的就有60%以上，与其他军兵种协同作战的达30%以上。在这些军事行动中，几乎都有航母战斗群直接或间接参加。20世纪80年代开始，美国海军的海战模式有所改变，制定了防空、反潜、攻击、反舰、两栖战、水雷战和后勤支援等七种新的作战模式，并据此确定了两种典型的作战编成：航空母舰战斗群和水面战斗群。前者以航空母舰为核心，配以水面护航兵力、核潜艇及后勤作战支援舰艇等，主要使用飞机和中远程导弹对敌海上、空中和地面目标实施攻击；后者以战列舰为核心，配以水面护卫兵力，主要以直升机及中、远程导弹和大、中口径火炮对敌陆、海目标进行轰击。当时美国海军有14个航母战斗群和4个水面战斗群。20世纪90年代以后，战列舰全部退役，水面战斗群开始以两栖攻击舰为核心编成。

航母战斗群的主要任务有四个：远洋作战，全球部署，使用战术核导弹、舰载飞机和远程导弹实施战术核／常规威慑，使敌望而生畏，不敢轻举妄动，或主动放弃进攻计划，退避三舍；前沿展开，纵深防御，快速部署和灵活反应，以支持国家政治、军事和外交政策，保护国家的全球利益，在局部战争、武装冲突和低强度战争中，确保优势和胜利；与敌海军兵力争夺作战海区和战略海域的制空制海权，封锁和控制16个重要咽喉通道，保护海上交通线，保持战区的兵力优势；与水面战斗群及陆、空军兵力一起，封锁和占领作战区域，轰炸和袭击敌港口、基地等岸基军事设施和重要军事目标，掩护和支援海军陆战队登陆作战。

航母战斗群的作战编成一般根据使命任务和威胁环境确定，一个具有较高作战效能和生存能力的航母战斗群均具有防空、反潜、反舰和对岸攻击等综合作战能力。美国海军航母战斗群有三种典型的编成：在低威胁区巡逻或显示武力时，一般使用以一艘航母为核心组成的战斗群（称单航母战斗群），通常配有4艘防空型导弹巡洋舰、4艘反潜型驱逐舰、护卫舰和1～2艘攻击型核潜艇；在中等威胁区实施威慑，制止危机和参与低强度战争时，通常使用以2艘航母为核心组成的战斗群(双航母战斗群)，配以8艘防空型导弹巡洋舰和驱逐舰、4艘反潜型驱逐舰和2～4艘攻击型核潜艇；在高威胁区参与局部战争或大规模常规战争时常使用以3艘航母为核心组成的战斗群，配以9艘防空型导弹巡洋舰和驱逐舰、14艘反潜驱逐舰、护卫舰和5～6艘攻击型核潜艇。核大战时通常不将航母战斗群部署在高威胁区，因为航空母舰目标价值高，而且不能经受战术核武器的打击。根据使命任务，航母战斗群还可和水面舰艇战斗群混合编成。如1987年，美国海

单航母战斗群

双航母编队航行

军为海湾商船护航，在阿拉伯海实施武力威慑时，即是这种编成。目前，美国海军典型的编成是以2艘航母为核心组成的双航母战斗群。

美国海军规定，和平时期，每艘航母一个标准的训练、执勤和休整周期为18个月，并各占三分之一时间。因此，正常情况下，美海军现役12艘航空母舰，有三分之一在海湾地区、西太平洋、地中海等海外前沿地区执勤或担负作战任务，三分之一进行海上训练，另有三分之一在港内休整或进厂维修保养。当然，战时其训练、休整和维修周期会缩短，能执行作战任务的航空母舰将比平时增加0.5～1倍，可能会集结6～8艘航空母舰投入作战。

除了在波斯湾执行一些巡逻任务之外，航母每日将向伊拉克作战行动提供28架次飞机，每一架次飞机的飞行时间为5～6小时，飞机大部分时间是在伊拉克上空盘旋，等待地面美军部队的空中火力支援申请。飞行活动经常在晚上1时后结束，在第二天中午之前恢复。航母舰载机的活动通常每隔14天进行一次休整，以使飞行人员和甲板工作有一些休息时间。一艘航母的舰载机平均每半年累计起飞1万架次以上，最多的达1.4万架次，飞行时数达1.5万小时以上。越南战争期间，在太平洋西部的每次航行中，舰载机出动量均达1万架次以上，投弹0.8万吨～1.1万吨。1971年11月至1972年7月，美国星座号航母舰载机创投弹最高纪录达2.5万吨。

美国航母舰载机联队一般由8～10个舰载机中队组成，整个联队约有80架飞机和2000余名士兵，指挥官为上校联队长，中队设正、副中队长各一名，中队长为中校军衔。在历史上，根据作战使命和航母的实际情况，美国海军舰载机联队曾使用过多种编成形式，如“珊瑚海航母型”、“肯尼迪航母型”、“罗斯福航母型”、“常规型”等，20世纪70年代以后主要有三种形式。

（1）“过渡型”。编有9个飞行中队，共78架作战飞机和直升机：2个F-14A雄猫战斗机中队共20架；2个F／A-18大黄蜂战斗／攻击机中队共20架；1个A-6E入侵者重型攻击机中队16架，含4架KA-6D加油机；1个E-2C鹰眼预警机中队共4架；1个EA-6B徘徊者电子战飞机中队共4架；1个S-3B北欧海盗反潜机中队共6架；1个SH-3海王或SH-60F海鹰中队共8架。另载有C-2A运输机等支援飞机。冷战时期，美国海军就是以这种舰载机联队与苏联争霸大洋。

（2）“兵力投送型”。它是在上述样式中增加4架F/A—18战斗/攻击机，其他没有变化。

（3）“标准型”。1997年，美军现役的11个舰载机联队全部改为这种配置，总共8个飞行中队，73架各型飞机。计有：1个F-14雄猫战斗机中队14架；2个F/A-18C大黄蜂战斗/攻击机中队24架；1个F/A-18A大黄蜂海军陆战队战斗/攻击机中队12架；1个E-2C鹰眼预警机中队4架；1个EA-6B徘徊者电子战飞机中队4架；1个S-3B北欧海盗反潜机中队8架；1个SH-60F海鹰反潜直升机中队5架。此外，还有2架HH-60H运输直升机。

2003年伊拉克战争中开始强调一机多型、一型多用、简化机种、综合多功能。取消了A-6和A-7舰载攻击机，强化歼攻合一能力，舰载机总共71架，其中歼攻合一作战的飞机就占了50架。其中，14架F-14雄猫和36架F／A-18大黄蜂战斗/攻击机。此外，还有4架EA-6B电子战飞机、6架S-3B反潜机、4架E-2C预警机、7架SH-60或HH-60直升机。

目前航母舰载机编制原则仍然没有变，F-14战斗机退役后，强化歼攻合一作战能力，配备4个战斗攻击中队，每个中队装备12架，总共48架F/A-18大黄蜂。此外，还有4架EA-6B电子战飞机、8架S-3B反潜机、4架

E-2C预警机、8架SH-60或HH-60直升机。

2020年F-35C上舰后，在强调歼攻合一的基础上，增加隐形、超音速巡航、网络化一体化能力，作战能力相比以前提高至少10倍。舰载机的编制为：12架F／A-18E大黄蜂和12架F／A-18F大黄蜂战斗/攻击机，20架F-35C闪电Ⅱ联合攻击战斗机，总共44架战斗/攻击机。此外，第一架无人作战机将于2015年进入舰队作战序列，首次编制4架执行情报收集、监视与侦察的无人作战飞机，最终在每个航母舰载机联队中编配6～9架无人作战飞机。5架EA-18G大黄蜂电子战飞机，5架E-2D“先进鹰眼”预警机，11架MH-60直升机。

航母战斗群的火力配系

航母战斗群在各大洋游弋，随时面临来自空中、海面、水下和电磁四维空间的威胁，因此，必须攻防并举，既具有强大的威慑力和突击力，又具有严密的自身防御能力和强大的生命力。目前，美国航母战斗群从侦察预警到攻击掩护，均实现了空舰一体化，密切协调的攻防配系，具有攻防纵深大、层次多和火力强的特点。一个典型的双航母战斗群，通常采取远中近三层攻防火力配系，其中，第一、第二层攻防配系用于对敌攻击和整个航母编队的安全，第三层则主要是战斗群内各作战单元的自身防卫。其配系及能力如下：

第一层：外防区，又称纵深攻防区，距母舰200～400公里。在此层防御区中，探测设备为军用侦察卫星，2个预警机中队的8架E-2C预警机和舰载远程对空搜索雷达。主要作战兵力为航母舰载机，以执行驱逐敌方战斗机、夺取并保持舰队制空权、截击敌方轰炸机和拦截来袭巡航导弹等任务，作战半径700公里以上。此外，还可执行反潜、电子战等作战任务。战斗群内各平台所携约350枚战斧式巡航导弹可对460公里以内的水面舰艇或2500公里以内的敌方地面目标实施常规或核攻击。

第二层：中防区，或称区域防御区，一般距母舰45～200公里。这层防御区中，主要探测设备为舰载预警机、侦察机、舰载相控阵雷达和远程对海对空搜索雷达；主要作战兵力为舰载区域防御武器和舰载直升机，战斗群中各平台所携约350枚战斧式巡航导弹，约260枚可潜射、舰射或空投的鱼叉反舰导弹，约600枚标准防空导弹；战斗群各护航舰艇所携约40架直升机，主要担任反潜作战任务。

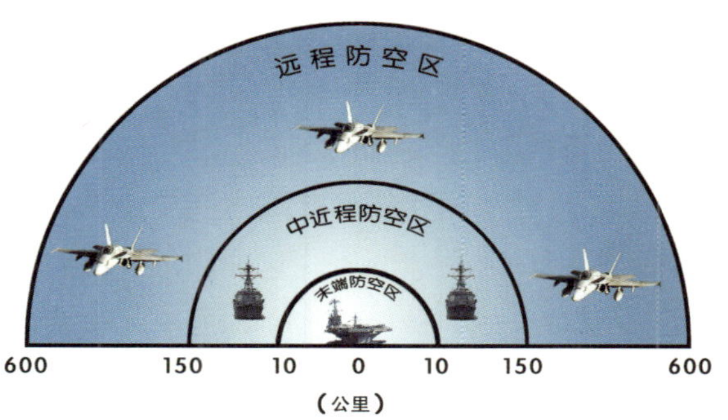

美国航母战斗群作战范围

第三层：内防区，或称点防御区，防御纵深距母舰0.1～45公里。在此层防御区内，主要探测设备为各种舰载雷达，主要作战兵力为舰载点防御武器。当目标距舰队约15公里时，可使用约150枚北约海麻雀点防御导弹和约20座平高两用炮进行拦截；当目标距舰艇3000米时，可使用约30套密集阵近防武器系统组成密集弹幕进行拦截。战斗群内各舰所携共约220枚MK46、MK44鱼雷和160枚阿斯洛克反潜导弹，可对10公里内的敌潜艇实施攻击。

美国航母战斗群编成综合作战能力很高，可保持三大优势：一是纵深打击优势。美国海军航母舰载E-2C预警机可在距航母370公里的空域连续值勤6小时，其机载雷达的探测距离为300～700公里，可为舰队提供近30分钟的预警时间。而未装预警机的海上编队，靠舰载雷达只能为舰队提供6～7分钟的预警时间。美国一艘航母载机60～90架，其中80%是固定翼作战飞机，作战半径一般都在600公里以上。一个双航母战斗群，可实施由上百架攻击机、战斗机组成的强大攻势。

二是多层攻防优势。美国航母战斗群除以舰载机作为主要攻击力量和防御力量外，还可集中战斗群中各护航舰艇所携多种武器进行自身防御，从而形成多层次的攻防体系。其中，反潜、反舰作战分别设有4道防线，对空防御则在400～1000公里的范围内设有6～7道防空反导拦截防线，因此，具有较高的抗饱和攻击能力和杀伤概率。

三是电磁对抗优势。美国航母上配有专用电子战飞机，舰载电子设备也较为先进，加之有E-2C预警机在作战中作为空中指挥所对整个战术行动进行指挥协调，使得电子侦察、压制和干扰等各种电子战手段运用得当、相互协调、软硬兼施，与整个编队的攻防火力配系配合默契，牢牢控制战区的制电磁权。

航母战斗群的攻防配置

美国航母战斗群具有水面、空中、水下及电磁多维作战能力的作战编成，需多兵种协同作战，其战术实施复杂，参战兵力和攻击批次较多，战术协调困难。因全球部署、远洋作战，往往需要孤军深入。因此，从航渡警戒、战前准备到最后攻击，均要有一套完整、严密的战术预案。从20世纪80年代以来的现代实战中，美航母战斗群的战术实施主要有以下特点：

首先，加强航渡中的侦察警戒、扩大防御范围。为了防备突然袭击，航母战斗群在航行中特别强调防空反潜警戒，组成一个以预警和反潜兵力为前导、以防空兵力进行环形防卫的海空一体化的航行序列。战斗群中各护卫兵力全部按编队前进方向呈三角队形展开，重点防范空中和水下威胁。

在对空警戒方面，航行序列中的对空警戒主要由舰载预警机、战斗机、侦察机和无人机等完成。其任务是：探明编队周围的潜在威胁，查明威胁的性质和编成，并将有关敌情速报战斗群指挥官。由于空舰导弹射程不断增加，航母战斗群的对空警戒范围已扩大到500 ~ 900公里。一般部署

单航母战斗群编队

方案为：2架E-2C预警机部署在距母舰200公里左右的8000～9000米高空，负责对500公里内的海域和700公里内的空域实施连续监视；6架高性能超音速战斗机部署在编队前进方向上空约350公里处，执行空中作战巡逻，该机携有射程120公里的中程空对空导弹和射程20公里的近程空对空导弹，因而可对距母舰350～450公里的来袭敌机和巡航导弹进行拦截，并为执行警戒任务的预警机和反潜机提供空中保护。侦察机和无人机则可根据需要或定期派往指定海域，进行重点侦察。这种纵深警戒体系为编队的海上航渡提供了良好的防空条件，但为防备万一，编队常将2架EA-6B徘徊者电子战飞机部署在航行序列前方约100公里处，用以对未被及早发现或突防的来袭导弹实施电子干扰，使攻击失效。各防空型舰艇一般布置在编队内圈，为了便于机动和各平台使用无源干扰设备，如箔条干扰弹、红外干扰弹等，内圈各护航舰艇一般采取疏开队形，在距母舰30公里半径内展开。

在反潜警戒方面，因潜艇素以“隐蔽歼敌”著称，加之潜射巡航导弹的发展，从而对航母战斗群形成巨大威胁。为了防备来自水下的突袭，航母战斗群在航渡中需努力扩大反潜防卫圈，尽量做到在潜射武器射程之外，发现并摧毁敌方潜艇。目前，美航母战斗群航行状态下的正常反潜防御范围约为200公里，分为三层防御：第一层，2架反潜机部署在编队两侧或前方约200公里处，配合P-3C岸基反潜巡逻机、按一定航线进行反潜巡逻。第二层，2～4艘攻击型核潜艇呈弧形部署在战斗群航行序列的前方和侧翼、距母舰100～180公里，利用先进的潜艇综合声呐系统，可发现距潜艇60公里以上的低速航行潜艇，并使用反潜导弹和鱼雷实施攻击。第一、第二层反潜网的防御距离在150公里以上，可有效地在敌方潜艇进入其潜射巡航导弹射程之前，将其摧毁。第三层，主要防范对象是突破前两层防御并使用鱼雷攻击的敌方潜艇。此层反潜兵力由3～4艘斯普鲁恩斯级反潜驱逐舰及各护航舰艇所载反潜直升机组成。前者装有先进的拖曳线列阵声呐，部署在距母舰50公里左右；后者一般部署在母舰前方20～30公里处，使用吊放声呐、声呐浮标和磁探仪及机载、舰载鱼雷，实施战斗群的内层反潜。

其次，组成配合默契的多批次空中攻势。在攻防双方均大量采用高技术先进武器装备的情况下，在某种程度上说，战争的胜负取决于武器的正确使用和战术的灵活及创造性的发挥。美国航母战斗群在使用舰载机攻击时，一般分为突击、佯动、压制防空兵器、电子干扰、指挥引导、侦察和掩护等7个战术群，运用灵活多变的战术，组成多批次攻势，既具有迅猛的突击力又能为突击兵力提供极强的掩护力。

最后，依靠高度有效的战术指挥协调系统，组织多批次攻势，实施“外科手术”式的打击。在实施密集突袭或较为复杂的战术行动时，E-2C预警机便是空中指挥所，负责作战空域内各参战兵力及战术群间的指挥协调。它可准确掌握时机，实施多批次攻击，并严格掌握各战术群投入战斗的时机，保证诸战术行动的密切衔接。美国航母战斗群由E-2C预警机负责传递领航诸元、引导各机群进入和占领有利阵位，实施空中管制，并协调各种武器的使用。突击完毕后，E-2C预警机还可组织各战术群有秩序地撤离，使整个作战突击行动进退迅速，有条不紊，配合默契，并使多种兵力发挥最佳整体作战效能。

进入21世纪以后，美国航母战斗群的作战使用产生了一些重大变化：一是舰载机型号大量减少，一机多型、一型多用、综合多功能成为一个主要趋势，四个中队的F/A-18E/F战斗/攻击机取代了过去五六种型号战斗机、攻击机、侦察机的功能，使用维护保养和作战保障变得更加简单，装备可靠性和可维修性大幅提高，作战效能也有明显提升。二是信息基础设施建设、尤其是16号数据链装备美国陆海空三军使用之后，大大提升了各军兵种之间信息的互联互通互操作能力，航母战斗群自身成为一个完整的作战体系，同时这个体系又融入美军全球作战体系当中，并成为其中的一个节点，这对联合作战和作战支援非常有利。三是2015年福特号航母服役以后，侦察监视和对地攻击无人机的大批量上舰和使用，将对传统的作战理念产生冲击，舰载电磁炮、舰载激光武器等一系列新概念武器的装舰使用也将改变传统的海上战法。

航母战斗群的联合作战

信息化战场的联合作战是这样的：外层空间有照相侦察卫星、电子侦察卫星、红外探测卫星、导弹预警卫星和海洋监视卫星；从高空到低空有E-3C、E-2C空中预警机、SR-71侦察机、E-8战场控制飞机、P-3C反潜巡逻机，以及电子战飞机、侦察直升机和无人机等；海上和地面有对空监视雷达、对海监视雷达、相控阵雷达和武器控制雷达等；水下有海底固定式水声监视系统、监视拖曳声呐系统、战术拖曳线列阵声呐和潜艇及水面舰艇声呐系统等。这些装在卫星、飞机、直升机、无人机、水面舰艇、潜艇和地面坦克及装甲车辆上的各种传感器可以分散配置在广阔的战区甚至全球范围内，它们能够全方位、全天候地获取大量目标信息和情报，这些情报信息能够通过由通信卫星、联合战术信息分发系统等连通的巨大网络构成海军C4ISR系统，海军C4ISR系统又与全球指挥控制系统相连进而构成全球化网络。这样的巨大网络就像蜘蛛网那样把所有参战的武器装备都连接在一起，因而可以实时传输信息，最终实现信息资源共享。

在联合作战概念中，传统的军兵种概念已经没有了，在这个系统网络中，空军、陆军、海军或海军陆战队，舰艇、飞机、坦克或是单兵，都作为大系统中的一个节点存在，因此，这种资源共享是战略性的，是广域的而不是局域的或战术性、权宜性的问题。武库舰是根据什么发射导弹，发射后的导弹又是怎样飞向目标并精确打击目标的呢？这是个非常关键的问题。1982年马岛海战中，英国人在战区内采用了这样的战术：刚服役没几天的最现代化的谢非尔德号驱逐舰航行在舰队的最前面，作为雷达哨舰，如果发现阿根廷的飞机就立刻用无线电通知舰队指挥部，同时各舰雷达开机，搜索海空，一旦发现目标就使用海标枪舰空导弹抗击。这实际上是“二战”中各自为政、单舰防御的模式。当时，谢非尔德号雷达开机，天线不停地扫视着海空和海面，舰员们都进入一级战备。谁知，阿根廷空军的超军旗式攻击机超低空掠海接近雷达哨舰，在距其几公里处突然爬升至150

米高度，发射飞鱼导弹，将其一举击沉，给英国海军来了个下马威。

20世纪90年代的反舰导弹比当时的飞鱼导弹可厉害多了，超音速几倍，还有隐形性能，所以再靠单舰独立防御的作战模式是难以获胜的。这就要靠多传感器联网预警和协同作战。怎样协同呢？比方说，美国把朝鲜设在东仓里的弹道导弹发射基地列入预先攻击目标，战争爆发前几个小时内，就会通过侦察卫星、侦察机和预警机等对这个目标进行跟踪和监视，然后把目标诸元传输到航母战斗群中去，再输入到战斧式巡航导弹的微处理机程序之中。这时战斧式巡航导弹已经知道自己要打击什么目标，目标在什么地方。然后，再决定发射战斧式巡航导弹的时机。谁来决策和下达发射命令呢？过去当然是海军舰队司令或编队指挥员，但今后不行了，导弹虽然装在海军的战舰上，何时发射导弹、发射哪种类型的导弹、攻击哪些目标、攻击的顺序、波次如何排定可不一定是海军说了算，因为现代战争强调联合作战，联合作战中的总司令是谁，要看联合作战的任务情况，也可能像海湾战争那样任命一位陆军四星上将，或是像科索沃战争那样任命一位空军四星上将，他有权指挥、调度和使用海军及其他军种的所有武器。

现在假设联合部队司令是一位陆军上将，他决定向朝鲜东仓里弹道导弹发射基地发射10枚战斧式巡航导弹，他只需要向他的参谋人员下达命令就行了，这位作战参谋当时就可以在他身边按下10枚战斧式巡航导弹的发射按钮，几秒钟后战舰上的10枚战斧式巡航导弹就会腾空而起，飞向目标。10枚战斧式巡航导弹发射了，是否准确命中1300公里以外的朝鲜东仓里弹道导弹发射基地了呢？照相侦察卫星和各种空中探测器很快就会把战损效果传过来，作战参谋立即进行战损评估，然后向总司令报告：10枚导弹命中7枚，现在朝鲜一枚弹道导弹已经发射升空，请求立即发射标准导弹拦截。这位陆军上将只要点一下头，他的参谋就会立即让远在数百里之外的航母战斗群宙斯盾舰艇上的标准导弹升空，去拦截这枚已经发射的弹道导弹。如果拦截失败，马上可以预测出再入大气层后的弹道，可通知部署在日本本土的爱国者导弹去进行末段拦截。宙斯盾舰艇上的舰员们对刚刚发生的这一切完全不必操心和过问，只管操纵舰艇航行就是了。

联合作战如此依赖信息基础设施，如果信息系统受到敌人的干扰破坏，作战行动还能够进行吗？其实，美国的作战信息网络中最主要的传感器是天基卫星，卫星发送的通信和导航信息也就是下行链路目前还没有办法干扰，这是其一。美国陆军20世纪90年代开始嚷嚷搞数字化部队和实现数字化，其实海军的数字化建设已经有30年历史了，11号、14号数据链在20世纪90年代就已经成为舰队的主要通信链路，之后在E-2C等作战单元上改装16号通用数据链，主要是解决战区内与多军兵种协同作战的问题。数据链虽然也通过无线电传输，但发送和接收的都是数字信息，主要是宽带传输的图像信息，这样的信息传输方式是非常容易加密且极难破译和干扰的，这是其二。现在军队中的指挥体制和通信体制基本上是点对点式的，集中式的。海湾战争中就是这样，地面防空部队发现敌机来袭，导弹营营长立即拿起电话请示团长，团长请示师长，师长做不了主，只好请示军长，一级一级地直到把电话打到萨达姆·侯赛因那里，因为他是总司令。结果，电话还没打到师长那里，这个导弹营就给报销了。这是典型的树状指挥体制，萨达姆是这棵大树的树冠，导弹营是树根，所有的中间环节是树干，敌人只要在树干的任何一个节点砍上一刀，这棵大树顷刻之间就会完蛋。美国的网络化结构是什么含义呢？就像是蜘蛛网，纵横交错，不怕你砍，就是破坏一半、甚至一大半它都能运行，直走不通就拐个弯，反正总能通，所以要想干扰整个网络是不太可能的。摧毁某个或某些节点是可能的，但这对整个网络没有影响。就像是美国的因特网，遍布全世界，伸向企业、军队，甚至家庭，你有什么本事去瘫痪这个庞大的网络呢？单靠摧毁几个或多个节点是没有用的，这是其三。

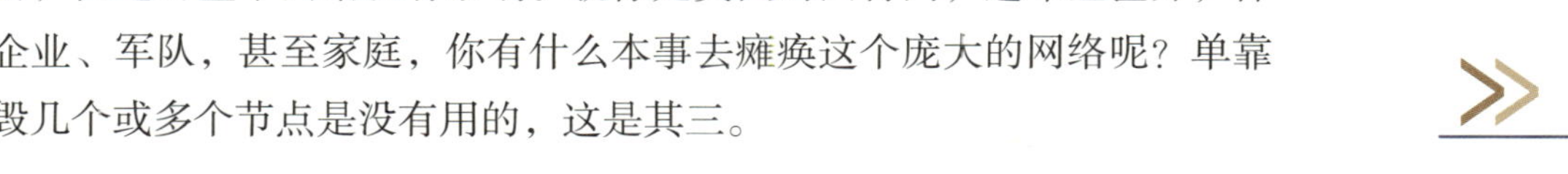

第七章　航空母舰的作战运用

兵者，凶器也。航空母舰是海上兵力的核心，是一种战场厮杀的兵器。在中国，航空母舰主题公园和水泥航母还只是作为公众参观游览和国防教育的一种道具而已，人们还没有把这种航母道具与硝烟弥漫的战场相结合，更没有把这种道具与一个国家的兴衰荣辱联系在一起。

航空母舰横空出世之后，没有人把它放在眼里。像小鸟似的舰载机跌跌撞撞地在航母上起飞和降落，飞行员一边开飞机，一边用手枪、步枪、手榴弹对地面进行攻击，陆军对这种不伦不类的作战方式嗤之以鼻，都感觉是一种很好笑的战场游戏。第一次世界大战中，航空母舰几乎成了摆设，没有发挥什么太大的作用。第二次世界大战前，老牌帝国主义海军还沉浸在“大舰巨炮”的冥想之中，没有人看好航空母舰。日本异军突起，山本五十六率领联合舰队偷袭珍珠港，美军太平洋舰队差点全军覆没。知耻近乎勇。美国以其人之道还治其人之身，大力发展航空母舰，组建航母战斗群，在广阔的太平洋与日本展开航母大战，最终全歼日本海军，取得太平洋战争的胜利。日本海军兴盛于航母，灭亡于航母，航母成了一把双刃剑。

“二战”结束之后，德国、意大利、日本战败，英国从超级大国的宝座上跌落下来，苏联在发展航母的道路上摇摆不定，美国一枝独秀，航空母舰成为其推行世界霸权的战略工具和威慑力量。哪里有危机哪里就有航母，哪里有战争哪里就有航母，航母成了美国海军的象征，成为美国超级帝国的权杖。

21世纪进入信息时代，全世界航母数量不断增长，在这种新的历史条件下，航空母舰担负着怎样的作战任务，与传统的作战样式有哪些不同？

航空母舰决战大西洋

第二次世界大战中的大西洋战场主要是纳粹德国同英、美等同盟国为争夺大西洋制海权而进行的破交战和保交战。战争首先是从海上发起的。1939年9月1日，德国进攻波兰。9月3日，英、法对德宣战，德国潜艇在赫布里底群岛以西击沉英国客轮阿锡尼亚号，诱发了大西洋之战。大西洋之战的前两年，德国海军在南大西洋和印度洋海域的作战中取得一些战果，主要海战形式是在英国东海岸附近布雷，袭击港口和运输船，并在英吉利海峡、北部海峡和大西洋中部海域实行无限制潜艇战和潜艇狼群作战，破坏英国海上交通线，击沉其商船500万吨。

航空母舰经过20年的发展，到1939年第二次世界大战在欧洲爆发的时候，已成为海军的重要突击兵力，航母舰载机已能执行对陆对海攻击、战场侦察、反潜护航等作战任务。“二战”初期航母舰载机参加的海战，主要是执行对陆攻击、侦察、护航等作战任务，当时，拥有7艘航空母舰和15艘战列舰的英国海军在大西洋战争中已崭露头角。1940年4月13日，英国一艘航母的舰载机击沉一艘德柯尼斯堡号轻巡洋舰，创造了航母舰载机第一次击沉大型战舰的历史。1940年11月9日，英国20余架飞机从两艘航母上起飞，突袭意塔兰托海军基地。在6个半小时的战斗中就击沉击伤3艘战列舰、2艘巡洋舰、2艘军辅船，击毁1个水上机场和油库，仅损失2架飞机。1941年5月24～26日，英国2艘航母的舰载机寻歼并重创德新造4万吨级大型战列舰俾斯麦号。1941年12月，英国第一艘护航航母开始进行护航战，之后，大批航母舰载机开始用于大西洋护航作战。

1942年1月至1943年4月这一年多的时间内，大西洋之战进入了高潮，德国和同盟国海军兵力在大西洋的破交保交战斗中展开激战。开始阶段，德国海军突破英吉利海峡进驻北海，并在挪威集中强大的航空兵、水面舰艇和潜艇部队，袭击同盟国驶往苏联的运输船队，同盟国损失惨重，一度中断对苏联的海上运输，整个大西洋的海上运输线几乎全被切断。后来，同盟国使用以护航航空母舰为核心的反潜兵力，进行大规模的海上反潜作战行动，终于迫使德国潜艇撤离北大西洋，转移到亚速尔群岛以西海域，大西洋之战开始出现有利于同盟国的形势。

1943年6月到1945年5月这两年的时间内，同盟国反潜战取得全面胜利。开始阶段，德国潜艇试图再次进入大西洋，受到同盟国反潜兵力的坚决打击，损失很大。后来，英国接管亚速尔群岛的两个空军基地后进一步加强了反潜力量，迫使德国放弃了袭击北大西洋护航运输船队的作战计划。1944年6月同盟军在诺曼底登陆后，海军兵力基本控制了大西洋的制海权，到1945年5月，大西洋之战以同盟国的胜利宣告结束。大西洋战争持续了五年半，美英等同盟国参战舰艇约3000艘、飞机800余架，损失商船1840万吨，其中被潜艇击沉约1400万吨。德国海军投入潜艇1160艘，损失778艘。

航空母舰决战太平洋

太平洋战争也是首先从海上发起的，它是同盟国在亚洲、太平洋地区进行的反对日本帝国主义的战争。日本为摆脱侵华战争的困境，掠夺东南亚的战略物资，夺取美、英、荷等国的殖民地，于1941年12月7日起，袭击美国太平洋舰队基地珍珠港、轰炸菲律宾、登陆马来亚，发动了太平洋战争。日本利用突然袭击的作战方法，依靠航空母舰和舰载航空兵的强大优势，在半年时间内就攻占东南亚广大地区，建立起北起千岛群岛、东至马绍尔群岛、南至印、缅边界的大纵深外围防线。美国和同盟国损失惨重，处于战略被动局势。

在太平洋战争中，由于日美海军势均力敌，各握有航母舰载机这个撒手锏，所以导致两国海军经久不息的太平洋激战，从而使航母舰载机一跃而成为舰队的主力和对陆攻击的主要突击兵力，并第一次成了海上舰队决战的主要突击兵力，从而取代战列舰而主宰海战场。

1941年12月7日，日本偷袭珍珠港，拉开太平洋战争的序幕。1942年5月3～8日，美日在珊瑚海第一次使用航空母舰编队展

日本“二战”航母及舰载机

开航母大战；1942年6月3～7日，美日航母编队进行了中途岛海战。在两次大海战中，美国海军击沉日本航空母舰5艘，取得海战的重大胜利，使太平洋战局发生重大转折。之后，美国海军陆战队开始进行一系列的登陆行动，夺占了太平洋上大部分岛屿，并以此为前进基地，对日本海军展开全面围剿和总反攻。

1944年5月，美军在马绍尔、所罗门等群岛登陆，突破日军外围防线；6月，在塞班岛登陆，突破日军第二道防线；10月，在莱特湾海战中击沉日本海军4艘航空母舰，并在莱特岛登陆，掌握了菲律宾海的制空权和制海权。日本海上舰队被毁灭，被迫退缩到本土，彻底丧失了海上控制权。此时，太平洋战争出现了转机。美国海军继续扩大战果，先后在吕宋岛、硫磺岛和冲绳岛登陆，突破日军最后一道防卫圈，对日本本土进行战略轰炸和水雷封锁，全面切断其海上交通线，使日本丧失了继续进行战争的能力。

1945年，中国人民在抗日战争中发起全面进攻；8月6日和9日，美国向广岛和长崎投掷原子弹；8月8日，苏联对日宣战，并出兵中国东北；15日，日本终于被迫宣布无条件投降。太平洋战争以同盟国的胜利告终，并宣告第二次世界大战的结束。

航空母舰海上大对决

1939年第二次世界大战在欧洲爆发之后，在大西洋战场上，拥有7艘航空母舰和15艘战列舰的英国海军不断创造战绩。1940年4月13日，英国一艘航空母舰的舰载机击沉德国的柯尼斯堡号轻巡洋舰，从而创造了航母舰载机第一次击沉大型战舰的战例。当年11月9日，英国20多架舰载机从两艘航空母舰上起飞，突袭意大利的塔兰托海军基地。在六个半小时的战斗中，以损失2架飞机的代价击沉击伤3艘战列舰、2艘巡洋舰、2艘军辅船，击毁1个水上机场和油库。1941年5月24～26日，英国2艘航空母舰的舰载机寻歼并重创德国刚刚建成服役的超级战列舰4万吨级的俾斯麦号。1941年12月，英国第一艘航空母舰开始进行护航战，之后，大批航母舰载机投入大西洋护航作战。

航空母舰突袭塔兰托和在大西洋战场上的杰出表现，使日本很受震动，于是，以山本五十六为首的日本海军便积极策划发动太平洋战争。1941年12月初，太平洋舰队中日本航空母舰、战列舰和飞机分别为10艘、214艘和1559架；美国为3艘、125艘和1775架。在航空母舰和战列舰方面，日本占明显优势。1941年12月7日，日本以6艘航母、423架舰载机、24艘大中型舰艇和5艘潜艇组成海上联合舰队，偷袭美国珍珠港海军基地。不到一个半小时，就击沉击伤美国战列舰7艘、大型舰艇12艘、中小型舰艇20余艘，击毁飞机420架，死伤3615人，日本仅损失29架飞机和5艘潜艇。

日本偷袭珍珠港，是迄今为止，航母编队对陆攻击规模最大、战果最为显著的一次战役。它不仅揭开了太平洋战争的序幕，更重要的是第一次显示了航空母舰和舰载机的巨大战斗能力。这次战役是航空母舰发展的一个里程碑和转折点，它奠定了航空母舰在现代战争中的地位，从而促使日本、美国和英国等海军大国坚定了发展航母和以航母制胜的信心。

1942年5月3～8日，日本以3艘航空母舰、125架舰载机和25艘舰艇组成海上编队，美国以2艘航空母舰、141架舰载机和20艘大中型舰艇组成海上编队，在珊瑚海进行了第一次纯航空母舰编队对抗的海上大决战，双方交战距离第一次超出目视距离和20公里的舰炮射程，所有护航舰艇都一弹未发，任凭航空母舰舰载机进行海空一体的激烈交战。结果，日本损失1艘轻型航母、1艘驱逐舰、80架舰载机和900多人；美国损失1艘航空母舰、1艘驱逐舰、1艘油轮、66架舰载机和543人。这次战役，双方胜负相当，日本没有占多大便宜。为了尽快消灭美国舰队，日本加紧发展航空母舰，并调集更多主力舰艇，在太平洋展开规模更大的海战。

1942年6月3～7日，日本集中了5艘航空母舰、11艘战列舰和72艘大中型水面舰艇，在中途岛海域对美海上编队进行了攻击，当时美国只有3艘航空母舰和22艘大中型舰艇，处于绝对劣势。在激烈的海空作战中，由于美国及时得到岸基飞机的支援，几乎全歼强大的日本舰队，共击沉其4艘航空母舰及所携载的280架舰载机，击毁50架其他飞机，死伤3500人。美国仅损失了1艘航空母舰、1艘驱逐舰、150架飞机和307人。中途岛海战迫使日本转入战略守势。

为夺取太平洋战争的最后胜利，美国海军于1944年10月23～26日，以34艘航空母舰和护航航空母舰、1000架舰载机、400架岸基飞机、12艘战

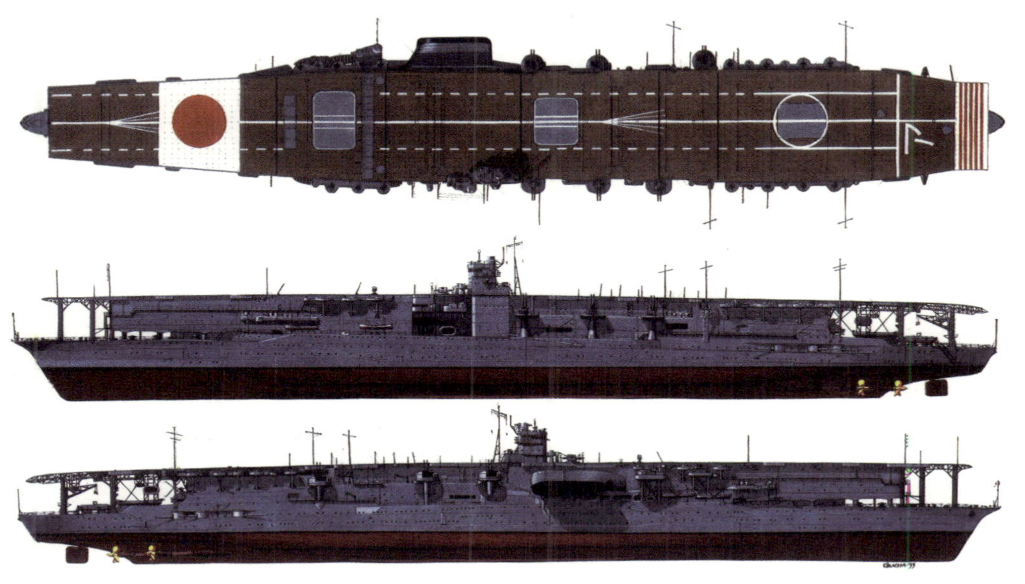

日本“二战”航母比较

列舰、135艘大中型水面舰艇、29艘潜艇，总吨位133万吨，总兵力14万人的绝对优势力量，在莱特湾向日本海军发起海上总攻战役。此时的日本海军已是强弩之末，仅出动4艘航空母舰、116架舰载机、300架岸基飞机、8艘战列舰、54艘大中型水面舰艇、14艘潜艇，总吨位73万吨，总兵力4.3万人。结果，日本4艘航空母舰全被击沉，损失大中型水面舰艇24艘，计30多万吨，飞机150架，死伤1万余人。莱特湾大海战彻底消灭了日本海军的航空母舰和舰载机，迫使日本海军舰艇缩至港内。这次战役是第二次世界大战中最后一次航空母舰编队相互对抗的海上战役，从此之后，再没有出现过如此规模的海上航母编队的对抗战。

第二次世界大战中，航空母舰已成为海军的重要突击兵力，航母舰载机已能执行对陆、对海和对空攻击，以及反潜护航等多种作战任务。到战争后期，航空母舰的发展达到历史的顶峰，美国海军已有100多艘航空母舰，18032架飞机；日本海军还有18艘航空母舰和10819架飞机，英国海军拥有53艘航空母舰和1336架飞机。1941—1945年间，海军航空兵共出动35万架次，在被击沉的大型水面舰艇中，有一半以上是航母舰载机所为，“没有制空权就没有制海权”是这个历史时期海上作战的真实写照。

哪里有航母，哪里就有战争

“二战”结束以来，由于导弹核武器和战略导弹核潜艇的出现，使海军航空兵的地位一度产生动摇。许多人认为无人驾驶的、破坏威力更大的、易损性更小的导弹核武器，在现代战争中比航母舰载机更为有效。因此，应不失时机地发展导弹核武器，而不是舰载航空兵，苏联海军就走了这么一条弯路。也有人认为，新型常规武器和核武器的出现，使舰载航空兵的海上突击作用已失去魅力，海上载机平台在新型武器面前只能是一堆废铜烂铁和“浮动棺材”而已。因此，与其发展舰载航空兵倒不如大力发展战略空军更为奏效，美国、英国、澳大利亚等都曾不同程度地走过这样的弯路。美国是在朝鲜战争之后已有所醒悟，其他两国则至今仍坚持其“空军为海军夺取和控制制海权”的理论。

由于航母舰载机数量大大减少，加之没有势均力敌的海上实力，所以像太平洋战争那样的大规模海上决战的局面再没有出现。此间，舰载航空兵的主要任务是沿袭“二战”的作战模式，夺取战区制空制海权和对陆攻击。

1950—1953年朝鲜战争中，美国以5～7艘、有时11～12艘航空母舰为核心，配以200余艘水面舰艇，第一次使用舰载喷气式飞机和直升机对朝鲜内地和港口进行攻击和封锁，有力地配合了登陆作战。

1962年10月，美航母编队在公海对向古巴运送导弹的苏联船只强行进行“停船检疫”，没有航空母舰的苏联只好在美国人面前唯命是从，开箱受检。

1964—1973年的越南战争中，先后动用20余艘航空母舰，对越南内陆腹地、港口基地、海上目标进行大规模轰击和海上封锁，仅1965年1月至1968年12月，航母舰载机就出动20万次，在对越空袭和轰炸的总架次中，航母舰载机占50%以上。1972年3月，美军在越南战场上已处于不利的态势，为收拾败局、体面地撤出越南，美国决定对越南北方进行水雷封锁。5月9日，美国海军舰载机100余架和舰艇6艘，对海防等预定布雷封锁的城市进行了猛烈的轰炸和炮击，进行军事佯动和火力掩护。同时，美国总统尼克松宣布对越南北方布雷封锁。从停泊在金兰湾外海域的2艘航空母舰上起飞的40多架舰载攻击机和100余架岸基轰炸机开始对海防等城市的外围航道、港口、河口等空投水雷，一小时后美军宣布完成首批布雷任务。之后，又连续三天在其他区域大规模布雷，并将雷区逐步扩大，5月19日，美国宣布完成对越南北方的布雷封锁。这次布雷共布设了各种类型的水雷6000余枚，构成43个雷区，使海上交通完全陷入瘫痪，数十艘舰船被炸伤或封锁于港内，越南被迫进行巴黎谈判。据计算，在整个越南战争中，美军在1000多公里长的越南北方海岸线和港口、航道等，共布设了11000枚水雷。

1971年12月的印巴战争中，印度用唯一的一艘维克兰特号航母和33架舰载机便有效地封锁了巴基斯坦海域，11天内起飞400架次，袭击了内地港口、基地和海上目标。

1982年4月2日至6月14日，英国以2艘航空母舰、40余艘作战舰艇、140架飞机、2.7万人，航渡19天奔赴13000公里之遥的马岛海域参战；阿根廷出动1艘航空母舰、17艘舰艇、200架飞机、1万余人在距本土500公里的战区内作战。1982年英阿马岛海战中，英国海军由于没有舰载预警机，就用谢菲尔德号驱逐舰当雷达哨舰，让它走在舰队的最前面，负责侦察敌情，如果发现敌机或舰艇立即报告给在编队上空值班的海鹞式攻击机，海鹞再通报给舰队。阿根廷海军掌握了英国海军的战术后，就在海军侦察机的引导下，使用超军旗式飞机以900公里的时速、关闭雷达超低空40米从海面上突防，顺利接近谢菲尔德号驱逐舰，在距其46公里处迅速拉升到150米高度，雷达短暂开机30秒，发射飞鱼反舰导弹后返回。导弹像长了眼睛似的直向谢菲尔德号冲去，很快，这艘刚刚服役的新型舰艇就沉入大西洋。接着，便是考文垂号、热心号、羚羊号、大西洋运送者号……一艘艘现代化驱护舰和万吨轮沉没了，昔日不可一世、气势汹汹的老牌海军首战失利，败在阿根廷手里。在这种情况下，英国国防部

谢菲尔德号驱逐舰

紧急下令利用现有直升机加装雷达，充当编队简易预警机。就这样，6架海王预警直升机应运而生。机载海上监视雷达为“水上搜索”型，其扫描器可进行稳定的俯仰和滚动运动，可360度全景扫描。为了执行搜索和目标分类任务，机上还设有2名雷达操作员。该机在1500米高度飞行时，其警戒半径可达160多公里，比舰载雷达探测距离大8～9倍。

1983年美国航母战斗群和两栖攻击舰一起对格林纳达100公里宽的周边海域进行了有效的封锁，使守军孤立无援，7天便占领全岛。1986年3月23～26日，美以3个航母战斗群向利比亚海岸发起突袭。4月15日凌晨，又以2个航母战斗群和空军50多架飞机一起，对利比亚境内5个目标发动袭击。

1990年8月2日至1991年2月28日，在长达6个月的海湾危机和海湾战争中，仅美国海军就出动了9艘航空母舰、150余艘舰艇和700余架舰载机，自始至终发挥了极为重要的威慑及实战作用。危机爆发后，美航母战斗群快速反应，紧急驶往战区，对伊进行武力威慑。在“沙漠盾牌”行动中，美出动大量航母战斗群，对伊科战区及其周边海域和空域进行全方位封锁以确保制海权和制空权，为战略海运和空运的顺利实施提供了极为安全可靠的环境，并配合政治、经济及外交斗争对进出伊科海港的船舶进行检查。在“沙漠风暴”行动中，航母战斗群分别深入波斯湾、红海和东地中海，使用700余架舰载机配合空军兵力对伊科本土实施大纵深攻击，并遂行了空中预警、侦察、护航、加油、电子战及攻击海上目标等一系列作战行动。在“沙漠军刀”行动中，美航母战斗群积极配合地面战场行动，进行战术空袭、轰炸，并确保濒海战区的制空制海权，同时，还配合两栖战舰艇部队进行佯动。

低强度冲突的高技术特征

美军空袭利比亚是美苏冷战期间美军发动的一场高技术、低强度、快速发起、快速结束的“外科手术式”作战行动，这次作战综合运用了20世纪80年代以来研制成功的指挥控制通信系统、预警侦察监视系统、精确制导武器、电子战装备和远程航空及保障装备，参战各军兵种密切协同，配合默契，有条不紊，是一次非常成功的空海军联合作战行动。美国袭击利比亚作战行动主要创新了这样几个作战样式：

（1）海、空军联合作战。当时，美军联合作战理论尚未成形，跨军种之间的联合正在尝试，比如空军和陆军的“空地一体战”理论等。由于海军拥有足够的航空母舰舰载机，所以与空军联合作战的必要性不大，所以此前没有进行过尝试。在“黄金峡谷”行动中，美海、空军成功进行了首次联合作战。这次联合作战的难点有三个：一个难点是美国动用的51架驻英空军飞机先后从4个不同的空军基地起飞，按照约定时间到指定空域集结，确保精确和及时；第二个难点是集结完毕后，从英国经直布罗陀海峡向西地中海空域飞行，在5188公里的航程中进行空中加油，之后部分支援飞机返航；第三个难点是飞抵航空母舰上空之后，与数十架空中待命的海军舰载机进行编波，分四个波次对利比亚首都的黎波里和班加西进行“外科手术式”袭击。任务完成后，安全撤离，返回基地。

（2）委托式指挥。当时，美军在纵向指挥上已经实现了C3I指挥控制系统，但海军和空军之间还没有建立起信息化的横向联系，所以委托式指挥有一定难度。美军的具体做法是：首先，总统、国防部和参联会只实施战略决策但不实施战略指挥。统帅部只负责批准“黄金峡谷”的作战方案，在具体实施过程中，连一次电话都没有打过，坚持不指挥、不询问、不干涉，全权委托战区指挥官进行作战指挥。其次，战区指挥官只负责战役筹划，具体作战协调由编队指挥员负责。第六舰队司令凯尔索中将是作战行动总指挥，他和他的参谋机构主要是负责作战任务的区分、空袭目标的选择、作战指挥的协同，具体作战事宜由编队指挥员自行协调。由于空军飞机远程奔袭作战，加之战争持续时间非常短，为保密起见，编队指挥官与战区指挥官之间基本没有进行联络，各自按照战前既定任务有条不紊地进行。

（3）大规模电子战。此前，美军从未进行过大规模电子战，这次作战行动中不仅创新了夺取制电磁权的理论，而且在电子战的战法上也有很多创新。美军战役级电子战的特点是：首先，实施电子侦察，掌握对方电磁特性，摸清对方的电磁频谱，以便对症下药，准确攻击。其次，实施电子压制，迷惑对方防空雷达。美军以17架专用电子战飞机进行强电磁干扰，使其指挥控制系统瘫痪、雷达迷茫。再次，发射反辐射导弹，摧毁对方地面雷达站。最后，遂行电子护航，实施自卫干扰。

（4）“外科手术式打击”。“外科手术式打击”是美国袭击利比亚作战行动中首创的一种作战样式，其基本思路是在压制、瘫痪对方的情况下，进行选择性、随意性空中打击。当时，美国海军的电子干扰能力很强，但所有飞机不具备精确对地打击能力，所以海、空军联合作战之后，得到了相互弥补。作战中，海军舰载机主要使用反辐射导弹对地面雷达和电磁辐射源进行硬摧毁，空军飞机则负责投放激光制导炸弹，然后海军舰载攻击机再投放常规炸弹扩大战果。战斗总共持续了11分钟，美军发射了30多枚哈姆导弹，投放了100多吨炸弹，对利比亚的军事指挥系统、重点军事设施和训练基地等进行了轰炸。

独立号航母勇闯波斯湾

1990年8月2日伊拉克入侵科威特后，美国又向伊拉克和沙特阿拉伯边境线集结重兵，为了阻止伊拉克对沙特阿拉伯的入侵，美国第82空降师紧急空降，但重型装甲部队和机械化部队难以快速到达，在此关键时刻，隶属于太平洋舰队的独立号航空母舰正在印度洋海域执行正常巡逻任务。突然，接到舰队紧急通知，立即开赴波斯湾，炫耀武力，对伊拉克进行武装遏制，粉碎其入侵沙特阿拉伯的企图。于是，独立号航空母舰携1艘导弹

独立号航母平面图

巡洋舰、1艘导弹驱逐舰、2艘导弹护卫舰、1艘舰队油船、1艘补给舰和1艘军火船共8艘舰艇，火速驶往海湾，成为世界上最早到达波斯湾的一支军事力量。

波斯湾在军事上属高威胁海域，距离伊拉克和科威特战区又近，所以一般情况下航空母舰不敢轻易进入。早在1979—1981年的伊朗人质危机和1987—1988年的海湾油轮战期间，美国海军航母战斗群几次想驶入波斯湾，因考虑到伊朗在霍尔木兹海峡入口处部署了蚕式岸舰导弹，而且在狭长的海岸上还囤积着数百架飞机，所以面临的威胁太大，权衡再三，还是没敢进。从作战环境来看，波斯湾大部分水域较浅，适于航母活动的区域不大，只能在宽不到36公里的油轮航道上机动，如果伊拉克在航道上布设水雷，危险可就大了。另外，波斯湾四面环陆，被高山和陆地包围，风速很小，给航母舰载机的起飞也造成一定的困难。因为通常航母舰载机需要迎风起飞，而且还要求一定的风速。要是进入波斯湾，航空母舰必须以33节以上的高速航行，才能给舰载机营造一个30节风速的起飞环境。从威胁角度来看，航母一般在距岸200公里以上的海域航行或巡逻，主要原因是避开近海沿岸的水雷或水下障碍，尽量避免敌人岸基飞机、岸舰导弹或近海防御兵器的袭击，即使敌人来袭也能够保持较长的预警时间，同时也为舰载机起飞创造一个良好的环境。纵观越南战争、黎巴嫩危机、海湾油轮战等战例，航母活动范围基本都在距岸200公里以外。

波斯湾如此险恶，具有如此众多的不利条件，而且美国十几年来未曾闯入这个危险海域，那么独立号这次敢不敢进去呢？1990年10月12日，独立号航母战斗群浩浩荡荡地驶入波斯湾，参加在靠近伊拉克海域进行的两栖登陆作战演习，这是自1974年以来美国航空母舰第一次进入波斯湾。独立号为什么坚持进入这个危险海域呢？从兵力使用和作战角度分析，如果独立号在阿拉伯海使用舰载机攻击伊拉克、科威特本土目标，需要1～2次空中加油，因为这段距离有2000多公里，而舰载机最大的作战半径只有700～900公里。不在阿拉伯海，即便是抵近阿曼湾和波斯湾南部也不行，距上述战区的距离也在1400～1700公里，还是够不着。所以，进入波斯湾内，舰载机可不用空中加油就能对伊拉克、科威特本土纵深进行攻击。当然，另外一个重要原因，是想好好地吓唬一下萨达姆·侯赛因，美国人认为，只有把所有兵力都堵到他家门口，他才真的害怕。

继独立号之后，艾森豪威尔号、萨拉托加号、肯尼迪号、中途岛号、突击者号、美国号、罗斯福号和福莱斯特号等8个航母战斗群接连奔赴波斯湾，对伊拉克实施武力震慑。同时，法国克莱蒙梭号和福煦号航母编队前往波斯湾，英国皇家方舟号航母编队赶赴东地中海，美、英、法三国12艘航空母舰分别从波斯湾、红海和东地中海三个战略方向对伊拉克形成全方位震慑，明确无误地表达了不惜一战的决心，航空母舰如此大规模的出动强度是第二次世界大战以后从未有过的。

尽管12艘航母围困伊拉克，但萨达姆并没有被吓倒，在长达半年多的时间内依然没有主动从科威特撤军。海湾危机为美国军队进驻并长期占领中东地区提供了一个绝妙的契机，沙特阿拉伯、巴林、卡塔尔等海湾国家敞开大门，欢迎美国和多国部队的进驻。1991年1月17日海湾战争爆发后，航母舰载机迅速投入作战，先后执行了600多次的战斗任务，出动舰载机近 2 万架次，投掷了9530吨炸弹，发射了700多枚空地和空舰导弹，摧毁或重创大批的伊拉克防御设施、通信网、导弹发射架等陆上目标，在海上击沉、击伤46艘伊拉克舰船，使伊拉克海军基本丧失了作战能力。

航空母舰海上封锁与临检

1990年8月2日伊拉克悍然出兵侵略邻国科威特之后，联合国安理会连续通过一系列决议，要求伊拉克从科威特撤军，同时对其实施一系列制裁、封锁和禁运。世界上有16个国家向海湾派遣了自己的海军舰艇参加海上封锁、拦截和海战行动，美国海军自然是最积极的，它出动了6个航母战斗群共160多艘舰艇。在长达半年多的海湾危机中，海上拦截行动是最繁忙的一项军事行动，主要目的是切断通向伊拉克和科威特各港口间的一切海上往来，阻止任何国家的商船前往上述港口，以避免伊拉克通过海上运输获得坦克、飞机、导弹、军需及零部件等战争物资。为了有效地实施拦截，划定了一个巨大的海上封锁区，波斯湾、阿曼湾、亚丁湾、红海、东地中海和亚喀巴湾都在封锁之列，海上拦截区覆盖了25万平方英里的海域。

1990年10月28日，美国海军舰艇在波斯湾拦截了一艘伊拉克商船阿穆里亚号。首先，美国海军舰艇用无线电询问开往何处，船上装有什么货物。谁知这艘伊拉克商船派头十足，理也不理仍然向前航行。美国独立号航空母舰立即出动6架F-14战斗机和4架F／A-18战斗／攻击机，在该船上空做了6次超低空盘旋飞行，强迫该船停船受检，但船长就好像没有看见似的，仍不予理睬。美国海军舰艇立即向船头方向开炮警告，这下儿可把船员们吓坏了，赶紧穿上救生衣，但就是不停船、不回话。

这时，三四艘军舰迅速冲过来包围了这艘伊拉克商船，从护卫舰上起飞的一架SH-60B海鹰舰载直升机在商船上空盘旋，监视船上人员行动并进行空中掩护。从其他驱逐舰和巡洋舰上起飞的4架SH-60B直升机则运送一个由21人组成的临检小组起飞离舰。这个小组的成员可不简单，队长是一名美国海岸警卫队上尉，曾在加勒比海海上缉毒行动中多次与海军合作，对登船临检有着丰富的实践经验，和大毒枭们打过不少交道。其他成员分别来自海军海豹特种作战部队、海军陆战队第4陆战远征旅特别行动小组。这些人都有两下子，擒拿格斗、潜水、使用特种武器样样在行，否则这么一点人上船后说不定要出什么事。

4架海鹰舰载直升机载着21名临检人员来到伊拉克商船上空，先进行悬停观察，发现没有异常后直升机放下软梯，突击队员们顺着软梯突降到商船的主甲板上，迅速控制了船上要害部门。船上人员发现美军强行登船，立即用水炮和高压水龙袭击，还用斧子等进行消极抵抗。他们哪里是美国特种突击队员的对手，三下两下儿就给制服了，船长、大副、二副等有关人员全被武装看押起来，商船立即改变航向向波斯湾外驶去。

航空母舰慑止海上危机

按照美军规定，一般遏制危机要保持一个航母战斗群，应付小规模冲突要有两个航母战斗群，应付冲突和战争至少三个航母战斗群。1983年入侵格林纳达时，美军派遣了两个航母战斗群；1986年美军空袭利比亚时，就派了三个航母战斗群；1996年3月份我国进行东南沿海演习时，美为对我国实施遏制，派遣了独立号和尼米兹号两个航母战斗群。

美国在进行此类军事干预的过程中，最常用的一个策略就是打擦边球，寻找国际法的空子，以“维护公海航行自由”等为由，强行介入局部战争，或作为导火索点燃战火。1986年3月和4月，美国以利比亚制造了

洛克比空难事件为由，出动三个航母战斗群计40艘舰艇、250架飞机穿越“死亡线”，闯入利比亚的所谓领海之内，进行多次空袭；1998年8月美国驻非洲肯尼亚使馆被炸，美国当即用100枚巡航导弹炸毁了苏丹和阿富汗境内的大量目标；1999年美国带领北约十几个国家空袭了南联盟，并以误炸的名义袭击了中国驻南斯拉夫使馆，战后又逮捕了米洛舍维奇，并送往海牙前南战争法庭受审。2001年美国在我国南海进行军事侦察的过程中，还与我国飞行员发生了撞机事件。2009年年初又在中国南海接连发生了无暇号侦察船非法勘测事件和麦凯恩号驱逐舰拖曳线列阵声呐与中国海军潜艇相撞事件。

按照美国人的观点，在世界任何海域，无论发生什么冲突或危机，都不能影响它在公海等国际水域进行遏制和炫耀武力的所谓“航行自由”权，否则，美国就要动用武力来威胁或强行通过。在这里，特别需要强调两个概念：美国认为，和平时期在外国领海内享有无害通过权；在外国宣布的专属经济区内应视同公海航行无阻。

对于沿海国而言，美国等海洋大国经常到距离自己国土如此近的海域内活动，感到很不安全，所以都极力反对。反对的方式主要是强调外国舰艇进入领海必须预先申报，获批准后方可进入；进入其宣布的专属经济区内航行必须遵守其相关法律。在处置这类争端的问题上，美国一般是采取三种措施：一是在外交上从一开始就不承认沿海国宣布的领海、专属经济区等为合法，自己也不加入《联合国海洋法公约》，至今仍然保持3海里领海制度；二是在法律上为军事行动提供广泛支持，所有军队师以上（海军编队以上）指挥员全部配备专职军法官，海军建制内有800多名军法官，负责涉外法律的解释和争议海区航行的法律咨询；三是有计划有目的地在争议海域内制造事端，通过军事冲突、舰机相撞、武力威慑、强行进入、军事演习等强硬方式，甚至不惜以爆发局部战争和武装冲突的极端方式来维护所谓的“海上航行自由权”。

一体化联合作战初露端倪

冷战结束后，美军根据国际战略环境的变化、海湾战争的经验教训和军事革命的未来要求，进行了全面战略调整，参谋长联席会议提出未来作战构想，国防部提出武器装备发展战略，各军种则纷纷制定了军种战略，其共同点是从军种独立战役及合同战役转变为诸军种一体化联合战役。其主要特点是：

（1）一体化联合作战和指挥协同。美国总统及国家安全事务班子参与了对伊拉克空袭的战略性决策，中央战区司令负责前线作战和战役总指挥，奉命前往战区参战的海、空军部队都自觉地置于战役指挥官的指挥之下，而且相互之间在作战编组、目标分配和兵力协同等方面都进行了密切配合。虽然美军尚未全部实现数字化、网络化和信息化，但军事革命的初级成果已经初露端倪。位于战区的各军兵种之间、各兵力兵器之间、战区与最高决策层之间通过计算机网络始终保持着实时信息传递，文字、数据、图像、话音和声像等信息均可在网上进行快速传递，目标获取、定位、分配、毁伤评估以及战况会商等都通过交互式网络进行。空袭发生时，美国总统克林顿还在以色列访问；空袭进展到第三天，众议院开始辩论和表决总统的弹劾案，这一切都说明美军的信息化和网络化已经发展到相当高的程度。

（2）根据作战预案进行实战演练。此次对伊拉克空袭作战的方案，基本上是1998年年初“沙漠惊雷”计划的翻版。“沙漠惊雷”作战计划是1月24日制定，2月20日经克林顿总统批准的。在这个空袭计划中，担任对伊拉克空袭作战的总指挥是卡尔·富兰肯中将，前线总指挥是中央司令部司令安东尼·津尼上将；战役持续时间确定为四个昼夜；主战兵力为海、空军部队；每天出动飞机300架次，发射巡航导弹数百枚；作战目的是摧毁伊军事设施，削弱其生产和存储生化武器的能力；打击目标集中在防空设施、指挥所、导弹工厂、共和国卫队驻地，以及可能生产生化武器的场所；空袭中预定死伤人数1500人左右。这个作战计划经批准之后，美军一直按照计划要求进行联合作战指挥、协调和训练，这种练为战、平时训练与实际作战紧密结合的方式很值得借鉴。

（3）把战略转变落到实处。1993年美军实施战略转移后，部队建设进行了许多重大改革。具体表现在三个方面：一是在战争准备上从打核战争转变为打高技术常规战争。为此，将B-1B、B-52H、俄亥俄级导弹核潜艇和战略导弹等核打击力量进行了数量裁减，同时部分经改装后使之具备进行常规作战的能力。

二是在战役指挥上从军种独立战役转变为诸军兵种联合作战。1991年海湾战争时，各军种在合同作战中明显缺乏配合，比如空军负责拟定整个战区的空袭计划和目标分配任务，每天如何把次日的空袭任务和计划传达给在波斯湾的舰艇却成为一个大难题，最后不得不派专人坐直升机往返传送。友军火力误伤也是个伤脑筋的事情，在入侵格林纳达、巴拿马和海湾战争中都发生过此类事故，最多时美军被己方火力误伤的人数高达数十人，海湾战争中还多次出现飞机、直升机、装甲车被击毁的恶性事故，这些都反映了合同作战中的不协调性。此次对伊空袭是1993年美军战略转变之后进行的一次较大规模的联合作战行动，不仅有英国盟军部队参加，而且是空军、海军和海军陆战队多军种参战，结果，没有发生任何友军误伤事件，在空袭中没有一人伤亡。为进行联合作战，海军航空母舰破例搭载了海军陆战队一个中队的F/A-18战斗/攻击机，并在作战指挥部门实现海军和海军陆战队人员混编体制；海军和空军在空袭作战中还派遣了联合远征部队作战，这种新体制保证了全球快速反应和联合作战的实施。这一系列变化说明，美军已经具备了一体化联合作战的能力。

三是在战略重点上由多重点转向以远程对地精确打击为主。1993年以前，美军战略重点不突出，空军是全球机动，夺取制空权；海军是大洋作战，夺取制海权；海军陆战队是超地平线登陆，夺取沿海登陆场；陆军则是空地一体战，强调空地协同和地面机动作战。战略转变之后，战略重点统一转向远程对地精确打击，各军种以此为基点进行相应的战略调整。比如，在海湾战争时，美国海军舰载机都不具备携载精确制导武器对地打击的能力（用于试验的斯拉姆除外），没有一架飞机能够携载激光制导炸弹，舰载战斗机则只能进行空战，根本没有携载常规对地攻击的武器。从此次空袭来看，航母舰载机类型大大精简，单一用途飞机没有了，所有作战飞机都具有防空和对地攻击能力，就连F-14A这种单一空战型飞机也加装了激光制导炸弹和空对地导弹，而且所有飞机都具备了夜战能力。这说明，美军的战略转变是实实在在的，新战略出台后，发展战略、发展规划、计划和措施都步步紧跟，落到实处。

海上联合打击力量的编成

美国海上联合打击力量的部署，主要分三种类型：一是航母战斗群，二是两栖战舰艇，三是海上运输舰船。

航空母舰只是一个运动的海上飞机平台而已，它不能发射巡航导弹，也不作为海上指挥中心，指挥中心一般设在巡洋舰或驱逐舰上。航空母舰是美国海军的核心与支柱，海军所有战斗舰艇，全部以航空母舰为核心进行编成和作战，目前编有11个航母战斗群。按照每艘航母每出海6个月必须返回港口进行轮休以及全球防卫的需求，一次性在海湾地区部署6个航母战斗群的可能性很小。按照目前计划，可能会同时出现6个航母战斗群在海湾，但有些是轮战的，一艘到达之后，另一艘立即撤回，所以总数可能会保持4艘左右。

每艘航空母舰通常配备5000人左右，其中舰载航空兵人员占一半。舰载机的配备一般70～80架，其中，战斗机和攻击机45～50架，主要机种是改进型F-14D战斗机和F/A-18C或EF型战斗／攻击机，另外配备4架E-2C预警机，4架EA-6B电子战飞机，还有一些加油机等作战支援飞机。

航母战斗群是为进行独立海上战役而配备力量的，因而具有区域防空、点防空、立体反潜、中远程反舰和对地攻击作战能力。航母战斗群的编成内一般包括防空型巡洋舰、驱逐舰2～3艘，反潜／防空型驱护舰2～3艘，攻击型核潜艇1～2艘，后勤支援舰1～2艘，共6～11艘舰艇。考虑到海湾战区特点，可能会在舰载机的携载类别、导弹的装载类型等方面偏重于对地攻击作战。战斗群编成内通常有2～3艘巡洋舰、驱逐舰或攻击型核潜艇具备垂直发射巡航导弹的能力，每艘水面舰艇最多可携载122枚导

两栖攻击舰概念图

弹，每艘潜艇最多可携载12枚战斧式巡航导弹。

两栖战舰艇是美国进行两栖登陆作战的舰艇，海湾战争时期是独立编成、独立作战，1994年美国海军战略转变之后，海军陆战队与海军舰艇部队统一改编为海上远征部队，形成联合作战的一种新的作战编成形式。主要是以1个航母战斗群和1个两栖戒备大队为核心进行编成，由航母战斗群指挥官负责指挥控制，适当配属一些反水雷、反潜和反舰作战部队，以及预置部队和海运部队等。一个典型的两栖戒备大队通常由3艘两栖攻击舰、船坞登陆舰和两栖船坞运输舰组成，可携载1个2500人的两栖陆战远征分队。两栖戒备大队自带全套坦克装甲车辆、直升机和所有两栖战装备、装具，可在距岸50海里的距离上，使用直升机、气垫船遂行“超地平线”垂直和两栖登陆。

海军陆战队参与海上远征部队编成之后，其所辖飞机正式编入航母舰载机飞行联队。在海湾战争时这些飞机都部署在沙特阿拉伯的地面机场，没有一架是由航空母舰携载。此外，海军陆战队的一些支援飞机、运输直升机、多用途直升机等也已经编入航母舰载机飞行联队。航母战斗群编入海上联合远征部队之后，也产生了一些变化，最主要的一点是独立或协同空军夺取从公海到近岸大约200海里，以及从近岸到陆地大约1000公里作

航母编队补给

战空间（陆、海、空、天、电磁）的控制权；为两栖登陆部队提供火力支援，打击陆岸纵深目标并对岸上作战提供近距支援；从海上向陆地投送兵力，独立遂行或支援陆军部队进行地面作战。

海上运输舰船主要是配合海军远征部队及陆军远征部队的海外部署，而提供重型武器装备和作战及后勤保障物资器材的。海上运输船主要来源有三个：一是长期租用或服役的舰船；二是按照一类预备役法律征用的舰船；三是临时抽调或征用的商船。这些舰船的主要任务，是为部署到海湾的美军提供物资、食品、药品、装备、零部件、燃油等各种支援和保障。目前已经和正在驶往海湾的舰船20余艘，包括：战斗补给舰2艘，补给油船2艘，海洋调查船3艘，舰队海洋拖船1艘，高速滚装海运船2艘，大型中速滚装船3艘，海上预置船4艘，集装箱船和滚装船2艘，油船1艘，海上医疗船1艘。

海上预置船是美国海军为使海军陆战队全球快速反应作战和部署，而采取的一种平时按编制配备、危机时向战区快速机动、补给和快速形成战斗力的一种措施。每个预置船中队可为一个1.73万人的海军陆战队特遣队(相当于一个陆军装甲旅)提供30天的作战支援。这些舰船平时分别部署在西太平洋的关岛、印度洋的迪戈加西亚群岛和地中海的基地，日常配置为迪戈加西亚群岛5艘，其他两地各4艘，战时租用的商船将视情况加入。美国海军第一、第二、第四预置船中队部署在海湾地区的海上预置船已达19艘。

联合打击力量部署的特点

伊拉克战争中，在海湾战区周边集结的航空母舰4～6艘，两栖攻击舰5～7艘，连同其他舰艇总数可能有近百艘。从海上力量部署来看，与海湾战争相比，反映出下述几个特点：

（1）海上远征作战成为美军联合作战的一个重要环节。海湾战争中，美国海军还在强调独立的海上战役，还在强调在公海大洋寻歼敌人的海军舰队；而海军陆战队则坚持自行夺取制空权、制海权、制电磁权，并完成两栖登陆作战任务。新军事变革把两个军种结合到一起，从理论、任务、编制、装备到人员，都进行了联合，从海上联合对地攻击成为海军和海军陆战队的核心任务和共同奋斗目标。实行改革并进行联合作战之后，曾经在科索沃战争和阿富汗战争中进行过尝试，摸索了一些经验，但规模较小，这次主要是对大规模远征作战理论进行首次验证，并在实践中摸索经验教训。

（2）成建制、成规模海外远程快速兵力投送成为美军联合作战的重要基础。美军海外快速兵力投送的方式有三种：搭载飞机、舰艇等作战平台投送；动用运输机和民航客机远程投送；动用军用运输船或动员民用船只进行投送。海湾战争中为了向海湾投送地面部队，耗费了五六个月的时间。这次美军试验的重点有三个：预置舰船的快速投送能力，商船的快速动员和征用能力，作战物资和装备的战区预储预置能力。从目前来看，这三个能力都得到了充分的验证，15万地面部队及陆战队所需的重型武器装备及后勤保障物资，基本在一个多月的时间内全部运抵目的地，从而为作战行动的展开提供了坚强有力的支持。

阿富汗战争中，美军为在阿富汗周边开辟空军基地费尽周折，最后不得不以航空母舰为主要基地，以航母舰载机为主要制空、对地攻击、投送特种部队和两栖攻击等手段。伊拉克战争中，土耳其、沙特阿拉伯等国家拒绝提供空军基地或空中走廊的做法再次引起美国的高度关注。这种浮动海上平台是由多个大型浮箱拼接而成，排水量50万吨，可作为大型飞机的起降平台，也可作为海上后勤、装备保障的浮动基地。

（3）具备遂行大规模持续作战的能力。纵观美国历次高技术局部战争中的用兵实践，从危机过渡到战争基本上经过这样三个阶段：第一阶段：炫耀武力，遏制危机。这种情况下通常使用1～2个航空母舰战斗群。第二阶段：武力威慑，制止危机。通常会增加1～2个航母战斗群和1～2个两栖戒备大队、100～200架空军飞机和少量陆军快速反应部队。第三阶段：诉诸武力，消除危机，赢得战争。中小规模冲突，通常在战区保持2个以上的航母战斗群和2个以上的两栖戒备大队，飞机数量应保持在400架以上；如果要进行地面作战、两栖登陆作战和规模更大、持续时间更长的作战，至少要保持3～4个航母战斗群和3～4个两栖戒备大队，空军飞机数量应有300～400架；如果进行规模更大的地面作战，则可能部署了6个航母战斗群和6个以上的两栖戒备大队，上千架空军飞机和数万人的陆军部队及坦克、直升机等重型装备，而且国家要进行20万预备役人员以上规模的战争动员。按照现在海上力量的部署情况，已经或将要达到美军进行最大规模作战的极限标准，预计此役规模可能较大，时间不会在短期内结束。

航母战斗群对地攻击作战

从科索沃战争开始，美国海军在对地攻击作战中的作用明显增强，在阿富汗战争和伊拉克战争中表现得更加充分，这主要体现在三个方面：

（1）海军舰载机在战争中发挥的作用越来越大。伊拉克战争中，美国共部署了6个航母战斗群，航母舰载机400架左右。其中在地中海部署了罗斯福号和杜鲁门号两个航母战斗群，舰载机150架；波斯湾部署有小鹰号、星座号、林肯号和皇家方舟号共4个航母战斗群，航母舰载机200多架。联军飞机平均每天出动1000架次左右，其中约有1/3为航母舰载机，最频繁的时候，一艘航母一个晚上就可以弹射80～100架次飞机。由于海军舰载机不像空军飞机那样担负繁重的战区警戒、加油、侦察、运输和对地近距支援等任务，所以相对而言对地攻击能力可能比空军还要强大。联军飞机出动架次的2/3都用于对地火力支援，战事激烈时更是达到80%，航母舰载机中大量的战术飞机参与最多的也是对地火力支援，对伊拉克北部战场的火力支援大多数由地中海两艘航母的舰载机完成。

1997年年初，美国航母上的A-6E“入侵者”舰载攻击机全部退出了战役。2006年7月28日，F-14雄猫舰载战斗机最后一次谢幕飞行是在罗斯福号航母上进行的，在服役32年以后，合上了它在美海军航空兵历史上传奇的一页。F-14雄猫战斗机自1974年服役以来，曾多次在战斗中脱颖而出，在美国舰载机史上留下了辉煌的一页。如1981年美国在利比亚行动的时候，两架F-14战斗机曾被两架利比亚苏-22飞机攻击，但它们灵活地从防御转向攻击，咬住并击毁了这两架利比亚飞机。雄猫战斗机在服役过程中经过了多次升级，从F-14A到最终的F-14D，并换上了强劲的GEF-110发动机、更尖端的武器设备和监视系统。特别的是，20世纪90年代初，雄猫战斗机装备了MK-80炸弹、低空导航和红外目标夜视系统之后，具备了投射激光制导炸弹的能力，并在之后的多次行动中充当“投弹能手”，在海湾战争和伊拉克战争中发挥了重要的作用，被称为“炸弹猫”。

（2）舰载巡航导弹对地攻击。舰载巡航导弹主要是由核潜艇、巡洋舰和驱逐舰携载，伊拉克战争中6个航母战斗群共携载2000枚左右，实际发射750枚。从四次战争来看，巡航导弹的使用数量越来越大，伊拉克战争一次使用数量比过去12年来所有战争和军事行动使用数量的总和还要多。主要原因是巡航导弹的造价降低，致使效费比提高。单枚售价由海湾战争时期的130万美元减少到50万美元左右，但作战效能却比12年前提高了1倍多，无论是任务规划时间、命中精度、制导方式、导弹射程还是摧毁威力，都有显著提高。如果巡航导弹的价格继续大幅度降低，在未来战争中，在高威胁区担负对地攻击的任务有可能将逐渐由巡航导弹担负，为减少飞行员伤亡，作战使用中有人驾驶对地攻击飞机可能将大幅度减少。值得注意的是，英军从科索沃战争开始，也在战争中使用巡航导弹。伊拉克战争中，战区共有17艘核潜艇，其中英军2艘，都发射了战斧式巡航导弹。同时，战争中英军首次使用了风暴阴影空地导弹，这是一种机载防区外发射的对地攻击导弹，制导系统为GPS，地形匹配和惯性导航，末端制导的目标识别为红外成像，射程在200公里以上。战后，英军将模仿B-52导弹载机的改装模式，把这种导弹大量装备在攻击机或军用运输机。

（3）空中对地支援和两栖登陆。空中对地支援是伊拉克战争中美国海军任务的一个新拓展，在历史上是很少见的。海军舰载机的传统任务是夺取海上制空权，并对海上目标进行攻击。伊拉克战争中，我们经常看到美国海军舰载机不断出现在地面激战的战场上空，如纳西里耶、卡尔巴拉和巴格达，这说明，美军的联合作战已经发展到相当深入的层次，海军居然能够为地面部队提供空中支援，甚至是应召空中打击作战，而且作战半径已经发展到1000～1500公里。超地平线登陆作战是美军陆、海、空一体化、垂直与平面相结合快速登陆的作战样式，伊拉克战争中在法奥半岛方向进行了尝试。

TWO

第二篇

海洋强国的航母路

世界海军分三类：美国、英国、法国、德国、意大利、日本及西班牙、葡萄牙等一些欧洲强国是近代崛起的一些海上力量，这些发达国家属于一类。这些国家具有强烈的海洋意识，海洋曾经是大国崛起的源泉和跳板，它们通过海洋进行全球殖民、掠夺和扩张，从而攫取了大量的财富，使海军力量越来越强。俄罗斯、印度及中国属于一个类型，虽然都是海洋大国，但从来都不是海洋强国，俄罗斯历史上甚至还算不上是一个海洋国家，只是从彼得大帝时期才开始开拓海洋，建设海军。虽然俄罗斯和苏联时期的海上力量曾经称霸一时，但从无有一个坚定正确的发展方向，总是在远洋进攻与近海防御之间游荡，其中主要缘由是缺乏海洋观念和海洋意识。印度和中国同属第三世界国家，也是人口最多的两个国家，虽然是海洋国家，但由于受经济欠发达的制约，海军建设一直是捉襟见肘，力不从心。其他国家属于一类，海军的主要任务是看家护院，近海防御，航空母舰在很大程度上被当作“稻草人”，对技术性能没有太多的要求，吓唬别人、给自己壮胆是最主要的用途。

世界上所有发达国家都是海洋国家，世界上所有发达城市全部集中在沿海地带。海洋是大国崛起的福地，航空母舰是大国崛起的象征，拥有航母而又能控制海洋的国家才能成为海洋强国，只有海洋强国才有资格成为世界强国。这就是从大国走向强国的路线图。

英国称霸世界海洋400年，靠的是战列舰、巡洋舰和大口径舰炮。航空母舰出现之后，英国人在技术上进行了大量创新，也发展了多艘航空母舰。可惜，徒有一大堆先进技术和精良的航空母舰，思维观念还停留在“大舰巨炮”的海洋强国时代，转型期的失误致使英国“无可奈何花落去”，一步步走向衰落。航空母舰对于英国而言早已是“明日黄花”，虽然尚有余香，但

再也结不出胜利的果实。

经过中日甲午海战和日俄战争之后，日本一跃而成为西太平洋的霸主。这只是第一步，日本的梦想是控制整个亚洲和太平洋，与法西斯德国平分天下。迫切的军事需求和大工业的飞速发展为日本建造航空母舰提供了强有力的支撑。当日本航空母舰浩浩荡荡地空袭珍珠港的时候，没有人会想到，25艘航空母舰居然在三年之后荡然无存，全部沉入太平洋海底。日本的国旗是太阳，日向号航母的服役标志着大日本帝国海军死灰复燃。日向号航母只是一个探路者，吨位更大的航空母舰还在后面，但愿日本不再重蹈覆辙，走向新的灭亡。

与英国、日本比起来，美国航空母舰的发展却是一路凯歌，一枝独秀，这是非常罕见的史实。美国为什么始终如一、矢志不渝地坚持发展航空母舰呢？美国在发展航空母舰的道路上经历了哪些坎坷，收获了哪些经验？航空母舰对于美国的国家利益究竟起到了多大的作用？

苏联时代梦想航母，俄罗斯时代梦断航母，然而今天又开始做起了航母梦。印度是战后亚洲唯一个拥有航空母舰的国家，也是第一个自行研制和建造航空母舰的国家，它很好地把大国崛起与航母发展结合在一起，并借助于其他海军强国的力量来发展自己，振兴海军。

21世纪是一个海洋世纪，海洋从过去侵略扩张的跳板转变为资源的宝库和友谊的桥梁，从而引起人们的高度关注。走向远洋、走向深蓝，必须要有强大的海上力量，航空母舰是这支力量的灵魂与核心。

第八章　美国：航空母舰是主宰海洋的利器

近百年以前，美国、英国、日本都在竞相发展航空母舰。

第二次世界大战中，航空母舰不仅没有挽救大英帝国的命运，反而成为一块烫手的山芋，一块食之无味、扔了可惜的鸡肋。凭借航空母舰，日本人曾经疯狂地发动了太平洋战争，可是航空母舰最终还是把日本人带入了坟墓。只有美国，依靠航空母舰打赢了太平洋战争，建立了世界海洋霸权，并让不可一世的日本人臣服。

航空母舰不仅是美国崛起的象征，也是美国推行世界霸权的权杖。哪里有危机和战争，航空母舰就出现在哪里。在"胡萝卜和大棒"的选择中，美国总是毫不犹豫地选择航空母舰这根大棒！

"只许州官放火，不许百姓点灯。"在世界公海大洋上，美国绝不希望看到任何一支能够挑战自己的海上力量。过去对苏联是这样，今天对中国也是这样。

美国的航空母舰就像是《变形金刚》中的霸天虎，造型精美，威力巨大，无人能敌。虽然擎天柱是其最大的克星和终结者，但"二战"结束60年来，还没有人看到擎天柱能发挥什么作用，这个汽车人与霸天虎比起来还显得过于渺小和软弱无力。

20年前，美国军界、学界大力鼓吹"航空母舰过时论"，声称在21世纪初航空母舰和作战飞机将退出历史舞台，信息、网络、导弹、计算机将取而代之。2008年，F-22和F-35高低搭配的第四代战斗机服役；2015年，福特号航空母舰将要服役。20多年过去，我们没有看到航空母舰和作战飞机的淘汰，相反，美国却把信息、网络、导弹、计算机与传统的作战平台融为一体，打造出机械化与信息化相结合、以信息化为主体的新一代航空母舰和作战飞机。

航母发展的序曲

1903年12月7日，当美国莱特兄弟制造的飞行者号飞机第一次飞离地面而冲向蓝天的时候，人们的好奇心就投向了那宽广无际的海洋。飞机能从地面起飞，为什么不能在海上起飞呢?

1910年11月14日，美国伯明翰号轻巡洋舰静静地停泊在美国东海岸汉普顿的锚地，它的舰首甲板上铺设着木制飞行跑道，这条跑道从巡洋舰的舰桥开始向前甲板延伸，全长只有26米。在跑道的起点，停放着一架柯蒂斯式单座双翼民用飞机金鸟号。富有好奇心和冒险精神的美国飞行员尤金·伊利正在准备进行一次陆基飞机在战斗舰艇上起飞的飞行试验。试验原计划是军舰在逆风航行时进行，但现场突然刮起了狂风。为了完成试飞任务，伊利决定在军舰停泊的条件下强行起飞。飞机顺利地发动了，但由于滑跑距离太短，它未能达到应有的起飞速度。刚一离开飞行甲板，金鸟号便因升力不足而越飞越低，几乎是径直向海面冲去。关键时刻，伊利沉着而巧妙地操纵着飞机的尾水平舵，终于在飞机扎进大海前的一刹那将它拉了起来。然后，金鸟号又在海面上飞行了几千米，最后在海滩附近的一个广场上安全着陆，观看的人群中爆发出了热烈的欢呼声。这是人类首次驾驶飞机从一艘军舰上起飞，这次壮举为航空母舰和海军航空兵的发展迈出了艰难的第一步。

两个月之后，即1911年1月18日，飞机着舰试验在美国西海岸的旧金山进行。这一次的试飞员仍然是伊利，军舰则换成了重巡洋舰宾夕法尼亚号，巡洋舰的飞行甲板长31米、宽10米，是一个改造的木制滑行台。这一天又是天公不作美，天气很坏，风浪很大，舰长临时决定让舰尾朝着迎风方向，这给伊利带来了更大的困难和风险。但面对考验，伊利又一次显示了英雄本色。他操纵飞机迅速降低高度，然后对准舰上跑道果断俯冲下来。飞机急剧冲上跑道，伊利马上向上拉起机头，并关闭了飞机发动机。由于着舰速度过大，飞机只挂住了22道阻拦索中的后11道，但它还是在距跑道终端约9米的地方停了下来。伊利成为第一个在一艘停泊的船只上成功起飞和降落的飞行员，因而为航空母舰的发展铺垫了第一块基石。一年后，美国海军建立了世界上第一支海军航空部队。此后不久，英国、德国和法国也先后于1912—1913年组建了海军航空部队。

陆基飞机在战斗舰艇上的成功起降，大大刺激了美国发展航母的热情。1920年，美国海军选中5500吨的运煤船木星号来改装它自己的第一艘航空母舰。1922年，该船完成改装，被重新命名为兰利号，编号为CV-1。兰利号标准排水量11050吨，满载排水量14700吨，最大航速15节，其上铺设有长165.3米、宽19.8米的全通式飞行甲板，载机34架。1922年11月使用压缩空气弹射器进行飞机弹射起飞试验成功。兰利号是一艘典型的平原型航母，舰体最上方是全通式飞行甲板，舰桥则位于飞行甲板的前下方，舰体左舷装有两个可收放的烟囱。由于这种怪模怪样的军舰是第一次出现在美国海军的舰队中，所以被送了一个绰号“带篷马车”。它的舰尾有一个鸽子间，曾用来饲养信鸽，以便为飞行员领航。

兰利号于1922年10月进行了第一次战斗机着舰试验，同年11月，又使用压缩空气弹射器进行了舰载机弹射起飞试验，两次试验都取得了成功。1923年，兰利号到各地进行航行展示，并在航行中进行各种作战系统的试验。1924年，兰利号被编入美国海军大西洋舰队的作战序列，美国海军终于有了自己的第一艘航空母舰。兰利号服役后一直用于训练，为美国海军探讨航空母舰的早期战术作出了突出贡献。1936年，它又被改装成为水上飞机母舰（AV-3）。1942年2月27日，兰利号在瓜达尔卡纳尔岛执行运送P-40战斗机的任务时，在爪哇海被日本海军的岸基攻击机击沉，结束了它不同寻常的一生。

美国是最早发展航空母舰的国家之一，它对这个极具革命性舰种的关注几乎与航母的先驱国英国、日本同步，都发轫于第一次世界大战末期到20年代初期这样一个时间段里。与英国、日本相比，美国第一艘航母的问世要稍微晚些，但建造模式却极其类似，都是用现有的舰船进行改装。

条约型航空母舰

第一次世界大战结束之后，世界战略进入了一个调整时期，由于世界陷入一个经济大萧条时期，所以战略调整的重点是医治战争创伤，大力发展经济，限制和裁减军备，进行军备控制，防止大规模军备竞赛，以降低战争的风险，维持世界和平。1922年初，当时世界上最发达的英国、美国、日本、法国、意大利五个国家在美国召开会议，并签署了《限制海军军备条约》（《华盛顿海军条约》）。协定重点对战列舰等巨型战舰的数量和吨位和舰炮数量及口径进行了严格限制，由于当时航空母舰刚刚出现，各国海军还没有把航空母舰作为海上主战舰艇，所以网开一面，在对各国航空母舰总吨位的限额进行分配的基础上，规定可以利用战列舰等其他战斗舰艇进行改装。为了对航空母舰进行规范，《限制海军军备条约》（《华盛顿海军条约》）还第一次对航空母舰进行了定义。当时把标准排水量在1万吨~2.7万吨、为装载和起降飞机的专门目的而建造的军舰定义为航空母舰。限定英国、美国、日本、法国、意大利五国新建造的航空母舰，每艘排水量不能超过23000吨；用战列舰、战列巡洋舰改装的航空母舰，每艘排水量也不得超过33000吨。

由于条约准许各缔约国利用部分停建的战舰改建成航空母舰，所以日本改建了赤城号和加贺号航空母舰，英国改建了勇敢号、光荣号航空母舰，并对暴怒号进行了翻新大改装；法国则改建了贝亚恩号航空母舰。按照条约规定，美国海军南达科他级战列舰被迫停建后改建了两艘航空母舰，分别命名为列克星敦号(CV-2)和萨拉托加号(CV-3)，两舰于1927年完工，标准排水量为36000吨，采用全封闭的舰首，全通式飞行甲板长达270米，由舰桥、塔式桅杆和扁平烟囱组成的岛式上层建筑位于舰右舷。动力装置为涡轮—电力推进，航速34节，续航力15节时10000海里，可搭载飞机90~120架。该级舰配备了4座双联203毫米主炮和12座单管127毫米炮，火力不亚于一艘重巡洋舰。在航空母舰上装备巨炮，这是早期大型攻击航母的主要特点之一。与英国、日本同期几艘由主力舰体改建的航母相比，列克星敦号更具有现代航母的特征，也是最强的航母。1942年5月8日，列克星敦号在珊瑚海战役中被日本联合舰队第五航空战队击沉。萨拉托加号则熬过了第二次世界大战，后于1946年7月25日被用作比基尼岛核试验舰被炸沉。

1939年之前，英国已专门设计和建造了7艘航空母舰，最大的皇家方舟号已达28000吨，载机60余架。日本航空母舰已建成6艘，最大的赤城号也达36500吨，可载机90余架。美国也建成7艘航母，最大的列克星敦号已达36000吨，载机量超过了100架。受《限制海军军备条约》（《华盛顿海军条约》）13500吨的限制，1927年美国设计的突击者号（CV-4）航母排水量为13800吨，建造时增加了700吨，这是美国第一艘一开始就作为航空

母舰设计的航母。突击者号“二战”期间主要用作大西洋飞机运输舰、护航舰、训练舰，1946年10月18日退役，1947年1月28日被卖出拆毁。

1933年开工建造的新一型航母是约克城级，同级共有三艘舰，分别是：约克城号（CV–5），1937年建成；企业号（CV–6），1938年建成；大黄蜂号（CV–8），1941年建成。与突击者号相比，约克城级增大了舰体和航速，同时加强了水平和水下防护，开始把岛形上层建筑和烟囱连为一体，从而形成了美国航空母舰的基本型。该级航母全长246.9米，宽33.2米，标准排水量19800吨，满载排水量25500吨，航速33节，20节时续航力为8220海里。约克城级的飞行甲板全长244.5米，宽26.2米，装有3具飞机弹射器和3台升降机，搭载飞机80~90架。该级航母增加了防护装甲，其生命力大为增强。位于右舷的舰桥与烟囱组成一体化岛形上层建筑，高炮平台位于飞行甲板两舷前后，这成为美国后续航母的典型布局。1938年，美国又开工了该级第三艘大黄蜂号，并于1941年10月20日入役。约克城级在太平洋战争初期是美国海军的中流砥柱，当时美国就靠这几艘航母在海上作战，所以对“二战”的进程产生了不可估量的作用。三艘舰中只有企业号在战争中幸存下来，约克城号1942年在中途岛沉没，大黄蜂号在随后的圣克鲁斯战沉。

从1913年飞机上天到1941年日本偷袭珍珠港，约30年时间，这是航母

企业号航母编队

发展的初始阶段。从技术上来看，开始是利用巡洋舰和商船改装水上飞机母舰，就是在这类舰船上用木板搭起一个平台，用来携载水上飞机。到达作战海域后，用舰船上的吊车把水上飞机吊到海面上，飞机从海面上起飞执行作战任务。返航时同样停在海面上，再用吊车吊到舰船上，有时则干脆飞回陆地降落。后来，开始建造常规起降飞机航空母舰，在舰上设有专门的飞行甲板，最初的飞行甲板是首尾两段式的，前面的一段飞行甲板呈倾斜状，向海面自然倾斜一个角度，以便给飞机一个初始速度，让它顺利起飞。在舰艇的尾部则设有另外一个飞行甲板，那是用来让飞机降落的。这种设计后来被通长式飞行甲板所取代。所谓通长式飞行甲板就是航空母舰的上甲板全部贯通，除一个舷侧岛形上层建筑外，没有任何遮挡，这种飞行甲板至今仍被广泛使用。

第二次世界大战前夕，世界上有6个国家拥有37艘航空母舰，其中日本10艘，英国9艘，美国9艘。到1945年“二战”结束时，世界上的航空母舰就发展到180多艘，还不包括那些战损的航母，也不包括用商船改装的200多艘护航航母。

战争加速了航母的发展

第二次世界大战爆发前，战列舰仍被视为海上力量的中坚，航空母舰只是一种海上浮动机场，只能用来执行侦察任务。在美国的造舰计划中，航空母舰还没有作为主力舰来建造。第二次世界大战爆发以后，在大西洋海战中，英国的勇敢号、光荣号和皇家方舟号航母先后被击沉，航空母舰的作用并没有引起人们的关注。随着欧洲战事的进展和日本扩张野心的日益暴露，美国深感有加强航母建造的必要。在罗斯福总统的大力支持下，美国国会决定于1940财年建造11艘、1941财年建造2艘埃塞克斯级航母，但到日本人偷袭珍珠港时，却只有5艘开工。

珍珠港事件导致了美国海军造舰思想发生彻底改变。一夜之间，航空母舰取代战列舰而成为主力舰，残留在太平洋上的美国海军力量断然以航母为核心组成了抗击兵力。这时，美国人痛切地感到，航母数量的不足和舰载机的陈旧过时，使他们不得不以劣势兵力与占优势的日本舰队抗衡。列克星敦号、约克城号、黄蜂号和大黄蜂号在1942年相继战沉，在一段时

间内，美国海军在太平洋上曾经只剩下企业号一艘可以战斗的航空母舰。在此危急情况下，美国决定加速建造埃塞克斯级航母，因此1942财年提供10艘、1943财年提供3艘、1944财年提供6艘。与此同时，为了满足战争急需，罗斯福还提出了将正在建造中的克利夫兰级巡洋舰迅速改建成轻型航母的计划，并大力改建和建造数级护航航空母舰。

航空母舰是大工业的缩影，是国家综合实力的具体体现。“二战”爆发以后，美国进行紧急战争动员，把国家的人力、财力和物力迅速集中到航空母舰的建造方面来，致使航空母舰的数量成倍增长，为夺取太平洋战争和大西洋战争的胜利奠定了坚固的物质基础。埃塞克斯级航母从此成为“二战”中美国海军的主力攻击型航母，也是美国海军历来所建数量最多的一级航母，更是蒸汽时代所建数量最多的一批主力舰。埃塞克斯级航母的建造规模充分反映了美国巨大的工业潜力。太平洋战争之初，美国就决定集中力量按照埃塞克斯级航母的标准设计方案进行批量生产，从而使造船厂能够采用流水线作业。此外，在诸如钢型和钢板、舰上设备、机械以及武器等各方面也都实行了高度标准化。由此，该级航母的建造周期极大地缩短了，有几艘只用了14~16个月便建成服役。

按照建造计划，1942财年建造10艘、1943财年建造3艘、1944财年建造6艘。该级航母全长265.79米，宽28.35米，标准排水量27200吨，满载排水量34800吨，最大航速32.7节，15节时续航力15000海里。其飞行甲板长约262米，宽约29米，载机100~103架。编制舰员3442人，其中军官382人。埃塞克斯级航母装有127毫米高炮12门，并装有40毫米高炮32门（或68门）和20毫米高炮46门（或55门）。埃塞克斯级航母吸取了先前各级航母的优点，并在航母的防护上也有了改进，舰体分隔成更多的水密舱室，这种结构使该级舰中的某些舰只在战争中虽屡遭重创，但没有一艘被击沉。该级航母批准建造的总数为32艘，但实际建成24艘，“二战”期间共有17艘建成服役，7艘在战后服役。埃塞克斯级航母不仅在“二战”后期是美国海军主力，而且在战后漫长的冷战时期也参加了古巴危机、越南战争、入侵巴拿马等大量的海上军事行动。1991年，最后一艘埃塞克斯级列克星敦号(CV-16)航母退出现役。

在美国海军忙于建造埃塞克斯级航母时，太平洋战争爆发，美国急需投入新的航空母舰兵力来对付强大的日本联合舰队，为此决定将正在建造的轻型巡洋舰克利夫兰级抽出9艘改建成独立级轻型航空母舰。该级舰均赶在1943年服役，后随埃塞克斯级航母一道，纵横太平洋战场。除2号舰普林斯顿号于1944年10月24日在菲律宾海战中被击沉，其余各舰均安然无恙。战后，因独立号不符合搭载喷气飞机的要求，除2艘租借给法国海军，1艘卖给西班牙海军外，其他全部于1963年前退役拆毁。该级航母各舰之间不尽相同，以战绩最为显著的卡伯特号为例，其标准排水量10662吨，满载排水量14750吨，航速31节，15节时续航力13000海里。飞行甲板长约166米，宽约22米，载机30架，舰员1569人。舰上载有127毫米炮2门，40毫米高炮16门，20毫米高炮10门。

利用商船快速改装护航航母是战时的一大创举，“二战”期间世界各国发展了200多艘护航航母。与轻型航空母舰改建自战斗舰只不同，护航航空母舰则是由商船改装而来，因此属于更为小型的航母，用于为商船护航。它们一般是在运输船队前方展开，用舰载机侦察、攻击潜艇，或引导水面舰只实施攻击。护航航空母舰除护航外，还时常担负运输船的角色。“二战”期间，美国凭借雄厚的工业实力，共建造了124艘护航航母，其中有38艘提供给了英国皇家海军。护航航母舰种代号最初为AVG，后改为ACV，不久又改为AVE。这些改装型航母在7000吨~12000吨之间，可载30多架飞机。作为飞机运载舰时，最多可载60多架飞机。美国当时专门设计和建造的一级护航航母卡塞布兰卡级护航航母，排水量11000吨，可载机60多架， 美国造船厂在18个月中就突击建造了50多艘这样的航母。此外，美国的护航航母还有长岛级、墨西哥湾级等共计5级122艘，其中25艘在海战中战沉。

截至1945年年初，美国在战争中已经建成服役的航空母舰达到52艘，正在建造中的有18艘，显示了美国强大的国力和航母建造能力。在战争需求的强烈推动下，航母技术取得一系列重大突破，“二战”时期是航母数量最多、航母作用最大的一个历史阶段。

“二战”中的航母遗产

第二次世界大战中，美国开工建造的部分航空母舰尚未完工战争就结束了，所以有的航母计划就中止了继续建造，已经基本接近完工的航母则继续建造直到服役。中途岛级航母是“二战”期间美国海军为了增加载机数量而建造的一级大型航空母舰，于1942年8月登记注册，由于战争结束，该级舰只完工了3艘：中途岛号、罗斯福号和珊瑚海号。中途岛号航母没能来得及赶上参战，第二次世界大战便结束了，不过，在随后的岁月里，它却作为主力参加了朝鲜战争、中东危机以及海湾战争。中途岛号一直服役到1991年8月，是美国海军历史上服役时间最长的航空母舰之一。同级的罗斯福号和珊瑚海号分别于1977年和1990年退役。中途岛号航母走过了从“二战”时期航母向战后现代化航母转变的路程，载机从螺旋桨式变成了喷气式。

中途岛号是当时世界上最大的航母，其舰长295米，舰宽41.5米，4台蒸汽轮机，航速33节，标准排水量45000吨，满载排水量60000吨。可载机100架，舰上人员2500名，空勤人员1600名。建成时舰上装有14门127毫米炮，21座4联40毫米高炮，28座20毫米高炮。采用直通式飞行甲板，敞开式舰首，一条轴向跑道，两部液压弹射器，三部位于中心线上的升降机，飞行甲板和舱壁采用装甲防护。

20世纪50年代，喷气式飞机开始上舰，英国人发明了斜角甲板、助降系统和着舰拦阻系统，在这种情况下，美国决定对中途岛级航母进行现代化改装。1954年1月，该级罗斯福号率先开始进行为期2年的改装。原来的直通甲板改为斜角甲板，三部升降机改在舷侧，蒸汽弹射器改为三部，两部设在直通甲板上，一部设在斜角甲板上。舰上安装了英国最新研制的助

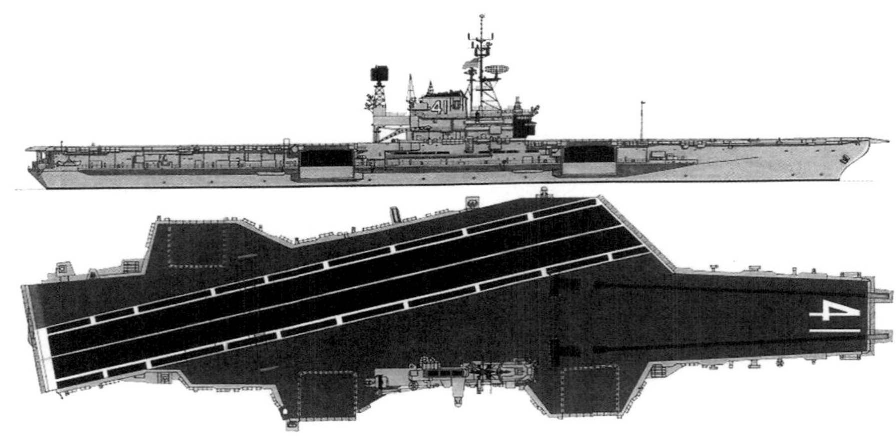

中途岛号航母平面图

降系统和着舰拦阻系统，装上了先进的塔康导航雷达，并拆除了8座127毫米炮。之后，中途岛号和珊瑚海号也先后进行了改装。

1966—1970年，中途岛号又进行了第二次改装，其排水量增大到64700吨。飞行甲板最宽处已达到77米，斜角甲板增加到13度，飞行甲板面积由11430平方米增至16200平方米，升降机的提升能力也由37吨增至55吨。舰上安装了战术情报和指挥系统，舰员的生活条件也大有改善。1974年，已经过第二次现代化改造的中途岛号，其升降机移到了舰岛前后和左舷尾部，并改成斜角飞行甲板。1986年4~6月，中途岛号在日本横须贺基地进行了第三次改装。这次它的排水量又增加了3000吨~3500吨，水线部分的甲板宽度增加了6米，并安装了新型通信器材。

航母进入巨无霸时代

第二次世界大战结束后出现的斜角飞行甲板、蒸汽弹射器、助降镜的设计，提高了舰载重型喷气式飞机的使用效率和安全性。高性能喷气式飞机得以搭载到现代化的航空母舰上，航母排水量越来越大，美国福莱斯特级航空母舰是第一艘专为搭载喷气式飞机而建造的航空母舰。该级舰首次采用蒸汽弹射器，飞行甲板吸取英国航空母舰的设计经验，将传统的直通式飞行甲板改为斜角、直通混合布置的飞行甲板，使整个飞行甲板形成起飞、待机和降落三个区，可同时进行起飞和着舰作业，从而形成了美国当今航空母舰的基本模式。

该级航母共建四艘：首舰福莱斯特号，1952年7月开工，1955年10月服役；第二艘萨拉托加号，1952年12月开工，1956年4月服役；第三艘突击者号，1954年8月开工，1957年8月服役；第四艘独立号，1954年7月开工，1959年1月服役。福莱斯特级航母长326.4米，宽76.3米，4台蒸汽轮机推进，航速33节，续航力30节时可达8000海里。该级各舰排水量不完全相同，但均在79000吨~81000吨之间。舰上人员2900人，航空人员2279人。

该级舰的舰体结构有了突破性发展。其舰体从舰底到飞行甲板形成整体箱形结构，增强了整个舰体的强度；首次采用封闭式舰首、封闭式机库和封闭式飞行甲板；首次采用斜角式飞行甲板。它装有4座大功率蒸汽弹射器，2部位于舰前端，2部位于斜角飞行甲板前端。在降落甲板上有4道拦阻索和1道拦阻网。舰上配备4部升降机，左舷1部，右舷3部。该级舰最初装有8座单管127毫米炮和36门76毫米高炮，在以后的改装中，这些火炮先后被拆除，换装成2座海麻雀舰空导弹系统和3座密集阵近防武器系统。

20世纪50年代中期以后，该级各舰都进行了一些改装。而其中最大、最重要的一次改装是在80年代。改装的主要内容是对舰体和各种主、辅机以及消防、燃油、蒸汽弹射器系统进行全面检修，并增加了日造淡水454600升的净水装置；对武器系统和电子设备进行全面的现代化改进，换装了SPS-49和SPS-48C新型雷达；换装了弹射力更大的新型蒸汽弹射和制动力更强的液压拦阻装置，加大了升降机的尺寸和提升力；增设了反潜战术支援中心。

1992年，福莱斯特号改用作训练航空母舰，突击者号于1993年退役，萨拉托加号于1994年8月退役，独立号于1988年完成为期34个月，耗资8亿美元的延长服役期改装计划后，驻泊日本横须贺基地，成为美国海军第一艘以远东为基地的航空母舰。1998年，独立号退役。

20世纪50年代被称作“超级航母”的福莱斯特级在服役过程中陆续发现了不少缺点，在1956年开始建造该级第5艘时作出了较大改进。改进后的 4 艘被称为小鹰级，分别为小鹰号、星座号、美国号和肯尼迪号，分别于1961—1965年期间先后服役，该级航母是继福莱斯特级之后美国建造的最后一级也是最大一级常规动力航空母舰。当时造价为2.652亿美元，设计使用寿命30年。

小鹰级航母飞行甲板长318.8米，宽76.8米，可载各型飞机80余架。它从底层到舰桥顶部分为18层，飞行甲板以下有10层。全舰编制人员5480人，其中舰员2930人，航空人员2480人，作战指挥人员70人。该舰原是作为重型攻击航空母舰设计建造的，1973年改装为多用途航母，1987—1991年进行了大规模的现代化改装，服役期延长15年，满载排水量增至83960吨。

美国小鹰号航母

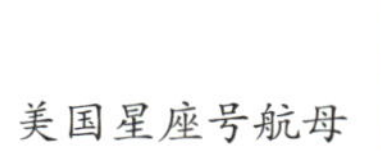
美国星座号航母

与福莱斯特级相比，小鹰级的岛式上层建筑明显后移，升降机改为岛前方2个，后面1个。福莱斯特级位于左舷斜跑道前方的1部升降机影响斜跑道的应用，小鹰级将其移到斜角甲板舷侧后方，从而大大方便了飞行作业，这也成为以后核动力航母的标准形式。此外，它在设计时就取消了8座127毫米炮，代之以2座双联小猎犬舰空导弹。后来在改装时，又用3座8联北约海麻雀防空导弹取代了小猎犬，并加装了3座密集阵近防系统。小鹰级航母是航空母舰发展史上吨位最大、最先进的一级常规动力航母，肯尼迪号航母是美国历史上最后一艘常规动力航母，至此，常规动力航母在美国走到了尽头。随后，核动力航空母舰开始在世界大洋中独领风骚。

该级航母中的美国号于1996年8月退役，星座号于2003年8月7日退役，肯尼迪号则作为训练舰使用。2009年5月12日，美国海军小鹰号航母(CV-63)在美国海军服役了48年后退役。在小鹰号服役期间，先后有10万多名舰员或航空联队人员在舰上服役过。1998年以后，小鹰号就成为美国海军最老的一艘也是唯一一艘仍在服役的常规动力航母。在小鹰号服役期间，共进行过448235次弹射作业，407507次舰载机阻拦作业。退役后，小鹰号将被封存后停泊在布雷默顿。

航母进入核动力时代

1954年9月，美国第一艘核动力潜艇鹦鹉螺号建成服役。在此基础上，美国开始研究航空母舰的核动力装置。核动力装置的采用无疑是航空母舰的一次重要革命，它不仅使航母续航力趋于无限，而且也为发展9万吨、10万吨级航母提供了必要的物质基础。1958年2月4日，世界上第一艘核动力航空母舰企业号开工建造，1961年11月25日建成服役。企业号核动力航空母舰全长342.3米，宽40.5米，是世界上船身最长的航母。动力装置为8座A2W型压水核反应堆,动力非常强劲,使其航速最高可达35节,当其采用20节航速航行时,续航力为40万海里,相当于绕地球13圈。标准排水量75700吨，满载排水量94000吨，是尼米兹级航母服役以前排水量最大的航母。舰上人员3215人，航空人员2480人，另有作战指挥人员70人。该舰飞行甲板长331.6米，宽76.8米，机库长223.1米，宽29.3米，高7.6米，载机86架。

企业号的舰体结构与小鹰级基本相同，飞行甲板构型沿用自小鹰级航空母舰起所定下的规格，成为美国现代航空母舰标准的飞行甲板设计，共拥有四座侧舷升降机、四条MK-7拦截索以及四具C-13蒸汽弹射器。其强力甲板厚达50毫米，在关键部位设有防弹装甲，水下部分的舷侧装甲厚达150毫米，并设有多层防雷隔舱。装有三座8联MK-29北约海麻雀防空导弹和三座MK-15型密集阵近防武器系统。装有1部三坐标对空雷达、1部远程搜索雷达，1部对海搜索雷达，6部导弹制导雷达，以及导航、着舰引导等共20部雷达，指挥系统为先进的海军战术数据系统。

航空母舰采用核动力推进以后，具有很多明显的优点：首先，常规航母上的进气道、排气道和大型烟囱不仅占去大量空间，而且降低了舰体强度，它们排放的高温废气一方面严重腐蚀舰上设备，一方面也会产生湍流而影响飞机的着舰。核动力航母取消了烟囱之后，永远消除了这些问题。其次，大量宝贵的舰上空间被节省下来，可以大大提升舰艇的有效载荷，装载更多的航空燃油、武器弹药和补给品，增强航母的自持力，更适合航母这一战略性兵力的海上远洋作战特点。最后，不再有烟囱排出的有毒气体的影响，不再有烦人的噪声，居住舱室更加宽敞，巨大的动力资源可以大量淡化海水，也可以使舱室的空调效果更好，使舰员的工作、生活条件大为改善，这对于调节舰员的情绪和提高战斗力是非常有利的。

常规动力航母的续航能力一般为1.5万~2.7万公里，而核动力航母可50倍于此，核动力燃料更换一次可连续航行数十万海里，使航空母舰具备了近乎无限的机动能力。为了验证核动力水面舰艇持续航行的能力，美国海军在1964年下半年以企业号航空母舰、长滩号和班布里奇号核动力巡洋舰组成了环球航行编队。在长达64天的连续航行中，编队总共航行了32600海里，而且只依靠本舰核动力，不进行任何海上补给。这一环球航行，充分显示了核动力舰艇所具有的无比优越性。

1970年，企业号在航行了30万海里后，第二次更换核燃料。1979-1982年，在进行为期38个月的现代化改装期间，第三次更换核燃料。进入20世纪90年代，企业号又进行现代化改装工程，第四次更换核燃料。经过长达3年多的工程，1995年重新投入使用。企业号1958财年的预

美国企业号航母

算造价4.5亿美元，首次装填核燃料和更换核燃料分别耗资6400万美元和2000万美元；最近的一次改装工程按1990财年拨款为14亿美元。按照美国航母发展计划，只有当新一级福特号航母2015年服役后企业号才能退役。随着舰载机和精确制导武器的飞速发展和使用，美国海军认为即便是企业号提前退役，现役其他航母也足能完成任务。所以，世界上第一艘核航母企业号的退役时间将提前3年，即到2012年“退隐江湖”。

超级航母成为海上霸主

第二次世界大战之前，受“大舰巨炮制胜论”的影响，美国对航母发展还存有疑虑。同时，受《华盛顿条约》限制，航空母舰的技术创新也受到了影响。太平洋战争爆发后，战争的迫切需求、战争动员后爆发出来的巨大潜力，以及战争中海军官兵和工程技术人员的巨大创造力，极大地推动了航空母舰的发展。在这一时期，航空母舰的数量达到历史顶峰，航空母舰的技术创新最多，而且最为实用。经过战争的洗礼，战后以来航母

艾森豪威尔号
斯坦尼斯号
尼米兹号
卡尔·文森号

的发展主要是改进提高和技术升级换代，在此基础上，研制和建造了第一艘企业号核动力航空母舰。企业号航母原本打算批量建造多艘，由于战后军事形势出现了重大变化，对航母的需求不再迫切，加之战略核武器和战术核武器的发展对航母产生了巨大冲击，究竟是发展航母为主还是发展核武器为主，美国再一次陷入彷徨之中。企业号航母成为这一战略争论的直接牺牲品，最终只建造了一艘就停止了，企业号形单影只，非常可惜。但是，企业号核动力航母的服役和作战运用，为尼米兹级航母的研制和建造奠定了重要基础。尼米兹级航母建造的过程中，正好是美苏冷战最激烈的时期，所以建造这种超级航母没有再出现大的争论，致使其顺势而生。尼米兹级核动力航空母舰创下了许多航母之最，它的吨位最大，技术最先进也最为成熟，舰上人员最多，造价最高，战后以来同级建造数量最多，舰载机也最为先进。

尼米兹级航母共建10艘，它们是：尼米兹号(CVN-68)，1975年5月服役；艾森豪威尔号(CVN-69)，1977年10月服役；卡尔·文森号(CVN-70)，1982年2月服役；西奥多·罗斯福号(CVN-71)，1986年10月服役；林肯号

里根号

杜鲁门号

华盛顿号

林肯号

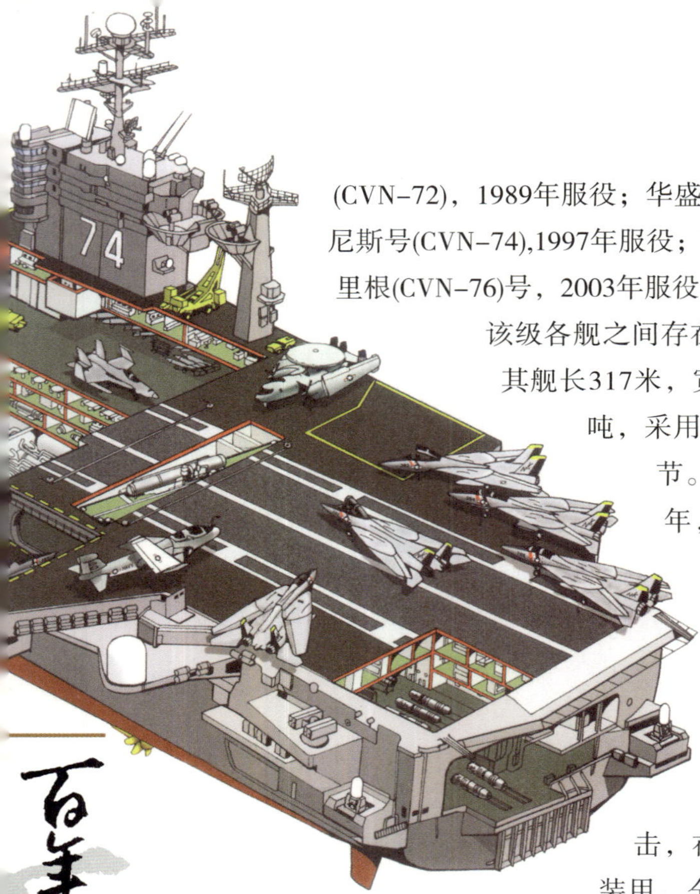

(CVN-72)，1989年服役；华盛顿号(CVN-73)，1991年服役；斯坦尼斯号(CVN-74),1997年服役；杜鲁门号(CVN-75)，1998年服役；里根(CVN-76)号，2003年服役；布什号(CVN-77)，2009年服役。

该级各舰之间存在较大差异，以斯坦尼斯号为例，其舰长317米，宽40.8米，满载排水量高达102000吨，采用2座A4W/A1C压水堆，最高航速30节。该舰核反应堆燃料可持续使用15年，续航力可达800000~1000000海里，自持力90天。全舰人员近6000人。该舰具有极强的生命力。舰体除设有若干道纵向水密隔壁外，还有23道水密横隔壁和10道防火隔壁。舰体和甲板采用高强度钢，可以抵御穿甲弹的攻击，在舰上重要部位还设有克夫拉防弹装甲。全舰共有30个损管队，设有泡沫消防装置，泵设备能在20分钟内调整舰体15度横倾。

美国斯坦尼斯号航母

该舰飞行甲板长332.9米，斜角甲板长237.7米，宽77.8米，机库长208米，宽33米，高约8米。机库甲板下除双层底外分为8层，机库甲板以上分为9层，其中5层在上层建筑内。整个舰从龙骨到桅顶高达76米，相当于20层高楼。舰上配备最新型的C13-2蒸汽弹射器，如果同时使用，可在1分钟内将8架飞机送上天空。着舰区设有4道拦阻索和1道拦阻网，飞机平均回收间隔为35~40秒1架。该舰装有3座北约海麻雀舰空导弹和3座密集阵近防武器系统。电子设备有三坐标对空雷达、远程雷达、低空警戒雷达、水面搜索与导航雷达、火控雷达、航空管制和着舰引导雷达等。指挥系统有海军战术数据系统、AN/UYK-7计算机、ASW-25数据链等。

舰载机是航母的主要打击力量。尼米兹级航母舰载机联队的编成方式、作战能力具有典型的代表性。随着舰载机的不断更新换代，舰载机的类型和数量各个时期都有很大的不同。2005年前，美国海军的11个舰载机联队均采用标准型编成方式，每个航母飞行联队主要编配：1个F-14雄猫战斗机中队，14架飞机；2个F/A-18C大黄蜂海军战斗/攻击机中队，24

架飞机；1个F/A-18A大黄蜂海军陆战队战斗/攻击机中队，12架飞机；1个E-2C鹰眼预警机中队，4架飞机；1个EA-6B徘徊者电子战飞机中队，4架飞机；1个S-3B北欧海盗反潜机中队，8架飞机；1个SH-60F海鹰反潜直升机中队，5架直升机。一艘航空母舰总共编有8个飞行中队，71架各型飞机和直升机。此外，还有2架HH-60H海鹰运输直升机。2005年后，F-14战斗机退役，每个航母飞行联队的编制产生了变化，基本编配为：44架F/A-18大黄蜂战斗攻击机，其中，20架C型机，12架E型机，12架F型机。此外，还有4架E-2C鹰眼预警机，4架EA-6B徘徊者电子战飞机，4架C-2运输机，8架S-3B北欧海盗反潜机，5架SH-60F海鹰反潜直升机。

航空母舰进入转型期

从1922年美国第一艘航母服役到2009年已有87年，从1961年航空母舰采用核动力装置以来，也已经有近半个世纪的历史了。这期间，世界上航空母舰数量骤减，从20世纪60年代初的70多艘减少到现在的20多艘，其中英国从50多艘减少到3艘，美国从53艘减少到11艘，航空母舰进入了一个微妙的发展时期。此间，航空母舰主要集中在美国、英国、俄罗斯、法国、印度等十多个国家，在技术上突破最大的是采用了核动力装置、发展了超级重型航空母舰和一些轻型的垂直／短距起降飞机航母。核动力装置的采用无疑是航空母舰的一次重要革命，它不仅使航母续航力趋于无限，而且也为发展9万吨、10万吨级航母提供了必要的物质基础。目前世界上所有航空母舰一共可以装载1250架飞机，其中美国的载机数量就超过1000架。

在建造方式上，美军最初的三艘航母主要是在运输舰或战列舰的基础上改建的，不仅外形不好看，而且体形较小，作战能力有限。如美军的第一艘航母兰利号是在运煤船的基础上改建的，其舰长、舰宽和舰载机数量均只有目前服役的尼米兹级航母的一半，其编制人员也仅有400余人，甚至不到目前服役的一个航母的十分之一。在积累了一定的建造经验的基础上，美军从第四艘航母开始进行了专门的设计和建造，将舰桥与烟囱组成一体化的岛式上层建筑，这也成为后续航母的典型布局。此后，美军又根据作战任务的需要，开始设置了专门的封闭式机库，在飞行甲板四角设置防御火炮或防空导弹，在关键部位增加了防护甲板以加强防护能力。20世纪50年代后，美军又对航母的弹射器进行了改进，停止使用原先的液压弹射器，换成了大功率的蒸汽弹射器。

在动力推进上，由常规动力转变成核动力。核动力航母所具备的超强的机动能力是常规动力航母难以匹敌的。其加一次核燃料后，可连续航行13年，航程可达80万~100万海里，在应对地区冲突时能比常规动力航母作出更加迅速的反应。此外，核动力航母同原先的常规动力航母相比舰速更快，更加利于飞机起飞。而且它无需烟囱排除烟气，利于飞机着舰。核动力还可省下锅炉、燃油空间，增加航空燃油和航空炸弹的装载量。

在火力配系上，美军初期的航母大多承担着飞机运输舰的角色，其舰载的飞机主要担负着有限的空中侦察和攻击的任务。航母本身配备着一定数量的火炮和机关炮，自身防卫能力较弱。经过“二战”期间的快速发展后，美军开始将先进的防空导弹系统、近战武器系统和鱼雷发射系统安装在航母上，使航母具备了对水下、海上和空中的防御能力。与此同时，航母攻击力的核心——舰载机也一改以往以装备侦察机和攻击机为主，增加了舰载飞机的类型。战斗机、预警机、反潜机和电子战飞机按一定比例配备，提升了舰载飞机的攻防作战能力和杀伤力度。

航空母舰说到底，还是一个机械化作战平台。在过去近百年间，美国积累了大量航空母舰的建造经验，航母建造技术到尼米兹级最后一艘航母布什号服役已经达到炉火纯青的地步，如果再在航母吨位、动力、升降机、机库、舰艇防护、蒸汽弹射器、阻拦着舰等机械化方面进行发展，没有太大的创新空间。因此，美国决定，把21世纪最新的信息技术、网络技术、数据链技术、相控阵雷达技术、横向一体化技术、电磁弹射技术、电动力推进技术、隐形技术等一系列高新

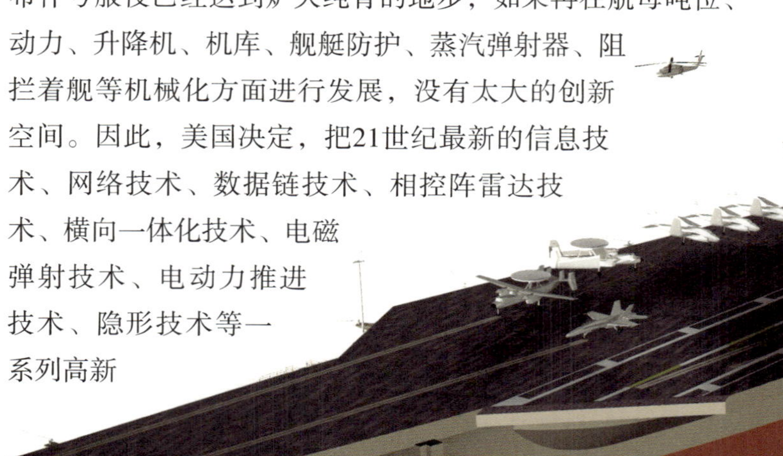

乔治·布什号航母平面图

技术融合到传统的航母作战平台之中，使之形成以信息化为主导、信息化与机械化相结合的新一代航空母舰。

美国是世界上拥有航母最多、技术最先进的一个国家，其航母发展经历了多个阶段：初始阶段是积极促进航母发展和研制，但在作战使用上存有保守观念，致使航母的作用迟迟未能发挥出来。“二战”开始以后，美国海军航空母舰发展进入登峰造极的地步，如果连护航航母计算在内的话，曾经达到100多艘的水平。

战后初期，由于洲际核导弹和战略轰炸机的发展，使航母一度处于徘徊状态。出于军种和部门之见，空军、陆军和海军陆战队坚决反对海军发展航母，于是举国上下展开了一场空前的学术大辩论，所谓“大小航母之争”、“航母与轰炸机之争”等都是那个年代的产物。在这种情况下，国会也对航母花钱太多以及在核武器的打击下能否生存疑虑重重，最终决定把已经开工建造的美国号航空母舰半途下马，用省下来的钱去发展B-52和战略核导弹。此举惹恼了海军将领，于是这些将军们纷纷辞职，愤然离开海军领导岗位，从而酿成了闻名于世的“海军将领大造反”运动。20世纪60年代、特别是越南战争以后，美国重新认识到航母的作用，这才着手大批量发展尼米兹级重型核动力航空母舰。

1991年海湾战争结束、苏联解体、华约解散、冷战结束后，美国因失去了军事竞争对手和作战对象而进入独霸时代，在这种情况下，有关航空母舰的发展又面临一场大辩论。主张信息化和军事革命的人认为，在信息化战场条件下，吨位巨大、目标特征明显、机动能力很差的航空母舰属于机械化时代的产物，已经过时，在信息化时代，应该把重点放在发展无人机、网络化和横向一体化建设方面，航母要大量淘汰。持不同意见的人认为，以信息化为特征的军事革命是一个长期的、渐进的过程，机械化向信息化发展需要很多年才能完成，航空母舰虽然是一个传统的装备，但经过改进之后仍然能够满足信息化战争的需求，所以，航空母舰不会面临淘汰，而是应该继续发展。

1993年以后开始的军事革命，使各军种首脑抛弃了门户之见，第一次坐在一起研究共同的战略和作战理论，海军陆战队的直升机和陆战分队第一次正式在航母上列编，空军飞机也破例在航母上起降，航母不仅作为海军舰队的核心，还主动为陆军、空军和海军陆战队作战提供支援，从而把

航母发展推向一个新的时期。

从20世纪90年代开始，美国航空母舰发展建设采取了三个措施：一是减少数量，提高质量，全面淘汰常规动力航母。冷战结束的时候，美国拥有15艘航空母舰，2000年前，中途岛号、珊瑚海号、萨拉托加号、肯尼迪号等常规动力航母逐渐退出现役，2009年，最后一艘常规动力航母小鹰号退役。二是减少型号，突出重点，提前淘汰企业号核动力航空母舰。小鹰号航母退役后，美国第一次实现航母核动力化，只有尼米兹级和企业级两个级别的核动力航母；2012年企业号退役后，将只有一个级别的核动力航母，那就是尼米兹级。在军事革命的推动下，美国利用信息技术不断改进提高尼米兹级航母，使信息化与机械化在这个传统平台上相得益彰，得到很好的兼容和发展。三是加速研制和建造第一艘福特号信息化航母。2015年福特号服役后，美国航母将进入信息化时代。福特号航母是美国在推进军事革命、加速信息化建设条件下设计和建造的第一艘航空母舰，这艘航母融入了大量先进的设计理念，成为一个高技术海上作战平台。

美国有丰富的远洋作战经验和称霸全球的战略，又具有雄厚的经济实力和技术力量，所以，在各个历史阶段中，其航母数量最多，吨位最大，战斗力最强，在航率最高。强烈的海权意识和称霸世界海洋的欲望是美国海军战略的基础，为实施其威慑、前沿防御和联合盟国力量这种称霸全球的海洋战略，美国海军在任何时候、任何条件下都发展世界上吨位最大、性能最先进、战斗力最强的重型航空母舰。一级多艘、系列化、标准化是美国航母发展的特色，仅尼米兹级就一连建了10艘，总耗资达450亿美元以上，这是任何一个国家都难以做到的。

未来航母什么样儿

20世纪80年代，美国开始争论后尼米兹级时代的航母是什么样儿？讨论中，提出了很多方案，其中最有代表性的一个方案是浮岛式航母方案。浮岛式航母排水量可达50万吨，全长900米，宽90米，高60米，可搭载

300~500架各种类型的陆基飞机，航速6节，造价只有12亿美元。这种所谓的航母，实际上是一种大型半潜型浮岛式海上机场，它由6个独立的组装模块拼接而成，其飞行甲板面积比10万吨级的尼米兹级航母还大2~3倍，进驻的飞机数量当然也要多出2~3倍。浮岛式航母的原意是“浮动式海上基地”，预算造价12亿美元，可作为海上前进基地或舰船、飞机的运补和维修基地。在浮岛式航母上，包括C–130在内大多数飞机几乎都能安全起飞和降落，而无须复杂的弹射和阻拦装置。

由于浮岛式航母上起降的飞机作战半径都很远，所以在作战方面，浮岛式航母和类似于冲绳基地这样的海军、空军基地一样，远离战区，不进入有威胁的海域，不直接参加战斗任务，因此应该是比较安全的。据测算，如果把2艘尼米兹级航空母舰部署在高威胁区，把1艘浮岛式航母部署在远离战区的海域，其总体作战效能相当于5艘重型航母。从战术技术性能上来看，浮岛式航母和尼米兹级这样的斜角甲板航母是截然不同的，所以浮岛式航母的发展并不会取代尼米兹级这样的重型航母，但作为一种补充和支援兵力，其作用是不可小看的。

浮岛式航母与超级航母相比，主要是在三个方面可以省钱：一是建造标准低，不是按照舰艇建造的军用标准来建造。尼米兹级航母有2000多个水密隔仓，相邻数舱进水后能够保持航母不沉没。浮岛式航母没有必要花这个钱，都是大型浮体焊接而成的平台，浮力很好，很难沉没。二是航速要求不高。尼米兹级航母要求与参加编队作战的巡洋舰、驱逐舰和两栖战舰艇航速差不多，这样才能在海上编队航行。一般来讲，要具有35节左右的航速才可以，大约六七十公里的时速吧。为了达到这样高的航速，航母就要采用核动力装置，这一下子造价就上去了。浮岛式航母能够移动就可以，因为航母这种大型舰艇机动的速度最快也就是35节左右，这样的速度对于直升机、喷气式飞机和巡航导弹来讲根本算不了什么。顺着这样的思路考虑，为什么要花那么多钱片面追逐舰艇的高航速呢？把省下来的钱花在直升机、喷气式飞机、巡航导弹和电子设备这样的有效负载上多好啊！用直升机、喷气式飞机、巡航导弹、预警雷达的高速度来弥补舰艇机动的低速度，从而在作战效能上达成最优，这是浮岛式航母的一个创新思路。三是舰载机起降系统不需要。尼米兹级航母有四套舰载机起飞和降落的复杂系统，这是耗资最大、技术最为复杂、危险性最大的系统。浮岛式航母由于平台庞大，与陆地中小型机场差不了多少。另外飞机短距离起降性能不断提高，F-35、F-22这样的四代战斗机根本没有问题，像C-130这样的大型军用运输机，甚至波音747这样的大型民用客机都能够在浮岛式航母上起降。

除浮岛式航母方案之外，美国还提出了CVX航母的多个方案。按照美国的习惯，航空母舰被缩写为CV，而未来发展型号由于是未知的，所以常用X来表示，这样关于CVX的话题便成了热门话题。20世纪90年代，美国海军分析中心对未来航空母舰的发展趋势进行了综合研究和论证，并对五种主要方案进行了效能评估，包括：47000吨级常规起降航母，6万~8万吨级小水线面双体船型的航母，93000吨级的尼米兹级核动力航母，216000吨级大型航母，50万吨级巨型航母。评估结果认为，如果继续选择常规起降飞机作为舰载机，未来航母仍应使用尼米兹级或更大一些吨位的航母。如果研制和建造短距起飞垂直降落的新型飞机，它既适用于大型航母，也适用于5万吨以下级别的航母，但这种飞机至少在2010-2015年投入使用。

前沿存在型航母，即“沿海超级舰”。这种航母类似于制海舰性质，其外形和两栖攻击舰相似，平时部署在敌对国家的正面海域，主要任务是执行防空、指挥控制和两栖作战支援。要求综合多用途，能够在沿海实施对地攻击和两栖作战，具有强大的指挥控制和警戒能力，舰载机配置种类灵活，而且能够携载垂直／短距起降飞机。排水量4万吨左右，两栖作战时可使用20架AV-8B垂直／短距起降飞机、CH-46运输直升机或V-22偏转翼飞机、3-4艘气垫登陆艇和部分坦克装甲车辆，且能够携载500~600人的海军陆战队员；制海作战时可使用垂直／短距起降飞机和直升机；对地攻击时使用500枚射程1000公里以上、可垂直发射的战斧式巡航导弹和射程300公里的陆军战术导弹；防空作战时可使用舰载宙斯盾系统和标准导弹，且具有拦截战区弹道导弹的能力。

可携载常规起降飞机的导弹巡洋舰。排水量分别为35800吨，载机14架，采用滑跃式飞行甲板，没有弹射器，但装有192个导弹垂直发射单元，可发射巡航导弹、反舰导弹和防空导弹。排水量26500吨的垂直／短距起降飞机巡洋舰，可载飞机或直升机14-22架，载有64-192个导弹垂直发射单元。

半潜式导弹运载和发射舰。设想建造一种长270米、宽32米的隐形型半潜式水面战斗舰艇，满载时露出水面的干舷高度极低，只有1.5米，上甲板采用隐形设计，雷达散射面积很小，不携载任何飞机和直升机，只装备500枚垂直发射的防空、反舰和反潜导弹。这样一艘舰艇据说造价只有5亿美元，仅相当于一艘尼米兹级航母一年的维持费；从研制、建造到形成战斗力只要5年的时间，而航空母舰要完成这样一个周期则至少需要20年！

全潜式导弹舰艇。设想在一艘舰艇上装载数百枚垂直发射的导弹，在巡航时像潜艇那样在水下潜航，而需要攻击时则突然浮出水面，向目标发射导弹。不仅是美国人，最近法国一位造船专家也提出了一种方案，他认为要是建造一艘12500吨的导弹发射舰艇比建造一艘同样吨位的航母更有战斗力，它可携载280枚导弹，能对敌人形成巨大的突击威力，而造价则极其低廉，据说建造3艘护卫舰的钱可以建造4艘这样的导弹舰艇。从发展的眼光来看，这类以携载导弹为主的攻击型舰艇未来可能要取代或部分取代航空母舰，无人驾驶的各种导弹将逐步代替有人驾驶的飞机去执行那些危险性更大的纵深突击任务。

20世纪80—90年代，正好是美国从机械化时代向信息化时代过渡的一个重要时期，在当时条件下，各种各样的学术观点不断创新，传统观念与创新思维产生了严重的冲突和对抗，在是否继续发展航空母舰、如果继续发展将发展什么航母等一系列重大问题上争执不下。进入21世纪以后，美国军事革命的成果已经大量涌现，信息化建设的理论基本成熟，在这种情况下，美国海军毅然决然地废弃了上述所有浮岛式航母及CVX航母方案，决定建造一级全新的面向21世纪的信息化航母。

信息化航空母舰呼之欲出

2007年4月20日，美国海军部长唐纳德·温特宣布，美国新一代航母首舰CVN-78正式命名为杰拉尔德·福特，以纪念美国第38任总统福特。以总统的名字为航母命名向来是美军的传统，在美海军目前服役的12艘航母中，有8艘是以美国的总统名字命名的，它们分别是肯尼迪号，艾森豪威尔号、罗斯福号、林肯号、华盛顿号、杜鲁门号、里根号和布什号。以总统名字为航母命名，一方面是为了纪念这些总统为美海军和航母的发展作出的贡献，另一方面，由于总统通常作为国家的代表，体现了无与伦比的权力和至高无上的地位，以总统名字为航母命名也是把其作为国家力量

罗斯福号航母

杜鲁门号航母平面图

的象征，彰显了航母在美军中无法抗衡的地位和强大的威慑力。

美军的航母编号是按照航母批准建造时间的先后顺序排列的，从1922年美国第一艘航母CV-1兰利号进入美军舰艇序列，截至2008年开始服役的CVN-77布什号航母，一共有77艘航母编号。但实际上，美军并没有制造出77艘航母，其中有一些航母仅仅是获得了建造的许可，还没建造就被取消了，还有一些航母则是刚刚开工就停止了建造，真正进入美军战斗序列的只有66艘航母。而这66艘航母却是美国军事力量中的核心和支柱。

美国海军决定，从2008年分阶段建造福特号航母开始，到2058年，将建成11艘该级航母，用来分阶段替换尼米兹级航空母舰。此举向世界郑重宣布，航空母舰仍将是未来美国海军的主战装备和海上兵力结构的核心和支柱。20世纪90年代，美国在推进军事革命的过程中，参联会副主席欧文斯海军上将、国防部综合评估办公室主任马歇尔博士等一大批军事革命的推动者认为，在信息化条件下，航空母舰这样的大型海上作战平台将面临淘汰，"航空母舰已经寿终正寝"，"航空母舰已经过时"，无人机、新概念武器和精确制导武器将取而代之。福特号航母的研制和建造，证明美国在机械化和信息化的融合上找到了最佳的契合点，虽然明天的航母还叫做航母，但无论外形、结构、布局还是信息化方面全都产生了革命性的变化，美国已经把它打造成一艘信息化的航空母舰。

福特号航母2008年开工建造，计划于2015年服役，以取代美海军的第一艘核动力航母企业号。福特号航母的研发费用相对批量建造的航母而言要高出很多，预计研发费用超过50亿美元，建造费用超过80亿美元，两者相加为130亿美元，将远远超过最新服役的里根号航母45亿美元的建造费用。福特号航母采用了大量高新技术，在作战性能上将有六个方面的突破性改进：

福特号航母平面图

第一，提高了航母的信息化、网络化、一体化水平。大量采用隐形吸波材料，采用先进的指挥、控制、通信、计算机与情报、监视、侦察系统和自动化设备，以及带状电力分配、有源相控阵雷达以及信息栅格等高技术，可对航母上所有武器系统和设备进行综合集成和系统融合，并可与舰载机、舰载无人机和其他军兵种和盟军作战单元进行无缝链接和信息兼容，实现互联互通互操作。福特号航空母舰虽然仍将是一个海上浮动平台，但却最大限度地实现了信息化和网络化，通过与其他军兵种和武器装备的互联互通互操作，具有信息实时获取、传递、处理和决策的能力，信息化把航空母舰这种传统的机械化作战平台改造为一个信息化集中控制中心，大大提高了海上舰艇编队与相关军兵种部队的联合作战能力。

第二，改善了舰艇的动力性能和操纵性能。福特号航母在尼米兹级航母A4W核动力装置的基础上，重新研制了新型大功率一体化核反应堆A5W压水堆。这种核动力装置使用13800伏的配电系统，所产生的电力是现役航母的3倍。在50年的服役期内，这种新型压水堆不必像企业号航母那样，要四五次更换堆芯，不仅延长了动力装置的使用寿命，造价相对而言也大幅降低。全电力化动力装置是一种新的动力装置，主要包括先进、安全、长寿命的高功率密度核反应堆，以及高功率密度、安全的电力变换和调节系统，主要应用于电力驱动、电磁弹射和阻拦装置、电磁动力装甲、定向能和超高速武器的发射等。这种动力装置的使用，对于航母而言将产生革命性变化。

第三，四代战机和无人机上舰。尼米兹级航母的舰载机主要是战斗机、攻击机、反潜机、侦察机、预警机、电子战飞机和加油机等；2008年以后舰载机出现了新的变化，战斗机、攻击机、反潜机等作战飞机一律合并机型，使用一种F-18E/F战斗攻击机完成以前有多种飞机完成的作战任务，实现了综合多功能。同时，侦察机、预警机也合二为一。这样一来，航母舰载机的型号越来越少，飞行管制和指挥控制变得相对简单，作战效能有很大的提升。

采用全电力化系统之后，电磁弹射系统将会首次在航母上采用，这种新型舰载机弹射系统的优点很多，最主要的是弹射速度很快，准备时间很短，电磁弹射器与传统的蒸汽弹射器相比，舰载机日出动量将大幅提高，由原先每天120架次增加到每天160架次，其高峰出动量也由原先的220～240架次/日，增加到270架次/日。电磁弹射器的另一特点，就是不仅能够弹射数十吨重的大型飞机，而且也可以弹射几百公斤重的无人机。电磁弹射器的使用，将从根本上改变航母的载机类型，第四代战斗机F-35B闪电和无人机将正式上舰执行作战任务。F-35B战机是世界上第一种超音速的短距起飞/垂直降落飞机，该机采用矢量推进等先进技术，能够进行超音速巡航，最大作战半径超过1000公里。机上的综合航电系统，能将各种机载和非机载的传感器很好地融合在一起，并能和陆海空各节点快捷可靠地沟通与传输，最迅速地实施攻击或指挥。这艘航母将首次编制两个中队的无人机，这种无人机可执行侦察监视、侦察预警、战场评估、搜索救援等作战任务，也可执行反潜反舰和对地攻击等精确攻击作战任务，这是无人驾驶飞机取代有人驾驶飞机的第一步，在不久的将来，无人机将有可能全面替代有人驾驶舰载机。

第四，大量采用综合隐形技术。福特级航空母舰采用的隐形技术包括：岛形上层建筑采用集成化设计，使拥挤杂乱的舰桥体积明显缩小，重量大为减轻，并向舰尾方向推移。舰艇干舷显著降低，舰面设施大量简化，使飞行甲板与航空作业区连成一片，从而最大限度地减小其雷达反射截面。此外，使用小型、高效的相控阵雷达固定天线，来代替体积较大、数量众多的旋转式机械扫描雷达天线。舷侧飞机升降机从4部减为3部，其中右舷的2部设置在飞行甲板中部右舷。减少1部飞机升降机后，将使飞行甲板总体布局更趋简化，反射体减小。在一些关键部位贴敷和使用隐形涂料和隐形材料，减小了航母被探测的概率。即使对于舰体水下部位，也注重设计和选用流线型装备，使用穿浪形球鼻首，使首部顺利破水，从而减少飞溅，降低阻力，减少噪声，削弱对方水下声呐的探测效果。航母采用隐形技术之后，将会对敌方雷达造成很大的迷惑和误判，本来在雷达荧光屏上可以反映为一个核桃大小的目标，采用隐形技术之后，可能仅仅表现

为一个米粒大小，一艘十万吨级的航空母舰可能被对方判断为一艘几十吨的小快艇。如果能够产生这样的误判，将大大提升航母舰载机的突防概率和作战效能。

第五，首次采用新概念武器。福特号航母将换装新概念的武器，包括电磁轨道炮、高能激光、高能射线等武器。其中，电磁轨道炮的发射器利用电磁力发射炮弹，炮弹射程最远可达300公里。这些新概念武器是20世纪80年代初期美国推进“星球大战计划”的时候开始进行的原理样机和概念研究，经过30多年的原理探索和研制试验，第一次在航空母舰上装备使用。

第六，居住性和舒适性条件有很大改善。舰员的个人生活空间将会有所增大，每个舰员住舱都配有卫生间，舰员的生活空间也更私人化。每艘航母上的配置人员数量将从尼米兹级航母的6000多人减少到5000人以下。由于福特号航母采用了大量自动化系统和无人操作装备，舰上人员的工作强度同现役航母上的舰员相比也有所降低。

1945年太平洋战争结束时,美国海军航空母舰共有100艘，其中大型航空母舰20艘,轻型航空母舰8艘，护航航空母舰71艘，另外还有39艘在船厂建造。

“二战”前建造的早期航空母舰

1. 兰利号

美国是最早发展航空母舰的国家之一，兰利号（CV–1）是美国建造的第一艘航空母舰，是由木星号运煤船改装的。

2. 列克星敦级

列克星敦级航母原型舰是两艘南达科他级战列巡洋舰，尔后受《限制海军军备条约》（华盛顿海军条约）的影响在竣工前改为航空母舰。列克星敦号（CV–2），萨拉托加号（CV–3）。

3. 突击者号

突击者号（CV–4）是美国第一艘一开始就作为航空母舰设计的航母，排水量比列克星敦级约小一半。突击者号“二战”时在二线部队主要用作大西洋飞机运输舰、护航舰、训练舰。

4. 约克城级

约克城级是1933年开工的新型航母，从约克城级开始，美国航母的岛式上层建筑和烟囱连为一体，从而形成了美国航空母舰的基本型。约克城级在太平洋战争初期是美国海军的中流砥柱。该级共建3艘。约克城号（CV–5）、企业号（CV–6）、大黄蜂号（CV–8）。

“二战”中建造的舰队航空母舰

埃塞克斯级

第二次世界大战爆发前，虽然美国已有5艘航空母舰，但当时战列舰仍被视为海上力量的中坚，航空母舰只是一种海上浮动机场，从上面起降侦察机和尚未证明其威力的攻击机。舰载航空兵的战略、战术以及它的作用还处于理论性争论之中。在美国的造舰计划中，航空母舰也不占据主要位置。在罗斯福总统的大力支持下，美国国会决定于1940财年建造11艘、1941财年建造2艘埃塞克斯级航母，但到日本人偷袭珍珠港时，却只有5艘开工。珍珠港事件后，美国决定加速建造埃塞克斯级航母：1942年财年建造10艘、1943财年建造3艘、1944财年建造6艘。与此同时，为了满足战争急需，罗斯福还提出了将正在建造中的克利夫兰级巡洋舰迅速改建成轻型航母的计划，并大力改建和建造数级护航航空母舰。埃塞克斯级成为美国海军历史上建造数量最多的一级航母，也是蒸汽时代所建数量最多的一批主力舰。该级共建24艘，第一艘是埃塞克斯号(CV–9)，最后一艘是菲律宾海号(CV–47)。

“二战”中建造的轻型航空母舰

1941年珍珠港事件后，美国总统罗斯福提出了将正在建造中的克利夫兰级巡洋舰迅速改建成轻型航母，并同时建造几级护航航母的计划，从而诞生了轻型航空母舰和护航航空母舰。

1. 独立级

在美国海军忙于建造埃塞克斯级航母时，太平洋战争爆发，美国急需投入新的航空母舰兵力来对付强大的日本联合舰队，为此决定将正在建造的轻型巡洋舰克利夫兰级抽出9艘改建成独立级轻型航空母舰。该级舰均赶在1943年服役，后随埃塞克斯级一道，纵横太平洋战场。除2号舰普林斯顿号于1944年10月24日在菲律宾海战中被击沉，其余各舰均安然无恙。战后，因独立级不符合搭载喷气飞机的要求，除2艘租借给法国海军，1艘卖给西班牙海军外，全部于1963年前退役拆毁。该级共建9艘，首舰独立号(CVL-22)，最后一艘是圣哈辛托河号(CVL-30)。

2. 塞班级

塞班级以巴尔的摩级重巡洋舰改建，没能赶得上战争。其外形酷似独立级，但排水量稍大。在一段时间内被用作飞机运输舰，后又用作指挥舰。该级共建2艘。塞班号(CVL-48)、赖特号(CVL-49)，两舰于1943年9月登记注册，战后建成。

“二战”中建造的护航航空母舰

与轻型航空母舰改建自战斗舰只不同，护航航空母舰则是由商船改装而来，因此属于更为小型的航母，用于为商船护航。它们一般是在运输船队前方展开，用舰载机侦察、攻击潜艇，或引导水面舰只实施攻击。护航航空母舰除护航外，还时常担负运输船的角色。“二战”期间，美国凭借雄厚的工业实力，共建造了124艘护航航母，其中有38艘提供给了英国皇家海军。护航航母舰种代号最初为AVG，后改为ACV，不久又改为AVE。

1. 长岛级护航航空母舰

长岛号(AVG-1)是美国海军的第一艘护航航空母舰，是1941年由商船简单改装而来，所以简易而且简陋。

2. 射手级护航航空母舰

1941年，美国根据租借法开始实施援英造舰计划，用C3型标准货船改建成5艘射手级护航航空母舰，分别为：射手号、欺骗者号、军马号、冲击者号、复仇者号。除军马号被美国海军留下用作训练舰外，其余4舰均于1942年3月转交英国。

3. 博格/威廉亲王级护航航空母舰

博格/威廉亲王级与射手级相同，也是用C3标准货船改建成的护航航空母舰。原计划改造24艘，但实际上只改建了20艘，另外4艘用于桑加蒙级。按同一计划，还直接建造了20余艘，两者统称博格/威廉亲王级。美国留下了其中的11艘，其余的则转让给英国。

4. 统治者级护航航空母舰

统治者级是1943年5月到1944年2月英国皇家海军租借的最后一批护航航空母舰，原先属于美国海军威廉亲王级。鉴于美国造船能力趋于饱和，该级舰的改造有14艘由加拿大船厂完成。由于完工时间较晚，除为船队护航外，还担任了支援登陆作战和辅助航空母舰的任务。该级共26艘。

5. 桑加蒙级护航航空母舰

桑加蒙级是1942年用油船改建的护航航空母舰，当时C3货船船体不足，而战事的发展又急需护航航空母舰。考虑到根据1936年商船建造计划建造的油船船体较大、航速较快，便将其中4艘改建为桑加蒙级。桑加蒙级建成后即参加盟军在北非的登陆作战，从而开创了护航航空母舰作为舰队航空母舰使用的先例。该级共建4艘。

6. 卡萨布兰卡级护航航空母舰

卡萨布兰卡级是美国历史上建造数量最多的一级航母，共建造了50艘。更为惊人的是，这50艘航母全部在一年之内建成服役，真是让人叹为观止，不能不令人对美国的工业实力和造舰能力深表叹服。在战争期间，卡萨布兰卡级既作为护航航母使用，有时也充当运输舰，其中有5艘在战争中战沉。该级共建50艘。

7. 科芒斯曼特湾级护航航空母舰

科芒斯曼特湾级是按油船船体建造的一级护航航空母舰，主要尺寸和外形与桑加蒙级十分相似，烟囱布置在中部偏后的两舷，岛式上层建筑相当简单。首舰于1943年1月23日登记注册，1944年11月服役。原计划建造35艘，“二战”结束后有16艘被取消建造计划，最终完工的为19艘。

战后建造的常规动力航空母舰

1. 中途岛级航空母舰

中途岛级航母是“二战”期间美国海军为了增加载机数量而建造的一级大型航空母舰，于1942年8月登记注册。中途岛号、罗斯福号建成于1945年，珊瑚海号建成于1947年。中途岛级航母没能来得及赶上参战，第二次世界大战便结束了。战后参加了朝鲜战争、中东危机以及海湾战争。该级共建3艘。中途岛号(CV-41)、富兰克林·罗斯福号(CV-42)、珊瑚海号(CV-43)。

2. 福莱斯特级航空母舰

福莱斯特级是20世纪50年代美国战后建造的第一级航空母舰，是为携载新型喷气式战斗机专门设计的航母。该级共建4艘。福莱斯特号（CV-59）、萨拉托加号（CV-60）、突击者号（CV-61）、独立号（CV-62）。

3. 小鹰级航空母舰

小鹰级航母于20世纪60年代服役，是继福莱斯特级之后美国建造的最后一级也是最大的一级常规动力航空母舰。该级共建4艘。小鹰号(CV-63)、星座号（CV-64）、美国号（CV-66）、肯尼迪号(CV-67)。

战后建造的核动力航空母舰

1. 企业号核动力航空母舰

企业号为美国海军第一艘核动力多用途航空母舰，1958—1960年建造，当时造价4.5亿美元。

2. 尼米兹级核动力航空母舰

尼米兹级是目前世界上排水量最大、载机最多、现代化程度最高的航空母舰，也是继企业号核动力航母之后，美国第二代核动力航母。首舰尼米兹号于1975年服役，该级共建10艘，目前全部在役。

尼米兹号(CVN-68)、艾森豪威尔号(CVN-69)、卡尔·文森号(CVN-70)、罗斯福号(CVN-71)、林肯号(CVN-72)、华盛顿号(CVN-73)、斯坦尼斯号(CVN-74)、杜鲁门号(CVN-75)、里根号(CVN-76)、布什号(CVN-77)。

3. 福特级核动力航空母舰

福特号(CVN-78)，在建，2015年服役。

第九章　英国：盛也航母，衰也航母

英国是世界上最早发展航空母舰的国家，也是对世界航空母舰发展贡献最大、技术创新最多的国家，它为大中型航母发明了斜角飞行甲板、蒸汽弹射器、助降镜和阻拦索等关键设备，除核动力装置外，几乎所有的航母关键技术都是英国人发明的。

既然英国这么厉害，为什么没有依靠航空母舰巩固其海洋霸主的地位？为什么战后把50多艘航空母舰全都淘汰掉？当美国发展大型核动力航空母舰的时候，英国为什么剑走偏锋，另辟蹊径，创造了轻型航空母舰和垂直/短距起降飞机的模式？

战列舰曾经使英国崛起，并且称霸世界海洋数百年。航空母舰为什么没有给英国带来新的更伟大的辉煌？

历尽百年的风雨和沧桑之后，这个曾经创造了航空母舰伟大辉煌的国家，在大小航母之间摇摆了几十年之后，为什么又要追随美国，重走常规起降飞机、重型航空母舰的道路？

“地理大发现”，英国走向远洋

公元1400年至公元1500年进入中世纪后期，当时欧洲出现了两件大事：一是欧洲文艺复兴，二是“地理大发现”。从13世纪后半期开始，以意大利各个城市为中心，兴起了参考希腊、罗马的古典文化，追求以人为本的自由生活方式的文化运动，这就是意味着“再生”的文艺复兴。进入15世纪，一个大陆或者一种文明鼓励发展的现象不复存在，彼此之间开始相互联系，因此，历史潮流也开始发生变化。以经济和宗教为目的的航海

运动是一场革命，对于世界经济一体化进程、基督教文明的传播和殖民掠夺及全球性战争奠定了重要基础。郑和下西洋的经验教训，中国的四大发明，欧洲的文艺复兴，以及古代帝国的扩张和战争实践，都为欧洲航海和探险活动提供了必要的知识、技术和财力。

14世纪初，首批欧洲航海家主要是意大利人，他们开始航行在大西洋上。100多年后，航域扩大，这主要归功于两个人：哥伦布和达·伽马。他们开辟了新航线，打通了太平洋航路。1497年，葡萄牙航海家达·伽马启程向东航行，经南大西洋，穿过非洲南端的好望角，抵达非洲海岸及东印度群岛。从此，葡萄牙开始控制印度洋，奠定了帝国的基础。后来，这个帝国向太平洋扩张，直达香料之国印度尼西亚。15世纪，利用这些航海知识，葡萄牙航海家麦哲伦证实了地球是球形的。

太平洋航路开辟后，葡萄牙于15世纪初开始向西非沿海地区冒险。在非洲一个接一个大发现之后，1487年绕过好望角，向亚洲扩张。1492年，意大利人哥伦布率领三条小船横渡大西洋，企图前往中国，结果到达了圣萨尔瓦多，发现了美洲。以后，又于1493年、1498年和1502年三次横渡大西洋到达美洲大陆。从此，欧洲人渐渐征服了西半球。

随着造船技术的发展，罗盘、指南针改良等航海技术的进步，使远洋航海成为可能。16世纪后半期，以西班牙无敌舰队败北为契机，英国、荷兰开始向海外扩张。葡萄牙和西班牙的繁荣昙花一现，很快被英国、法国、荷兰等大西洋沿岸的其他国家相继取而代之，这些国家迅速崛起并成为世界经济强国。1607年开始，英国在北美建立殖民地，其后40年间，8万名英国移民在新大陆建立了20个自治的殖民地。

英国雷莱爵士有句名言："谁控制了海洋，谁就控制了世界贸易，谁控制了世界贸易，谁就可以控制世界的财富，最后也就控制了世界本身。" 英国正是靠着这种立国之策，不断扩建海军实力，开拓海外殖民地，拓展海外贸易，才使英国的殖民地遍及全球，有"日不落帝国"之称。英国通过海洋迅速占领和征服了亚洲、美洲和非洲等一块块"新大陆"，并统统列入自己的版图之中。利用海军舰船到世界各地去征服和占领那些所谓的"无主地"，疯狂进行殖民掠夺、瓜分世界和拓展疆域使欧洲列强得以迅速崛起。15世纪以前的英国，只有550万人，是一个落后而封闭的农业国。到1914年，其殖民地人口达4亿以上，殖民地面积已占全球陆地面积的1/4，比英国本土面积几乎大100多倍。

科技创新是英国崛起的原动力

15世纪文艺复兴之后，欧洲人从沉睡中醒来，开始涉足科学技术领域。不过，欧洲人和中国人在科学技术的发现与发明方面有着根本的不同，欧洲人重视科学原理的揭示、探索和求证，而中国人则容易满足于单项技术的发明、改造和创新。刚刚睁眼看世界的欧洲人很快就在天文学、航海学、数学、力学等自然科学领域取得巨大发展，在两个世纪内就出现了像阿基米德、达·芬奇、伽利略、牛顿、马赫、哥白尼等一大批世界上有名的科学家。单项技能的发明往往只能作用于点，而科学原理的探索则能够影响到面，往往可以引发一个新技术群的振兴和发展。

15、16世纪是历史发展的重大转折时期。“地理大发现”的直接结果就是开阔了欧洲人的视野，使他们认识到欧洲只是世界的一个很小很小的地方，只要借用海洋这块跳板，就可以征服世界、控制世界，并从世界各地掠夺大量的财富。人类对海洋探索，第一次改变了人们对地球空间的认识。在欧洲人眼里，地球是一个完整的世界，世界经济应该也必须实现一体化，因为各民族和各国家之间在经济上的交往和联系已经越来越紧密。

大约从16世纪开始，资本主义发展较早的西欧国家开始背离以农为本的传统，采取重商主义政策，借以促进海外贸易和殖民活动，鼓励资本原始积累，扶持为适应国外市场的工业生产。由农本而重商，是资本主义发展初期西欧国家在经济上的重大转变。这种转变导致了对科学技术创新的需求，导致了对提高生产力的需求，导致了对海外冒险和全球拓殖的需求。

17世纪，科学的启蒙思想开始影响欧洲。17世纪，是对传统知识投以疑问的时代。合理的想法被重视，知识的实际价值被追求。17世纪和18世纪，科学的所有领域都确立了知识体系的基础和方法论，科学因此而取得飞跃性进步。1609年，26岁的荷兰神学家雨果·格劳秀斯就发表了《论公海》，提出公海自由理论，这个理论的提出为后来的海洋法奠定了重要基础。英国启蒙思想家中最具实用倾向的经济学家是亚当·斯密，他的《国富论》被认为是对自由放任经济学的经典描述，他提倡运用竞争和自由市

场力量这只“看不见的手”得以公正平衡财富的分配。

1633年英国的牛顿发现万有引力的存在，提出运动三法则，为以后物理学的发展作出重大贡献。1600年前后，英国威廉·吉尔伯特发现了天然磁石的磁性，从17世纪后期开始，一些国家的科学家开始掌握电学理论。英国物理学家、化学家法拉第，1821年利用电厂、磁场效应研制出世界上第一台直流永磁发电机。1705年，英国天文学家哈雷根据牛顿的力学原理，成功地计算出彗星的回归规律和运行轨道，揭开了彗星的神秘面纱。如果没有15世纪的欧洲文艺复兴运动和17世纪的科学启蒙运动，欧洲就绝对不可能出现那么多的科学家和发明家；如果这些科学家和发明家不是揭示科学原理和进行理性思维及科学求证，就不可能出现那样一场影响深远的工业革命。

17世纪自然科学理论和实验方法的突破，导致了18世纪始于英国并席卷欧美的产业革命，蒸汽机和内燃机的发明，冶金、化学、机械制造和电力等工业的发展，为近代军事装备的蓬勃发展奠定了基础；而火炸药从物理制剂转化为化学制剂，也推动了热兵器的发展。火药与兵器的迅速结合导致新型热兵器的出现，从而揭开了兵器发展史上军事技术革命的序幕。

17世纪中叶至19世纪中叶的两个世纪中，欧洲的热兵器科学技术，在伴随着近代自然科学理论和实验方法新突破的基础上，出现了许多史无前例的创新。其中伽利略关于弹丸在只考虑重力作用下运动的抛物线理论，开创了弹道运动学的理论基础。牛顿等人对弹体飞行、空气阻力和落点偏差原理的探索，进一步为枪炮的研制和改进提供了理论上的依据。1742年，英国科学家罗宾斯发表了《炮术新原理》，促进了热兵器研制和使用的发展，成为集近代枪炮制造技术之大成。鼓风机和工业炼钢技术相继成功地投入生产，为枪炮的发展奠定了基础。

工业革命是英国崛起的发动机

18世纪前半叶，在英国发生的农业革命和圈地运动，影响了世界各国，开辟了通向产业革命的道路。农业技术的进步、土地利用方法的改良、新机械的发明等，能够用比以前少的农民，生产出更多的粮食。以此为背景，大地主夺取小农民的土地和村里的共有地，进行大规模农业经营，失去土地的农民作为农业劳动者被资本家雇用，或者必须进入城市寻找工作。18世纪后半叶，产业发达，工场产生，失去土地的农民作为工业劳动者被城市吸纳。

发源于英国的工业革命首先从棉纺织工业开始。1764-1767年，英国率先发明了纺织机。1791年建立了第一座动力织布机工厂，一台织布机相当于40个人的劳动量。1769年瓦特试制成功单向蒸汽机。1782年造出双向蒸汽机，可以做旋转运动。这种大工业普遍使用的发动机推动工业革命向纵深发展，使炼铁业、纺织业、煤炭业、钢铁业和轻工业都从中受益。

机器大工业的发展，要求革新交通工具，以便快速运输所需的大量产品，供应大量的原料和燃料。于是，1759年英国开始开凿大运河，1830年形成全国水路运输网；1788年架设铁桥；1814年制作成第一台可供实用的蒸汽机车；1825年建成第一条铁路。18世纪末，开始使用气锤和车床加工金属部件。后来又发明了锻压设备和金属加工车床，逐渐用机器加工机器。机器制造业的机械化，标志着工业革命的完成。

18世纪后半叶，人们试图把蒸汽机装到船上。1801年，第一艘蒸汽船下水，1840年，铁制船体的蒸汽船出现，扩大了贸易航线，为坚船利炮的出现奠定了基础。英国工程师设计的大不列颠号轮船是世界上用螺旋桨推进的第一艘大船，1843年下水。1851年5月1日，国际博览会在英国海德公园的水晶宫召开，会上展出了来自世界各国的13000件展品，吸引了上百万参观者。1825年英国修建第一条铁路以来，铁路建设在英国、欧洲大陆以及美国迅速展开，铁路革命带来了经济和社会的进步。

工业革命不仅仅是一场技术革命，也是一场深刻的社会变革。它对英国乃至整个人类，都发生了巨大的影响。从1770—1840年间，每个工人的日生产率平均提高20倍。工业革命期间，英国建成了纺织、钢铁、煤炭、机器制造和交通运输五大工业部门，到19世纪50年代，取得了世界工业和贸易垄断地位。19世纪中叶，英国是资本主义世界最发达的国家，是世界经济市场的垄断者。直到19世纪70年代，英国的煤、铁、布匹等产品的产量均超过法国、美国、德国三国的总和。

19世纪70年代至90年代，资本主义完成了向帝国主义的过渡。1898—1914年，人类历史发展到帝国主义时代。帝国主义加剧了资本主义发展的不平衡，不断激化帝国主义列强之间的矛盾。德国、美国、日本这些后起

的帝国主义国家迅速发展，实力急速膨胀，而英国、法国、俄国等老牌殖民帝国主义国家却发展相对缓慢，原有的霸权地位受到挑战。19世纪80年代，英国的工业产值已被美国超过，20世纪初又被德国超过，退居世界第三位，开始出现衰败征兆。

19世纪末，世界领土已被瓜分完毕，老牌殖民帝国，如英国、俄国、法国分别获得了大片殖民地，西班牙和葡萄牙也保有一些重要殖民地，而后起的资本主义强国美国则没有殖民地，它要求重新瓜分世界领土。此后美国向西南的太平洋和远东地区扩张，跻身于帝国主义瓜分中国的行列，夺取了巴拿马运河河区。20世纪初，美国基本上已在西半球建立了霸权，美国拥有比德国更强大的经济实力，对老牌殖民帝国来说具有更大的挑战性。德、美、日等国的崛起对旧有的殖民体系构成挑战，他们要求从英、俄、法那里夺得更多的殖民地。

由于帝国主义时期资本主义发展不平衡性的加剧，后起的帝国主义国家强烈要求重新瓜分世界，所以1914—1918年爆发了人类历史上第一次大规模战争。第一次世界大战是帝国主义国家两大集团——同盟国与协约国之间为重新瓜分世界、争夺势力范围而进行的首次世界规模的战争，先后卷入战争的达33国，总人口达15亿。战场遍及欧、亚、非三洲和大西洋、地中海、太平洋等海域。欧洲特别是法国是主战场，海上以北海为主战场。

航母探索英国走在最前列

1909年，法国著名发明家克雷曼·阿德第一次向世界描述了飞机与军舰结合这个迷人的梦想。他在当年出版的《军事飞行》一书中，前无古人地提出了航母的基本概念和建造航母的初步设想，并第一次使用了“航空母舰”这一概念。然而，当时法国军方正以极大的热情研制水上飞机，没有多少心思去关心这种“异想天开”的航母。阿德的创意却在英伦三岛得到了热烈的反响，并为英国人实现航母之梦带来了希望之光。

1912年，英国海军对一艘老巡洋舰“竞技神”号进行了大规模改装，成了世界上第一艘水上飞机母舰。

1914年将一艘运煤船改建成皇家方舟号水上飞机母舰，不断摸索飞机直接从舰上起降时飞行甲板和上层建筑的最佳布局，飞机仍然不能在舰上降落。

1916年，英国的航母设计师总结水上飞机参战以来的经验教训，重新提出了研制可在军舰上起降飞机的航母的问题，并建议把陆基飞机直接用到航母上去。

1917年3月，英国海军决定将一艘正在建造中的大型巡洋舰暴怒号改建为飞机母舰。暴怒号的前主炮被拆除，在舰体的前半部加装了69.5米长的飞行甲板，铺设了木制的飞行跑道。改装后的暴怒号被称为“飞机载舰”，标准排水量19153吨，航速31.5节，共搭载10架飞机。由于舰上高耸的塔式桅杆和烟囱的阻碍，起飞后的飞机无法返回母舰。为了打破飞机着舰禁区，英国海军少校邓宁进行了勇敢的尝试。1917年8月2日，邓宁凭借着高超的驾驶技术，驾驶幼犬战斗机用侧滑着陆的方式艰难地降落到航行中的暴怒号前甲板上，在世界上首开飞机在航行的军舰上降落的先河。几天之后，当邓宁又一次试图重复这个惊险动作时，飞机翻出军舰坠入海中，邓宁不幸以身殉职。

血的教训使英国人明白，仅依靠驾驶员的技术是无法弥补装备方面的根本缺陷的，要实现常规飞机在军舰上的安全起降，必须彻底改变母舰的结构。1917年年底至1918年年初，暴怒号进行了大改装。这一次将军舰后主炮和后桅拆除，在舰体后部加装了86.6长的飞行甲板。这样，以舰体中部上层建筑为界，前部甲板用于飞机起飞，后部甲板用于飞机降落，飞机可以互不干扰地同时进行起降作业。尽管如此，暴怒号仍然不具有全通式的飞行甲板。飞机虽能勉强着舰，但由于舰体中部的舰桥、桅杆和烟囱引起的湍流的影响，飞机着舰仍然十分困难。所以，此时的暴怒号还是一艘很不完善的航空母舰。

1917年开工的另一艘航母是百眼巨人号，原名卡吉士号，是英国造船商为意大利造的一艘客轮，开工不久即被英国海军买下，准备改建成航母。1918年5月完工，9月服役。该舰标准排水量为14450吨，最大航速20节，可搭载飞机20架。由于此时第一次世界大战已经接近尾声，匆忙服役的百眼巨人号尚未来得及接受战火的洗礼，战争便结束了。百眼巨人号只能默默地待在英国海军的舰队中，无法在真正的战争中一显身手。但是，作为世界上第一艘具有全通飞行甲板的航空母舰，百眼巨人号在航母发展史上的开拓性地位是无法抹杀的。

1917年，英国按照航空母舰标准全新设计建造了竞技神号航空母舰，第一次使用在飞行甲板右舷的岛状上层建筑。奠定了现代航空母舰的基本结构，并且一直沿用至今。竞技神号的标准排水量是10950吨，航速25节，载机20架。后来由于舰载机大小、重量的不断增加，载机数量减少到15架。它的另一个突出特点是舰上配备了强大的火力，4门140毫米炮、4门102毫米炮和4门47毫米炮，主要用于防空作战，这一点与现代航母注重对空防御如出一辙。

英国对航空母舰的研究虽起步很早，但由于受“大舰巨炮制胜”论的影响，航母的发展十分迟缓，从而造成了第一次世界大战中的失利。

航母发展英国一马当先

第一次世界大战中，交战国飞机由战争初期的800多架发展到1万架，一些国家开始建立侦察、轰炸、歼击和攻击等类型的航空兵。英国海军很快认识到舰载飞机的侦察作用，水上飞机母舰就是为了适应这一要求的产物。第一次世界大战中，英国改装和建造的水上飞机航母有五六个级别。

厄嘉丁级水上飞机母舰，排水量1881吨，载4架水上飞机。该级舰是使用3艘海峡渡轮改装的，主要是为战场提供空中侦察。最初的改装十分粗糙，仅仅安装了飞机吊车和前部和后部用帆布与框架搭成的临时机库。由于在使用中出现了很多问题，所以每艘舰都进行了第二次更为彻底的改装，加装了更长的永久机库、更好的飞机吊车和一定数量的火炮。这一级舰只在进行水上飞机起飞作业时需要通过吊车将水上飞机吊到海面上，再令水上飞机自行起飞。当飞机返航后也需要先降落到水上再由吊车吊回船上。厄嘉丁号1941年12月被击沉于马尼拉湾。该级舰还有一艘女皇号，“一战”后拆毁。

马恩岛人级水上飞机母舰，排水量2048吨，载8架水上飞机。这一级舰是由征用的型号不同的海峡渡轮改装而成，同级舰还有一艘，“一战”后因为事故损毁。该级舰带有水上飞机机库和飞机吊车（位于舰体后部），前部还有一座倾斜的飞行甲板用来起降水上飞机和陆基飞机。

皇家方舟号水上飞机母舰，排水量7450，载5架水上飞机，2架陆基飞机。该舰的机库位于前部甲板的下面，并且加装了多个飞机吊车。在舰体内部还留出空间作为飞机维修区域和飞机零件储藏间。水上飞机和陆基飞机可以从它的飞行甲板直接起飞，但是在实际操作中水上飞机通常还是被吊往水上起飞。在它服役的过程中很少被当作一线水上飞机母舰，而是作为实验舰。20世纪30年代英国海军相当多的飞机弹射器和航空设备都是在该舰进行实验后才装备部队的。皇家方舟号水上飞机母舰的出现标志着英国海军已经认识到飞机在海战中的巨大潜力。为了给英国海军新建成的航空母舰留出舰名，它被重新命名为半人马号，由于航速较慢，“二战”期间它主要在地中海担任护航任务。信天翁号水上飞机母舰，排水量6350吨，载9架水上飞机。原为澳大利亚海军的水上飞机母舰，1938年转让给英国海军。信天翁号是“二战”期间为数不多参加过一线作战的水上飞机母舰。

雅典娜级水上飞机母舰，是在货轮基础上进行的改造，排水量10890吨，载10架水上飞机。最早设计用来为护航队提供空中支援，但是由于局势的恶化，两舰在还没有加装弹射器等操作水上飞机必须的装置前就被改作飞机渡轮。雅典娜号是战争期间为数不多租借给美国海军的舰只之一，厄嘉丁II号也被租借给美国海军，并参加了莱特湾海战。

1918年1月，英国正式成立了空军部和皇家空军部队。世界上第一支独立空军的建立，对正在起飞的航空制造业和空中力量的发展注入了活力，也为世界各国空军的未来发展树立了楷模。这一巨大变化，深深地影响着英国主战装备的发展，海军确定了逐步淘汰战列舰，转向以航空母舰和舰载机为主的发展模式。英国利用大型巡洋舰改装的勇敢号和光荣号两艘航母，分别于1928年和1930年服役。其标准排水量为22500吨，航速30节，可搭载飞机48架。英国在航母发展和指挥体制方面的变化，引起了世界各国的高度关注。在英国的带动下，意大利、法国、德国、瑞典等西方国家也相继建立了自己的空军并开始关注航母的发展。

第一次世界大战结束后，美英等主要海军国家签订了《限制海军军备条约》（《华盛顿海军条约》）。20世纪30年代各国列强为争夺海上霸权，疯狂扩充海军。英国为保持对其他国家海军的绝对优势，在不断建造大型战列舰的同时，决定专门设计建造新式舰队航空母舰，由于英国是最早开发和研制航空母舰的国家，积累了丰富的经验，所以决定要设计出当时最先进的航空母舰。迫于《华盛顿海军条约》对航空母舰标准排水量的限制，尽量为航母提供了最大面积的飞行甲板，在舰艏和舰艉各装了外伸板，并各自向外向下弯曲。

1934年英国批准拨款建造皇家方舟号航母，1935年9月16日开工，1937年4月13日下水，1938年11月16日完工。皇家方舟号的设计非常成功，成为英国海军在“二战”之前建成的一艘最具现代航母特征的舰只，标准排水量22000吨，全通式飞行甲板，右舷侧岛式上层建筑，前端装有2台液压式弹射器，尾部装有拦阻装置，以及各种起降设备，高干舷和封闭式首部，设有2个封闭式机库，共载飞机25架，从而成了英国海军后续建造航空母舰的原型。1941年11月13日皇家方舟号被U-81潜艇击中，14个小时后，于1941年11月14日在直布罗陀外海沉没。从暴怒号到百眼巨人号再到皇家方舟号，英国海军航母一直走在世界各国的前面。

1937年，英国海军开始建造2艘光辉级航母。首舰光辉号于1940年5月建成入役。其后续舰胜利号、可怖号、不屈号和改型舰怨仇号、不倦号在第二次世界大战的战火中陆续服役。光辉号长约226米，宽约29.2米，标准排水量23000吨，航速31节。该舰的突出特点是极为重视军舰的防护能力，它是世界上第一艘在飞行甲板和机库下面都设有装甲防护的航母。由于装甲重量的限制，它只能安排一层机库，因此只能载机36架。舰上还装有16门单管114毫米高炮和一部792雷达，这在当时是相当高档的防空配置了。

“二战”前的大英帝国尽管已经不再如“一战”前那般强盛，但依然是全世界数一数二的强国，新崛起的美国尽管工业产值已经超过了大英帝国，海军也与老牌海军强国平起平坐，但是在国际事务上依旧没有太多的发言权。“二战”之前，大英帝国海军拥有世界上技术最先进、吨位最大、装甲最厚、火炮威力最大、数量最多、火力最强大的战舰。在当时，英国虽然拥有八九艘航空母舰，但由于航母在第一次世界大战中只能进行侦察监视，不能对装甲战舰进行火力攻击，所以海军指挥官看不上这种高新技术武器装备，仍然认为“大舰巨炮制胜”。所谓大舰巨炮，就是指舰队的核心装备就是战列舰和战列巡洋舰，这种装备装甲非常厚，局部可达半米到一米多，火力十分强大，装有数十门、上百门大中口径舰炮，射程最远可达四五十公里。这些钢铁巨舰充分反映出一个工业化强国的巨大实力，如果没有强大的财力、物力和工业制造能力，是无法打造出如此众多且技术先进的海军舰队的。

英国海军伊丽莎白女王号航母

“二战”爆发之前，英国海军已经拥有12艘战列舰，其中，伊丽莎白女王级5艘，包括伊丽莎白女王号、厌战号、巴勒姆号、勇士号、马来亚号；复仇级5艘，包括复仇号、皇家橡树号、君权号、决心号、拉米利斯号；纳尔逊级2艘，包括纳尔逊号、罗德尼号；乔治五世国王级5艘，包括乔治五世国王号、威尔士亲王号、约克公爵号、安森号、豪号（本级战舰开战时正在海试、舾装和建造中）。战列巡洋舰3艘，其中，胡德级1艘，声望级2艘，包括声望号、反击号。此外，还拥有重巡洋舰18艘，轻巡洋舰38艘，另有狄多级防空巡洋舰11艘在建，斐济级7艘在建，乌干达级2艘在建。除此之外，英国还拥有世界上最庞大的驱逐舰部队，共计200余艘，潜艇50余艘。由此可见，英国在当时的确是当之无愧的世界第一海军强国。

在航空母舰方面，英国在役8艘，在建1艘：暴怒级1艘；竞技神级1艘；鹰级1艘；勇敢级2艘，包括勇敢号、光荣号；百眼巨人号1艘；皇家方舟号1艘；独角兽级1艘，另有光辉级3艘，包括光辉号、胜利号、可怖号；不屈级1艘；冤仇级1艘；另有不倦号在建。

航母建造英国到达巅峰

航空母舰是高技术的产物，也是大工业的缩影，如果没有厚实的科学技术基础，没有强大的工业制造能力，没有雄厚的经济支持能力，就不可能涉足航母领域。第二次世界大战爆发后，英国进入全面战争动员状态，国家资源和人力、物力、财力全部用来支援战争和打赢战争，其中，航空母舰的发展冲向历史的巅峰。经过近30年的艰苦探索，英国已经在航母关键技术方面取得一系列重大突破，并在航母作战使用方面积累了丰富的经验。为了满足紧迫的战争需求，英国调动国家战略能力和战略潜力，加速发展航空母舰，充分展示了一个超级大国具有怎样的科技实力、经济实力和工业实力。

随着航母关键技术和航母作战使用的不断发展和进步，航空母舰的称谓和定义也发生了很大的变化。第二次世界大战中，航空母舰按其所担负的任务划分为很多种，有舰队航空母舰、攻击航空母舰、反潜航空母舰、护航航空母舰和多用途航空母舰，此外还有轻型航空母舰和商船改装航空母舰等。舰队级航母一般是相对于护航航母提出的,当时的驱逐舰也是按照舰队级驱逐舰和护航驱逐舰来划分。相对于护航航母来说，舰队级航母吨位大,载机多,航速快,是海军航空兵进行海空大战的主力。

1939—1945年，残酷的战争使英国海军对航母的传统看法发生了重大转变，根据对战争形势的预测，英国认为海军作战的主要威胁来自岸基飞机，由此提出航母独特的被动防御能力要求，衍生了“提高装甲水平、加强防空武器”的航母设计思想。在此指导思想下设计建造的航母，载机量受到损失，航速要求也退居后位，但具有较高的生存能力，受到海军的青睐。这样一个习惯沿袭下来，并被美国等国家仿效。这个时期的代表作是1941年建造服役的卓越级航母。

英国“二战”中及战后的舰队航母主要有四个型号：鹰级舰队航母，原为冤仇级的改进型，由于不断进行改进最终成为全新的一级航母，战后担任皇家海军航母编队的主力近30年。改装后加装了斜角甲板和蒸汽弹射器等新技术，设计排水量33500 吨，完工时满载排水量46900 吨，改装后增大到53435 吨。改装前携载78架“二战”时期的舰载机，最大可携载100架。可携载38-41架喷气战斗机，9架直升机。

冤仇级舰队航空母舰是在不屈级航空母舰基础上的改进型，第二层机库加大并增加了装甲。设计排水量23000 吨，满载排水量32300 吨，可携载30架轰炸机，6架战斗机。卓越级舰队航空母舰采用了装甲飞行甲板设计，具有较强的生存能力，但是载机不足是其最大缺憾。设计排水量23000 吨，满载排水量29700 吨，载机35架。不屈号舰队航空母舰是卓越级的改进型，设计排水量23000 吨，满载排水量29700 吨，载机43架。

第二次世界大战之前，受条约的限制，航空母舰的最大吨位不超过3万吨。“二战”中，航母吨位突破5万吨，在当时，这样的航母就被称为大型航空母舰。中型航空母舰的吨位一般是在三四万吨左右，轻型航空母舰通常在两万吨以下，而且很多是由巡洋舰等战斗舰艇改装而成。“二战”中，英国建造了很多轻型航空母舰。

独角兽号轻型航空母舰，1938年批准拨款建造，标准排水量16510吨，满载排水量20300吨，载机36架。该航母船体尺寸较小，有飞行甲板、弹射器和两个机库，其中一个机库净空很高，可以装载当时的任何大型飞机。服役之初用于作战，后来由于航速只有22节，在1944年改为飞机供应舰，用于维修和保养飞机。

巨人级轻型航空母舰共建造10艘，大部分于在1944-1945年完工，标准排水量13190吨，满载排水量18330吨，载机48架。主要用于舰队作战，为了加快建造速度，水线以下船体部分是按劳氏船级社的商船规范建造的，为了满足航速的要求，采用了双轴推进；为了降低费用，参考了光辉级航空母舰的设计，考虑到建造速度没有安装装甲，并减少了舰内“夹层”防御结构。巨人号曾转让给法国，在法国海军中担任反潜航母，于1978年拆毁。同级复仇号1952年11月13日租借给澳大利亚，主要用作训练航母。

庄严级轻型航空母舰最初下的订单是巨人级，由于进行了许多现代化改装，形成新的一级新的航母。标准排水量14500 吨，满载排水量20000吨，载机39架“二战”时期舰载机，20架喷气式飞机。该级航母的建造在“二战”结束后停止，所以没有在英国海军服役。接到外国订单后，建造工作才得以继续。由于购买国需求各异，所以同级航母改动较大，有一艘没有完工就被拆毁。澳大利亚海军购买了一艘命名为墨尔本号，1985年卖给中国拆毁。加拿大海军购买了一艘有力号，印度海军购买了一艘大力神号，重新命名为维克兰特号，21世纪初退役。

半人马级轻型航空母舰是巨人级的改进型，在“二战”结束后才完工。标准排水量20260 吨，满载排水量27800 吨，载机30架。其中两艘改为两栖登陆舰，另外两艘在完工后不久加装水压式飞机弹射器，后改为蒸汽弹射器。其中的竞技神号与另外三艘差别较大，在服役末期参加了马岛战争，立下赫赫战功，1985年卖给印度并被重新命名为维兰特号，目前正在进行大修和现代化改装。

护航航空母舰则是由商船改装而来，属于更为小型的航母，用于为商船护航。它们一般是在运输船队前方展开，用舰载机侦察、攻击潜艇，或引导水面舰只实施攻击。护航航空母舰除护航外，还时常担负运输船的

角色。“二战”期间，美国凭借雄厚的工业实力，共建造了124艘护航航母，其中有38艘提供给了英国海军。

埃米尔级护航航空母舰是“二战”中皇家海军使用最多的护航航空母舰，标准排水量11420 吨，满载排水量15390 吨，载机18~24架。该级舰与攻击者级同属博格级，只是在防空武器上略有差别。这级护航航空母舰建造过程中对攻击者级的设计作了小幅度修改，使之更适合飞机作业。攻击者级护航航空母舰与埃米尔级同属于美制博格级护航航空母舰，标准排水量11420 吨，满载排水量15390吨，载机18~24架。攻击者级采用的是C3商船的船体，与复仇者级相比其有更大的机库、更长和更耐用的飞行甲板、更好的防护和使用了涡轮机作为动力，还增加了一座飞机升降机。该级舰的机库甲板是原来商船的主甲板。

“二战”进入到中后期，英国海军主要使用美制护航航空母舰，而英国的造船业转向制造大型舰队航母以及介于舰队航母和护航航空母舰之间的轻型航空母舰。复仇者级护航航空母舰是美国最早建造的护航航空母舰之一，标准排水量11000 吨，满载排水量15000 吨，载机15架。它使用的是C3货船的船体，具有较长的飞行甲板、更大的机库和一个小型岛型舰桥。由于该级舰设计不合理，英国海军同级4艘航母在战争中损失了2艘，剩下的两艘战后归还给美国海军。射手号护航航空母舰属于美制长岛级护航航空母舰，标准排水量11300 吨，满载排水量16620 吨，载机16~21架。它是美国建造的第一级护航航空母舰，设计十分粗糙，一个架设在框架结构上的木制飞行甲板覆盖了原来货轮的70%，附加式机库位于飞行甲板后端的下方。该级舰没有岛型舰桥，仅在飞行甲板的前部有一个小型航海舰桥。在实际使用中发现该舰机械性能非常差，在战争中几乎没有像样的战绩。战后归还给美国海军，随后改装回商船并出售。

坎帕尼亚号护航航空母舰是英国制造的最好的护航航空母舰，也是皇家海军战后唯一一艘没有立即退役的护航航空母舰。满载排水量15970吨，载机18架。

奈恩郡级护航航空母舰是皇家海军建造的最后一级护航航空母舰，满载排水量16830吨，载机18架。“二战”结束后，奈恩郡号转让给荷兰。比勒陀利亚号护航航空母舰，是皇家海军“二战”中最大的护航航空母舰，主要担任为其他护航航空母舰培训飞行员的任务。满载排水量23450

吨，载机21架。活跃号护航航空母舰是针对大胆号使用中出现的问题进行了相应修改的产物。满载排水量14250吨，载机11架。

商船改装航母是利用民用商船紧急改装而成的一种航空母舰，这种航空母舰可用于由岸到岸载运飞机，也可用于飞机的起飞平台供飞机海上起飞和陆上降落，同时还可用来装载货物和进行海上运输。战时商船改装是“二战”中英国的一个成功创举，在改装中积累了大量宝贵的经验。1982年英阿马岛海战爆发以后，英国海军要奔赴一万多公里以外的南大西洋作战，由于航空母舰数量不够，英国海军当即决定启动战时动员机制，利用商船改装航空母舰。动员令下达之后，几天之内就有多艘商船开始进行改装，随舰队前往作战海域，边航行边施工，对取得战争胜利发挥了重大作用。

麦凯比恩帝国级航空母舰，满载排水量12000吨，载机4架。“二战”期间，由于战事紧急，在大量美制护航航空母舰服役之前采取了一种应急措施，就是利用商船改装载机航

英国无敌级航母

英国竞技神号航母

英国大西洋运送者号航母

英国天文学家号航母

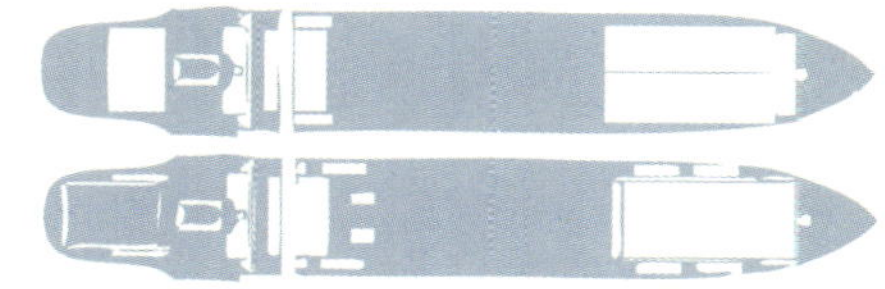

英国模块化战时改装航母

英国天钩概念航母

竞争者巴赞特号航母

英国海洋号航母

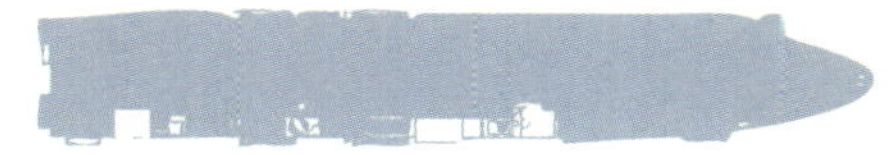

英国皇家方舟号航母

英国航母发展脉络

母，实际上就是带飞行甲板的商船，除了上层甲板，其舰体与一般商船无异。作战时该级舰由商船船员驾驶并运载正常的货物，同时携载少量的飞机，主要是被用来对付德军的远程飞机。麦凯比恩帝国级是英国海军最早形成规模的商船航空母舰，该级舰安装了基本的飞行甲板和岛型舰桥，但是没有机库等其他用于操作舰载机的设备。该级舰和后续几级商船航空母舰都是在散装谷物运输船和油轮的基础上改装。麦克安德鲁帝国级航空母舰，满载排水量12000吨，载机4架。该舰同样是基于谷物运输船进行的改装，虽然名义上与麦凯比恩帝国级是两个不同的级别，但是从结构和船体来讲都十分相近。

国力衰落航母式微

英国对现代航空母舰的关键技术作出了重大贡献，斜角甲板、蒸汽弹射器、助降镜、垂直起降飞机、滑跃起飞等航母专用的关键技术都是英国发明和首创的。如果沿着这样的航母技术路线发展，英国将会在航母方面有重大突破。但是，由于英国军事理论过于保守，在军事革命面前反应迟钝，死抱着"大舰巨炮制胜"理论不放，虽然创新了大量的航母关键技术，并研制和建造了大量航母，但并没有像美国那样在战争中充分发挥航母的核心作用，致使多艘航母被击沉或重创。

航空母舰是国家综合实力的缩影和具体体现，当一个国家综合实力出现衰落的时候，不要说建造新的航母，就是养航母都养不起。第二次世界大战中，战争消耗过大，英国国力衰败，结果彻底失去了长达数百年"海洋霸主"的地位。战后初期，昔日"日不落帝国"雄风不再，超级大国的宝座不得不让位于美国，大英帝国从此一蹶不振，处于长期休眠状态。美国为了维持其超级大国的地位，出于世界霸权和与苏联争锋的战略目的，大力发展超级航母及核动力航母，此时的英国却是无可奈何花落去，一片凄凉景象。1945年第二次世界大战结束的时候，英国海军还拥有26艘航空母舰，其中2艘鹰级、4艘竞技神级、3艘卓越级、2艘不协级、14艘巨人级以及1艘独角兽级。从1946年开始，英国不仅不再发展新的大甲板航空母舰，反而开始清理门户，变卖家产，通过出售、赠予、退役等方式大幅削减航母数量，并继续探索新型航母的发展。先是把5万吨级的皇家方舟号航空母舰拆除，把其他的航空母舰卖给荷兰、加拿大、澳大利亚、巴西、阿根廷、印度等国，使得战后形成一次航空母舰大扩散，并宣布今后不再建造中型或重型航母。

20世纪50年代，美国海军酝酿建造排水量达80000吨的核动力超级航空母舰。此时的英国海军望尘莫及，由于国家处于经济危机之中，航母无疑成了国家最大的负担之一。在这样的情况下，政府决定把海军所有的常规起降飞机航母全部退役，所有舰载机和海军岸基飞机交给英国空军管辖，由空军为海军提供中远程舰队区域防空和预警，海军只保留舰载型垂直／短距起降飞机和直升机，一支强大的海军就这样被活生生地肢解了。1953—1954年期间，英国转而发展轻型航空母舰，相继建成阿尔比昂号、布尔沃克号和人马座号轻型航母。20世纪60年代初，英国海军曾经计划建造排水量53000吨的CV-A01中型航母，但受到空军的干扰和反对，再加上胜利号航母不合时宜的一场大火，致使英国政府最后取消了这个计划. 英国航母发展再次陷入停滞。

1963年，富有创新意义的鹞式垂直/短距起降式飞机在皇家方舟上进行了一系列试验，即便是这种特别适合海上作战的新技术也未能得到英国政府一分的额外发展基金。新型舰载机试飞成功但没有新型航母来携载，皇家方舟号航母的服役期不得不延长至无敌号航母服役之后。1977年，无敌号轻型航母建成下水，1980年服役。1981年，当英国国防部得知澳大利亚海军计划对其老旧的墨尔本号航母进行替换的消息后，立即迫不及待地许诺将正在试航的无敌号航母卖给对方，双方甚至连无敌号的新名字“澳大利亚”号都已经取好。可惜，由于1982年英阿马岛战争爆发，无敌号义无反顾地开往南大西洋作战，这艘舰艇因此而得以挽留下来。与其命运大致相同的还有竞技神号航母，马岛海战前已经决定卖给印度，由于战事紧急，将出售事宜不得不推迟到战争结束以后进行。

马岛海战证明，把海军舰载机划归空军建制是一种错误的决策，空军的岸基飞机平时用不上，战时由于距离遥远又不能应召前往，迫使海军不得不用驱、护舰艇作雷达哨舰，使用海王直升机进行预警，用海鹞飞机来进行制空，结果刚刚服役的谢菲尔德号驱逐舰一下子就被击沉了，另外也有多艘舰艇被击沉击伤。当初曾经拍胸脯保证为海军提供制空权的英国空军在哪里呢，它们仍待在英国本土、后方基地和战区外围的岛屿机场上！

马岛海战后英国政府痛心疾首，悔不该当初因为国穷而变卖家产，要是那几十艘航母在役的话，马岛战争的损失绝不会如此惨重，甚至阿根廷或许根本就没有胆量去占领马尔维纳斯群岛！马岛战争后，英国国内再也听不到卖掉无敌号、反对建造航母的声音，与此相反，全国上下同心协力加速了卓越号和皇家方舟号两艘后续航母的建造进程。随着两艘航母服役，战功卓著的3万吨级竞技神号航母还是在1986年卖给了印度。2005年无敌号退役后，英国皇家海军仅剩下卓越号、皇家方舟号两艘轻型航母。

2007年4月，英国政府正式批准了海军新航母建造计划。已经被命名为伊丽莎白女王号和威尔士亲王号的两艘航母将耗资近40亿英镑，其排水量为6.5万吨，是英国皇家海军两艘现役航母排水量的3倍。每艘航母供飞机起落的飞行甲板面积超过1.3万平方米，飞机库容积为2.9万平方米，可携载40架战斗机。按照计划，这两艘航母将分别于2014年和2016年开始服役。

买得起马未必配得起鞍

英国在航母发展的道路上总是摇摆不定。第一次世界大战前英国进行了航母技术的探索性研究，并通过改装和建造积累了一定的经验。两次世界大战期间，受《限制海军军备条约》（《华盛顿海军条约》）的限制，英国航母发展进入一个缓慢期，由于缺乏明确的作战需求，航母技术没有太大突破。加上思维观念落后，虽然在航母关键技术方面领先于世界，却总是认为“大舰巨炮”比航母更有效，所以没有抓住航母发展的先机。

第二次世界大战爆发以后，紧迫的军事需求拉动了航空母舰的飞速发展，长期的工业化制造能力在短时期内猛烈发威，航母关键技术一个又一个获得突破，英国航母发展进入了一个前所未有的巅峰期。“二战”爆发前，英国拥有暴怒号、百眼巨人号、竞技神号（1942年战沉）、光荣号（1940年战沉）、勇敢号（1939年战沉）、皇家方舟号（1942年战沉）。“二战”爆发后，开始装备了6艘“光辉”级，光辉号、胜利号、不屈号、不倦号、冤仇号和可畏号，还先后装备了独角兽号、荣耀号、尊敬号、巨人号等。用商船、油轮或废旧战舰改装的护航航母有大胆号（1942年战沉）、海洋号等22艘，另外从美国接收了护航航母20余艘，如打击者号、冲击者号、总督号、女王号、复仇者号、欺骗者号等，其中打击者号于1943年战沉，摇滚者号于1944年战沉。在大西洋战场上，英国海军拼尽全力与德国法西斯抗争，国民经济能力和军事实力丧失殆尽，战争消耗了英国大量人力、物力和财力，最终使这个超级帝国体力不支，日渐衰落。

“二战”结束以后，大量航母退役、拆除、封存和转让，一个昔日的航母大国，从此逐渐淡出，沦为一个仅仅拥有几艘轻型航母的国家。虽然战后初期仍然拥有50多艘很先进的航空母舰，但国力衰微，根本养不起这些航母，所以一部分退役，一部分就转让给一些英联邦国家了，澳大利亚和印度早期的航母都是英国转让的。作为传统海洋国家，痛失航母之后倍感凄凉，因为没有航空母舰的海军舰队就像一堆乌合之众，没有核心、没有龙头，再也打不起精神来。曾经称雄于世界海洋400多年的大英帝国海军，在没有航母的那些岁月中非常消沉。

20世纪70年代，英国创新出无敌级轻型航母的模式。这种航母能够携载垂直/短距起落飞机和直升机，可吨位太小，只有1万吨左右，不过英国因此又可以过一把航母瘾。1982年的英阿马岛海战，突然增加了军事需求，但此时的英国大势已去，只能将现役航母开往战场。马岛战争期间，英国用大西洋运送者号集装箱船应急改装了一艘简易航母，在首部铺设了一个长15米、宽24米并涂有耐热材料的起降平台。从桥楼到起降平台则沿主甲板用集装箱搭成了一个简易机库，可装14架鹞或海鹞式飞机。但是，战争是无情的，当这种航母到达南大西洋海域时，面对的挑战是显而易见的。阿根廷用非常陈旧的老式攻击机对英国航母编队进行空袭，居然屡屡得手，最后阿根廷导弹打完了才就此罢手，如果还有导弹的话，英国舰队有可能被毁于一旦！由于没有大中型航母，英国在马岛海战中吃了很大的亏，但是，这样的教训无法汲取，因为要发展航母就必须有大量的金钱，当时的英国经济处于萧条之中，养航母都是一种奢华，哪里还有能力去建造新航母？马岛海战以后，英国迫于经济压力不得不把竞技神号航母卖给印度，有关发展新型航母的事情再也没有人提起。

英国未来新型航母想象图

虽然英国海军拥有创意独特的轻型航母，但其作战能力终究无法与攻击型航母相比，重新拥有真正的航母一直是皇家海军挥之不去的梦想。新旧世纪交替之际，英国终于开始实施新的航母计划CV（F）计划。该计划将为皇家海军催生出2艘排水量35000吨~40000吨的新航母，平时载机40架，战时载机60架，预计在2012年和2015年分别服役。该计划还处于论证阶段，提出的方案有3个，总的设计思想是避免风险，追求实用。其动力装置一律采用常规动力，或是“冷回热式燃气轮机驱动发动机”，或是“永磁推进电机”。第一种方案是CTOL常规型，类似美国海军尼米兹级，只是吨位要小许多。舰上装有斜角甲板、2部弹射器、3道拦阻索、3部升降机，使用常规起降战斗机，候选机型为F/A—18E和F-35B。第二种方案是STOBAR型，与第一种相比，最大特点是采用了滑跃甲板，飞机实行短距起飞，拦阻降落，类似于俄罗斯的库兹涅佐夫号航母。它的候选机型有EF—2000和F-35B。第三种方案是STOVL型，这是英国自己发明的轻型航母的“继承者”。它采用全通式滑跃甲板，放弃了斜角甲板，舰载机采用短距起飞和垂直降落，候选机型有F-35B和海鹞式的改进型。这3型舰各有利弊，英国海军还未下定最后决心。可以预计，这2艘中型航母将有助于重振皇家海军的昔日雄风，重塑其海军强国形象。

英国航母发展转悠了一大圈儿，现在又突然又提出要重新发展大甲板航母，重新回到“二战”时期的思路，这种迟来的顿悟多少有点让人吃惊。时过境迁，英国重新发展大甲板航母，能够挽救英国衰落和颓废的命运吗？当时引领世界航母发展潮流的英国，如今却步人后尘，亦步亦趋，实在是让人有些难为情。不过，从另外一个角度来观察英国，也让我们切实感觉到，航空母舰的确是大国综合国力的反映，买得起马未必配得起鞍，建造航母难，可养航母就更难，因为航母是个无底洞，就连英国这样的老牌帝国主义国家都伺候不起航母，那别的国家发展航母可真得要好好掂量掂量。

马岛海战中的商船改装

1982年4月2日至6月14日，英国和阿根廷因海洋岛屿之争在南大西洋地区进行了一场战后以来规模最大、持续时间最长的现代化海空作战。英国海军特混舰队虽然远涉重洋仓促应战，但是终于取得军事上的胜利。

英国不仅是世界上最早发展航空母舰而且对于航母关键技术贡献最大的国家，也是商船战时改装、战时工业动员做得比较好的一个国家。在第二次世界大战中就已经积累了丰富动员经历的英国，在英阿马岛海战中驾轻就熟、处事不惊、有条不紊，利用商船改装了可以携载飞机、直升机、人员和作战物资的各种船舶，对于战争的胜利发挥了极为重要的作用。

英国舰队远征马岛

马尔维纳斯群岛（以下简称马岛）位于南大西洋，距阿根廷东海岸最近处276海里，距英国7100海里，距英占阿森松岛3400海里。该群岛有大小岛屿200多个，总面积12173平方公里，长期有人居住的岛屿5个，总人口2000人。该岛曾遭受过英国、西班牙和法国殖民主义统治，关于主权之争已有150年之久。1816年，阿根廷独立后宣布继承原来由西班牙殖民主义者统治的马岛主权，并于1820年宣布拥有该岛主权。1829年，英国宣称对马岛拥有主权，并于1833年1月3日派兵占领了两大岛屿，此后一直占据该岛，英阿双方就该岛主权进行多次谈判未果。1982年2月26~27日，双方谈判破裂。3月31日，阿根廷政府决定武装收复马岛，并于4月2日和3日攻占两个重要岛屿。

英国于4月2日召开内阁紧急会议，宣布断绝与阿根廷的外交关系，3日宣布派南大西洋特混舰队重占马岛，并宣布了第一批征用商船参战的征召令。3日后，由40艘舰船组成的特混舰队和部分征召的商船开赴马岛。4月12日起，英国宣布对马岛周围200海里海域实施海上封锁。由于特混舰队尚未抵达，当时只有2~4艘潜艇进行封锁，迫使阿根廷海军舰船绝大部分于12日前由战区返回大陆港口，14日开始在英军宣布的封锁区外机动。对马岛的运输补给主要由运输机空中补给，只有2艘巡逻艇和2艘商船冲破封锁线，为马岛运送了物资。

4月28日，英国宣布从4月30日起，对马岛周围200海里实行海空全面封锁，4月29日，英国特混舰队抵达马岛海域。4月29日，阿根廷也宣布："从即日起在阿根廷海岸、马尔维纳斯群岛、南乔治亚岛和南桑威奇群岛起的200海里阿根廷海域航行的所有英国舰船，包括商船和渔轮，任何在阿根廷领空飞行的英国军用和民用飞机都将被认为是敌对的，并将受到相应的对待。"此时，战场形势发生急剧变化，海上封锁反封锁的斗争全面展开。

5月1日开始，英军频繁出动岸基飞机和舰载机对马岛进行海空袭击，同时，英国舰艇也在距马岛20海里处使用舰炮进行对岸轰击。阿根廷设在马岛的港口设施、机场和工事遭到严重破坏，3架飞机被击落。英国有5架飞机、2架直升机被击落，1艘护卫舰受重创。

5月7日，英海军宣布将200海里海上封锁区扩大到离阿根廷本土12海里处。之后，双方开始袭击对方的舰艇。阿根廷使用岸基飞机在英国舰队上空进行低空飞行，并抵近舰艇投放炸弹和鱼雷，炸沉炸伤多艘英国舰船。5月16日，阿根廷巡洋舰贝尔格拉诺将军号在距马岛236海里封锁区外进行巡逻时，被英军征服者号潜艇发射的鱼雷击沉，舰上321人阵亡和失踪。此间，双方展开了激烈的封锁与反封锁作战和导弹攻击作战，英军对马岛的封锁获得成功，控制了战区制海权，断绝了马岛与外界的联络，阿根廷无法向岛上运送弹药、粮食等必需品。6月14日，英军大规模登陆，岛上11000名阿军投降，双方战地司令签署非正式停火协议，历时74天，战后第一次以海军为主的大规模现代化战争宣告结束。

谢菲尔德号驱逐舰中弹燃起大火

马岛海战中英国海军直接投入战争的战斗舰艇总吨位34万吨，占其海军总吨位的一半以上，仅有的2艘航空母舰和4艘攻击型核潜艇全部投入作战。参战的舰载飞机和直升机共242架，海军陆战队参战人数4600人，英国三军参战总兵力近3万人，其中海军占83%。阿根廷参战舰艇37艘，飞机370架，地面部队参战人数13000人，海空军参战兵力占参战总兵力的80%。经过74天的激战，英国损失21.6亿美元，有6艘舰船被击沉、12艘舰船被击伤，10架飞机和24架直升机被击落和击毁，伤亡人数达1100人。阿根廷损失10亿美元，有5艘舰船被击沉，6艘舰船被击伤，107架飞机和10架直升机被击落和击毁，伤亡13700人。

商船改装成制胜关键

英阿马岛海战爆发时，正是英国政府大幅度削减军费之际。当时英国海军面临四大困境：一是自20世纪70年代海外殖民体系彻底瓦解之后，海军战略已从全球大洋转向本土和区域海域，根据北约部署，主要负责北约北翼的反潜任务，不具备远洋作战能力；二是兵力规模大大缩小，舰艇总数从战后初期的700余艘减至200艘左右，其中，主战舰艇由“二战”结束时的456艘减至70艘，大量舰艇退役或出售，其中，常规起降飞机航空母舰、战列舰和巡洋舰等大型舰艇几乎全部退役；三是由于持续的经济危机，海军经费大大紧缩，政府公开在世界上拍卖现役的航空母舰、驱逐舰、护卫舰和潜艇等海军装备，企图走以民养军、振兴经济、尔后再重振海军的道路；四是在大甲板航空母舰退役之后，遂将全部海军飞机划归空军建制，海军只留少数舰载机，海上制空交由空军负责，海军实力大大削弱。

马岛之战，对英国海军来说既是一次挑战也是一次考验。“二战”前那支称霸于世界海洋近两个世纪的强大的海上劲旅已不复存在，眼下这支没有制空能力、没有足够的主战舰艇、没有强大后勤补给能力的海军已失去了昔日的雄风，其远洋作战能力大大削弱。但是，虎死威尚存。它毕竟是一支老牌的、训练有素的且有一定治国治军经验的一流海军，常备军虽然不多，现役装备也不够强，但强大的平战互转能力、巨大的经济、技术和经济动员潜力及全民的国防意识和主权观念等确成了其转危为安、转劣势为优势、转失败为胜利的一个关键因素。地方工业、航空、兵工、造船等部门源源不断的支援不仅使英国海军特混舰队能迅速出动，而且在这次远洋作战中基本做到了行动协调、反应灵活、供应充足、运输通畅。因此，可以毫不夸张地说：英国如若没有成功的经济动员和民间资源的动员，就绝不会有英国马岛海战的胜利。

海军武器装备具有技术复杂、品种繁多、建造周期长和造价高等特点。一般来说，即便是具有较强海军舰艇建造和出口能力的发达国家，舰艇、潜艇从预研、设计、建造到装备部队也要10~15年，航空母舰、核潜艇等重型武器装备则长达20~25年，就是具有一定的技术储备，光是建造一艘中型水面舰艇也要4~6年，大型舰艇则需6~10年。再则，海军装备价格也十分昂贵，是其他任何军兵种装备所无法比拟的。以美国为例，一艘重型核动力航空母舰20世纪80年代造价达34亿美元，90年代就涨到了45亿美元。导弹巡洋舰和驱逐舰8亿~11

亿美元，攻击型核潜艇则达15亿美元。现代海军装备的这些特点，决定了其战时难以突击性大批量生产，平时又不便大量存储的发展趋势。因此，如果能有效地挖掘战时工业动员的潜力，并能充分利用民用商船的话，将是解决平战矛盾的一个重要选择。

历史经验证明，战争期间，商船不仅能作为海军舰队的重要支援力量，经过改装，还能直接参加海军作战，弥补战争损失，迅速扩大海军规模，成为海军兵力的一个强有力的战略预备队。第二次世界大战中，由于对战舰、特别是航空母舰的需求量猛增，所以各国竞相赶建航母。即使如此，整个战争期间，各国建造的航母总数还不到30艘。但在战争期间，美国用商船改装了590万吨的舰船，其中，改装的航空母舰就超过了100艘。这些用商船改装的护航航母在战争中担任了反潜护航、飞机运载、训练支援乃至攻击作战等多种任务，战绩赫赫。仅在1943年4月至1944年9月的一年半间，英国、美国护航航母便在大西洋和北极水域击沉德潜艇约60艘，在反潜战中起到决定性作用，并部分地弥补了因战前估计错误造成的兵力不均衡问题。

英国马岛海战中商船改装动员的主要做法是：战前进行了政治和军事方面的紧急动员，激发民族斗志、保持外交优势和争取国际合作，并煽动西方世界对阿根廷展开军事禁运和经济制裁。同时，立即成立战时内阁、联合司令部和特混舰队司令部；动员陆、海、空现役部队参战，并派海军潜艇部队、航母特混舰队等先遣梯队开拔；调整军事战略部署，分兵前往战区，边航行、边拟定作战计划；取消军贸外售计划，动员所有军事装备参战；启用后备役护卫舰、启封和维修封存舰艇。

有法可依，有案可循

马岛海战持续了74天，此间，英国先后共征用和租用67艘商船，其中征用65艘，总计67万多吨，占特混舰队总吨位的60%以上。征用的民用船舶包括：油船、客轮、货船、远洋拖轮、集装箱船、滚装船和补给修理船等，这些商船征用后迅速被改装成飞机运载舰、运兵船、扫雷艇、修理船以及医院船等，为英国在南大西洋的军事行动运送了9000名士兵（占参战总兵力的32%），96架飞机（占参战飞机的36%），10万吨作战物资和后勤给养以及42万吨燃料(占总耗油量的60%)，并承担了特混舰队的大量补给和维修任务，发挥了名副其实的“海军臂膀”和“第四军种”（即陆、海、空、商船队）的作用，为英国夺取军事上的胜利奠定了重要基础。

英国马岛海战商船紧急动员是战后以来世界上首次进行大规模商船动员，其主要特点有三个：一是速度快捷。1982年4月2日阿根廷部队攻占马岛后，英国立即成立战时内阁，4月3日决定出兵马岛，武力收复，特混舰队在40小时之后便从朴次茅斯和直布罗陀等港口分兵启程开往南大西洋。英国首相撒切尔夫人对此高度评价，称“特混舰队出动速度之快，将载入英军史册”。军队是执行作战任务的武装集团，它平时处于高度戒备状态，一接到命令便迅速集结和开拔应该说是情理之中、理所当然的事。然而，平时并不归军队建制，且以赢利为目的的那些穿梭于世界各大洋、海域和港口之间的商船队却也具有军队那种招之即来、来之能战的素质以及战争中表现出来的各种惊人的创造力不得不令人刮目相看。英国女王1982年4月4日签发商船动员令，4月5日特混舰队起航时便有首批民用船随舰队出航；此后10~15天内，又有约40艘商船无条件应征，其行动速度之快已超过了发达国家处于高度战备状态的海军部队和预备役部队的水平。

二是有案可依。英国议会制定有允许政府在紧急情况下使用民间资源的法令，政府与私营运输企业订有战时征用合同，也与船员签有合同期内必须“前往任何地区服役”的契约，同时商船船员也可临时改成军事建制，以适应作战需要。马岛海战一爆发，国防部与贸易部协商，当即便敲定了要征用的商船，因此，各个环节基本都没出现推脱、扯皮或议而不决等混乱现象。

三是胸中有数。平时军方全面掌握商船情况，了解船位、航向、装备和运行状况，对于适合军用的商船了如指掌，因此能迅速根据军队任务的需求来确定征用的商船类型，并能在极短的时间内提出改装方案。例如，首批被征用改装为飞机运载舰的大西洋运送者号滚装通用货船的改装草案是技术人员在乘车去船厂的途中，在一个信封背面绘制的；大西洋运送者号沉没后，取代该船的24000吨的天文学者号集装箱船的改装方案则是在3小内考察完毕并确定下来的。

为支援作战而征用的56艘商船中，除部分油船外，其余均需进行不同程度的改装，此项共涉及近50艘商船和12种船型。改装包括功能性改装和适应性改装两类。功能性改装主要是将客轮改为运兵船和医院船，拖网渔船改为扫雷舰，集装箱船改为飞机运载舰等；适应性改装则是给所有随特混舰队赴南大西洋参战的船舶加装海上补给设备、制淡装置和通信设施等。尽管改装时间紧、工作量大，但整个改装工作紧张而又协调，平均每艘船的改装只用27个小时。因此，在接到征用通知后5~7天便改装完毕，并开赴南大西洋。在各种商船改装中，改装规模最大、技术最复杂的是加装飞行甲板的工程（海战期间，英国共为17艘船加装了至少25座飞行甲板），其中又以改装4艘飞机运载舰在技术上与效率上最为引人注目。此类改装涉及清理原甲板障碍物、铺设双层甲板、加固飞行甲板、建立飞机保护区、安装必要的飞行控制设备、设置航空燃料舱和维修设施，以及通常的适应性改装内容等，因此，工程量相当大。在进行这些改装中，由于情况明确、技术基础好、物质材料较充足，工厂又能合理高度生产，致使这些飞机运载舰的改装工作都在9天以内完成，其中改装第3艘22000吨的竞争者——巴赞特号滚装通用货船时，工厂投入约1200人，仅用5天便改装完毕。

平战结合，寓军于民

商船和军用舰艇在设计结构和建造标准上有很大差别，商用船舶提供军用，必须具备一定的条件：一是要有合适的船型，二是要根据用途进行一定程度、范围的改装。平时不搞技术储备，战时拿来匆匆上马，往往不能取得好的效果。要充分发挥商船军用的潜力，并满足军事行动所需的快速动员要求，必须在和平时期便有计划、有步骤地开展商船军用的论证研究，抓几个船型，搞几种典型改装，做好一些必要的技术储备工作，才能保证战时不抓瞎，真正能达到“招之即来，来之能战，战之能胜”的目的。

战争爆发的时间、地点和规模都是不定因素，要想在突然袭击条件下具有较强的应变能力，技术储备方案就必须多样化，具有多方面的适应性，避免单打一。否则，紧急情况下势必束手无策仓促上阵。英国在马岛海战之前，也制订了不少商船改装计划，包括用滚装船来加强北约北翼，或在紧急时刻用滚装船和其他商船横渡英吉利海峡，向欧洲提供支援。但这些计划是以对抗苏联仅限于将商船改装后在北大西洋使用的，这次战争却偏偏爆发在南大西洋，所以征用的商船在航程、续航力和适航性方面遇到了意想不到的困难，平时做的改装方案几乎全部落空。尽管如此，平时的这些动员准备依然没有白费劲，平时积累下来的那些改装预案、经验及雄厚的技术基础，保证了战时紧急施工和改装的快速性和实时性。

马岛海战之后，商船改装军用问题受到世界各国的极大重视，国外商船改装军用的研究与实践非常活跃，各国相继推出了各种各样的改装方案。改装后的舰船可根据改装规模和需要情况，或作为正式的军辅船部队服役，或用作试验、储备，改装后实际用一段时间，积累经验后再交（或出售）地方营运部门。例如，参加过马岛海战的商船天文学者号集装箱船是马岛海战之后英国和平时期大规模改装的第一艘商船，改装后命名为信赖号，作为直升机支援舰，该舰改装的主要目的属试验性改装，旨在为下一步改装作技术准备，因此，改装后在辅助船队试用一年左右又出售给远洋运输公司。

进行永久性改装的船舶适合于长期军用，如英国用参加过马岛海战的竞争者——巴赞特号滚装通用货船改装成百眼巨人号航空训练舰后编入皇家舰队辅助舰队，替代20世纪60年代中期服役的恩盖代恩号，担任皇家海军舰载机（含垂直/短距起降飞机和直升机）飞行员的日常训练任务。1991年海湾战争时，该舰又开赴波斯湾，此时已经不再是航空训练舰了，又改装成医院船。此类改装规模大、改装后能较好地满足军用要求，与专门建造的海军舰艇和军辅船相比，虽然在稳性、不沉性和生存能力等方面还存在一些问题，但经济性好，而且平时可担负训练、支援等任务，战时又能充当支援舰船，使商船改装军用的技术储备工作又向前推进了一步。

考虑到战时在短时间内对军用商船的需求量猛增，还应该在技术储备上考虑短时间内大量改装的方案。此类改装方案较多，典型的有美国的“阿拉伯霍”计划和英国的“商船集装箱化防空武器系统”。前者自70年代初期开始，设想战时用集装箱化的改装构件紧急改装100艘集装箱船，作为反潜直升机或垂直/短距起降飞机母舰，担任商船队的反潜护航任务。目前，该计划由美国、英国共同研究，已产生多套方案。

英国在马岛海战中，商船和工业动员工作之所以迅速而有效，主要是依仗着法律效能。在法律面前人人平等，任何人不得以任何理由以身示法，抗拒政府和军方的法令和各项动员令。自1978年起，英国便制定了紧急情况下迅速动员300艘商船的应急计划，具体拟定了征用商船执行军事任务的实施预案，并落实到了具体船只和人员。因此，动员令发布后，商船一接到征用通知，很快就能按照平时改装和征用预案做好执行军事任务的准备。英国排水量44000吨的大型客轮堪培拉号经过4个月的环球航行刚刚回国，便于4月3日接到征用通知，48小时就加装了3个直升机飞行甲板(其中一个是在向战区行进的途中完成的)，并载运了5000名全副武装的陆战队队员，随舰队出航，创造了战时后勤和工业动员的一项奇迹。

话说中国海洋
HUASHUOZHONGGUOHAIYANG
军事系列

话说中国海洋
HUASHUOZHONGGUOHAIYANG
军事系列
张召忠 主编

百年航母（下）

张召忠 著

廣東省出版集團
广东经济出版社

图书在版编目（CIP）数据

百年航母. 下册 / 张召忠著. —广州：广东经济出版社，2012.12（2020.2重印）
（话说中国海洋军事系列丛书）
ISBN 978-7-5454-0853-9

Ⅰ. ①百… Ⅱ. ①张… Ⅲ. ①航空母舰—发展史—世界 Ⅳ. ①E925.671

中国版本图书馆CIP数据核字（2011）第131744号

百年航母（下册）
BAINIAN HANGMU（XIACE）
张召忠 著

出版发行	广东经济出版社（广州市环市东路水荫路11号11−12楼）
经销	全国新华书店
印刷	佛山市迎高彩印有限公司 （佛山市顺德区陈村镇广隆工业区兴业七路9号）
开本	730毫米×1020毫米
印张	12.25　2插页
字数	230千字
版次	2012年1月第1版
印次	2020年2月第6次
书号	ISBN 978-7-5454-0853-9
定价	66.00元（上、下册）

广东经济出版社网址：http://www.gebook.com 微博：http://e.weibo.com/gebook
图书营销中心地址：广州市环市东路水荫路11号11楼
电话：（020）87393830 邮政编码：510075
如发现印装质量问题，影响阅读，请与承印厂联系调换。
广东经济出版社常年法律顾问：胡志海律师

TWO

第二篇

海洋强国的航母路

第十章 日本：航母发展从巅峰摔落谷底

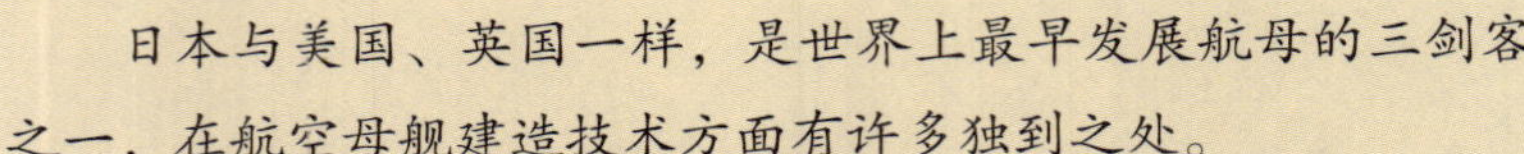

日本与美国、英国一样，是世界上最早发展航母的三剑客之一，在航空母舰建造技术方面有许多独到之处。

第二次世界大战中，日本美国两国的航空母舰从东太平洋打到西太平洋，进行了前无古人、后无来者的航母大决战。

太平洋战争结束后，作为战败国，日本只能委曲求全，夹缝之中求生存，在发展航母的道路上历尽坎坷。

明修栈道，暗度陈仓。飘扬着太阳旗的日本轻型航母再次驰骋在西太平洋上。这一幕，不得不勾起人们对于太平洋战争的回忆。人们不禁要问，平静的太平洋是否孕育着新的战争，在未来太平洋海战中日本航母将怎样作战？他们的主要作战对手是谁？

首艘航空母舰

日本与英国和美国并驾齐驱，成为世界上最早发展航空母舰的三驾马车之一。1913年，日本海军就着手将一艘商船若宫丸号改装为水上飞机母舰。1920年，日本海军又开工建造了第一艘航空母舰凤翔号，并于1922年10月下水、12月建成服役。凤翔号在建造之初被归为“特务舰”，后来才成为海军的第一艘航空母舰。该舰也算是日本航空母舰的试验舰，也成为各国航空母舰的样板。

该舰在航母发展史中第一次使用了岛形上层建筑，成为现代航母的雏形。凤翔号全长168米，标准排水量7470吨，最大航速25节，装有4门140

日本凤翔号航母

毫米炮、2门80毫米高射炮，人员编制550人。该舰在甲板前部有大约5度的下倾斜坡，两部升降机沿飞行甲板中线布置。它打破了第一代航母的“平原型”结构，一个小型岛式舰桥被设置在飞行甲板的右舷，三个烟囱可向外侧倾倒，以免影响飞机起降作业。但是经过试验，日本海军发现凤翔号的岛形结构并不是很合适。由于该舰的飞行甲板比较狭窄，岛式建筑在起降时显得非常碍事。为了保证舰载机的安全起降，日本海军最后拆除了岛式建筑，由此，世界上第一艘“纯种航母”又恢复成为一艘典型的“平原型”航母，这从发展上讲是一种倒退。

改造航空母舰

改造航空母舰是指原本是其他舰种的军舰，在施工阶段改变原设计，最终以航母的姿态出现在联合舰队序列中，如赤城级航空母舰则是指将一些服役中或已经完工的战列舰、巡洋舰乃至征用的商船，拆除部分原有结构，增设飞行甲板和操作舰载机设备而成的航空母舰。由其他军舰改造而成的航空母舰的舰名中均有凤字，如祥凤、瑞凤、龙凤等，但赤城号和加贺号例外，它们直接沿用了原来战列舰的舰名。

日本海军利用战列巡洋舰改装了两艘航母——赤城号和天城号。后来由于天城号在东京大地震中被毁，又转而改装了舰体稍短的加贺号。赤城号在1923年11月重新开工，1925年4月下水，1927年3月完工。其三层甲板设计相当特殊：最上层为飞机降落甲板；第二层甲板上有舰桥及2门双联装203毫米口径主炮，故称为“炮塔甲板”；第三层为飞机起飞甲板，长56.7米，可搭载60架战机，其中16架战斗机、16架侦察机及28架攻击机。测试排水量34364吨，航速31节。1938年，赤城号进行了一次大改装，拆除原来的炮塔甲板和起飞甲板，将最上层甲板延长变成飞行甲板，舰载机

数量增加到91架，其中96式战斗机16架、96式攻击机51架、96式俯冲轰炸机24架，运送飞机的升降机也由2座增加到3座，飞行甲板左舷增设舰岛。测试排水量增为41300吨，航速31.2节。赤城号是日本海军的名舰之一。

加贺号原始设计也是战列舰，加贺号于1920年在川崎神户造船厂动工，次年11月下水，1923年11月开始航母改造工程，1928年3月完工。其外观与赤城号类似，同样是三层式甲板，排水量33693吨，航速27.5节，可搭载60架飞机。1934年，加贺号也进行了大改装，一年后完工。主要是延长飞行甲板，使舰载机的数量增加达到90架，其中15架90式战斗机、45架89式攻击机及30架94式俯冲轰炸机，航速增大至28.3节，排水量增加到42541吨，续航力得到提高。

赤城号和加贺号这两艘航母的最大特点是采用了三层甲板设计。上层甲板主要用于飞机降落，上面没有岛式建筑；中层甲板与机库相连，供小型飞机起飞；下层甲板后面也是机库，供大型飞机起飞。实践证明这是一种失败的设计。由于上层甲板没有岛式建筑，舰桥只能设在甲板下面，给操舰和作战都带来极大不便。下层甲板跑道过短，无法适应高速单翼机的起飞需要。日本海军于1935—1938年间对两舰进行了改装。其排水量均有加大，飞行甲板改为一层全通式，并将舰桥上移至主甲板以上，变成了标准的岛式舰桥。这样，除了大量的舰载火炮之外，赤城号和加贺号终于具备了现代航母的典型特征。但赤城号的上层建筑被设计在了左舷。这个设

日本赤城号航母

计被实践证明同样不成功，因此除了后来的飞龙号之外，世界上再没有别的航母进行过这种尝试。

在1928—1929年，日本海军名将山本五十六曾担任赤城号舰长。偷袭珍珠港时，该舰也作为机动部队的旗舰。其后，赤城号还参加了爪哇海大战和中途岛战役。在中途岛海战中，赤城号被美军俯冲轰炸机投下的2枚炸弹命中引起火灾，大火殃及弹药库，连锁爆炸迫使赤城号船员不得不弃船，最后日本用自己的野分号驱逐舰发射鱼雷将其击沉。加贺号一直与赤城号搭配编为日本海军第1航空战队，曾参与侵华战争的所有大规模军事行动；偷袭珍珠港时战果颇丰，在进军南洋的过程中也出力颇多。在1942年6月的中途岛战役时，受到美军俯冲轰炸机的袭击被3枚炸弹命中而引起火灾，数小时后沉没。

日本改造航空母舰的代表作是超级航母信浓号。该航母由大和级战列舰改装而成，标准排水量即达62000吨，这一记录一直保持到“二战”结束后很长时间。它的航速为27节，18节时续航力10000海里。其飞行甲板长约256米，宽约40米，可载飞机42~48架。舰上有127毫米炮16门，25毫米高炮145门，舰员2400人。它的最大特点是防护能力强，其飞行甲板的装甲厚度为75毫米，其上还有厚200毫米的钢筋水泥层，据称可抵御500公斤航空炸弹的攻击。不幸的是，对它的攻击来自水下。1944年11月28日，信浓号首次出航从横须贺港驶往吴港。次日凌晨3时16分，美国潜艇射水鱼号向它连续发射了6枚鱼雷，有4枚击中了该舰右舷。由于舰上损管人员缺乏实际经验，抢修不力，这艘花费6年时间苦心建造的巨舰，在完工后不到10天的首航中就葬身海底，成为世界海军史上最短命的航空母舰。

轻型航空母舰

在1922年签订的《华盛顿公约》中，限定英国、美国、日本、法国、意大利五国新建造的航空母舰，每艘排水量不能超过23000吨；用战列舰、战列巡洋舰改装的航空母舰，每艘排水量也不得超过33000吨。日本所能拥有航空母舰的总吨位被限制在83000吨以下。当时签约各国为了维护自身的海洋霸权，或多或少地采取了一些阳奉阴违的策略，而处心积虑的日本更是使出一切手段来规避条约的限制。日本联合舰队在“二战”期间拥有的大量经过改装或改造的航空母舰便是这些伎俩下的产物，龙骧号就是这样一型明修栈道，暗度陈仓的航空母舰。1936年12月31日，《限制海军军备条约》（《华盛顿海军条约》）期满失效，世界海军列强又展开了新一轮军备竞赛。

在1924年的日本舰艇补充计划中，准备建造1艘27000吨和3艘10000吨的航空母舰。1925年，为了取代老旧的若宫丸号水上飞机母舰，有了建造龙骧号的腹案，后来又从水上飞机母舰变更到航空母舰。龙骧号最初计划的排水量为9800吨，使用青叶级重巡洋舰的舰体，航速30节，搭载约24架飞机。1924年11月，龙骧号在横滨三菱造船厂动工，1931年4月下水后拖曳到横须贺进行艏装工作。此时军方要求舰载机数量增加到36架，厂方不得不更新设计，增加一层机库，以至干舷高度降低、耐波性变差。1933年5月完工时，测试排水量12732吨、66000马力、航速29节、续航力10000海里，搭载飞机48架、官兵924人。

龙骧号的外形成为以后日本小型航母的典范——全通式飞行甲板、无舰岛、露天式舰艏甲板，舰桥位于飞行甲板最前端的正下方。1935年9月，龙骧号在演习过程中遭遇台风，由于干舷太低导致舰桥被海浪冲毁。这次事件对日本舰艇设计影响深远。事后，龙骧号再度进坞改造，除了重新设计改善了耐波性的舰桥外，新加了一层甲板以提高干舷高度。改造后的排水量达到12575吨，航速却降低到28节。太平洋战争爆发时，龙骧号搭载有18架96式战斗机和12架97式攻击机。它与航母祥凤号、征用商船春日丸号编成第4航空战队，曾参与入侵菲律宾和进攻荷属东印度群岛的支援行动。偷袭珍珠港时，龙骧号负责进攻阿留申群岛的作战。第二次所罗门海战时，龙骧号搭载有24架零式战斗机、9架97式攻击机，在为运输船队护航行动中遭到美军航母舰载机的攻击而沉没。

正规航空母舰

“二战”之前的日本航空母舰，按建造过程大致可分为正规航空母舰、改造航空母舰和改装航空母舰三类。正规航空母舰一开始就是按照标准航母设计建造的，如翔鹤级。由于日本航空母舰的建造受到《华盛顿海军公约》的限制，而且在早期不像战列舰那样受重视、有计划，因此其谱系相当混乱，只是在命名方面有大致规律可循。在早期，日本的航空母舰都是以特殊的飞禽为名，其中正规航空母舰的舰名中有龙或鹤字，如飞龙、翔鹤等。

苍龙号是日本第一艘真正按照航母标准设计建造的航母，在此之前的航母多半是由其他军舰改造而成的。苍龙号于1934年11月开工，1935年12月下水，1937年2月完工，标准排水量15900吨，航速34.5节，可载机71架，设有3台飞机升降机，岛式上层建筑也移到了右舷。飞龙号是苍龙级的2号舰，是苍龙号的扩大型，1936年7月开工，1937年11月下水，1939年7月完工。标准排水量达到了17300吨，可载飞机73架，更适应舰载飞机大型化、高速化的要求，指挥设施也更为先进。该舰在外观上的最大特征是舰岛位于左舷中央，以便为舰载机提供较长的起飞跑道。舰岛从右舷改在左舷，是因为右舷中央的位置是在烟囱的后方，而烟囱的排烟会影响航行操作、干扰飞机的降落。采用这种设计的还有改造后的赤城号。1942年6月，苍龙号在中途岛战役中，被美国约克城号和企业号航母的俯冲轰炸机击沉，舰上1103名官兵中只有385人生还。在苍龙号遭袭6小时后，飞龙号被4枚航空炸弹命中舰桥右侧前方的飞行甲板，前段升降机整个被炸飞到舰桥上并引发火灾。6月6日夜零时15分宣布弃船， 416名官兵丧生。日本驱逐舰卷云号奉命向飞龙号发射2枚鱼雷企图将其击沉，结果被困在飞龙号舱底轮机室的70名日本水兵竟从鱼雷命中爆炸后的缺口处奇迹般地逃生，在海上漂泊15天后有34人被美舰所救。

1936年，日本单方面退出伦敦裁军会议，从此海军的造舰工程便如脱缰野马一般全力扩张。翔鹤级航空母舰正是在这种背景下诞生的，翔鹤级航空母舰包括翔鹤号和瑞鹤号。翔鹤号于1937年12月开工，1939年6月下水，1941年8月完工。而瑞鹤号则于1938年5月开工，1939年11月下水，1941年9月完工。其标准排水量为25675吨，航速34节，18节时续航力9700海里，可载机84架，有3部飞机升降机。翔鹤号和瑞鹤号航母是日本海军不受任何限制精心设计的大型航母。由于日本海军舰载机重量较轻，所以舰上没有装备弹射器，在飞行甲板上装有11根拦阻索。翔鹤级加装了坚固的防护装甲，生命力大为增强，岛式上层建筑设在右舷，其上装备了双联127毫米火炮8座、三联25毫米高炮12座。这两艘航母的整体作战水平不亚于美英同级舰。这两艘航母都是在日本海军鼎盛时期服役的，先后参加了偷袭珍珠港、东南亚和印度洋方向的作战。1944年6月，翔鹤号在马里亚纳海战中遭到美军潜艇青花鱼号发射的4枚鱼雷的攻击，导致弹药库爆炸，1263名官兵与舰同沉。1944年10月25日，瑞鹤号在莱特湾大海战中遭到美军舰载机的猛烈攻击，被7枚鱼雷和7枚炸弹命中，在恩加诺角沉没，1700名官兵中只有970人获救。

在改装的同时，日本海军建造了最大的航母大凤号。该舰水线长253米，宽22.7米，标准排水量29300吨，满载排水量34000吨，航速33节，18节时续航力10000海里。飞行甲板长约257.5米，宽约30米，载机63架。舰上装有100毫米炮12门，25毫米高炮66门，舰员1649人。为了对付俯冲轰炸机的进攻，大凤号的飞行甲板有非常强的防护装甲。它在日本海军中还最先采用了封闭舰首，极大提高了适航性和耐波性。中途岛海战之后，日本海军对大型航母的需求越发迫切，于是以飞龙号为蓝本建造了3艘云龙级航母，包括：云龙号、天城号和葛城号。该级舰全长227.35米，宽22米，航速34节，18节时续航力8000海里。其中飞行甲板长216.9米，宽27米，载机65架。舰上装有127毫米炮12门，25毫米高炮93门，舰员编制1100人。

改装航空母舰

日本海军挑起了战火，美国总统对日本宣战，美国随之进入了战时工业动员状态，国家和平时期的战争潜力很快就转化为战争实力，一年之内就能够建造50多艘航空母舰，充分体现出美国强大的无与伦比的工业制造能力。相比之下，日本却显得捉襟见肘，在大型航母的建造上它是绝对拼不过美国的。因此，它只能走一条“以改装为主、少量建造为辅”的道

翔鹤号航母　　凤翔号航母

路。它先后利用潜艇供应船、水上飞机母舰和豪华邮船改装了祥凤号、瑞凤号、龙凤号、千岁号、千代田号、大鹰号、冲鹰号、云鹰号、飞鹰号、隼鹰号、神鹰号和海鹰号航母。这些航母的舰载机一般在30架，作战能力不是很强。

祥凤级航空母舰包括祥凤号和瑞凤号，前身分别是潜艇支援母舰剑崎号和高崎号，在设计之初已被列为航母预备舰。高崎号在1939年下水后立即进行航母的改造工作，于1940年2月完工，并更名为瑞凤号。剑崎号于1939年1月比高崎号早下水，但服役到1941年1月才进行改造工作，同年12月完工，更名为祥凤号。由于是航母预备舰，剑崎号在充当潜艇支援母舰时就已设置了飞机机库和升降机，最上层甲板除了烟囱、桅杆和小得不成比例的舰桥外，几乎空无一物。改造后的祥凤号排水量达13100吨，航速28节，续航力7800海里，舰上可搭载6架零式战斗机、12架97式攻击机及10架99式俯冲轰炸机。祥凤号第一次也是最后一次出击是在珊瑚海海战中。在战斗期间，遭到美机密集攻击而被7枚鱼雷和13枚炸弹命中了，1942年5月7日沉没，是日本在太平洋战争中损失的第一艘航母。瑞凤号则在1944年10月于恩加诺角遭到美机轰炸，被2枚鱼雷和2枚炸弹命中后沉没。

龙凤号的前身是潜艇支援母舰大鲸号，1933年8月在横须贺开工建造，1934年3月完工，排水量13048吨。它也被列为航母预备舰，所以舱内没有安排太多设施，外观上与剑崎号相似，最上层甲板平坦且没有主要建筑物，只有为了迷惑西方军事观察家而设置的一根大而不当的烟囱。1941年年底，大鲸号开始进行航空母舰的改造工作，1942年11月完工，更名为龙凤号。排水量15300吨，航速26.5节，续航力8000海里，官兵989人。龙凤号可搭载21架战斗机和9架攻击机。龙凤号曾参加了马里亚纳海战，轻

秋津州号航母

瑞鹤号航母

微受损后回到日本。其后为搭载新式战机而将飞行甲板延长了15米。1945年3月19日，龙凤号停泊在吴港时遭空袭而丧失动力，后被充作浮动防空炮台使用，直到日本战败。战后，龙凤号被用于运送海外日本战俘和侨民回国，最后在1946年4月解体。

日本海军在《华盛顿海军条约》的限制下，采取了一些可迅速增加航空母舰数量的方法。其中所谓的“航母预备舰”就是在部分军舰的设计中，事先就考虑了未来可能改装成航空母舰的需求，以利于日后的改装工作。另外，日本军方还以投资方式参与商船的设计建造，战时大量征用这些商船，进行改装服役以增强其航母力量。由民用船只改造成的航空母舰的舰名中则有鹰字，如大鹰、云鹰、冲鹰等。

大鹰级航空母舰包括大鹰号、云鹰号和冲鹰号。日本海军在太平洋战争前，就有资助民间航运公司建造大型邮轮的计划，以备有朝一日征用这些邮轮改造为航空母舰。1937年4月，日本开始实施上述计划，凡是排水量在6000 吨以上、航速在19节以上的客轮、邮轮、货轮，政府均会在建造之中予以奖助金。1940年，日本海军急速扩充时，春日丸号邮轮即被日本军方征用，当时该船的建造工程已经完成约30%。1941年5月，该舰转移到佐世保海军造船厂改造，于同年9月完工编入第5航空战队，稍后改编入第4航空战队。测试排水量为20000吨、航速21.1节、续航力8500海里，飞行甲板长172米、宽23.5米，官兵747名。

由于它是用商船改装的航空母舰，所以在性能上远不及正规航空母舰。完工后从未作为航空母舰使用，多半用于训练及飞机运输任务，只能算是飞机运输舰。1942年中途岛战役后，日本联合舰队第一线航空母舰损失惨重，因此春日丸号在1942年8月被更名为大鹰号，正式编入日本航空母舰行列之中。春日丸号的姊妹舰还有八幡丸号和新田丸号两艘。八幡丸号在偷袭珍珠港前夕被军方征用，1942年年初开始改造，同年5月完工，更名为云鹰号。新田丸号的改造工作也于同年11月完工，更名为冲鹰号。三舰的航速离正规航空母舰甚远，只能为运输船队警戒、护航或充当运输飞机平台，均未参加较著名的战役。大鹰号于1944年8月18日在吕宋岛西北方水域被美军潜艇击沉。云鹰号于1944年9月11日在东沙岛以东水域被美军潜艇击沉。而冲鹰号则在1943年12月4日在日本八丈岛以东水域被美军潜艇击沉。

隼鹰级航空母舰包括隼鹰号和飞鹰号，它们的服役背景与大鹰级类似。为应付1940年东京奥运会，日本邮政省决定建造2艘大型豪华邮轮。日本军方愿意提供60%的补助经费，但要求这2艘邮轮必须达到船长210米、宽25米以上的规格，而且航速要在24节以上，排水量在26600～27000吨之间，并且可在3个月之内改装为航空母舰。第1艘下水的僵原丸号于1939年3月开工，第2艘出云丸号则于同年11月30日开工。1940年，邮轮的建造工作尚未完成，即被决定改造成航空母舰并由军方收购。隼鹰级的改造工程在高度保密的情况下进行，僵原丸号在1942年5月初完工，7月中旬更名为隼鹰号；出云丸号则在同年7月底完工，命名为飞鹰号。测试排水量均为27500吨，水线长215.3米、宽26.7米，飞行甲板长210.3米、宽27.3米，航速25.5节，续航力12251海里，可搭载飞机53架、官兵1187名。隼鹰级的舰岛设计新颖，烟囱与舰岛合并向外倾斜26度以减少排烟造成的干扰。日本采用这种设计的航空母舰还有大凤号和信浓号。虽然该级舰由邮轮改造而来，内部有许多木制装潢间隔必须予以拆除以防火灾发生，但整体性能却足以与正规航空母舰飞龙号相抗衡，这一点颇令人意外。

1944年6月20日，在马里亚纳海战中，飞鹰号在舰载机倾巢而出后，被美军舰载机乘虚而入命中1枚鱼雷，鱼雷爆炸后破坏了航空燃料库，挥发后的油气弥漫在舰艇内部。2小时后油气被引爆，随后产生了无法控制的大火，强烈的爆炸使舰上官兵误认为该舰又被一枚鱼雷击中。飞鹰号在爆炸后不久便倾覆沉没。在这场海战中，有3艘日本航空母舰都是被鱼雷攻击后因油气引爆而沉没的。1944年12月9日，隼鹰号被美军潜艇发射的鱼雷命中而严重受损。但由于中雷时弹药库和燃料库都是空的，因此没有发生爆炸。修理完后的隼鹰号一直停泊在佐世保港，战后于1946年8月解体。

神鹰号也是艘由商船改装而成的航空母舰。但比较特别的是，它的前身是一艘德国商船沙恩霍斯特号。该船属于德国航运公司远东航线的定期邮轮，排水量18184吨。在定期航程停泊于日本时碰上欧洲战争爆发，因为大西洋的制海权掌握在英国手里而无法回国，只好滞留在神户。1942年被日本军方收购，同年9月进行航空母舰改装。由于该船的原厂材料难以获得，所以改装工作进展缓慢，一直到1944年春季才完成。测试排水量20900吨，水线长189.36米、宽25.6米，航速24节，26000马力，续航力8000

海里，飞行甲板长180米、宽24.5米，官兵834人。该舰充其量也不过就是一艘飞机运输舰。1944年11月17日，在一次从日本到新加坡的护航任务中，在黄海济州岛以西水域被美军潜艇击沉，结束了短短5个半月的航母生涯。

航空母舰是国家钢铁工业、机械制造业、造船工业、航空工业、兵器工业综合实力的缩影，与美国相比，日本在这些方面差距太大了。曾经在美国担任武官的山本五十六，听说天皇要对美国开战，就立即上书天皇，直言对美作战必败无疑！因为山本五十六在美国期间，经常到美国的工业基地和制造工地去考察美国的工业实力和动员潜力，相比之下，日本差得太远了。尽管如此，天皇还是毅然决然地对美国宣战，并任命山本五十六为日本联合舰队总司令，让他率领舰队偷袭美国海军设在夏威夷的军事基地珍珠港。1941年11月22日，日本海军联合舰队在择捉岛的单冠湾集结完毕，担负偷袭作战任务的是战前建造的六艘大型航空母舰：赤城号、加贺号、翔鹤号、瑞鹤号、苍龙号、飞龙号，这些航母在十余艘其他舰只的配合下，悉数披挂出征，从而揭开太平洋战争的序幕。

从日本海军的第一艘航母凤翔号算起至“二战”结束，日本共建造了25艘航空母舰，其中专门设计建造的为10艘，改装的为15艘。这样的战时航母建造规模与美国的124艘相比简直是天壤之别。1945年“二战”结束之后，日本宣布无条件投降。战败国日本，通过了《和平宪法》，根据这个基本大法，日本不得拥有正规军，永远放弃交战权，且不得保留和发展航空母舰这样的进攻性武器装备。所以，日本的航母发展只是历史的一瞬，在侵略野心的驱使下猛然发展到巅峰，自以为能够执掌太平洋战争的牛耳，却没承想在美国海军的沉重打击下兵败如山倒，20多艘航母全部被击沉和重创，日本从此退出了航母拥有国的行列。

日向号航母悄然服役

2007年8月23日，一艘编号为16DDH的新战舰在日本石川岛的横滨工厂下水。2009年3月18日，16DDH被命名为日向号后正式服役。外界媒体把日向号称为准航母，但是日本方面对此却是一再否认，这究竟是一艘什么样的舰艇呢？

日向号的发展代号叫16DDH。16DDH这个称谓非常怪异，只有日本才这么叫，跟国际上对舰艇的命名的规则是不一样的。16是指明仁天皇平成十六年（2004年），日向号是这一年上的型号。按照国际规则，一般航空母舰英文缩写叫CV，如果是核动力的航母叫CVN，比如CVN-68就是尼米兹号核动力航空母舰。再下来以后叫巡洋舰，巡洋舰英文缩写叫CG，如CG-47是提康德罗加号导弹巡洋舰，CGN是核动力巡洋舰。再往下一级是驱逐舰，驱逐舰类别比较多，导弹驱逐舰英文缩写叫DDG，如DDG-51就是伯克号导弹驱逐舰。日本这个DDH国际上没有，是它自己创造的，H就是直升机，DD跟驱逐舰差不多，但是，日本自己却叫做护卫舰，可护卫舰的缩写是F。DDH大概是指用来携带直升机的驱逐舰。

关于日向号的称谓现在比较混乱，一种叫“准航空母舰”，一种叫“航母型护卫舰”，还有一种叫“航母型驱逐舰”。这艘舰最开始是用护卫舰的名义立项的，所以叫“航母型护卫舰”有一定道理。由于其英文缩写是DDH，日本就管它叫“航母型驱逐舰”，这个说法也有道理。实际上，根据这艘舰的外形和直升机携载情况，确切的名称应该叫“反潜直升机航空母舰”，或者叫“轻型航空母舰”。这艘舰已经具备了轻型航空母

日本日向号航母

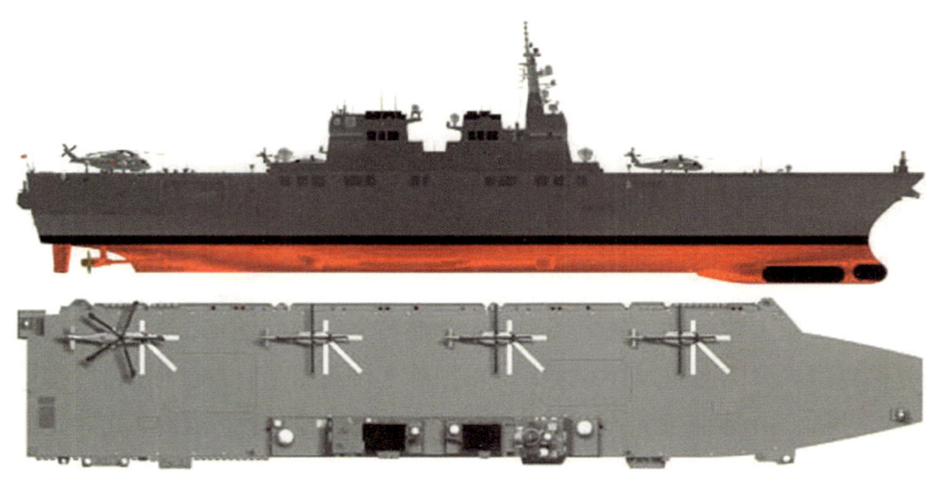

日向号航母平面图

舰的三个要素：

一是吨位大。过去的护卫舰吨位是1000~2000吨左右，现在增加到4000~5000吨；过去驱逐舰的吨位是3000吨左右，现在增加到8000多吨；过去巡洋舰的吨位是8000多吨，现在增加到1万多吨。日本的日向号标准排水量13500吨，满载排水量18000吨，远远超过所有大型水面战斗舰艇的吨位，与轻型航空母舰的吨位相似，是“二战”后日本装备的最大型军舰。日向号的续航力大概是5000海里，也就是说一次加满油、加满水、带满食品，它航行的最大距离是5000多海里。

二是有可供直升机或者是垂直起降飞机起降的直通式飞行甲板。飞行甲板长度超过两个足球场，宽度可以让10辆卡车并行通过，排水量超过13000吨，能搭载16架直升机，无论从个头的大小还是作战能力，都超过了英国无敌级直升机航母、西班牙阿斯图里亚斯亲王号航母、意大利加里波第号直升机航母和泰国差克立·纳吕贝特号航母。

三是可起降不同类型的飞机和直升机。舰上设有两个大的机库，还设有两个升降机，用来从机库向飞行甲板提升直升机或者飞机。同时设有航空控制部门和指挥部门，有完善的飞行员的住舱和飞行员待机的场所。日向号航母现在的载机方案是11架，但是它的飞行甲板长是195米，宽是33米，如果机库和飞行甲板都利用起来，最多的时候估计能装16架SH-60C海鹰反潜直升机。以后可能装欧洲生产的EH-101扫雷直升机，这种直升机十三四吨，日本引进之后叫MCH-101。还有一个方案是装MH-53D超级种马，这个直升机是美国的，扫雷效果很好，但是太重，将近20吨。

这艘舰尾部升降机设计得很大，宽13米，长20~22米，设计这么大的一个升降机干什么用呢？估计将来有可能装F-35B垂直/短距起降飞机，或者是从美国购买V-22鱼鹰偏转翼飞机。就是说将来如果日本突破宪法限制，修改宪法以后说不定这些固定翼飞机会上舰，它应该留有这样的冗余。日向号可以不经过改装直接起降F-35，因为这种四代机具有垂直短距起降功能，就是说有两种飞行状态，一种是像直升机一样垂直起降，因为它的发动机可以旋转，只要向飞行甲板喷气，就会产生一种升力，就会拔地而起。但是垂直起飞会消耗大量燃油，导致F-35作战半径会缩短，如果将来要改的话，日向号可以改装一个6~12度的滑跃式飞行甲板就可以短距起飞。

这些都具备了航空母舰的基本要素，所以说它应该是一艘标准的航空母舰。作为轻型航空母舰，日向号与英国的无敌、意大利的加里波第、西班牙的阿斯图利亚斯亲王等世界上所有的现役轻型航母比要先进很多。除去作为航空母舰应该拥有的上述特征，该艘舰艇还可作为一个战区导弹防御系统的节点，一个海上指挥控制的中心。日向号岛形上层建筑装有SPY-1D相控阵雷达，是美国舰载相控阵雷达的改进型，改进以后的型号叫FCS-3。这种雷达采用电扫描体制，能够发现400多批目标，可同时跟踪100多批目标。此外，还装有MK-41导弹垂直发射系统，配有16个导弹垂直发射装置，从发现目标到第一枚导弹打出去，可以做到一秒钟一发，16枚导弹16秒钟就可发射完，快速反应能力很强。日向号的指挥控制性能也很先进，设计时刻意把它打造成一个战区导弹防御系统在西太平洋第一岛链这个地区的海上指挥控制中心，这个指挥控制中心和美国全球导弹防御系统和战区导弹防御系统可进行无缝连接。通过16号数据链进行资源共享，所以这艘舰服役后对日本战斗力的提升产生了质的飞跃。

明修栈道，暗度陈仓

1997年，日本建造的一艘标准排水量8900吨级、满载排水量12000吨的大隅号两栖运输舰（也叫攻击舰）下水。这艘舰的照片一发表，把全世界吓了一跳，这哪是两栖舰艇，简直是一艘地地道道的轻型航空母舰。能够携载五六架大型直升机，还可装载气垫登陆艇和坦克装甲车辆。

大隅号两栖攻击舰

日向号2004年开工建造，2009年3月服役，时间很短就完成了。日本到底是工业化强国，四年多不到五年，从开工建造一直到下水、到服役的时间基本上按照计划一天不差，说什么时候下水就什么时候下水，说什么时候服役就什么时候服役。日向号的第二艘舰叫18DDH，就是2006年开工建造，2011年服役，届时日本就有两艘这样的轻型航空母舰，或者叫反潜直升机航空母舰。第二艘服役以后，再加强一个护卫队群，日本就会有两个轻型航母战斗群，这个举动又让世界吃了一惊。两个日向号轻型航母战斗群如果和另外三艘大隅级两栖运输舰配合，远洋作战能力就会有本质性的提升。日本海军就能在太平洋和印度洋进行远洋作战了，人们惊恐地注视着日本航母驰骋于太平洋。

一个国家能不能发展航母，要从这么几个方面来衡量：一个方面是技术。技术上包括造船技术、弹射器、阻拦索等这一套航母特种技术。日本是世界上发展航空母舰最早的国家之一，1922年就建造了凤翔号航母。整个“二战”期间日本一共造了25艘航母，当然大部分航母在太平洋战争中都被美国摧毁了，但是它建造的赤城号、加贺号这种四万多吨的攻击性航母性能还是非常好的。现在日本的造船行业在世界上都是一流的，所以在航母建造技术上是不成问题的。在航空母舰的使用方面，尤其是作战训练方面，它有自己悠久的传统，这种传统比英国、比欧洲和美国都要强。它跟美国在太平洋战争中使用航母打了多少仗？从珊瑚海打到中途岛，再打到莱特湾，虽然最终失败了，但实战中的经验教训积累下来了，所以说它有着丰富的航母作战经验，这些经验教训用到航母的设计上是非常宝贵的。另一个方面是经济。日本是世界上第三大经济强国，根本不愁钱。一年500亿美元的军费，钱不是问题。

第三个方面是政治和外交，这才是一个最大的问题。1945年8月15日日本战败，无条件投降。1947年5月3日颁布了《日本国宪法》，以后简称叫《和平宪法》。这样的《和平宪法》当时世界上有三个，德国、意大利、日本三国都有。日本与德国、意大利《和平宪法》的区别主要有三点：一是在宪法当中明确规定“日本国民衷心谋求给予正义与秩序的国际和平，永远放弃以国家权利发动的战争”。二是明确规定放弃使用武力，或者以武力威胁作为解决国际争端的手段。三是明确规定，为了达到这个目的，不保持陆海空军及其他战争力量，不承认国家的交战权，废除军备。根据日本宪法是不允许发展航母的，怎么想办法突破这个宪法是一个问题。要么明知故犯，要么修改宪法。日向号的服役明显违背《和平宪法》，它是在违背宪法的状况下，偷偷摸摸欺骗公众舆论建造的。日本宪法规定不允许生产这种攻击型武器装备，航空母舰、核潜艇、弹道导弹、战略轰炸机等这种远程作战的、具有攻击型的装备是不允许发展的。

“明修栈道，暗度陈仓”是日本惯用的伎俩。1922年《限制海军军备条约》（《华盛顿海军条约》）签署后，日本就是采取这种偷梁换柱的办法蒙混过关，悄悄发展了大批航空母舰。战后以来日本多次试图发展航空母舰，终因条约所限，没能发展这种大型装备。但聪明的日本人终于又成功地玩了一次老把戏，明着不违背条约规定，暗里却在大搞航母。日本做事情就是这样，少说多干，或者干脆光干不说，总是搞一些这样的战略欺骗动作，把一种进攻型的装备称作是自卫性和防御性的东西。人们佩服日本海军这种“明修栈道，暗度陈仓”的战略，不到“瓜熟蒂落”时，绝不轻易声张自己的企图，否则，发展航空母舰的概念还没有出笼就会被扼杀掉。

日向号航母13500吨，满载排水量18000吨，这么大的战斗舰艇却把它叫成DDH，叫成一艘驱逐舰，多么低调！为什么会这样？一个是怕美国打压，它要真是搞航空母舰美国真的会打压它。美国和日本的关系很微妙，美国需要联合日本封锁第一岛链，在这个框架内日本发展一些先进的武器装备美国是允许的。但是，由于日本经济实力和科技实力太雄厚，一旦放开手脚让它为所欲为，美国又担心养虎为患，最终害了自己，就像太平洋战争之初的珍珠港事件那样。日本的航母肯定会越造越大，这是大趋势，挡都挡不住，这才是周边各国需要注意的。

再一个就是防止周边国家说三道四，要是说造航母，韩国、中国、东南亚国家都会反对，因为这是严重违反《和平宪法》的。日本现在这样做，生米煮成熟饭了，已经服役了，你爱说啥就说啥吧，死猪不怕开水烫，这是一种战略迂回策略，运作得很成功。

从“八八舰队”到“八十八舰队”

日本是一个只能进行本土防御型国家，为什么还要大力发展进攻型的航母？发展航母为什么还要把作战重点放在两栖输送和海空反潜方面？这些都是值得认真思考的。日本的作战构想是：如果西太平洋发生战争，日本将具有两栖输送、两栖登陆和两栖作战能力。但是，日本将向哪里去投送两栖作战的兵力呢？南沙群岛，中国台湾，还是朝鲜半岛？封锁第一岛链是日本航母的主要作战任务，美国在二线，日本在一线，美国日本配合，攻防兼备。在这个作战任务中，日向号航母的出现已经暴露出日本的作战企图，就是负责封锁台湾岛南北两个出入太平洋的海上通道，封锁的方式主要是使用航母舰载反潜直升机配合P-3C岸基反潜飞机进行海上机动反潜作战，防止任何国家的海上力量突破第一岛链进入太平洋。日本两个级别航母的出现，让人一下子就会想到当初的太平洋战争，如果哪个国家的海上力量前出第一岛链，如果西太平洋地区发生什么危机或战争，我们都将看到日本航空母舰在海洋上肆无忌惮地横冲直撞。

现在日本有四个护卫队群，组成四个“八八舰队”。这四个“八八舰队”分别由8艘驱逐舰和8架直升机组成。日向号加入第一护卫队群以后，在7艘驱逐舰的基础上再加上一艘日向号，就变成了8艘舰艇，在7架直升机的基础上再加上11架直升机（日向号最多可载机16架），那就是“八十八舰队”了，以后的第一护卫队群就不应该再叫“八八舰队”，而应该叫“八十八舰队”了，就是8艘舰艇、18架直升机。这样一来，舰队的航空力量提升了一倍多。多了这么十几架直升机将会执行什么作战任务呢？就是反潜作战。以这十几架飞机的反潜能力，能搜索的区域就会更大了。另外舰上的直升机，除了反潜直升机之外，其他直升机还可以对舰队其他舰艇发射的远程导弹、巡航导弹进行中继制导，这将大大提升舰队的防空、反舰、反潜以及搜索救援等综合作战能力。

日向号服役后之所以部署在横须贺，其实有很多方面的考虑：首先，将近两万吨的舰艇吃水一般在6~7米，这艘舰是9.7米，就是说它的吃水将近10米，美国的航空母舰十万多吨，吃水也就是11~12米。日向号吃水为什么这么深呢？这艘舰样子很怪，它的球鼻艏里头装了功能强大的声呐，导致它的水下部分特别强壮。装一个这么大的球鼻艏声呐，很明显是以反潜为主，所以这是需要特别注意的。横须贺是日本联合舰队司令部的所在地，也是美军第七舰队所在地，华盛顿号航空母舰就驻在那里，日向号部署在横须贺便于进行相互的沟通和联络，便于平常的训练和交流。

这艘舰艇作战任务，主要是守卫西南和东南两条1000海里生命线。日本是一个岛国，99%以上的原料、物资都是靠海运，所以说它把西南和东南两条海上运输线作为它的生命线。这么一艘航母，十几架直升机大部分都是用来反潜，包括舰艇本身自己带的声呐也是用于反潜，它是反谁的潜艇呢？

美国、日本、澳大利亚一致认为，一个崛起的中国会对它们在太平洋的利益和安全构成严峻挑战，中国海军力量在第一岛链内活动是可以的，如果说将来要通过发展大量的潜艇、航空母舰或者大型水面舰艇，突破第一岛链到太平洋来，那是不可以的，这是战略底线，这不是说一般不可以，而是绝对不可以。日本是美国全球战略大棋盘中的一颗棋子，要把日本海军舰艇和其他武器装备的发展，放到美国全球战略的大棋盘上去看。在这个棋盘上，美国只把它当个卒子，它的任务就是只能往前拱；美国要是把它当个炮，它就必须隔一个子才能打一个目标。把它放在什么地方，很大程度上取决于美国，它不是一个政治、外交、军事独立的国家，很多东西自己做不了主。日本在政治上没有自由，是在美国控制下的，背后都有美国的影子。

第一岛链北起日本列岛、琉球群岛，经台湾岛，过菲律宾群岛、马来半岛一直向南延伸到马六甲海峡。美国、日本、澳大利亚认为一定要加紧对第一岛链的集体围堵，同时，加速第二岛链关岛基地的建设，那是一个重要的战略跳板和缓冲地带。日本作为美国的一个马前卒，它就担负着和美国一起封锁第一岛链的任务。日本海军重要的任务是填补美国在第一岛链反潜的空白，因为在这个区域美国反潜能力较差，美国不缺制空能力，像华盛顿号航空母舰，它有四个中队的F/A-18飞机，不仅能制空，也能对地攻击，还能对海作战，但是它反潜的能力很差。日向号正好填补这个空白，就是在第一岛链围堵那些想突破第一岛链进入西太平洋的潜艇。

逐渐让日本承担更重要的任务，让日本在一线，让它守着第一岛链，美国退守到关岛，退到二线，让日本在前面冲，给它当炮灰。对于这些任务日本心甘情愿，但交换条件就是要允许其搞航空母舰、宙斯盾舰艇、先进潜艇、四代战机和远程导弹。

日向号仅仅是个探路者

《和平宪法》明确规定日本永远没有交战权、永远废除军备，不得进行战争，现在来看基本上都突破了。宪法规定不保持陆海空军及其他战争力量，现在日本自卫队已经升格为正部级，陆海空军已经发展成为正规军，而且武器装备的质量在世界上名列前茅。不允许日本海外派兵，你看它在海外派兵有多少？1991年就到伊拉克扫雷去了，2003年伊拉克战争以后，派到伊拉克的维和部队都是带武器的，现在又到索马里反海盗。索马里反海盗，其他国家只是派遣水面舰艇，日本别出心裁，派遣P-3C反潜巡逻机前往，进驻连接亚丁湾与红海的曼德海峡西侧小国吉布提，从而开辟了岸基作战飞机海外派兵的先例。2009年5月25日朝鲜进行核试验后，日本首相麻生太郎表示，日本有权先发制人，有权拥有进攻性巡航导弹，以便随时对朝鲜发动袭击。日本就是这样有计划、有步骤地进行试探和越过红线的，现在基本上已经突破《和平宪法》的限制。将来日本的海洋战略，主要是协助美国守住西太平洋的门户第一岛链，前出马六甲海峡，控制东海、黄海、南中国海以及印度洋，确保它的两条海上生命线的安全。

日本战败以后，在过去半个多世纪中，一直想搞航母。20世纪50年代日本就想从美国购买一艘，改成反潜直升机母舰，美国没卖给它，担心日本将来军国主义复活。到了60年代，日本自己设计了CVH，当时的方案是8000吨，满载排水量14000吨。美国说吨位太大，又没让它搞。到了80年代又提出要造航母，满载排水量是14000~15000吨，结果又没有搞成。

为什么三次航母都没有搞成，主要原因有两个：一个是国民。国民感觉有《和平宪法》，你不能够突破宪法的制约，所以它不能够搞，舆论不允许，本国不支持。还有就是美国打压它，美国害怕日本军国主义死灰复燃，日本发展航空母舰很容易让美国想到太平洋战争时期的中途岛海战、珊瑚海海战、莱特湾海战。但是到了90年代以后，随着中国军事力量的逐渐强大，美国意识到在西太平洋这个地方光靠美国自己守卫太累了，所以开始纵容日本大力发展军备。现在日本突然搞出这么一个大家伙，美国却睁一只眼闭一只眼，假装没看见。其实这个事情美国非常清楚，美国是在给日本松绑，希望日本军事力量尽快长大，在东北亚好好看着中国和朝鲜。

日向号的服役还仅仅是个探路者，如果说日向号正式服役后，日本的国民，日本的国会，或国际舆论对这艘航空母舰的服役没有更多的批评和实质性的严格限制，日本肯定会着手发展4万~5万吨级的中型航空母舰。如果说中国在未来真正拥有一艘或多艘比日向号更大的航空母舰的话，那么日本绝不会坐视不管，它肯定要发展更大的航母。日本是世界上最早拥有航空母舰的三个国家之一，建造航空母舰对日本而言是轻车熟路的事情，只要政治上能够过关，经济上、技术上都不成问题，几年之内就会搞出来。

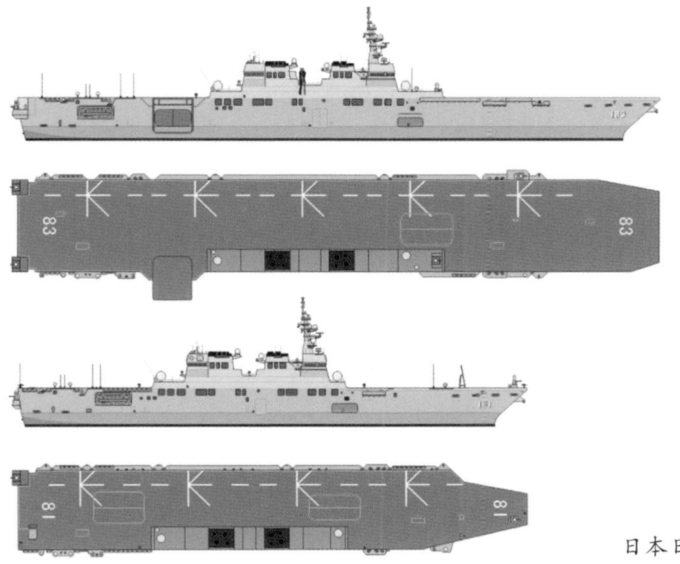
日本日向级航母平面图

第十一章 俄罗斯：梦断航母，梦圆航母

冷战40年，苏联倾全国之人力、财力和物力，发展了三个级别共九艘航母。为了发展这些航母，苏联几代领导人呕心沥血，苏联人民节衣缩食，当这些航母从苏联港口驶向大洋的时候，美国感到了一丝丝不快。所以，美国打起了坏主意，一定要搞掉苏联日益崛起的航母舰队。

老谋深算的美国，抛出一个又一个骗局，引诱苏联上当受骗。结果，苏联很快中招儿，一夜之间，红旗落地，国家解体。曾经梦想驰骋于世界大洋并挑战美国的航母舰队要么被投入炼钢炉，要么被人当作参观游览的玩物，曾经不可一世的超级大国苏联，梦圆航母，且又梦断航母！

喜欢用拳头说话且性格倔强有点像彼得一世的总统普京，决心重圆航母梦！他在担任总统期间，果敢决断要发展六艘航母。两年过去了，俄罗斯建造航母的事情八字还没有一撇呢。俄罗斯没有建造过航母，苏联时期的航母都是在乌克兰建造的。目前俄罗斯乌克兰关系不断恶化，俄罗斯自行研制和建造航母能有几分把握？

俄罗斯与美国、英国、法国、日本不同，不是一个传统意义上的海洋国家，当年彼得大帝四处征战才开拓出了几个出海口。虽然濒临海洋却依然是大陆观念，航空母舰几下几上的历史彰显出大陆文明与海洋文明的激烈碰撞。航空母舰不仅仅是一艘舰艇，它更是一种海洋文明的结晶。不重视海洋、没有海洋文明的国家是造不出航空母舰来的。

俄罗斯发展航空母舰的坎坷道路，值得中国借鉴。

航母发展，美梦难圆

1917年11月7日，涅瓦河上阿芙乐号巡洋舰的一声炮响揭开了现代历史上新的一页，但十月革命胜利后，苏维埃政府却没有一支成建制的革命武装。1924—1925年，工农红军和红海军逐步建立起一支正规化的无产阶级军队，到20世纪30年代后期，苏联军队已成为堪与世界强敌对抗的强大力量。

早在第一次世界大战时，苏联海军就拥有大量的飞机。20世纪30年代，苏联将海军航空兵力重建列入舰队整备计划，1941年其海军航空兵力已拥有1500架飞机。第二次世界大战时，苏联海军飞机发挥了重要作用，1941年8月，就曾以少数轰炸机空袭柏林。20世纪30年代初，苏联就开始酝酿把战列舰改为航空母舰，同时开始了71型航空母舰的设计工作，还曾致力于从美国获得飞机和航空母舰。当时，曾提出一项战列舰与航空母舰的混合设计方案，计划中的混合舰排水量高达72000吨，长306.3米，可搭载30架飞机，飞机经由弹射器起飞，由舰身中段的飞行甲板降落，不过这样的一艘怪物终究没有建造。在1938—1942年苏联第三个“五年计划”中，苏联国防人民委员伏罗希洛夫于1938年8月向斯大林提交的舰艇发展计划中，就列入了建造两艘航母的研制任务。1941年6月，由于德国法西斯的入侵，苏联“大舰队”计划理想破灭。1945年，苏联缴获了报废的德国航母齐柏林伯爵号，当时想拖回国内，为以后航空母舰的建造进行研究，可惜在拖曳途中因遭遇暴雨而沉没。1946—1967年，斯大林曾经制订了一个建造1500艘舰艇的计划，其中确定发展4艘航空母舰。

第二次世界大战结束后，苏联海军航空兵力已有了长足的成长，单是太平洋舰队就超过1500架飞机，不过因为当时苏联还没有航空母舰，因此这些飞机仍以陆上为基地。为此，苏联海军又制订了庞大的“大舰队”振兴计划，开始了从近岸海军到远洋海军的曲折历程。当时的苏联海军部长叫库兹涅佐夫，此人毕业于伏龙芝海军学校和海军学院，毕业后到黑海舰队服役，担任过巡洋舰舰长，太平洋舰队第一副司令、司令，是“二战”期间苏联海军最高指挥官。随着航母的作用在实战中充分显现，库兹涅佐夫海军元帅建议将造航母作为海军建设的优先任务，但他的建议未被采纳，因为当时的苏联领导人斯大林更看重巡洋舰，并制订了庞大的巡洋舰建造计划，航母项目因此被搁置。库兹涅佐夫固执己见，多次建议发展航空母舰，并提出各种具体的设计方案。1953年8月，库兹涅佐夫向苏联国防部长布尔加宁呈交了一份报告，文中强调，“在‘二战’后的条件下，海军如果缺少航母就不可能完成主要军事任务”。库兹涅佐夫身经百战，长期在海军工作，曾经担任过驻外武官，参加过雅尔塔会谈，具有战略思维，对苏联海军的发展建设有一个宏观全局的谋划，有关航空母舰和海军武器装备的发展规划曾经得到了斯大林的认可，并被列入苏联国家“五年计划”。

1953年斯大林逝世后赫鲁晓夫出任苏联共产党中央第一书记，新的苏联最高领导层对于是否继续发展航空母舰和大型水面舰艇产生了不同的看法。

赫鲁晓夫认为斯大林制订的建设远洋舰队的计划是错误的，在核战争中航空母舰只不过是一种“浮动棺材”，主张优先发展核导弹和远程轰炸机，结果海军被排到最后一位。为了免遭核武器的打击，优先发展核潜艇而不是航空母舰从而成为当时的一个重要观点。在当时的苏联领导层中，还有一种奇怪的观点，总认为航母是侵略者的代表性工具，爱好和平的社会主义国家不应该拥有航母。

作为海军总司令，库兹涅佐夫积极维护斯大林时期确定下来的既定方针，希望继续加速海军的发展。显然，他的主张与赫鲁晓夫产生了严重分歧。1956年，赫鲁晓夫一气之下，撤销了库兹涅佐夫国防部第一副部长兼海军总司令职务，军衔从苏联海军元帅连降三级，降为海军中将，并被勒令退役，那一年他才54岁。就这样，斯大林“大舰队”计划和航母建造计划再次化为泡影。1988年，戈尔巴乔夫上台后重新审理了苏联历史上的冤案，恢复了他苏联海军元帅军衔，库兹涅佐夫被称为“苏联海军军事家”，苏联第一艘大型航空母舰和苏联海军学院均以他的名字命名，充分肯定了这位海军统帅的历史地位。

从近海防御走向远洋进攻

“二战”后期，美国从濒临战败的德国抢走了大批原子弹和导弹技术专家，以及大量的技术资料和图纸，这为美国率先研制成功原子弹、对地攻击巡航导弹和洲际弹道导弹发挥了极为重要的作用。1945年美国首次使用原子弹轰炸日本广岛和长崎以后，很快把核武器小型化，装到了洲际弹道导弹和潜射战略导弹的战斗部上。从此以后，美国大力发展战略轰炸机、战略导弹核潜艇和洲际弹道导弹三位一体的战略核力量，对苏联进行战略威慑。

“二战”后期，作为战胜国的苏联，没有像美国那样到德国争抢人才和技术资料，而是缴获了大量V-1、V-2导弹实物，从而为其战后导弹的研制奠定了重要技术基础。与美国导弹发展方向不同，苏联导弹的发展侧重于攻击舰船的战术飞航式导弹。从20世纪50年代后期开始，一系列空对舰、舰对舰导弹陆续入役，装备在海军岸基轰炸机和各种舰艇上。1956年，埃及海军的一艘蚊子级导弹艇使用苏联出口的冥河式导弹，在塞得港外一举击沉以色列的埃拉特号驱逐舰，创下世界海战史上第一个反舰导弹击沉大型舰艇的战例。反舰导弹在实战中的成功运用，大大激发了苏联发展导弹的热情。苏联认为，既然导弹具有如此重要的作战效能，与美国航母战斗群对抗，没有必要亦步亦趋地发展航空母舰，而是应该发展潜艇和导弹，对敌人航母和大型水面战斗舰艇实施“先发制人”的“饱和攻击”。

苏联第一书记赫鲁晓夫是一个唯导弹核武器论者，认为在即将到来的导弹时代里，海军一切任务都应该由潜艇而不是航空母舰来完成。赫鲁晓夫高度重视战略核武器的作用，主张大量裁减陆军和海军，大力发展导弹核武器，战略火箭军是苏联第一大军种和最优先发展的力量。1956年1月，在库兹涅佐夫离任后，年仅46岁的谢尔盖·戈尔什科夫海军上将担任苏联国防部副部长兼海军总司令。

在发展航母问题上，戈尔什科夫的观点与赫鲁晓夫是一致的，认为航母造价异常昂贵，且其防御导弹能力薄弱，甚至可能被导弹摧毁。因此，应该把发展的重点放在发展战略导弹潜艇和战略轰炸机上。当时，在苏联武装力量五大军种中，海军地位低下，排在战略火箭军、国土防空军、陆军、空军之后，是一个最不受重视的军种。

1962年古巴导弹危机，赫鲁晓夫在美国航空母舰面前俯首帖耳，给苏联丢尽了脸面。这次事件是一个重要转折点，从此以后，苏联铁了心要发展航空母舰。戈尔什科夫积极贯彻苏联有关发展大型水面战斗舰艇的重要方针，积极促进有关航母的发展计划，并在军事学术理论上大胆创新，把海军发展航空母舰与国家安全战略和全球战略结合起来，从而得到全国人民的支持。他担任苏联海军总司令近30年，把苏联海军从一支近海防御力量发展成为能执行各种作战任务的“远洋导弹核海军”，苏联海军成为一支能够与美国海军在公海大洋进行对抗的、世界一流的远洋进攻型力量。因此，有人把戈尔什科夫称为“现代苏联海军之父”。

第一代航母举步维艰

尽管苏联领导人和海军高层领导对航母不够重视，但为了与美国和北约全球争霸，苏联海军又不得不推行远洋进攻战略，海军要把自己的兵力推向远洋，没有大型水面战斗舰艇，尤其是没有能够携载飞机和直升机的战斗舰艇是绝对不可能的。在这种情况下，迫切的军事需求致使苏联高层领导人必须重新思考有关航母的发展战略。1964年，勃列日涅夫成为新的苏联领导人，国防部门的人事变动导致海军建设思路发生改变，开始重视航母等载机舰艇的建造。

苏联发展载机舰艇的指导思想与美国不同，美国航母战斗群的主要任务是全球巡弋，使用舰载战斗机对地攻击，同时进行反潜和反舰作战。苏联高层思考的问题最首要的是防止美国对苏联发动核攻击，由此再具体推断哪些作战平台可以携载核武器。战略轰炸机和洲际弹道导弹为首要威胁，就海上方向而言，苏联最担心的还是战略导弹核潜艇。20世纪50年代，美国乔治·华盛顿号北极星战略导弹核潜艇服役，该型潜艇就装有能够对苏联进行核打击的战略导弹。美国服役的第一代北极星核导弹射程比较近，如果要想对苏联内陆本土进行核打击，就必须前往黑海等苏联中近海域进行发射。

面对来自海上的核威胁，苏联究竟如何应对，当时产生了重大分歧。主张发展航空母舰的人们遭到了围攻，反对者还是认为苏联海军的战略与美国不同，虽然将来发展的大型水面战斗舰艇需要携载飞机和直升机，但并不是去攻击对方陆地和舰队，而最主要的是反潜作战，因为美国的战略导弹核潜艇很容易从水下发射战略核导弹对苏联本土进行核打击。要发展载机舰艇又不能是载机的航空母舰，这样的设计总要求最终导致苏联海军打造出第一个世界怪物——莫斯科级“重型载机巡洋舰”。

1958年12月，苏共中央和苏联政府作出决策，建造代号为1123型的“反潜航空巡洋舰”，也就是苏联第一代航空母舰，其基本特征是直升机母舰，主要任务是反潜。1123型舰共建造两艘，首舰莫斯科号的研制周期为9年，1962年12月15日在尼古拉耶夫造船厂0号船台安放定位分段，1967年12月25日签署验收交付海军使用。而其姊妹舰列宁格勒号的建造周期仅为4年4个半月。该级舰服役后部署于黑海舰队，1995年退役。

莫斯科级的出现是苏联朝着建造航母跨出的重要一步。莫斯科级与意大利的维多利奥·维南多级和法国的圣女贞德级直升机航空母舰相似，只是搭载了更多的直升机，以执行反潜任务。舰体采用法国和意大利首先开创的混合式舰型，舰前半部为典型的巡洋舰布置，舰后半部则为宽敞的直升机飞行甲板，飞行甲板长81米，宽34米，2部升降机可直通甲板下的机库，另在烟囱桅底部亦有小型的机库，共可容纳14架卡-25荷尔蒙式直升机。1967年雅克-36垂直起降飞机服役后，海军开始研究将其部署到水面舰艇上。后来雅克-38服役后，也只是在舰上进行测试，没有正式装备。莫斯科级曾试图搭载米-14薄雾式扫雷直升机，由于该机体形过于庞大，无法经由升降机进入机库，因此只能停放在飞行甲板上。

莫斯科级舰全长189米、舰宽34.1米、吃水7.6米。标准排水量14600吨，满载排水量19200吨，2台蒸汽轮机推进，航速29～31节，续航力6000海里/18节，舰员850人。作为一艘反潜巡洋舰，前甲板布满了各式武器系统，其中大部分为反潜武器，包括：2座双臂SA-N-3防空导弹发射装置，1座双联SUM-N-1反潜导弹发射装置，2座双联AK-257型57毫米炮，2座12管RBU-6000反潜火箭发射器，2座5联533毫米鱼雷发射管。

万事开头难，莫斯科级航空母舰虽然非驴非马是一个四不像，但毕竟苏联在发展载机舰艇方面迈出了第一步。这艘舰艇从服役到退役完整地走完了自己的一生，与苏联后来的航母相比还算是辉煌圆满。从技术角度来看，莫斯科级航母对苏联后来航空母舰的发展没有太大的技术突破，这艘舰从根本上来讲还是一艘重型巡洋舰，航空母舰的味道并不浓厚，只不过是在舰艇后部加设了一个飞行甲板而已，这样的飞行甲板只能携载直升机，连垂直短距起降飞机和重型直升机都难以携载，所以说它是航空母舰真是有点牵强。尽管如此，莫斯科级还是为苏联提供了在舰上操作飞机的宝贵经验，这些经验教训对于后续基辅级航母的研制和建造是非常重要的。

第二代航母非驴非马

在20世纪60年代建造两艘莫斯科级轻型航空母舰的基础上，20世纪70年代苏联加速了中型航空母舰的建造力度，在不到两个五年计划的时间内，就开工建造了四艘第二代航空母舰——基辅级航空母舰，充分体现了苏联的国家战略需求和强大的舰船制造能力。

首舰基辅号，建造代号1143，1970年7月21日在尼古拉耶夫船厂开工，1972年12月27日下水，1975年1月3日服役，1993年1月退出现役，之后拆除舰上主要武器装备卖给中国，在天津新港作为海上公园供人参观游览。

第二艘明斯克号，建造代号1143.2，1972年12月29日在明斯克船厂开工，1975年9月30日下水，1978年9月28日服役，1993年1月退出现役，因失修被拖进俄罗斯太平洋舰队的北湾基地等待拆除，后来被一家韩国公司购买，再后来被中国深圳的一家公司购买，经过整修作为海上航母公园供人参观游览。

第三艘新罗西斯克号，建造代号1143.3，1975年9月30日在尼古拉耶夫船厂开工，1978年12月24日下水，1982年9月12日服役，1993年1月退出现役，后被卖到国外作为废钢铁拆除。

第四艘巴库号，后改名为戈尔什科夫号，建造代号1143.4，1978年12月在尼古拉耶夫船厂开工，1982年4月17日下水，1987年1月服役，1994年遭遇火灾后始终处于搁置状态，2004年赠送给印度，目前仍在俄罗斯进行现代化改装，计划2012年交付印度海军使用。

基辅级航母全长273米，宽47.2米，吃水10米，标准排水量36000吨，满载排水量43500吨，动力装置为4台蒸汽轮机，续航力为13500海里/18节，全舰编制1600人。基辅级总共载机33架，分别为：12架雅克-36的改

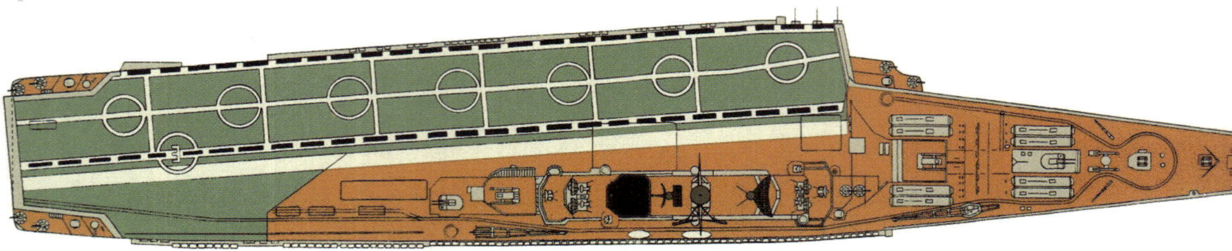

俄罗斯基辅级航母效果图

进机型雅克—38铁匠短距/垂直起降战斗机，19架卡—25激素A或卡—27蜗牛反潜直升机，另有2架卡—25激素B直升机用于超视距引导。

与美国及西方其他国家航母的最大区别是，基辅级航母上装载有大量武器装备：前3艘反舰武器为4座双联装SS-N-12远程反舰导弹发射装置，导弹射程550公里；防空武器有双联装SA-N-3中程舰空导弹发射装置，导弹射程37公里，SA-N-4近程舰空导弹发射装置各2座，导弹射程12公里；反潜装备为1部双联装SUW-N-1反潜导弹发射装置、2座五联装鱼雷发射管和2座RBU—6000反潜火箭发射器；另有4座76毫米双联自动炮和8座30毫米单管自动炮。

第四艘巴库号上的武器装备则有较大改变，双联装SS-N-12反舰导弹发射架由4座增加到6座，撤除了SA-N-3和SA-N-4防空导弹发射装置，改为4组更为先进的SA-N-9舰空导弹垂直发射装置，每组6个发射筒，每筒备弹8枚，全舰备弹193枚，防空能力有了质的提高。双联装76毫米炮也被撤除，改为2座单管100毫米自动炮。反潜导弹、反潜火箭和鱼雷也被撤装，改为2座十联装RBU—12000反潜导弹发射器。

基辅级开始具备航空母舰的一些典型特征：直通式飞行甲板，固定翼舰载机，大型机库和升降机，健全的航空管制设施，先进的电子设备等。同时，从重型巡洋舰的角度来看，该级舰艇也具有大型水面战斗舰艇的重要特征：舰首部部署了强大的反舰、反潜和防空武器，火力充足，射程远，精度高，突击威力强大，这是区别于美国和西方所有航空母舰的最典型特征。美国、法国的大中型航空母舰设计思想认为，航空母舰就是一个浮动的海上飞机场，它的作战武器就是固定翼飞机，应该把宝贵的飞行甲板和舰上空间尽可能多地腾出来，让位于舰载机和航空设施，舰载机与舰载导弹等武器相比，具有更大的灵活性，更远的作战距离和更大的突击威力。

基辅级的设计思想则认为，不仅要配备足够数量的飞机和直升机，也要有相当多的攻防武器，只有这样才能长短结合、攻防兼备。苏联的这种设计思想，在很大程度上是由于保守落后的思维观念，苏联总是认为，作为社会主义国家，应该以战略防御为主。如果在一艘舰艇上全部装备固定翼飞机，那不成了航空母舰了吗？那与美帝国主义的航母有什么区别？苏联发展的舰艇虽然具备航母的一些特征，但仍然是一种攻防兼备的大型水面战斗舰艇。掩耳盗铃，指鹿为马，扭扭捏捏，想做又不敢大胆做，这便是当时苏联人的矛盾心态。

现在回头看，基辅级这种古怪的设计思路，以及把舰载机与强大突击火力融为一体的做法是非常错误的，企图把所有鸡蛋放在一个篮子里的结果，是所有的鸡蛋都破碎了。1979年明斯克号航母前往非洲海域巡航时发现，雅克系列垂直起降飞机无法适应高温和潮湿的气候条件，适用性很差。垂直短距起降飞机是采用发动机喷口向下旋转喷气，从而产生巨大升力后使飞机拔地而起，这样的设计思路在当时被认为是了不起的发明创造，但实际上是一种很蠢的思路，技术上看来可行，战术上却没有什么用处，这就是技术与战术结合的最大一个失败之处。雅克-38作战半径本来就很小，只有几百公里，在飞行甲板上折腾半天才垂直起飞，耗费的燃油非常多，直接造成作战巡航中燃油缺乏，作战半径大幅度减小。基辅级航母上没有加油机，舰载机作战半径太小，还不如反舰导弹的射程远，要这种舰载机又有何用？因此，基辅号航母的舰载机都是一些“没有牙齿的老虎”，看上去很吓人，其实什么作用也没有，整个一个形式主义的玩物而已！

基辅级的设计理念保守落后还受限于一个法律层面的问题。苏联是黑海沿岸国家，进出黑海必须通过达达尼尔—博斯普鲁斯海峡，第一次世界大战前，进出该海峡的通航制度执行1841年《伦敦协约》规定，其中有一个条款规定，平时和在土耳其处于和平状态时，海峡对包括俄国军舰在内的外国军舰一律关闭。战后以来对上述条款进行了修正，1936年7月20日苏联等九个国家在瑞士蒙特勒签订了《海峡管理制度的蒙特勒公约》，该公约规定的要点如下：在和平时期，经海峡过境通行的外国海军舰船总吨位不得超过15000吨，通过海峡的军舰总数不得超过九艘。黑海沿岸国家可以派遣吨位大于这一规定的主力舰通过海峡，但这类舰船必须单独通过海峡，护航舰艇不超过两艘驱逐舰。军舰经海峡通行之前必须经过外交途径通知土耳其政府，正常的提前通知期限为8天。和平时期非黑海沿岸国家在黑海上拥有的舰船吨位不得超过30000吨，最多可增加到45000吨，但通常限制在规定总吨数的2/3以内。基辅级航空母舰据说在建造之前，对这个条约的限制进行了认真研究，认为如果建造成纯粹的航空母舰，将不能通过该海峡，如果是载机巡洋舰则可以通过。其实，条约中并没有详细规定，只有一条规定，就是在通过之前必须报请土耳其政府批准。后来发生的情况表明，俄罗斯库兹涅佐夫号航母在通过该海峡的时候并没有遇到任何麻烦，但瓦良格号航母却遭到土耳其方面的百般刁难，其深层次原因主要是瓦良格号航母售予中国。

第三代航母命运多舛

在经历了第一代航母的艰苦探索和第二代航母的成功建造之后，航母的作用得到大家的承认。1978年，苏联掀起了一股航母热，发展航空母舰得到各界的支持，位于列宁格勒的涅瓦设计局开始设计一种“装备有起飞弹射装置、着陆拦阻装置、垂直及水平起降跑道的载机舰艇”。在论证研究的基础上，涅瓦设计局提供了五种初始方案，但决策部门选中了其中最经济的方案，经过反复修改，最终确定建造排水量为5.5万吨、采用常规动力和滑跃甲板方案的航母。这时，苏联决定研制能够携载固定翼常规起降飞机的真正意义上的大型航空母舰，这就是第三代航母库兹涅佐夫级。库兹涅佐夫级准备建造两艘，首舰库兹涅佐夫号，建造代号1143.5型；后续舰是瓦良格号，建造代号1143.6型。同时开始酝酿建造第四代大型核动力航母乌里扬诺夫斯克号。

为此，苏联政府拨巨款对位于乌克兰境内的尼古拉耶夫造船厂进行第二次大规模技术改造，建成了装配和焊接车间，允许将船体分段重量增大到200吨；装备了2台载重各为350吨的自行平板车，建成了从新车间到船台的运输车道；0号船台的长度加长了30米；建成了装配重达1700吨总段的水平船台，安装了2台起重量各为900吨的龙门吊车，并加装了其他新型吊车，使得整个船台上使用的吊车达到10台；同时，改造大型舾装码头。为了保障航母出厂驶往黑海，还将河道疏浚挖深到十几米。这次技术改造大大增强了尼古拉耶夫造船厂的生产能力。

1983年2月22日，苏联历史上第一艘大型航空母舰库兹涅佐夫号航母在尼古拉耶夫造船厂开工建造，1985年12月5日下水，1991年1月21日正式服役。库兹涅佐夫号航母满载排水量67500吨，全长304.5米，飞行甲板长304.5米，吃水10.5米。4台蒸汽涡

库兹涅佐夫号航母

轮机推进，航速32节。设有倾斜7度的斜角飞行甲板，飞行甲板呈12度上翘，成为滑跳甲板。在右舷有一部舷侧升降机。机库面积为180米×30米×7.5米，可容纳18架苏–27战斗机。初期载机方案为：12架苏–27B2侧卫式战斗机、12架米格–29支点式战斗机或12架苏–25蛙足式攻击机或12架雅克–38/14铁匠式战斗机，15～18架卡–27蜗牛式反潜直升机。目前载机方案为：20架苏–33战斗机，15架卡–27反潜直升机，4架苏–25UGT教练机，2架卡–29RLD预警直升机。

库兹涅佐夫号航母具有强大的防空火力。防空武器包括：4座SA–N–9导弹垂直发射装置，每座有6个发射单元，每个单元备弹8枚，总共备弹192枚，射程15公里；8座CADS–N–1嘎什坦弹炮合一近防武器系统，系统配置为2座30毫米6管速射炮和8枚SA–N–11近程防空导弹，火炮射程2500米，导弹射程8000米；此外还有AK–630型6管30毫米炮4座，射程2500米，发射率3000发/分。反舰武器，飞行甲板前部有12具SS–N–19反舰导弹发射器。反潜武器，舰尾两舷处各布置了1座RBU–12000十联装火箭深弹发射器，射程12000米。

从20世纪60年代开始，苏联每十年发展一个级别的航母，应该说力度还是很大的。在建造库兹涅佐夫号航母的过程中，苏联动用了36个工业部、800多个行业的专家和7000多个工厂、制造厂参与研制和建造，应该说进展还是很顺利的，从开工建造到建成下水只用了短短两年时间，到1991年建成服役也只有8年的时间就圆了苏联几代人拥有大型航母的长久梦想。毫无疑问，库兹涅佐夫级航母是苏联航空母舰发展史上的巅峰之作，它继承了莫斯科级和基辅级航母的技术特征，同时也吸纳了美国重型航空母舰的一些技术特长，最终建造出一个与众不同的“混合体”。从外形来看，它既有舰队型航母特有的斜直两段甲板，又有轻型航母通用的12度上翘角滑跃式起飞甲板；虽然没有装备蒸汽弹射器，却可以起降重型固定翼陆基常规起降战斗机。这之中的奥妙就在于它将英国首创的“滑跃式”起飞方式与自己气动性能优异的苏–27战斗机相结合，在牺牲飞机作战性能的情况下，终于拥有了自己的“大型航空母舰”。库兹涅佐夫号的服役，使世界海军中首次出现了滑跃起飞、拦阻降落这一新颖的航母起降方式。因此，从这个意义上来讲，库兹涅佐夫级航母实现了众多技术上的飞跃，是苏联人独立自主、自力更生，研制适合苏联特点和技术特长航空母舰的一个成功范例。

从库兹涅佐夫号长期的作战使用来看，虽然在舰艇吨位、载机数量、外形特征等方面与美国同类型航母差不多，但作战效能相差悬殊，根本不能同日而语，其中最主要的问题还是常规起降飞机的问题。苏联虽然解决了常规起降飞机在航母上自主起飞、拦阻着舰的问题，但仅仅是解决了有无问题，对于提升航母的作战能力没有太大的帮助。苏-27是第三代战斗机，性能非常好，后来改为苏-33，专门用来上舰使用。从使用角度看，这种飞机存在的主要问题是舰上起降性能不稳定，事故率较高，对飞行员的训练要求较高。滑跃式飞行甲板是20世纪80年代英国人首创并用于两万吨以下的无敌号轻型航空母舰的，而且是专用于搭载海鹞式垂直短距起降飞机使用的。苏联贸然套用这种设计理念，用来起降重型陆基常规起降飞机，显然过于牵强。另外一个问题就是，苏-33、米格-29可以做到的，其他飞机根本无法做到，比如与战斗机配套的预警机、侦察机、加油机、电子战飞机等根本无法在这种飞行甲板上起降。在信息化战争中强调联合作战，如果没有作战支援飞机的配合，光靠战斗机一枝独秀，无论其性能多么强大，都将是一个非常危险的空中目标。这是一个硬伤，没有办法改变。

库兹涅佐夫级航母命运多舛，屡遭不测，它见证了苏联解体的全过程，因而是苏联和俄罗斯海军一个历史悲剧的缩影。在建造过程中就面临政治风云的不断变化，在建造中就先后用过好几个名字，先是苏联号，后来改为克里姆林宫号、勃列日涅夫号和第比利斯号，俄罗斯独立建国后，又被定名为库兹涅佐夫号。1991年建成服役后不到一年，苏联就解体了，库兹涅佐夫号航母从黑海舰队仓皇出逃至北方舰队，狼狈不堪。它的后续舰瓦良格号更惨，在完工68%的情况下因苏联解体被中止建造，库兹涅佐夫号成为一个生不逢时的“独生子”。

第四代航母胎死腹中

在研制和建造航空母舰方面，位于乌克兰境内的尼古拉耶夫造船厂积累了丰富的工艺、技术和生产管理经验，生产装备及能力也有了很大提高，形成了均衡建造的节奏。即每三年有一舰上船台，每三年有一舰下水；一舰下水，后续舰于当日上船台。乌里扬诺夫斯克号航母的龙骨就是

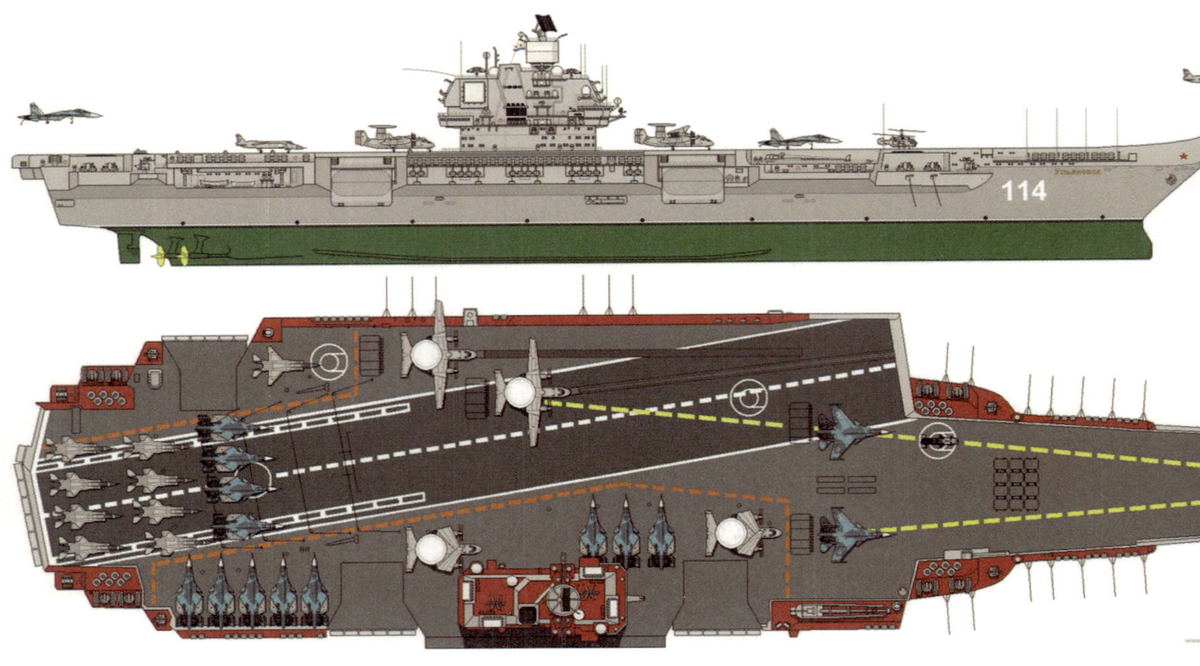

苏联乌里扬诺夫斯克号航母效果图

在瓦良格号航母下水当天铺上尼古拉耶夫造船厂0号船台的。库兹涅佐夫号航母从开工建造到建成服役采用了8年的时间，这个建造速度比美国都快，美国建造一艘航母要十几年的时间，还常常拖延工期。由此可见，苏联时代舰船制造业和相关配套工业的能力有多强！

1988年11月25日，苏联政府决定开工建造第四代重型核动力航空母舰乌里扬诺夫斯克号。该艘航母建造代号1143.7，编号为“订单107”，建造船厂仍然是赫赫有名的乌克兰尼古拉耶夫造船厂。乌里扬诺夫级核动力航空母舰的战术技术性能为：满载排水量85000吨，舰长331.9米，宽39.6米；飞行甲板长331.9米，宽75.6米，吃水深10.7米。舰艏仍采用滑跃起飞甲板，设有2台飞机弹射器；动力装置：4座核反应堆，4台蒸汽轮机，最大航速30节。舰载机80架，包括苏–33舰载重型战斗机，苏–25舰载攻击机，雅克–44E预警机。武器装备包括：4座六联装SA–N–12舰对空导弹发射装置，12座SS–N–19远程反舰导弹垂直发射装置，2座RBU–6000反潜火箭发射装置，1座双联SUW–N–1反潜火箭发射装置，8座30毫米AK–630近防武器系统。

这艘航母从设计理念、外形特征上来看有了很大进步，采用了核动力装置，增加了外形尺寸和排水量，除在舰首继续安装滑跃式飞行甲板外，还计划安装2部燃气弹射装置。这个级别的航母建成服役后，将是世界上唯一能够与美国尼米兹级航母相抗衡的航空母舰。

1991年11月1日，船体部分刚刚建造完毕，由于苏联即将解体，乌里扬诺夫斯克号的建造计划被迫取消。当时美国一家公司说要以每吨500美元收购这艘舰艇用来拆除炼钢，乌克兰信以为真，当航母在对方的要求下很快变为废铁之后，美国人却声称该公司倒闭而不予收购！美国人略施小计就将潜在的海上对手送进了地狱，苏联历代领导人长达半个多世纪的航母梦就此结束，结局是航空母舰美梦难圆，噩梦一场！到这个地步，很难说清是航空母舰拖累了苏联，加速了其走向解体的步伐，还是苏联行将解体而难以顾及航母的发展，反正航空母舰没有为苏联的崛起和振兴发挥任何有意义的作用，相反，一直都是累赘！

尼古拉耶夫造船厂厂长马卡罗夫这样哀叹：这不仅是一艘航母的终结，它更是俄罗斯航母时代的终结，是工厂及全国为之奋斗了近35年伟大事业的终结，是成为伟大强国骄傲与威严的终结。

从远洋进攻退缩为近海防御

苏联解体有很多原因，其中一个重要原因就是海军建设规模过度膨胀，成为国家财政的巨大包袱和无底洞，在美国的战略诱骗下，苏联一步步走向灭亡。戈尔什科夫海军元帅行伍出身，对海军发展战略、海军武器装备十分精通，在开始担任海军总司令的时候，认为苏联海军武器装备发展重点应该是战略核导弹和核潜艇。1962年古巴导弹危机后，美国航母战斗群在加勒比海炫耀武力，面对美国的航空母舰，苏联海军虽然拥有核导弹、核潜艇，但没有任何震慑力，更不敢在危机中使用，这个事件直接导致航空母舰的加速发展。当时的苏联领导人并不知道，航空母舰原来是个无底洞，尽管倾全国之财力、物力、人力于其中，仍然见不到多大的效果。在大干快上了20多年之后，到1991年乌里扬诺夫斯克号航母船体完工的时候，苏联在航空母舰的技术方面才刚刚接近于20年前美国尼米兹级航空母舰的水平，蒸汽弹射器的技术还赶不上50年前的美国水平。苏联海军和美国海军长期一对一比拼，你强我比你还强，你的舰艇到哪里，我的舰艇也要到哪里，如此漫无边界的恶性竞争，造成苏联海军点多线长，兵力分散，航空母舰不仅没有给苏联海军带来新的战斗力增长点，反而成为国家的累赘。

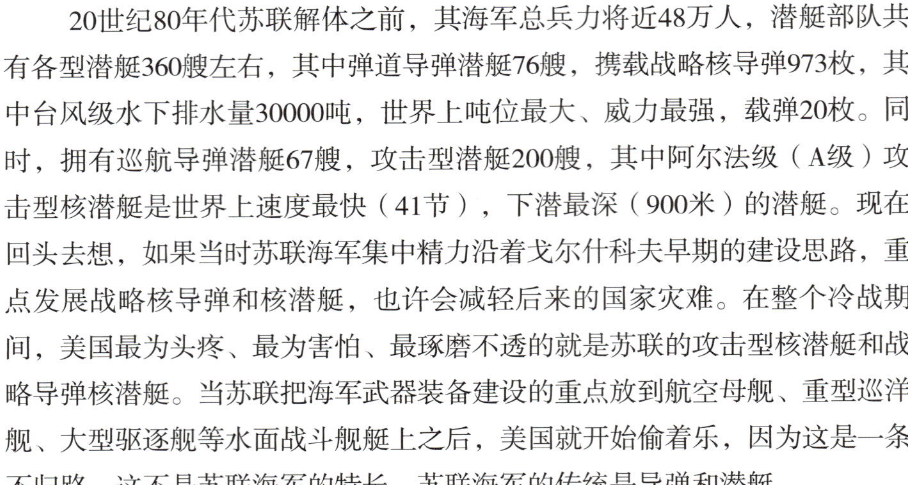

20世纪80年代苏联解体之前，其海军总兵力将近48万人，潜艇部队共有各型潜艇360艘左右，其中弹道导弹潜艇76艘，携载战略核导弹973枚，其中台风级水下排水量30000吨，世界上吨位最大、威力最强，载弹20枚。同时，拥有巡航导弹潜艇67艘，攻击型潜艇200艘，其中阿尔法级（A级）攻击型核潜艇是世界上速度最快（41节），下潜最深（900米）的潜艇。现在回头去想，如果当时苏联海军集中精力沿着戈尔什科夫早期的建设思路，重点发展战略核导弹和核潜艇，也许会减轻后来的国家灾难。在整个冷战期间，美国最为头疼、最为害怕、最琢磨不透的就是苏联的攻击型核潜艇和战略导弹核潜艇。当苏联把海军武器装备建设的重点放到航空母舰、重型巡洋舰、大型驱逐舰等水面战斗舰艇上之后，美国就开始偷着乐，因为这是一条不归路，这不是苏联海军的特长，苏联海军的传统是导弹和潜艇。

现在回头去看苏联省吃俭用搞出来的那些航母，基辅级四艘建成服役后对美国航母战斗群不能产生威慑作用，服役时间一般都是在十几年就报废了，要知道，航空母舰的标准服役期是50年！花那么多钱搞出来的航母，还没等发挥作用就夭折了，这确实是一件让人心痛的事情。即使是服役时间将近20年的库兹涅佐夫号航母，基本上也是一个摆设，一种象征，除去形式主义外不能发挥任何作战效能。

再去看苏联解体前后舰艇装备的悲惨下场就更令人神伤。1989—1992年间，苏联和俄罗斯海军退役主要作战舰船565艘，其中各类潜艇172艘，巡洋舰14艘，驱逐舰41艘，护卫舰70艘，巡逻艇18艘，导弹艇108艘，水雷战舰艇120艘，两栖战舰艇22艘。按退役时间划分，1989年退役169艘，1990年退役208艘，1991年退役188艘。一支庞大的苏联海军，驰骋于全球各大洋，军事基地遍布全世界，在与美国海军航母战斗群争斗了40年之后，就这样悄无声息地自动解除武装，马放南山，刀枪入库了。从1992年俄罗斯海军组建开始，远洋进攻型海军战略重新回归为近海防御，海外基地全部撤除，海外驻军全部撤离，大型水面战斗舰艇首当其冲地被裁减掉，俄罗斯海军重新回到了护卫舰和导弹艇时代。

俄罗斯舰队闯进美国后院

“俄委2008海军联合军事演习”于2008年12月1日在加勒比海拉开序

艾森豪威尔号航母

幕，这是俄罗斯1992年建国、1992年建军以后，海军第一次出动两艘主力舰和两艘支援舰到西半球。这次参加演习的彼得大帝号是基洛夫级巡洋舰，基洛夫级舰一共建造了四艘，第一艘叫基洛夫号，第二艘是伏龙芝号，这两艘舰艇在1991年苏联解体以后很快就退役了。后边的两艘一艘叫加里宁号，现在改叫纳希莫夫号；还有一艘叫安德鲁波夫号，现在改名叫彼得大帝号，俄罗斯现在只有这两艘巡洋舰，满载排水量2.4万吨，还在服役。另外，这次参加演习的恰巴年科海军上将号是无畏级驱逐舰的首舰，属无畏II级，无畏I级总共造了12艘，无畏II级是针对美国的最现代化的伯克级导弹驱逐舰进行研制的，满载排水量9000多吨，将近1万吨。这两艘舰是俄罗斯海军现在最好的主力舰艇。

基洛夫级巡洋舰武力十分强大，它携有20枚超音速反舰导弹，世界各国的反舰导弹一般都是亚音速飞行，只有俄罗斯的反舰导弹实现了超音速，射程500多公里。这个巡航导弹可以装两种弹头，一种是750公斤常规装药，还有一种是350吨TNT当量的核装药。

彼得大帝号实战能力非常强，好多东西都是创新的。基洛夫号是20世纪80年代的设计概念，这艘舰出来之前，世界上最大的巡洋舰就是美国的一些巡洋舰，基本上是1万~1.7万吨，大家都感觉那是核动力的，1.7万吨

杜鲁门号航母

也太大了，结果苏联一搞就搞到2万多吨，将近2.4万吨，吨位非常大。另外，导弹垂直发射系统是个重大创新。在这艘舰出来之前，各国海军舰艇导弹都是倾斜式发射的，导弹得放在箱子里头旋转角度发射，结果苏联首先创造了一个导弹垂直发射系统，这个创意美国很快就学会了。这个导弹垂直发射系统，能发射各种防空导弹264枚，这艘舰装载500多枚导弹，简直就是一座军火库，所以它的战斗能力非常强。

19世纪帝国主义战争时期，当时盛行“大舰巨炮制胜论”，当时最大的舰艇造到了1万吨、2万吨，以后逐渐发展成了3万吨、4万吨，像日本的大和号和武藏号战列舰，最大造到7万多吨，美国的衣阿华级战列舰也是4万多吨，大家都感觉那就是一个海上堡垒，上面的大炮就有几百门，最大的炮是406毫米口径，将近半米直径，那炮弹立起来有2米高，射程将近50公里，一发炮弹就能轻而易举地摧毁一栋房子、一个碉堡。战列舰自身的装甲也很厚，正面装甲0.5~1米厚，这样坚不可摧的舰艇怎么能够沉没呢，大家感觉是永不沉没！结果日本的大和号和武藏号战列舰在第二次世界大战当中第一次出海就让美国给搞沉了，谁都没有想到，航空母舰成为它的克星。20世纪的海洋是航母制胜的海洋，大家感觉航空母舰的时代来临了，有了航空母舰还搞这种大舰艇有什么用？所以，航空母舰称霸海洋之后，尤其是第二次世界大战以后，战列舰逐渐就退出历史舞台，1991年海湾战争以后，美国的战列舰这个舰种就彻底消失了，今后世界上可能永远不会再看到战列舰了。

但是巡洋舰是个值得讨论的问题。巡洋舰和战列舰都是大舰巨炮时代的缩影，基洛夫级彼得大帝号也是那个大舰巨炮时代战列舰和巡洋舰的影子，追求那么大的吨位，而且上边装了那么多的武器，500多枚导弹，还有那么多火炮，主炮还是130毫米口径的，很多武器全都堆在上层甲板上，让人一看就感到设计理念很落后。这些舰艇为什么面对航空母舰时代还不退出历史舞台？这个东西现在还有用吗？

讲到这个问题，就涉及俄罗斯与美国不同的建军理念。美国强调以航空母舰为核心进行编成，航空母舰战斗群使用飞机和巡航导弹作战。俄罗斯的作战理念不同，火力第一。彼得大帝号巡洋舰这样一艘2.3万吨的舰作为主力舰，用光荣级、现代级和无畏级驱逐舰和巡洋舰给它护航，这样的编队就可以使用几百枚导弹在400公里、500公里的距离上进行攻击，使用

20枚、30枚导弹集中打击敌人的一艘航空母舰。这个思路确实很厉害，而且俄罗斯的巡航导弹是超音速的，对方很难抵御。关键是采取这种办法在现代战争中有战斗力吗？这就是问题的关键所在。

美国航空母舰上起飞的预警机，可以在400~500公里以外就提前看到俄罗斯的舰艇，这样就给它的舰队、给它的舰载飞机提供25~30分钟的预警时间。但是，俄罗斯的舰艇能看多远？由于没有舰载预警机和预警直升机，仅仅靠舰载雷达估计也就能看100公里最多200公里，差距太大了。所以，俄罗斯的大型水面战斗舰艇在美国航空母舰面前根本就没什么太大作用，因为它无法接近美国航空母舰，它在发挥它的巨大火力之前，美国早就已经把它干掉了。这样的舰艇只能是好打的目标，而不再是战斗力的凝聚。

俄罗斯航母挺进地中海

2007年12月5日至2008年2月3日，库兹涅佐夫号航母前往地中海，与来自俄罗斯三个舰队的11艘舰艇回合，进行联合军事演习，并进行为期71天的远航。这是库兹涅佐夫号航母服役以来执行的最重要的一次任务，因而引起各界的高度关注。

苏联时期，地中海基本上是在苏联的控制之下，北非和中东地区那个时候还是苏联控制的，现在都变成北约的势力范围了，地中海早已沦为“北约的内湖”。从1992年俄罗斯建国建军以后，俄罗斯的舰队就没有再出现在地中海。俄罗斯航母前往地中海演习，主要是想故地重游，先拿这个地方来开刀，显示一下俄罗斯海军重新崛起后的海上力量。另外，北约对俄罗斯战略空间的挤压，已经好几轮东扩了，第一轮东扩是1999年，当时北约从16个国家扩展到19个国家，第二轮东扩从2004年开始，有7个国家加入北约。这样北约就扩充到26个国家，目前列入北约合作伙伴国的还有十几个国家，它们都在那里排队积极创造条件等待早日加入北约，接下来阿尔巴尼亚和克罗地亚会加入北约，使北约成员国数量达到28个，然后可能是乌克兰和格鲁吉亚，北约达到30个国家指日可待。

今天的北约已经从冷战时期的英国、法国、意大利等老欧洲向俄罗斯方向推进了一两千公里，北约的士兵已经和俄罗斯的士兵面对面站岗了，所以俄罗斯就感觉非常紧张。这一次航母战斗群远航地中海不管有用没

亚伯拉罕·林肯号航母

用，反正就是表示俄罗斯非常愤怒，表示对北约的一种事实上的抗议，也是一种武力炫耀。

库兹涅佐夫号航母生不逢时，先天不足，一出生就不对头。这艘舰苏联时期在乌克兰造的，快造好的时候，苏联内部就开始闹分裂，到1991年年底苏联解体的时候，这艘舰当时还在乌克兰黑海舰队那边，俄罗斯黑海舰队在乌克兰境内的塞瓦斯托波尔，俄罗斯害怕划归乌克兰，赶紧把这艘舰开到北方舰队，以后就成了北方舰队一个旗舰。库兹涅佐夫号还有两艘姊妹舰，瓦良格号在完成68%建造任务后因为苏联解体就放弃了，最终卖给中国改装训练航母。最后一艘乌里扬诺夫斯克号还在船台上建造，因为苏联解体无力支持最终被拆解了。库兹涅佐夫号航母自从在北方舰队服役之后，就正好赶上俄罗斯那一段时间非常贫困，每年的军费只有三四十亿美元，军人都发不出工资来，哪里有钱供舰艇出海训练，所以这艘航母就整天“住院疗养”，一放就是十几年。从1991年服役到现在快20年了，真正算起来，只有两次出海，2004年是第一次，这是第二次。2004年那次动员准备了好几个月，好不容易出去一次，苏–33舰载机在降落的时候，因为阻拦索突然绷断而坠海，出了这样一次机毁人亡的大事故，以后再也不敢演练了，从那时起一直休养到现在，这次到地中海演习是刚出院第一次执行任务。说起来俄罗斯是拥有大型航空母舰的国家，可实际上这样的航空母舰完全成了一种摆设，一种形式主义的标志，毫无用处。

这次挺进地中海的俄罗斯舰队由库兹涅佐夫元帅号航空母舰领衔主演，它与2艘反潜舰组成舰艇编队，整个编队共有11艘舰艇，舰载飞机47架，直升机10架，另外还有14架战略轰炸机配合。这次演习东拼西凑搞了11艘舰艇，很热闹，敲锣打鼓、浩浩荡荡从三个舰队开往地中海，除了太平洋舰队以外，其他的舰队都过去了，北方舰队从摩尔曼斯克那边转了个大弯子来到大西洋，黑海舰队和波罗的海舰队比较近。一次演习调集三个舰队的舰艇参加，这十分少见，这说明下一步几个舰队可能要调整了，但调整的重心在哪？俄罗斯海军主力一个是北方舰队，一个太平洋舰队，黑海舰队基本上名存实亡了，因为它驻在乌克兰境内，是租用的乌克兰塞瓦斯托波尔军港，乌克兰正在为加入北约作准备，整天挤兑俄罗斯，黑海舰队要在出海前预先通报。波罗的海舰队，由于波罗的海三国2004年就是北约成员国了，所以舰队基本上陷入北约的重重包围之中。现在就靠北方舰队，北方舰队是主力，下一步重点建设太平洋舰队。三个舰队抽了11艘舰艇搞演习，七拼八凑，锣齐鼓不齐，航空母舰服役这么长时间了连个基本的战斗群编制都没有固定下来，11艘舰艇来自四面八方，指挥员相互之间根本就不认识，谁是反潜作战、谁是反舰作战、谁负责防空，这些相互协调的东西无从谈起，联合作战就差得更远。

航空母舰俄罗斯的确是有一艘，但缺陷太大了，由于是采用滑跃式飞行甲板，只能限制舰载机的种类，苏–33战斗机性能很好，因而可以自主式起降，但是作战支援飞机都不行，没有预警机、没有加油机、没有电子战飞机、没有侦察机、没有反潜机，光靠个苏–33能有什么用？苏–33飞多远是多远，看多远算多远，整个一个撞大运，没有作战支援飞机为它提供预警和支援信息，这要是在战争中就只能有一个下场：无论有多少架苏–33战斗机，无论这种战斗机性能多么先进，都必将面临一个悲惨的结局，就是有多少就一定被击落多少！这样的航空母舰有不如无，这样的形式主义在战争来临的时候必然要付出惨重的代价！

航母战斗群

苏联解体后，美国始终惦记着那几艘正在建造中的航空母舰，多次诱骗俄罗斯和乌克兰尽快地把那些正在建造中的航母停下来，最好是拆解为废钢铁卖掉，以防后患。果然，俄罗斯和乌克兰迫于美国的压力，老老实实地把所有航母全都处理掉了，只留下一个“独生子”放在北方舰队。一枝独秀不是春，一艘航母只能装装样子，根本无法作战。库兹涅佐夫服役18年来，基本上常年住院疗养，难得到海上去散散步，最近几年偶尔出了几次海，几乎每次都要出事故，不是阻拦索被拉断，就是舰载机坠海。马放南山，刀枪入库的后果，就是千里马再也跑不动，战刀锈迹斑斑，枪炮早已生锈。再有几年这艘库兹涅佐夫号航母就要退役了，它见证了苏联海军的辉煌和俄罗斯海军的颓废，也正在观望着俄罗斯海军的未来。

美国大造舆论，航母没有用

斯大林曾经制订了一个建造1500艘舰艇的计划，其中确定发展4艘航空母舰。当时担任苏联海军总司令的库兹涅佐夫海军元帅积极贯彻执行斯大林确定的战略规划，苏联航空母舰呼之欲出。就在这个关键时刻，斯大林于1953年逝世，赫鲁晓夫继任苏共中央总书记。此时，美国第一代战略核导弹研制成功，三位一体战略核力量基本形成，美国借此机会大肆宣扬核武器的威力和作用，针对苏联发展航空母舰展开了一场前所未有的舆论战。1946年7月25日，美国在太平洋中部的比基尼岛进行了核爆炸试验。为了测试核爆炸对航空母舰的杀伤破坏效能以及航空母舰的抗核爆能力，美国海军把萨拉托加号和独立号航空母舰开往试验海域。原子弹爆炸以后，萨拉托加号航母在几个小时内就沉没了，而独立号航母则只是受到重创。美国从试验中得出的结论是航空母舰即使在原子弹面前也不是纸老虎，仍然具有一定的抗核爆能力，这为美国此后的航母发展之路奠定了基调。然而，美国对外却有意隐瞒试验结果，公开宣称航空母舰在原子弹面前没有任何生存能力，航母在未来核大战中毫无用武之地。在鼓吹“航母无用论”的同时，美国自己却马不停蹄地开工建造战后第一代福莱斯特级重型航空母舰。

舆论战是美国在虚拟战场战胜对手的一种特殊作战行动，作战的主要方法就是先确定一个作战目的，据此拟订一个作战基调，然后动员三个层次的人员广泛展开舆论战：第一个层面是政府高官和高级将领，第二个层面是民间智库中有影响的重量级的专家学者，第三个层面是社会各界相关人员。舆论战通常会持续一两年最多三年的时间，此间，报纸杂志、广播电视等媒体集中宣传，主要作战目的是宣扬“航母无用论”，为了掩人耳目，不能出现一种声音和一种观点，所以鼓励发表各种不同的甚至对立的观点。

在有关部门的精心组织下，针对苏联发展航空母舰而发起的一场舆论战悄无声息地展开了，美国各大媒体都在谈论航空母舰话题，辩论的主题是航空母舰在核武器时代还有没有用？大争论过程中，美国大肆炫耀三位一体核力量，夸大其核潜艇、战略轰炸机、陆基洲际战略导弹的巨大作用，声称在核武器的打击下，任何航空母舰、战列舰、巡洋舰等大型水面战斗舰艇都是不堪一击，一枚核炸弹就足以摧毁和击沉一艘航空母舰。美国专家学者、高级将领和政府高官们从政治、外交、军事和经济的角度分析了航空母舰发展的利弊，从各自的专业角度推心置腹地劝告苏联及那些准备发展航空母舰的国家，一定要量力而行，三思而后行，最好是不要行动，因为航空母舰在核武器面前几乎没有任何生存力。

美国国内有关航空母舰没有用的观点很快被苏联情报部门整理上报，并以机密件印发供领导参阅。很快，美国有关“航母无用论”的主流观点在苏联高层领导中发酵，战略导弹部队、陆军部队、空军部队的高级将领率先反对建造航母，他们认为航空母舰只不过是一种目标而已，国家应该把发展的重点放在航空航天和陆军建设方面，海军不是扩张而是收缩。刚刚上任的苏联领导人赫鲁晓夫听信了美国人的宣传，坚持认为未来战争就是核战争，在核武器面前航母是“浮动棺材”，真正打赢未来战争，还要靠战略核导弹。赫鲁晓夫对于海军装备尤其是航空母舰是个外行，但他刚愎自用，固执己见。在“导弹制胜论”的指导下，苏联得出了与美国截然不同的结论，苏共中央决定取消航空母舰发展的计划，转而加速发展导弹核武器。

航空母舰属于战略武器，否决航空母舰发展的决策属于战略决策，战略决策的失误将直接导致国家战略方向的重大损失。在美国的诱骗下，苏联不仅终止了发展航空母舰的计划，还撤销了库兹涅佐夫海军总司令的职务，这无疑是美国的一次巨大的胜利。之后，苏联开始以导弹核武器为重

点加强装备建设，并决定在美国的后院古巴建立导弹基地，部署地空导弹和对地攻击导弹，直接对美国进行战略威慑。1962年7月，苏联决定在古巴部署60枚射程1000~2000公里的中程核导弹和伊尔-28喷气式轰炸机，导弹和飞机拆解后伪装成货物由苏联船只运往古巴，3500名军事技术人员陆续乘船前往。

1962年8月，美国发现了苏联设在古巴的导弹发射场。随后，展开了紧锣密鼓的侦察监视和外交攻势。10月22日晚7时，美国总统肯尼迪发表广播讲话，通告了苏联在古巴部署核导弹的事实，并宣布武装封锁古巴，要求苏联在联合国的监督下撤走已经部署在古巴的进攻性武器。10月24日，载有核弹头的美国轰炸机进入古巴周围的上空，8个航母战斗群、90多艘水面战斗舰艇和68个飞行中队的战斗机从佛罗里达到波多黎各在加勒比海上布成了一个数千公里长的弧形封锁线，彻底封锁了古巴海域。同时，两栖登陆部队进入戒备状态，美国的战略核导弹全部瞄准苏联和古巴，一场毁灭人类的核大战一触即发。苏联情报部门获悉，如果苏联在10月29日之前不作出撤离导弹的决定，美国就会轰炸苏联的导弹设备和古巴的军事目标，并入侵该岛。如果苏联反击，核大战将在所难免。10月28日是一个星期六，莫斯科电台广播了赫鲁晓夫的表态，声称撤离已经部署的42枚导弹，所有海上舰船返回，30天内撤走全部伊尔-28型轰炸机。11月20日，肯尼迪总统宣布取消对古巴的海上封锁。一场持续了13天的导弹危机就此解除。

古巴导弹危机是“二战”结束之后美苏第一次大规模全面对抗，其结局是以苏联在美国海上封锁和核打击的重压之下满足美国的要求而结束。这个事件过后，赫鲁晓夫捶胸顿足，大发雷霆，虽然有核武器但不能用，虽然有海军舰艇但吨位太小无法远洋，只好在美国航母战斗群的严密封锁下撤回。这个事件让苏联深切地感到应该发展航母，如果有航母的话，就可以在海上跟美国进行对抗了。

1962年导弹危机之后，苏联海军力排众议，1963年紧急决定加速航空母舰的建造。由此，苏联第一代直升机航母莫斯科号于当年在乌克兰尼古拉耶夫船厂开工建造。

美国在欺骗别人的同时，自己却保持了足够的清醒。当苏联莫斯科号航母服役的时候，美国战后建造的一大批重型航空母舰早已驰骋于公海大洋。其中有两个最主要的级别，一个是福莱斯特级航母，一个是企业号航母。福莱斯特号航空母舰1952年开工建造，1955年10月1日服役。该级第二艘航母萨拉托加号、第三艘航母突击者号、第四艘航母独立号分别于1952 年和1954年开工建造。到1959年，该级四艘航母全部服役，每艘航母的造价只有1.89亿~2.5亿美元。福莱斯特级航母标准排水量60000吨，满载排水量81163吨，装有4台C-7/C-11蒸汽弹射器，4部载重能力为4500吨的舷侧升降机，每分钟可弹射8架飞机，共搭载飞机70架。

1958年2月4日，美国第一艘核动力航母企业号开工，1961年11月25日服役。1964年，企业号进行了史无前例的64天环球航行，途中无需加油和再补给，总航程3万多海里，充分显示了核动力的巨大续航力。企业号航母满载排水量85600吨，全长342米，飞行甲板宽76米。斜直两段飞行甲板上分别设有2部蒸汽弹射器，斜角甲板上设有4道拦阻索和1道拦阻网，升降机为右舷3部，左舷1部。其机库为封闭式，飞行甲板为厚达50毫米的强力甲板，在关键部位加装了装甲，水下部分的舷侧装甲厚达150毫米，并设有多层防雷隔舱。

尼米兹号航母

美国好言相劝，大航母不如小航母

错过一次机遇就等于错过一个时代。1967年，当苏联1万吨级莫斯科号航母第一次出海的时候，它看到的是美国8万吨级重型航母成群结队地在自己的周围转来转去，面对美国的超级航母，渺小柔弱的莫斯科号不仅没有任何的自豪感，倒是多了几分忧伤和惆怅。如果1953年赫鲁晓夫继承斯大林的遗志批量建造大型航空母舰，或许美苏对抗的战略格局就是另外一幅场景。赫鲁晓夫的错误决策导致苏联错过了发展航母的第一次良机，后来的领导者引以为鉴，再也不愿意重蹈覆辙。就这样，苏联领导人痛定思痛，倾尽全国财力、人力、物力，决定研制和建造第二代航空母舰。

正当苏联大张旗鼓地研制第二代航空母舰的时候，美国又开始捣乱，其基本手法还是进行战略欺骗。美国最害怕苏联发展能够携载常规起降飞机的重型航空母舰，为此，美国便有针对性地开始了舆论战，对苏联隔岸喊话。首先是"大小航母之争"，其次是"常规起降飞机与垂直短距起降飞机"之争。美国提出，8万吨以上的重型航空母舰过于庞大，机动性很差，在海上是一个明显的军事目标，很容易被敌人摧毁。从美国对航母的使用角度来看，最好是发展四五万吨级的中型航母，或者是一两万吨级的轻型航母。在航母动力方面，核动力装置存在太多的问题，不是很可靠，最可靠的是常规动力。在航母舰载机方面，常规起降飞机过于复杂，事故率很高，训练难度太大，最好是发展类似于美国的AV-8B鹞式垂直短距起降飞机，不仅可以垂直起飞和降落，还可以省略复杂的蒸汽弹射装置。

在美国循循善诱、苦口婆心的劝导下，苏联人居然完全接受了美国的航母新理念，建造了四艘基辅级中型航空母舰。这是一级非常可笑的四不像舰艇，非驴非马：舰首装有数十枚可携带核弹头、射程达500公里的玄武岩反舰巡航导弹、舰空区域防空导弹、反潜深弹，乍一看很吓人，威风凛凛，像是一艘战列舰或者巡洋舰，似乎具有很强的作战能力，其实那些导弹直到苏联解体的时候都没有产生过任何作用，不仅没有实战的机会，连威慑的作用都没有。斜角飞行甲板倒是有点航空母舰的样子，可惜只能携载雅克-38铁匠垂直短距起降飞机。这种飞机的出现完全是一个怪胎，好像是美国专门用来骗苏联才研制出来的一种新玩意儿。外形古怪，有点像变形金刚，发动机可以旋转，能够像直升机那样垂直起降，也能够像战

尼米兹号航母

罗纳德·里根号航母

斗机那样飞行，说起来头头是道，可忘了最基本的一点，舰载机最主要的任务是作战，而作战的基本要素是作战半径要大、飞行速度要快、武器携载能力要强。非常可惜，雅克-38这三点都不具备，就是一个样子货，作战能力还不如美国航母上的一架直升机。

我的航母我做主，可惜走向灭亡

基辅级的服役不仅没有强军强国，反而引起了一些负面反应和国际社会的嘲笑，好面子的苏联人决定集中财力、物力，建造一批真正意义上的航空母舰。这就是第三代航空母舰库兹涅佐夫级。这一次，苏联决定闭目塞听，完全自主，不再上美国人的当，我的航母我做主。1991年，当该级第一艘航母服役的时候，苏联解体了，航母一出生就成了无家可归的孤儿。古巴导弹危机中没有航母的时候受尽欺辱，当时感觉如果有了航母一定会扬眉吐气，可是等到有了航母，而且是有了很多艘航母以后，却发现航母原来是个无底洞，不仅不能为综合国力作出重大贡献，相反却拖累了国民经济的发展，最后成为导致苏联解体的一个重要原因。

这个时候，美国的战略欺骗活动又开始了。这一次美国战略欺骗的目的有两个：一是毁灭俄罗斯拥有重型核动力航空母舰的美梦，二是解除俄罗斯航空母舰的武装，进而使美国海军航母战斗群走遍天下无敌手。根据这样的战略部署，美国率先对乌克兰尼古拉耶夫造船厂正在建造中的两艘航空母舰进行开刀。一艘航空母舰是瓦良格号，已经完工68%；另一艘航空母舰是乌里扬诺夫斯克号，1991年11月1日，船体部分刚刚建造完毕。这两艘嗷嗷待哺，正等着即将解体的苏联雪中送炭，加速建造，没有想到，正处于解体前阵痛之中的苏联自身难保，哪里还有力量去维持两艘航母的建造？美国乘机下手，企图永久性毁灭苏联的航母计划。

库兹涅佐夫号刚刚服役，被俄罗斯从黑海舰队调整到北方舰队。瓦良格号停工后停泊在乌克兰尼古拉耶夫造船厂，由于该舰已列入俄罗斯海军编制，所以背景复杂，不是乌克兰一家说了算的事情，暂时逃过一劫。1988年11月开工建造的乌里扬诺夫斯克号满载排水量85000吨，核动力推进，设计搭载70架各型飞机，包括苏-33型战斗机、苏-25K型攻击机和雅克-44E型预警机，定于1994年下水。这艘航母如能服役，将是美国航母战斗群最大的对手，所以美国决心将其彻底铲除，不留后患。当时乌克兰刚刚独立，政治上一片乱局，经济上陷入萧条，这艘已经完工45%的巨舰静静地躺卧在乌克兰尼古拉耶夫造船厂。美国借机进行利诱，一家美国钢铁公司出面声称以500美元1吨来收购炼钢。乌克兰信以为真，按照对方的要求快速将其拆除并变为废铁。当生米煮成熟饭之后，美国人窃喜，随之改口，废除了合同。至此，最大的核动力航母隐患被彻底消除。苏联海军莫斯科级直升机航母的首席设计师、曾参加基辅级航母系统设计并全程参与库兹涅佐夫号、瓦良格号及乌里扬诺夫斯克号航母建造工作的造船工程师巴比奇反思道：在局部战争中，大国非有航母不可，可遗憾的是苏联受美国的误导，一心只想着与美国在全球核大战中对抗，看不到航母在局部冲突中的绝对优势，错失了应有的机会，令人惋惜。

司马昭之心路人皆知。美国的战略目的不仅是彻底消除俄罗斯的航空母舰，更重要的是彻底解除俄罗斯对美国构成的所有战略威胁。为了最大限度地解除俄罗斯海空军和导弹部队的武装，消除其对美国的战略威

胁，美国采取了“胡萝卜加大棒”的手法，对叶利钦软硬兼施，以诱骗和拉拢为主，最终使俄罗斯确信美国不再是自己的敌人，而是自己的战略伙伴，美俄导弹不再相互瞄准，俄罗斯海军不再前往公海大洋进行远洋进攻作战，而是大踏步后退，战略退缩，执行近海防御战略。战略轰炸机和战略导弹核潜艇在美国的现场监督下大幅裁减、解体和销毁，除保留一艘库兹涅佐夫号航母外，基辅级四艘航母和大多数舰艇等待销售、拆解和退役。1989—1992年间，俄海军退役主要作战舰船共565艘，其中各类潜艇172艘，巡洋舰14艘，驱逐舰41艘，护卫舰70艘，巡逻艇18艘，导弹艇108艘，水雷战舰艇120艘，两栖战舰艇22艘。这些退役舰船，如按退役时间划分：1989年退役169艘，1990年退役208艘，1991年退役188艘。

由于国内政局不稳，加之经济危机的影响，使黑市交易和非法军品贸易活动猛增，致使原苏联的军事贸易体制无法运行，造成军种各自为政，竞相拍卖，甚至为牟取暴利而不择手段进行黑市交易，因此在价格上较以前便宜30%~40%以上。据说伊朗投资50亿美元，以每年10亿美元的幅度抢购了一大批飞机、坦克和潜艇。T-72坦克正常价格180万美元，而伊朗仅花6万美元便可购1辆。伊朗还拟花90亿美元请俄罗斯帮其建造一座T-72生产线和兵工厂。美国M-1系列主战坦克单价约300万美元，俄罗斯T-72、T-80主战坦克标价只有180万美元，据说实际售价仅5.5万~7.5万美元。美国F/A-18战斗／攻击机单价3960万美元，而俄罗斯米格-29基本型单价才1100万美元，最新型为2900万美元，实际售价2500万美元，仅为F-16售价的一半。其S-300防空导弹以低于爱国者导弹价格一半的售价推销，米-2直升机仅售140万美元，米-17直升机为270万美元。

苏联几代领导人用几十年辛辛苦苦建造起来的国防大厦在叶利钦手中短短几年就夷为平地，直到1994年12月第一次车臣战争爆发后，昔日庞大的俄罗斯军队，面对小小的车臣反政府武装，据说接连战败，无计可施，此时的俄罗斯军队已经连瘦死的骆驼都不如了，在美国的训导下成为了一只没有任何进攻力的老绵羊。俄罗斯听信了美国的谗言，美国把俄罗斯引向了一条看不到尽头的黑暗隧道，俄罗斯在这条黑暗的隧道中苦苦挣扎，一直等到一个明白人带领俄罗斯军队走出黑暗，奔向光明，那是2000年，这个人的名字叫普京。

俄罗斯又要造航母，美国偷着乐

2008年年初，普京在结束其总统任职前信誓旦旦地表示，俄罗斯未来要建6艘航空母舰，排水量5万吨，采用核动力推进。美国听到这个消息会更高兴还是更害怕呢？我感觉美国会乐死的，肯定在偷着乐呢！好啊，你可算是又发展航母了，你只要搞这个东西就能够把你盯死！在发展航母方面，美国老奸巨猾，心里有数，美国怎么会害怕俄罗斯的航母呢？不会的，美国不害怕！

俄罗斯用了十几年的时间研制航母弹射器，因为技术难度太大不得不放弃，转而采用英国的滑跃式飞行甲板。看看美国在干什么，从2015年服役的福特号航母开始，美国就将淘汰蒸汽弹射器，转而采用电磁弹射器。对这种新鲜玩意儿，俄罗斯仅仅是刚听说而已。当俄罗斯在炫耀米格-29和苏-33舰载机的时候，美国与其同时代的A-6、A-7和F-14全都退役了，福特号将采用F-35第四代战机，电磁弹射、垂直短距起降都可以。同时，还要编两个中队的无人机，不仅能够侦察监视，还能发射导弹执行作战任务。在这些方面，俄罗斯至少落后20~30年！俄罗斯用了40年研制航母，也只是从1万吨发展到6万吨，可美国发展航母有近百年的历史和经验，造10万吨级的航母都是标准件，能够提前10年公布航母研制、建造、下水和服役的年月日，路线图和时间表基本上没有出现过误差，说是哪年哪月下水服役，就一定准时准点到位。具有这样的自信和水平，真的很不容易。

所以，俄罗斯发展航母美国并不害怕，美国最害怕什么？最害怕俄罗斯的“北风之神”，那是一种能够把整个美国全都送入地狱的导弹核潜艇！是一种水下幽灵！美国最害怕俄罗斯的核导弹与核潜艇，最害怕俄罗斯在外层空间跟它展开竞争，而这恰恰是俄罗斯的特长。尽管如此，俄罗斯还是要发扬自己的短处，即使是建造出来没有用，像前几艘那样白白扔掉也要建造自己的航空母舰，一定要与美国在航空母舰方面比出个高低上下，其精神可嘉！

俄罗斯未来要发展的6艘航母，排水量5万吨，还要搞核动力推进，起降方式不采用美国那样的蒸汽弹射和阻拦装置，而是采用滑跃起飞方式。滑跃起飞方式很多人都认为是个高技术，其实这是俄罗斯的无奈之举，这种起飞方式最大的缺陷就是舰载机的起飞重量要求很高，而且舰载机的机种也很受限制，只能起飞米格-29K这种轻型战斗机或苏-33这种战斗机，30多吨重的预警机、加油机、运输机、电子战飞机等特种飞机由于速度慢、重量大根本就飞不起来。

我们设想一下，一个航母战斗群在公海大洋上，远离岸基飞机的掩护，又没有舰载预警机和加油机，就靠自己航母上那几只小鸟飞来飞去的，能有什么战斗力呢？美国对这样的航母战斗群不是更害怕而是更高兴。因为它将大量耗费俄罗斯的人力、物力和财力，最终的结果很可能是一个漂浮在水面的庞大目标而已。但愿俄罗斯这次发展航母的战略决策是头脑清醒的，不再是上当受骗的。

凭借俄罗斯的雄心壮志，应该说建造六艘航母是没有问题的，预祝俄罗斯的航母发展一路顺风，早日驰骋于世界大洋，与美国航母如影随形，一比高下。当然，这次经济危机对俄罗斯的冲击和影响也很大，由于世界石油价格从每桶147美元骤降至40多美元，使俄罗斯的腰包迅速亏空，外汇储备减少了一半以上，在这种情况下，要想建造6艘航空母舰将会面临很多经济方面的困难。在技术层面，由于苏联时期航母的设计建造及舰载机飞行员的飞行训练全都是在乌克兰完成，而现在，兄弟相残，相互拆台，乌克兰绝不会再帮俄罗斯发展航母。在这种情况下，俄罗斯航母能否按计划发展，充满很多变数。

航母发展的冷思考

1916年，日本海军少佐山本五十六奉命到美国哈佛大学学习。五年留美期间，他遍历美国各地进行调研，底特律汽车城、得克萨斯油田、东西海岸的造船厂和发达的航空工业，让山本五十六知道了什么是国力差距。1921年回国后，先是在海军大学里担任教官，后来在日本海军航空队担任教官，他从事的专业也从炮兵转向了海军航空兵。1925年，山本出任日本驻美国大使馆的海军武官。三年时间内，他对美国海军航空母舰的发展情况进行了详细调研。1928年回国后，在赤城号航空母舰上担任舰长，次年晋升为海军少将。之后，山本五十六平步青云，先后在海军联合舰队和领导机关任职，并于1929年和1934年两次赴伦敦参加限制海军军备会议。1940年，山本被授予海军大将军衔。

海归军官、大学教官、海军武官、航母舰长、舰队司令，不同的工作岗位锤炼了山本的世界眼光、战略思维和指挥艺术，使他在技术、装备、战术、战略和外交方面达到了一个炉火纯青的地步。他利用职权积极建言献策，巧妙地避开了国际条约的监督机制，借用美国和英国发展航母的技术、装备、理念，加速日本海军航空母舰和舰载机的发展，秘密打造了一支世界上最为强大的航母舰队。1941年11月26日，山本五十六的联合舰队在择捉岛的单冠湾集结了赤城、加贺、苍龙、飞龙、翔鹤、瑞鹤共6艘航母、414架舰载机，护航舰队出动了2艘战列舰、3艘巡洋舰、9艘驱逐舰、3艘潜艇，浩浩荡荡地驶向3500海里以外的夏威夷群岛。12月7日凌晨，日本联合舰队的舰载机对美国夏威夷群岛的珍珠港海军基地进行了狂轰滥炸，188架飞机被摧毁，155架飞机被破坏，2403名美国人死亡。日本只有29架战机和几艘微型潜艇损失。

日本偷袭珍珠港使航空母舰一战成名，航母进入一个快速发展的阶段，美国在短短两三年时间内，就建造了数十艘攻击型航母，改装了100多艘护航航母，日本也建造了25艘航母。美日以航母为主要武器，打遍整个太平洋。经过珊瑚海海战、中途岛海战、马里亚纳海战、莱特湾海战等一系列大规模海上决战，最终日本海军的航空母舰和舰载机被彻底消灭了。

成也航母，败也航母。美国是世界上第一个在军舰上进行飞机起飞和降落的国家，也是最早研制航母的国家，可惜，在太平洋战争之前对航母的发展没有给予足够的重视，没有意识到由航母和舰载机引发的一场海战革命即将到来，因而错失良机，珍珠港战役的惨败让美国付出了血的代价。青出于蓝而胜于蓝。日本人敏锐地察觉到航母和舰载机的发展前景，借鉴美国技术，抓住时机，大力发展航母，在太平洋战争前期，无论是数量还是质量都远远超过美国，使美国一度失去太平洋的制海权和制空权。

第二次世界大战结束之后，世界战略格局产生了巨大变化，昔日的死敌摇身一变成为盟友，日美握手言和。让人不可思议的是，昔日的盟友却变成了死敌，苏联和美国两个超级大国、华约和北约两大军事集团对抗了40年，1991年12月25日，苏联解体，华约解散，美国不战而胜。在如此漫长的战略对决中，航空母舰一直都发生着重要作用。

二战结束的时候，美国海军拥有2000多艘舰艇，50多艘航母。现在，美国海军只有300多艘舰艇，11艘航母。舰艇数量大幅度减少，海军的作战能力却大幅度提高，其中一个最重要的原因就是航空母舰的质量和性能有了革命性的提高。纲举目张。在美国海军的兵力结构中，航空母舰始终是一个龙头装备，所有的核潜艇、巡洋舰、驱逐舰、护卫舰和舰载机几乎都以航母为核心进行作战编成。航空母舰成为美国全球机动的海上基地和战略机场，成为美国打赢现代化战争的中坚力量，成为美国武力威慑、危机控制的快速反应工具。

航空母舰在太平洋战争中的杰出表现，让苏联人羡慕不已。战后苏联军队建设的第一件大事，就是大力建造航空母舰，与美国在公海大洋展开对抗和竞争。可惜，斯大林关于建造航母的重要指示，并没有得到他的继任者赫鲁晓夫的认可，他认为最应该发展的是导弹核武器，航空母舰只不过是个“活靶子”，是个“浮动棺材”。1962年古巴导弹危机后，苏联再次认识到航空母舰的重要性，从而决定发展航母。历经数十年，耗费巨额资金，终于发展了三代九艘航母。印度维克兰特号航母是英国在二战时期建造的，就是这样一艘航母，在印度服役了50多年后于1997年退役。反观苏联海军的基辅级航母，简直是惨不忍睹。首舰基辅号服役18年就退役，明斯克号服役15年后退役，这两艘航母退役后风吹日晒，无处安家，最终被中国民营公司老板买来，分别放在天津和深圳作为海上景观。它们就像是两匹昔日驰骋疆场的战马，突然间失去了嘶鸣和咆哮，更没有了奔腾，而是被铁链牢牢地禁锢在异国他乡的海滩，万般无奈地哀鸣着。1988年开工的乌里扬诺夫斯克号排水量8万多吨，舰载机60多架，核动力推进，在技术和性能上已经非常接近美国的尼米兹级航母，美国对该航母的建造颇感紧张。天有不测风云。1991年12月苏联解体，之后这艘超级航母就像一个孤儿似的静静地躺在船台上，再也没有人去照料它。终于有一天，在美国密谋策划下，这艘最令美国人胆寒的超级航母，在乌克兰黑海造船厂（即尼古拉耶夫造船厂）被彻底拆除，威胁从此不再。

说起来，航空母舰是一种兵器，实际上它不同于坦克、飞机、火炮等一般性的兵器，它是大国利器，镇国之宝，没有这样一种兵器就很难成为一个强国。同时，航空母舰也是强国的名片，是炫耀国力、军力、科技实力的重要象征。在这方面，美国和苏联航母发展的道路就是明证。

我最早研究航空母舰是20世纪80年代初，屈指算来已有30多年。此间，我研究了世界航母发展的道路和途径。我在思考，为什么航母发展总是与大国兴衰有关？100年来，美国换了很多位总统，但发展航母的初衷一如既往，始终得以传承和发扬。反观苏联，发展航母就像坐过山车，一会儿上一会儿下，如此重大的国事居然像小孩子过家家，教训深刻。俄罗斯继承了苏联的传统，在发展航母问题上同样是左右摇摆，缺乏定力。2006年普京当总统的时候，宣布建造6艘大型航母。如今他当了总理，发展航母的事情便从此杳无音信。

我研究过无数的航母战例，站在战胜者的立场上，就会看到航母在战争中的巨大作用。如果站在战败者的一方，就会感到航母实在是太可怕了。在珍珠港战役中，短短几十分钟，数千条鲜活的生命就终结了。1944年11月29日，当时世界上最大的73000吨级航空母舰日本信浓号在濑户内海试航的过程中，被美国潜艇发射的4枚鱼雷命中，半小时后沉没。这艘航母出师未捷身先死，从未发射一枚炮弹，从未起飞一架飞机，甚至还没有正式参战就葬身大海。信浓号航母的两艘姊妹舰大和号和武藏号战列舰殊途同归，在美国航空母舰的凌厉攻势下，几乎未作任何反抗就沉没于海底。我在思考，这种世界上最大的杀人机器有没有克星，它的克星是什么？

我研究过航母和舰载机发展历程中的关键技术创新。爱迪生发明了电灯，瓦特发明了蒸汽机，贝尔发明了电话，乔布斯在苹果的边缘狠狠地咬了一口。1903年，莱特兄弟发明了飞机，100年前，伊利成为航母探索的先驱者。之后，航母和舰载机的关键技术绝大部分是英国人的发明。我在思考，为什么现代科技史上第一个吃螃蟹的总是美国人、英国人？早在70多年前英国人发明的蒸汽弹射器至今仍在使用，技术上从未进行较大的改进，但时至今日，其他国家居然没有一个能够山寨性制造。在航母发展问题上，亦步亦趋是多么的可怕，但科技创新又谈何容易？

百年航母

第十二章 印度：风雨坎坷航母路

印度海军是印度洋实力最强的一支海军兵力，也是战后亚洲唯一拥有航空母舰的一支海军力量。

可能是英国殖民地的缘故，也可能是英联邦国家的原因，印度对航空母舰总是情有独钟。1961年印度就拥有了第一艘航母，1986年又购买了第二艘航母，第三艘航母不用花钱买了，俄罗斯白送给它一艘。可就是这艘航母却怎么也让印度高兴不起来，反而添了一大堆麻烦，让印度叫苦不迭，大呼上当。

与航母打了半个世纪的交道，印度痛定思痛，决心自行研制和建造一型航母。想法很好，决心也很大，可一动真格的却发现航母建造非同小可，牵一发而动全身，这才知道建造航母原来是一个庞大的系统工程，必须统筹规划。

说起来印度拥有三艘航母，可是一艘太老，一艘住院，一艘还在船台上晒着呢！老航母等着退休；住院的航母还不知道何时出院，出院后能否痊愈也不得而知；在船台上的那艘航母刚刚开工才发现没有钢材，把钢材准备好了之后天知道还会缺什么？

“人有多大胆，地有多高产”，发展中国家毕竟是在发展中。自己造航母精神可嘉，但前进道路上究竟有多少凶险难以料知。

印度“摸着石头过河”的航母发展道路，很值得中国借鉴。

印度崛起的奥秘

一个人要有个性，如果没有个性就会是千人一面，像是一个模子克隆出来的一样。一个国家也是这样，要有自己的奋斗目标，有自己的治国方略，有自己的特色。这种特色，经常被我们描述为独立自主、自力更生；缩短战线、突出重点；有所为，有所不为。无疑，这是绝对正确的。印度的发展和成功，恰恰也是在这方面作出了最好的诠释。

一直以来印度把扩充军事实力当成争当世界一流大国的重要标志。印度始终致力于称雄南亚、控制印度洋，但跻身世界大国行列才是国家战略的终极目标。印度的政治领袖和战略精英深信，军事实力是取得大国地位的必要基础，外交必须以军事为后盾，军事必须以外交为补充，军事力量不仅是构成综合国力的重要因素，也是国家外交最可靠的王牌。为实现“控制印度洋，争当世界一流强国”的国家战略目标，印度高度重视军事力量的现代化建设，制定了到2015年成为世界军事大国的战略规划，大力推进海、陆、空三军转型。陆军：向战略打击军种转变；海军：向远洋作战型军种转变；空军：向航空航天型军种转变。

在国防和军队建设上，印度也有很多绝招，风格十分独特。国防政策向来独断专行、我行我素，给人一种“不管风吹浪打，胜似闲庭信步”，一股满不在乎、唯我为大的样子。半个多世纪以来，无论国际形势怎样变化，印度始终把国防和军队建设放在国家建设最重要的地位上考虑，即使是在经济最困难的情况下，也始终保证军费开支在亚太地区位居前茅。宁愿经济上缓慢发展，也要把有限的经费用来维护国家安全和国防建设。印度认为，如果不加强国防和军队建设，即使是经济再强大，也不会成为强国。相反，如果国防和军队强大了，军事实力增强了，即便是经济上落后一些，国家安全也会有保证，不会出现大的反复和动荡。

印度长期奉行以军事为龙头、通过壮大军事力量来震慑周边四邻、称雄南亚和控制印度洋的发展战略。在双边和多边关系上坚持实力外交的强硬政策，企图通过增强军事实力来提高国家威望，进而谋求地区霸权，逐渐发展成为一个全球性军事大国和南亚及印度洋地区性超级大国。印度是和平共处五项原则的创始国之一，在世界不结盟运动中有着举足轻重的地位，与东西方国家都保持着较好的关系，军事贸易和军事技术交流活动极

为活跃。在苏联和英国等西方各国的支持下，印度一跃而成为“世界第四或第五军事强国”，并已执牛耳于南亚和印度洋。其军队规模127万人，居世界第四位，空战能力继美国、俄罗斯之后居第三位，海战能力居世界第七位、印度洋第一位。印度的军费开支不断增长，20世纪末维持在100亿~130亿美元，近年来逐渐增长到200多亿美元。

印度在中印边境争端，克什米尔等问题上，从来都是立场强硬，固执己见。如果国际上反对声浪太大，就采取“明修栈道，暗度陈仓”的办法，稍有机遇，便一举搞定。例如，从20世纪70年代末开始，全世界100多个国家都在为限制战略核武器而努力，唯独印度有自己的想法，暗自发展核武器。这样的做法实属战略大忌，因为它是逆历史潮流而行的。但印度政府十分强硬，不管压力多大，决心已定，1998年5月还是冒天下之大不韪进行了核试验，因而迅速成为世界核大国。1999年8月17日，提出建立陆基、空基、海基三位一体的战略核力量。2003年1月，正式全面出台核政策框架，成立核指挥机构及其直属战略部队司令部。

在武器装备发展方面，坚持多渠道引进和自行研制相结合。印度是英联邦国家，武器来源可多元化，从英国和西方英语国家都可以获得装备，加之印度与苏联曾签有友好条约，所以与俄罗斯的关系也非常好。由于印度在意识形态、国家防卫政策、军事战略和武器装备发展等方面不可能对西方和俄罗斯构成军事威胁，因而这些国家出售给印度的装备基本上在先进性方面不必担心，这样，印度就可以引进许多的外国装备和技术。比如，俄罗斯出售给印度的装备是最先进的，在性能上也是对外军售装备中唯一最优良的；在近程、中程、远程和洲际弹道导弹的发展和研制方面，在航天卫星及核武器研制方面，也得到俄罗斯无私的全面的技术支持；苏联曾经将绝密级核潜艇租借给印度海军，以帮助其自行研制核潜艇；俄罗斯在经济十分困难的情况下，将戈尔什科夫海军上将号中型航空母舰无偿赠送给印度。印度军队70%装备是苏制和俄制，在空军中这一比例占80%，在海军中则占85%。

在军队建设上，印度从不采取撒胡椒面的办法，而是从20世纪70年代开始，每十年侧重建设一个军种。先是陆军，再是海军，90年代侧重发展空军，21世纪重新加强海军，在此基础上，重点配套发展电子信息装备和精确制导武器。这些做法，既突出了重点，又利于集中优势在一个军种形成强大的战斗力，从而大大提高了军费的使用效益。当各军种都形成强大战斗力之后，开始用系统集成的观念来全面整合，形成总体作战能力和一体化攻防能力。

印度是一个次大陆国家，海岸线较短，只有6000公里，由于半岛次大陆向海洋大面积前伸的特殊地理条件，使之岸防和岸基兵力完全能发挥极好的防御作用，从维护国家安全需要来看不应再大兴海军。目前，其舰艇数量和吨位已居世界第十位，海军总兵力居第七位，已成为印度洋沿岸最强大的一支海上劲旅，在亚洲海军中名列前茅。印度历史上曾是个海洋强国，后来由于忽略海洋而沦为殖民地达两个世纪之久，两次世界大战中并无作为。自1947年建军至1965年时，因国家重陆轻海，海军战绩平平，连连失利。1966年以后，政府在政策上给海军以明显的倾斜，使印度海军航空母舰数量增至两艘，在印巴战争中出奇制胜，在几次危机时能够快速反应。印度海军建设的主要经验有五个：一是国家把发展海军作为一项重要国策，并积极支持航母的发展；二是军队内部自行调节，突出航母发展这个重点；三是海军以航母为纲，狠抓配套舰艇和相关装备的同步建设；四是海军不负责近岸防务，能够集中有限的财力、物力发展大中型作战舰艇进行中远海域作战；五是利用英联邦国家的有利条件，从英国获取廉价的航母、舰载机等装备技术。在海军建设中，紧紧抓住发展航空母舰这个核心，从而起到纲举目张的作用。由于拥有航空母舰，从而带动了整个海军武器装备的协调发展，使其兵力结构相对均衡、精干，且威慑力大、战斗力强，目前印度海军已成为印度洋最强的一支海上力量。

购买英国航母

英国是世界上最早发展航母的创始国之一，英国航母建造技术名列前茅，英国的航空母舰质量上乘，作战效能很高，而且经历了两次世界大战的战火锤炼。印度曾经是英国的殖民地，1947年印度独立后仍然属于英联邦国家，因而在国防建设方面得到英国的大力支持和援助，印度军队的武器装备很多都是英国制造。作为英国的殖民地，印度海军建军伊始就养成了使用航空母舰的习惯，当时恰好是大英帝国衰落的年代，所以，印度以极其低廉的价格，从英国购买了两艘轻型航空母舰：维克兰特号和维兰特号。

维克兰特号原为英国尊严级轻型航母中的第五艘赫克利斯号，于1943年10月12日开工，1945年9月22日下水。由于此时“二战”已经结束，所以英国于1946年5月停止建造该航母，已完工75%的航母被搁置在船台上。1957年印度决定购买后，英国于当年4月重新开工，并对其进行了大幅改装，加装了斜角甲板、蒸汽弹射器，改造了岛形上层建筑。1961年3月4日，印度海军在北爱尔兰首府贝尔法斯特举行了赫克利斯号的入役仪式，同年11月3日驶回孟买，并重新命名为维克兰特号，舷号R-11。从此，印度成为战后第一个拥有航母的亚洲国家。

维克兰特号航母标准排水量15700吨，满载排水量19500吨，舰全长213.3米，宽24.4米，飞行甲板长210米、宽39米，吃水7.3米。主机为2台蒸汽轮机，总功率4万马力，双轴，最大航速23节，续航力约1万海里/14节，舰员编制1340人。舰上最初搭载英国海鹰战斗轰炸机和法国贸易风反潜机，配16门(后减为8门)40毫米舰炮。1971年，以该航母为核心的战斗群参加了第三次印巴战争，30多架舰载机先后出动4000多架次，控制了战区制空、制海权，舰上的海鹰战斗轰炸机和贸易风反潜机成功的袭击了东巴海港及军事基地，并对巴海空进行了成功的封锁。共击沉巴海军舰只8艘、击伤数艘，击沉商船42艘，还成功地执行了海上封锁任务，共炸沉、俘获巴商船43艘。“维克兰特”梵文的意思是“胜利”，该航母在这次战争中的杰出表现，证明其名副其实，充分展示了航母战斗群在现代战争中的政治和战略威慑作用，也进一步坚定了印度海军发展航母战斗群的决心和信心。

印巴战争结束后，维克兰特号航母经历了数次大规模改造。1979年，该航母进行首次大规模改装，对舰艇进行了全面大修，并对部分设备进行更新。1982年，该航母的防空、反潜系统做了更新，安装了8门火炮及1部拖曳式鱼雷诱饵系统，从而使其防空反潜能力得到了增强。为增强航母的空中作战能力，1983年采用多用途海鹞飞机取代原先的海鹰飞机，1984年安装了滑跃式飞行甲板，同时保留了原有的蒸汽弹射器，使该航母能同时使用常规起降和非常规起降的固定翼飞机，可搭载6架英制海鹞式垂直/短距起降战斗机、9架海王式反潜/反舰式直升机。1987—1991年，印海军再次对其进行了现代化改装，拆除了蒸汽弹射器，加固了滑跃式飞行甲板，1989年贸易风反潜机退役后，开始携载6架海鹞战斗机和9架海王反潜直升机。1997年1月，维克兰特号在服役了36年之后正式退役，被改建成纪念舰，于2002年1月正式开放供民众参观。

维克兰特号作为印度海军的第一艘航空母舰，最重要的价值是解决了有无问题，使印度海军官兵能够利用这样一艘真正的航空母舰进行海上练兵，从而培养了一大批航母操纵的舰员和舰载机起降的飞行员，积累了比较丰富的航母作战、使用、维护的经验，这是其他没有航母的国家所望尘莫及的。

印度从英国购买的另外一艘航母是维兰特号，原为英国海军半人马座级航母的最后一艘竞技神号，始建于1944年6月，1959年11月竣工服役，1982年马岛战争中，曾担任英国海军特混编队的旗舰，为英军夺取战区制海制空权，确保英军海上封锁和两栖登陆作战的胜利起了关键性作用。1986年5月印度海军以2500万英镑的价格购买，1987年5月正式加入印度海军服役，并成为西部舰队的旗舰。维兰特号航母标准排水量23900吨，满载排水量为28700吨；舰体总长226.5米，飞行甲板最大宽度48.78米，吃水8.8米；全舰共设有2台升降机，舰体前部左舷和舰体中部各一部，提升能力为20吨。动力装置为2台蒸汽轮机和4台锅炉，双轴推进，总功率76000马力，最大航速28节，最大续航力6500海里/15节，舰员1350人。

印度维兰特号航母

印度在购买时在英国耗资5500万英镑对其进行了现代化改装，主要是更新了火控系统、飞行导航雷达、舰载机助降设备；加装了CAAIS数据链、2座干扰箔条发射器；加厚了飞行甲板，滑跃式飞行甲板坡度增加到12度；弹药库和动力舱加装50毫米厚装甲；换装了海猫防空导弹发射架和2座20毫米单管炮；并增加了核生化三防设施。为配合航母使用，印度还进口了29架海鹞式垂直/短距起降战斗机，其中双座教练型海鹞战斗机6架，分两批轮流搭载在维兰特号航母上使用。为延长其使用寿命，1999年5月，维兰特号开始了为期2年的现代化改装，重点是更新陈旧设备，换装了印度自行研制的数字式声呐系统等先进电子设备，加装了从以色列引进的巴拉克垂直发射舰空导弹系统。经过改装后的维兰特号于2001年6月重新服役，计划于2010年左右退役。

俄罗斯赠送航母

1997年，印度维克兰特号航母退役，老态龙钟的维兰特号也越来越不适应印度海军的需要。为了保持2艘航母以达到控制印度洋的目的，印度海军开始寻求新的航母。由于既缺乏航母建造技术，又缺乏充裕的国防经费，印度只能选择购买二手航母以充门面。首先，印度瞄上了英国的无敌号轻型航空母舰，该舰满载排水量20000吨，可携载海鹞式飞机和海王式直升机，载机方案、使用原则和技术标准与印度海军现役航母相同，如能购买不仅能够满足印度海军的迫切需求，而且可以节省大量的训练和维护经费，使用起来也更加得心应手。可惜，英国无敌号航空母舰继续留作自用，无意出售。

在这种情况下，印度决心自行研制和建造第一艘航空母舰，论证研究工作全面启动，承建单位科钦造船厂的基础建设项目也相应启动。1998年7月，印度政府决定正式建造第一艘国产航母，标准排水量确定为20000吨级，准备携载20架作战飞机，造价约7.5亿美元，该艘航母将于10年后的2008年服役。就在此时，俄罗斯找上门来，希望印度海军考虑一下基辅级的戈尔什科夫海军上将号中型航空母舰。

当时俄罗斯政治外交举棋不定且四面楚歌，经济处于十分困难的境地，军事上一蹶不振，2艘基辅级航母被出售，1艘基辅级和2艘莫斯科级

斯坦尼斯号航母

相继被拆解。戈尔什科夫海军上将号航母部署于北方舰队，基本上没有执行过什么作战训练任务，长期在港疗养，1994年2月2日航母锅炉发生爆炸，造成主机烧毁并引发大火。自此之后就一直在摩尔曼斯克军港的造船厂修理，1996年归队后再度成为俄罗斯北方舰队的旗舰。由于其舰载机雅克-38M已经退役，雅克-141因缺少经费而暂停研制，此时的戈尔什科夫号处于有舰无机的尴尬境地，只能搭载卡-28直升机，如果是这样，就意味着戈尔什科夫号不再是重型航空母舰，而只是一艘反潜直升机航空母舰。

同时，由于俄罗斯经济继续恶化，每年全军的军费总额只有四五十亿美元，俄罗斯海军根本无力负担每年2000多万美元的航母使用、维护和保养费。因此，俄罗斯决定该航母提前退役。美国航空母舰一般要服役50年以上，阿根廷、巴西等国的航空母舰也都服役三四十年以上，戈尔什科夫号仅仅服役了10年就提前退役，这对印度海军而言是一大诱惑。1997年开始，俄印双方进行了长期而艰难的谈判。

经过长期艰苦的谈判，双方在价格问题上一直存在很大分歧。1999年初，印度海军高级代表团赴俄实地考察航母。2000年10月，俄总统普京访问印度，提出俄罗斯将戈尔什科夫号航母赠送给印度，但条件是航母必须

卡尔·文森号航母

在俄罗斯改装，并购买俄制舰载机。随后，双方对改装成本、技术等全方面进行了谈判，直到2003年12月达成《转让戈尔什科夫号航母的协定》，2004年1月才由双方的国防部长最终敲定这笔价值15亿美元的交易，其中，购买12架米格–29K舰载战斗机和4架米格–29教练机8.23亿美元。整个改装工程的工期为52个月，预计2008年完工，在此期间，戈尔什科夫号的70%的设备需要维修、拆除、更新。2004年6月，北方机械制造企业为改装工程首批就订购了35000吨的金属轧件。而且，有关戈尔什科夫号的合同并不仅仅涉及航母本身，工厂还要对印度技术人员和舰员进行培训、负责航母在印度海军服役所必需的岸上保障设施的设计与施工以及在物资技术保障方面进行支援，并在航母的整个服役期内向印度海军提供伴随保障。

戈尔什科夫号改装时，由于原动力系统基本瘫痪，必须进行较大的改进，预计原有的8台老锅炉将被全部更换。印度在2004年已经向俄罗斯的波罗的海造船厂购买了9台改进型锅炉，首批2座于2005年8月交付。关于发电机，印度海军已经决定购买芬兰一家公司生产的柴油机，作为戈尔什科夫号将来的发电机组。

由于戈尔什科夫号航母是一个“四不像”，不伦不类，一半功能属于重型巡洋舰，火力很强大；一半功能是航空母舰，有直通式飞行甲板。印度改装的一个重要目的是加长飞行甲板，达到类似库兹涅佐夫号所提供的飞行能力，允许像米格–29K这样的常规起降飞机进行起降。为此，首先要做的是将与航母关系不大的系统拆除，具体方案为：原有多功能相控阵雷达系统被拆除，换装其他雷达。此外，岛形上层建筑前面的6座双联装SS–N–12沙箱反舰导弹发射装置、SA–N–9克里诺克舰空导弹发射装置、2座单联装AK–100型100毫米舰炮等都将被拆除，舰首部整体布局更加简洁，有更大的空间停放舰载机。改装后，将装备6座CADS–N–1弹炮合一近防武器系统。

岛形上层建筑左侧的长18.9米、宽10米的升降机升降能力提升到30吨，后部长18.9米、宽4.8米的升降机保留20吨的升降能力。机库空间较小，仍为长130米、宽23米、高6.6米，可容纳13架米格–29K飞机和4架直升机，甲板上可停放11架米格–29K战斗机。改装后，该舰满载排水量45400吨，舰长280米；起飞甲板长195米，舰首设滑跃甲板，有2条跑道，着舰甲板长198米、宽22米，舰尾设3道拦阻索；搭载舰载机34架，其中米

格-29K战斗机21架，卡-28反潜直升机和卡-31预警直升机13架，或者战斗机25～28架，直升机5架。

印度在与俄罗斯签订购买戈尔什科夫号航母合同的同时，选中了米格-29K飞机作为舰载机。从经济角度和实用性看，印度的选择还是十分恰当的。印度打算购买50架米格-29K战斗机，以保持在戈尔什科夫号入役后有2个可换防的飞机编队。专为印度改造的戈尔什科夫号航母舰载机米格-29K，以陆基米格29SMT战斗机为基础，改为舰载型，在武器系统方面作了较大改进。为延长舰载机留空时间，印度向乌克兰或俄罗斯寻求购买空中加油机，印度计划将一些米格-29K改为空中加油机。除米格-29K外，俄罗斯还要向印度提供卡-28舰载反潜直升机及卡-31预警直升机。印度海军引进该舰后采用古印度超日王的名字将其命名为维克拉姆帝亚号。

2008年，俄印协定中规定的戈尔什科夫号航母完成改装、正式交付印度海军的时间到了，但俄罗斯的改装工程连一半都没有完成，印度对此非常气愤，要求俄罗斯对此进行解释。俄罗斯给出了三个理由：一是项目仓促上马。由于当时俄罗斯经济困难，造船厂没有业务，航母急于出手，所以没有经过认真、细致、科学的技术和经济评估就把这个事情确定下来了，属于决策失误。二是预算经费严重不足，合同价格明显偏低，从而造成工程进度严重滞后。原来合同规定的15亿美元中，9.7亿美元用于修复1994年火灾破坏的船体，5.3亿美元用于舰载机，现在要求增加的12亿美元是用于购买航母的发动机和锅炉。三是国际汇率调整，造成费用上涨。2008年6月，俄印双方重新谈判和确定合同价格，最终印度确定再增加12亿美元投资，俄罗斯保证，从北德文斯克船厂28000名员工中调集1200名员工集中进行航母改造工作，从2010年开始为期18个月的海试，于2012年交付使用。

2004年1月29日，印俄签订了15亿美元合同，其中戈尔什科夫号航母费用9.74亿美元，其他为舰载机费用。合同签订后，俄罗斯开始实施“钓鱼工程策略”，一方面拖延改装进度，另一方面不断地诉苦提高要价，一开始要求增加3.5亿~4亿美元，到2007年11月要求增加12亿美元，使该航母价格攀升到22亿美元。2009年1月，俄罗斯要求再增加7亿美元，这意味着戈尔什科夫号航母总要价达29亿美元，这几乎是原合同中戈尔什科夫号航母费用的3倍。

自行建造航母

早在20世纪80年代，印度海军官员就曾提出自造航母的计划。当时，印度海军认为，使用和维修航母已有30年的经验，在此基础上自行研制和建造航母应该没有什么太大的问题，所以就开始着手进行论证研究。没想到一入手就碰到大量技术难题，印度当时的技术能力和舰船建造能力只能建造四五千吨级的舰艇，缺乏大型舰船的建造经验和设施，因而难以担当此项重任。于是，印度便于1989年委托法国著名的DCN设计局为印度设计了一种排水量25000吨的航母，初步确定由印度的科钦造船厂自行建造。印度政府宣布了一项建造2艘航空母舰的计划，其中第一艘用来取代维克兰特号航母，第二艘用来取代维兰特号航母。同年，印度与法国DCN造船局签订了建造航空母舰的协定，规定排水量25000吨、航速30节，建造地点设在科钦造船厂。后来，由于印度国内政局不稳，自制航母计划几经更改后被迫下马，第一个自行研制和建造航母的方案流产。

1991年印度人民院国防委员会正式通知印度海军必须放弃建造大型航母的安排，转而采取类似意大利加里波第号轻型航母的方案，原因很简单：没有钱！1993年9月，印度海军再度向国防委员会呼吁到2000年实现国产型航母下水，但最终不了了之。其后，印度又将国产航母方案变成17000吨级的“防空舰”，但仍然是困于资金不足而难以开工。1997年7月的南亚陆海军防务展上，印度推出了一种“防空舰”概念。模型显示该舰排水量32000吨，采用滑跃式斜角飞行甲板，设有2个蒸汽弹射器，拦阻降落，舷侧设有2台升降机。1999年5月，印度议会批准了自造轻型航母的计划，并计划新航母将在2010年左右建成，印度海军将其称为“防空舰”航母，并命名为蓝天卫士号。同年6月，内阁安全委员会致函海军总司令部：“政府认可建造标准排水量32000吨航母的计划。”随即，海军总司令库马尔大将宣称：“新型航母将由科钦造船厂建造，建造费用约为200亿卢比（3.6亿~4.7亿美元）。由于这是印度最大的舰艇建造项目，所以将为科钦造船厂拨款5000万卢比用于改造基础设施。”同时，科钦造船厂厂长兼董事会长、退役海军少将玛西说:“新型航母将于2003年开工，2009年进行海试。”

2001年，印度科钦造船厂公布了新型航母的基本技术性能，新航母排水量32000吨，采用滑跃甲板，为短距起飞拦阻着舰型，其岛形上层建筑与1999年展出的模型有所差异。舰载机使用俄罗斯米格-29K、国产LCA、英国海鹞以及多型直升机。在舰首和舰尾分别设置滑跃起飞甲板和拦阻着舰装置，舰右舷上层建筑顶部设有电子战设备桅杆和三坐标雷达，以及主机的烟囱。岛形上层建筑前后各有1部升降机，后部升降机附近设有武器升降机。该设计最大的特点是起飞甲板和着舰甲板呈X形配置，从升降机的位置和不装弹射器来看，必须高度控制起飞和着舰飞机，否则很难同时进行起飞和着舰。2001年4月11日，内阁安全委员会对新型航母重新启用“防空舰”的称谓，并批准在科钦造船厂建造3艘。2002年2月，印度海军参谋长马达文德拉·辛格称防空舰的整个建造过程需8～10年时间，这艘32000吨级防空舰的长度大约为250米，最高航速32节，舰上人员为1500名。

2004年，印度国防部与意大利芬坎蒂公司签署了有关新航母设计的合同，此前曾与法国DCN和西班牙伊桑等公司也进行了接触，但印方最终还是选择了曾经建造加里波第号航母、具有新航母加富尔号设计经验的意大利公司。芬坎蒂公司同时与科钦造船厂签订了两项具体合同：一是关于综合设计和主机搭载的合同，一是关于辅机和电力作业设计图。合同有效期为2年，在合同中还加进了芬坎蒂公司为印度科钦造船厂培养专家的条款，可见意大利在防空舰完成之前将持续为印度提供技术支持。2004年，印度国产航母的设计接近完成，航母建造准备工作在南方科钦造船厂顺利进行，开始切割钢材。

2005年4月11日，印度举行了隆重的自建航母开工仪式，被印度海军称为“71号工程”的蓝天卫士级航母正式开工，预计2012年服役；该级第二艘航母预计2018年服役；该级第三艘航母预计2024年服役。可惜，由于准备工作不充分，锣齐鼓不齐，拖了一年半还没有真正动工。2005年11月，印度提出与俄罗斯联合开发新一代航母舰载机，根据两国签订的协议，2007—2009年俄罗斯将向印度提供12架米格-29K战斗机、4架米格-29K教练机，并附带两种机型的备件。根据印度海军的要求，俄方对米格-29K战斗机进行了改装，主要是减轻了重量，并缩短了滑跑距离。

蓝天卫士号航母标准排水量37500吨，满载排水量超过40000吨，安装4台印度仿制美国的LM2500燃气轮机，舰长252米、宽58米、吃水8.4～12

米。仍然采用滑跃起飞模式，飞行甲板全长174米，可搭载12~24架舰载机，备选机型有12架米格-29K，8架印度国产LCA光辉海军型战斗机，10架直升机，1400名舰员，采用2部升降机。舰载武器主要有印度国产的近程舰空导弹，在舰首右舷和舰尾左舷各有1座垂直发射装置，在舰岛前部外飘处和舰尾两舷各布置了1座76毫米舰炮。

2009年2月28日，印度第一艘国产航母铺设龙骨，预计在2012年完工、2013年下水、2014年正式交付海军使用，70%的建造工作由印度自行完成，航母造价从原来预算的6亿美元上涨到约8.05亿美元。印度国防部长安东尼透露，印度将开工建造第二艘国产航母。这艘国产航母中大部分设计和材料都是印度自行解决，国产化率可以达到70%。印度曾计划从俄罗斯购买建造航母需要的高强度钢材，但俄方未能及时提供材料导致计划搁浅，印度随后决心使用国产钢材。印度科钦船厂表示，第一艘国产航母总共需要1.8万吨钢材，目前有8100吨已经准备好。据安东尼介绍，印度第二艘国产航母排水量将更大，吨位可能达64000吨，而且可能采用核动力。

游走在梦想与现实之间

“造船不如买船，买船不如租船。”这话对于印度而言，应该说是十分贴切的。就像一个工薪族，自己盖豪宅根本不可能，但买一栋经济实用的房子还是可以的，如果不买租一套房子也可以，但如果自不量力，硬是砸锅卖铁、勒紧裤腰带花钱盖豪宅，那就要承担相当大的风险。要知道，豪宅不是盖完了就能够居住的，还要装修，购置家具，周围道路、绿化、煤气、电路、上下水等都要配套建设，日常的维修也要花不少钱。印度是一个发展中国家，贫穷落后，很多人食不果腹，军费开支只有一两百亿美元，捉襟见肘，工业制造能力很差，尚处于半机械化状态，在这种情况下，拥有航母无疑是一种超级奢求。

印度是一个非常奇妙的国家，虽然国家贫穷但心气很高，刚刚独立建国就购买了一艘航空母舰，这种情况非常少见。印度虽然处于一个次大陆的地理形势，但历史上并不是一个海洋大国，没有悠久的航海传统，但不知道为什么，自从独立后就迷上了航空母舰，总认为只有航空母舰才能抒发印度大国的情怀，只有航空母舰才能展示印度大国的力量。因此，印度

发展航母走上了一条不归路。纵观美国、英国、苏联，在发展航母问题上都曾经有过重大争论，但印度很奇怪，从来没有人反对发展航母，全国上下一条心，再穷也要造航母，印度航母可真成了一道惨淡的风景线。

印度从英国购买的2艘航母，建造质量、装备可靠性和可维修性都很好，购买价格也非常低，印度在使用过程中没有过多地操心，因此对发展航母看得比较简单，决策比较轻率。俄罗斯转让的第三艘航母让印度操碎了心，也伤透了心，本来想捡个便宜，但没想到便宜没好货，第三艘航母最终成为鸡肋，成了一块烫手的山芋，扔了心疼，要了添堵。自己建造的40000吨级航母，最初预算6亿美元，2009年增加到8亿美元，就算在原价基础上再翻一番也只有12亿美元。戈尔什科夫号航母变成维克拉玛蒂亚号航母之后，印度至少要掏34亿美元，而且要花费8年时间。从这个项目中可以看出，印度的专业技术人员是多么缺乏水准，印度的高层决策人员是多么缺乏战略决策能力。

航空母舰是大工业的象征，是综合国力的缩影，从某种意义上来讲，也是发达国家和工业化国家的专利。如果一个国家的工业制造能力、船舶制造能力、电子信息产业能力和钢铁冶炼能力没有达到相当高的程度，光凭一股热情大干快上搞航母，那是要付出惨重代价的。美国、英国、日本、法国、俄罗斯等航母大国，都是在具备了上述基础条件之后才开始建造航母的，尽管如此，它们也遇到了很多困难和问题。

印度是一个发展中国家，基础设施建设、工业制造能力、船舶制造能力和钢铁冶炼能力都很差，在这种情况下就贸然决定自行研制和建造中型航空母舰，力不从心，风险太大。虽然印度从1961年开始就拥有航空母舰，在航空母舰的使用、维护和舰载机起降方面也培养了大批人才，积累了大量经验，这对于自行研制和建造航空母舰无疑具有很重要的参考价值。但是，一个长期在五星级大酒店居住的客人，很难因此而具备自行设计和建造一流五星级大酒店的能力。使用航母的人是印度海军官兵，而研制和建造航母的人则是船舶研究院和造船厂的工程技术人员，要把他们的聪明才智和奇思妙想转化为一艘航空母舰则需要精密的计算、巧妙的设计、数万吨高质量的钢铁和数十万公里长的各种线缆，这一切都必须依赖于成千上万个部门的相互支持和共同协作。在这些方面，印度做得很不好，统筹能力很差，经常反过来调过去来回折腾，2009年都铺设龙骨了，才发现用来建造航母的钢材还没有着落！说到底，航空母舰就是用钢铁堆起来的，没有准备好钢材造什么航母！二是开始抓狂，满世界寻购2万多吨钢铁，最终不得不集中全国钢铁制造业来攻关。

航空母舰是一个很大的系统工程，由成百上千的分系统构成。船大难掉头。启动这样一个项目很难，一旦启动起来，要想停下来或者取消这个项目，则要付出惨重的代价。印度是一个发展中国家，造航母就像是盲人摸象，一切都在黑暗中摸索。最初认为航母吨位最大不能超过2万吨，因为印度最大的造船厂也只是建造过五六千吨级的驱逐舰，一下子建造20000吨级的航空母舰难度太大。这种循序渐进、实事求是、不急于求成和稳扎稳打的想法很好。但是，当20000吨级航母的图纸设计完成、工程即将开工之际，高层决策却发生了变化，认为印度是一个大国，将来不仅要在印度洋称霸，还要前往太平洋炫耀武力，怎么可以建造这么小的航母呢？

一朝天子一朝臣，换了领导就要换思路，新官上任都要烧三把火，印度航母于是开始向中型化发展，40000吨级航母呼之欲出。全世界反复被告知，印度自行研制和建造的航空母舰将于2000年服役，可一次又一次地被推迟，直到2009年初才铺设龙骨，这一次被告知的服役时间是2012年！非常遗憾，刚刚过了几个月，就又改口，说是2014年才能服役。蓝天卫士就像是天上的云彩那样多变，天知道何年何月才能服役。20多年过去了，印度发展航空母舰的事情就像是一个接一个美妙的故事，在坊间被传来传去，而且一会儿一变，让人一头雾水。航空母舰是一种重要武器装备，它的建造和服役是军队战斗力的象征，是一种威慑力的集成，如此朝令夕改，一推再推，如何取信于民，如何震慑于敌？

梦想是一种虚幻和感觉，把这种美好的梦想变为现实，则需要作出巨大的努力。印度的泰姬陵是世界七大奇迹之一，它就是印度国王梦幻与现实的美妙结合。细节决定成败，于细微处见精神。印度戈尔什科夫号航母的改装和蓝天卫士号的建造之所以一波三折，来回翻烧饼，最主要的原因还是一种民族精神、民族文化、工业能力和基础设施水平。在这些方面，我曾经有过实地考察的经历，通过这些细微的观察，可以管窥出印度造航母的难处和茫然。

忍饥挨饿造航母

印度，是一个神奇的国度，就像它的宗教、电影那样充满了玄机和奥秘。对于国人来说，一提到邻国印度，人们可能立即会用人口众多、经济落后、饥饿贫困、科技欠发达、军事实力不足等概念来描绘它，如果说有什么让人们感到震撼的，大概就是印度兴旺发达的宝莱坞电影产业了。

印度人口11.66亿，是仅次于中国的世界第二人口大国，国土面积宣称为328万多平方公里，居世界第七位。印度经济十分不景气，多年来推行赤字预算以刺激经济发展，国内债务累计占国内生产总值的80%，庞大的赤字已成为经济中主要的不稳定因素。2007—2008财政年度，印度财政赤字约合373亿美元，占GDP比重3.3%。2007年，外债为1805亿美元，占GDP的23%。

吃饭问题仍然是印度面临的一个重要问题，2005—2006财政年度，人民识字率为67%，贫困率为27%，全国有3亿多人口生活在贫困线以下。人多、地少、经济落后、工业基础很差，特别是与西方发达国家相比差距就更大。到过印度的人们通常会发现这样一种奇特的现象：饥饿贫困的人民与富庶的大亨们形成鲜明对照，满大街都是要饭的乞丐，但拥有香车豪宅的大款们却比比皆是。尽管如此，忍饥挨饿造航母却成为印度各界的一种共识。

THREE

第三篇

大国崛起话航母

中国人的航母梦做了80多年，为了圆梦，从澳大利亚购买了1艘墨尔本号退役航母，从俄罗斯和乌克兰购买了3艘报废航母，上海和山东滨州还建造了2艘水泥航母，世界上还没有一个国家像中国这样对一种武器装备充满了如此大的期待，如此情有独钟！

其实，航空母舰就是一种武器装备，可是人们对这种装备的期望值太高，它已经被神化为大国走向强国的标志，战无不胜的希望！走下神坛的航母是什么样？当我们对航母充满期待的时候，曾经想过大国衰落也是航母造的孽吗？条条大路通罗马。每个国家的国情不同，航母发展道路也各异，从历史的角度纵向回顾和反思各国航母的发展道路及发展途径，对于中国航母的发展总会有所裨益。

2008年8月8日，世界奥运会开幕式在北京鸟巢体育场举行。各国运动员高举国旗，在中华人民共和国国歌声中依次入场，我们听到解说员在讲解每一个国家的概况，其中，有些国家我们好像从未听说过，因为面积很

小，人口不多，整个国家才只有几万人，要知道，那天晚上在鸟巢现场可是坐了10多万人！比赛开始，很多国家的运动员在自己的运动生涯中还是第一次穿上跑鞋，第一次在如此巨大的体育场参加比赛。而这一切，对于美国和中国运动员而言却早已司空见惯。在那一刻，鸟巢，毫无疑问地成为第三世界国家认识中国的重要标志，他们一定会把鸟巢与中国崛起，与大国富强结合在一起去思考。

在鸟巢之前，中国的世界性标志是万里长城。万里长城被列为世界七大奇迹之一，传说是航天员在外层空间能够看到的唯一一个地球上的人工建筑。无论如何，万里长城都是中国人民抵御外敌入侵和聪明才智的结晶。但是，长城仅仅是用来防御的，看看中国的长城就知道，中国并不是一个进攻性的国家。从古至今，中国都只是防御，从来没有进攻过别人，长城就是历史的见证。中国拥有航母，强化本国的积极防御战略，将加强维护海洋主权与权益，使万里长城更为牢固。

第十三章 中国崛起的根基在海洋

中国是世界上最早拥有海军和最早创新船舶建造技术的国家之一，也是世界最早的航海大国之一。18世纪欧洲工业革命以后，西方海洋强国开始殖民掠夺，两次鸦片战争的沉痛教训，使清政府明白了一条真理：没有一支强大的海军舰队，就不能建立起一个强大的国家。李鸿章开始建立北洋水师，七镇八远等超级巨舰威震八方，北洋海军迅速崛起至亚洲第一、世界第九。但是，好景不长，中日甲午一战，强大的北洋舰队全军覆没，李鸿章亲赴日本马关签订了丧权辱国的不平等条约，首开割地赔款之先例。帝国主义的坚船利炮先后470多次闯入中国的沿海和内河，失去海上防线之后的中国，完全处于任人宰割的悲惨境地。

痛定思痛，孙中山先生深刻认识到：中国问题的核心是海洋问题，海洋问题的核心是海权问题，只有控制太平洋的海权，中国才能够崛起为世界强国。把国家命运与海权问题联系在一起，这是中国人觉醒的重要标志。可惜，那是一个短暂的辉煌。很快，中国又陷入连年的战乱之中，海洋、海权统统被抛在了脑后。“黄色文明”和陆地厮杀使我们在相当长的一段时期内忘记了海洋，远离了蔚蓝！

大国崛起的根基在海洋，世界所有的发达国家都是海洋国家，世界上几乎所有的发达城市都是沿海城市，海洋是国家经济发展的基础和命脉。中国是一个大国，但还不是一个强国，因为国家尚未实现统一，海域被侵犯、资源被掠夺的现象十分严重。于是，海权再次成为国人关注的焦点。一个没有海权的中国，一个不能控制海洋的中国是绝对不会跻身于世界强国之林的。

海洋强国在东方崛起

海洋是人类文明的摇篮。地中海、太平洋和印度洋孕育了古埃及、古中国和古印度等古老的人类文明。大约在4700年前，古埃及人就开始用木材来造船，地中海沿岸的古希腊、迦太基、古罗马人也纷纷仿效，所以造船业逐渐在地中海一带流行开来。到公元前5世纪时，地中海沿岸的一些海上文明古国已经能够建造像样的战船来进行海战。当时的战船有单层、双层、三层之分，船首装有铜或铁造的冲角、弩炮和弹射器，用来发射石弹或箭，后来便可发射燃烧弹和燃烧的火球。古希腊在公元前5世纪建造的战船被认为是当时最大的战船，它能够载重250吨，设有2~3层桨和多种帆，能够桨帆并用，所以作战中机动性很强。

古代中国是一个航海业最发达、最早拥有海军的国家。古代中国的造船业比地中海沿岸国家的造船业还要发达。早在春秋时期（前770—前476）中国就开始建造大型战船，当时的诸侯国已有170多个，濒江沿海的楚国、齐国、吴国和越国的造船和航海技术较为发达，不仅能够建造很大的楼船，而且组建了独立的水军和舟师，能够在江河和近海沿岸进行一定规模的作战行动。有记载的最早的海战是吴国和齐国于公元前485年在黄海进行的黄海海战，当时吴国率舟师进攻齐国，两国在黄海海面展开激烈海战，结果吴国战败。

大唐王朝，政治清明，经济繁荣，造船业相当发达，在船上开始使用铁兵器和投射兵器，而且建造了配备刀、枪、弓箭的车轮船，指南针开始装备舟师进行远航，从而使战船的机动力和战斗力有了很大提高。唐朝受益于海船的发展，当时中西海上往来已相当频繁，开通海上丝绸之路是那个时期的一大创举。宋代造船业进入鼎盛时期，能造远洋巨型海船，每年造船3000艘，当时的造船技术和航海技术都领先于西方，用指南针导航，用尾舵掌握航向，利用风力提高航速都是那个时代的重大发明。

元代除陆上扩张外还十分注重海上扩张，其外海远洋航线已达140多个国家，海上作战能力和规模已达到相当高的水平。除发明了航海罗盘和火药外，从12世纪开始船上已经能够装备火炮，具有较远距离的攻

击能力。1260年，成吉思汗的孙子元世祖忽必烈即位后极力拓展疆域。1270年，赶造战船5000余艘，训练水军将士70000余人。1273年，又造战船2000余艘，训练水军约6000人。到1274年，终于派遣1000余艘战船和25000名将士从朝鲜半岛出发，第一次东征日本。在对马、九州等岛屿登陆之后，直逼福岗及佐贺附近海湾，因遭遇台风，损失战船200余艘，人员13000多人。1281年6月，又聚集战船4000余艘，水军14万余人，分兵两路，再征日本。不料又遇台风袭击，损失惨重，未获成功。两次海上进攻均遇“神风”，终使元朝水军丧失了继续攻打日本本土的信心，遂转向南域各国，接连攻入印度、安南（越南）和缅甸等国。

1403年，进入明成祖永乐年间，为了扩展明王朝的政治影响，宣扬大明帝国的国威，扩大与海外各国的贸易往来，明成祖于1405年开始派遣郑和率中国强大的海船队远航他国。经唐、宋、元等朝代的发展，到郑和下西洋时期，造船技术已经相当成熟，建造的郑和宝船长达137米，宽56米，有9桅12帆，是当时世界上最大、最先进的海船。1405—1433年，航海家郑和率大小海船400余艘，将士27000人，七下西洋，足迹踏遍37个国家，遍历东南亚、波斯湾、红海沿岸及北非一带海域，最远到了东非的索马里，开创了人类航海史上前无古人、规模巨大的远洋航程。郑和所率船队规模之大，航程之远，次数之频繁，所到国家之多，在当时世界上是绝无仅有的。

郑和七下西洋，显示了我国先进的造船业和丰富的远洋航海经验，显示了明王朝的政治、外交、经济、科技和军事上的巨大威慑力和影响力。当时，世界上还没有国际法，海洋上还有许多岛屿没有被人发现或利用，战争还被认为是一国的权利，欧洲小国仍在沉睡之中。即便如此，郑和在30年远洋中，仍然未曾侵占别国一寸土地，未曾掠夺外国任何钱财，堪称一支仁义之师。令人遗憾的是，郑和下西洋却给中国古代的远洋业、造船业画了一个完整的句号。1522年以后，明朝不仅没有继承开放海洋和利用海洋的一贯政策，反而开始推行“禁海”政策。曾经领先世界航海几千年且曾拥有强大海军实力的中国，在它最兴旺发达的时候却主动关闭了国门，“厉行海禁”，规定“任何船舶不得下海，凡出洋下海者，一律问斩”。这种僵化、落后、封闭、保守的观念一直持续了300多年。

东方龙变成了一条虫

中国先进的航海技术、火药和火炮技术经郑和船队传送到阿拉伯各国，又经这些阿拉伯国家辗转传入欧洲。正在沉睡的欧洲小国，终于迎来了黎明的曙光。比郑和晚半个世纪的意大利航海家哥伦布、葡萄牙人达·伽马和麦哲伦横渡大西洋和太平洋，“发现”了印度、美洲等大陆，开辟了世界上最具历史意义的新航路。15世纪中期的这些所谓“地理大发现”，使西班牙、葡萄牙、荷兰、英国、意大利、法国等欧洲小国迅速崛起，它们通过海洋迅速占领和征服了亚洲、美洲和非洲等一块块“新大陆”，并统统列入自己的版图之中。利用海军舰船到世界各地去征服和占领那些所谓的“无主地”，疯狂进行殖民掠夺、瓜分世界和拓展疆域使15—17世纪的欧洲列强得以迅速崛起。

中国作为海洋大国和航海大国，虽然具有非常先进的造船技术和航海技术，但由于政治上的腐败和愚昧，终于在世界性开发海洋、利用海洋和控制海洋的大竞争中失去了第一次宝贵的历史机遇，主动放弃了传统的海洋大国地位而固守于近海沿岸和陆地疆域，从而严重影响了国家的经济发展和国防安全。一个驰名于世的海洋大国，在16世纪以后，面对欧洲海军列强从海上来的侵略，却没有反击之力，致使荷兰、西班牙等西方殖民主义者在抢占台湾之后，英国等帝国主义国家又派出强大的海军舰队，轻取广州、香港和澳门等地。从此，中华民族陷入被帝国主义海上列强任意侵略和宰割的境地。

15—17世纪新航路的开辟，17—18世纪风帆战舰、武装战船、装有火炮的巡洋舰和战列舰等主战舰艇的出现，以及19世纪中期采用蒸汽动力和旋转炮塔线膛炮的舰艇出现之后，英国等欧洲海上强国，开始用它们的坚船利炮叩击中国的大门。16世纪初叶，葡萄牙人占领了马六甲海峡，1516年到达广州。1565年，葡萄牙人先入为主，侵入广东，向明朝要求通商入市。葡萄牙人的抢劫、屠杀引起当地人民的反抗，稍后荷兰人和英国人的到来，更加剧了这种反抗。到了清代，政府决定把欧洲人驱逐出沿海城市，只允许葡萄牙人在南端的澳门留一商贸中心和拓殖地。

1840年英国发动了第一次鸦片战争，强占香港岛，继而在中国领海内横冲直撞，先后攻占厦门、定海、镇海、宁波、乍浦、吴淞、上海等地，并沿长江上驶，攻陷镇江，直逼南京。1842年8月29日，清政府在英军的武力威胁之下订立了《南京条约》，被迫将香港岛割让给英国，面积达75.6平方公里，赔款2100万银圆，被迫开放广州、福州、上海、宁波、厦门五处为通商口岸。

1856年，英法联军又发动了第二次鸦片战争，2万多人北上攻陷大沽、天津、通州等地，一直打到北京，火烧圆明园，同时逼迫清政府于1860年10月签订了《中英北京条约》，又割占香港南九龙半岛11.1平方公里。1898年，英国利用19世纪末帝国主义瓜分中国的狂潮又强迫清政府签订了《展拓香港界址专条》，强行租借北九龙半岛975.1平方公里，租期99年。1887年12月1日，葡萄牙与清政府签订了《里斯本议定书》，将澳门变成其海外属地。

1858年5月28日，沙俄强迫清政府签订《中俄瑷珲条约》，割地60多万平方公里。1860年11月14日，沙俄迫使清政府签订《中俄北京条约》，割地45万平方公里。1864年10月7日，沙俄强迫清政府签订《中俄勘分西北界约记》，割地44万平方公里。1881年2月24日，沙俄强迫清政府签订《中俄伊犁条约》，割地7万多公里。这样，仅割让给俄国的土地就达154万平方公里。沙皇俄国侵占了中国东北部的库页岛、海参崴和伯力，从而夺走了中国数百个岛屿，割占了乌苏里江以东154万平方公里的土地，相当于3个法国、4个日本、6个英国和49个比利时的国土，从此把中国挤出了日本海。

巨龙出海，短暂的辉煌

两次鸦片战争以后，中国许多有识之士从血的教训中醒悟过来，他们主张引进西方先进的军事技术和武器装备来加速中国海军的发展，认识到只有强军才能卫国，没有强大的海军就不可能捍卫国家的海洋权益，就无法抵挡住洋人的坚船利炮。这些思想对以后的洋务运动产生了重大影响，促使清政府认识到发展海军的重要性，继而成立了福州船政局，聘请外国技师帮助建造军舰，创办水师学堂，选派人员出国考察和留学，并开始向外国购买军火和舰船。中国从英国、德国购买了大量舰船和武器，组建了阿思本舰队和后来的广东、福建、南洋和北洋四支水师，中国海军迅速强盛起来。1889年，当时的美国海军部长本杰明·富兰克林在一份年度报告中称，大清海军实力在世界上排在英国、法国、俄国、德国、荷兰、西班牙、意大利、土耳其之后，排在美国和日本之前，居世界第九位。从舰艇数量和总吨位来看，在远东地区超过日本、俄国和美国而居第一位，飘扬着龙旗的大清海军舰队威震四方。

1853年7月8日，4艘美国军舰侵入日本海港，逼迫日本开放港口，并迫使其签订有关条约。日本以此为耻，于1868年开始了明治维新运动，日本天皇把发展海军视为当务之急。1886年，日本为建造54艘军舰而发行海军公债1700万日元，连明治天皇也认购公债30万日元。由于全国上下为发展海军、增强国家军事威力而同心协力，因而日本海军和整个日本的国防工业迅速得以发展。在羽毛刚刚丰满之后，这支本无力与中国大清海军对抗的海上兵力，于1874年侵犯我台湾岛，进而在1894年的甲午海战中攻占旅顺、威海等沿岸港口和城镇。1895年北洋海军全军覆没之后，日本海军长驱直入，开始蚕食和占领中国内陆本土，并迫使清政府签订《马关条约》，同时侵占了中国的台湾岛、澎湖列岛和钓鱼岛。5年后，日本又伙同英国、美国等八国联军，竞相瓜分中国领土，掠夺中国财富。

1897年11—12月，德国出兵侵占胶州湾，沙俄舰队侵占旅顺口、大连湾，帝国主义列强在中国划分势力范围。1898年，德国强租胶州湾，沙俄强租旅顺、大连，法国强租广州湾，英国强租九龙半岛，又强租威海卫。1900年，日本、英国、美国、法国、俄国、德国、意大利和奥匈帝国等八国联军蜂拥而至，开始瓜分中国本土、沿海岛屿和港湾。不到两年时间，中国18000公里长的海岸线、沿岸主要城市、港湾及岛屿都被瓜分完毕，中国从此丧失了沿海制海权、制空权、贸易权，甚至内河航行权，龙旗不再于海上飘扬，中国海军已经没有了属于自己的舰队。

1912年1月1日，孙中山在南京就任中华民国临时大总统。他十分重视海军的建设和发展，认为一个国家的盛衰强弱通常在于海上而不在于陆上，其海上权力优胜者国力常占优势。要保卫海洋权益，抵御列强来自海上的进攻，就必须建立强大的舰队。他认为，在人类历史上，凡大力向海洋发展的民族则国势强大，经济繁荣，文明发达，中国的历史也证明了这一点。孙中山先生在拟订十年国防计划大纲时就曾指出：“何谓太平洋问题？即世界之海权问题。”“太平洋之重心，即中国问题也，争太平洋之

海权，即争中国之门户耳。谁握此门户，则有此堂奥，有此宝藏也。人方以我为争，我岂能付之不知不问乎。”孙中山先生认为中国必须控制太平洋，只有这样才能走出国门，面向世界，开发海洋和利用海洋，维护国家海权和发展海洋经济。1912年2月，袁世凯窃位，把刚刚成立的海军用于镇压革命军。在军阀混战的年代里，海军成了争权夺利的工具，没有得到任何发展，中国的海疆依然是有海无防，帝国主义的军舰和商船任意进出中国内河和港口。面对中国海军的沦落和国门洞开的局面，孙中山先生痛心疾首，奋笔写下“伤心问东亚海权”七个大字。

近代中国史给我们留下的仍然是一部屈辱史，不仅海洋权益全部丧失，就连内河的所有权益也全部丧失，还首开了割地赔款等丧权辱国的先例，这在中国历史上是从没有过的。这段历史教训中最值得记取的一点，就是应该重视远洋型海军而不是要塞式海军的发展。应该确立全民海洋观念，没有强烈的海洋观念就不可能发展和建设强大的海军，没有强大的海军就不能保卫国家的海洋权益，就不能阻挡帝国主义的坚船利炮从海洋入侵，就使国家本土失去了海上屏障和防御纵深。

大国崛起靠海洋

1400—1500年进入中世纪后期，当时欧洲出现了两件大事：一是欧洲文艺复兴，二是“地理大发现”。从13世纪后半期开始，以意大利各个城市为中心，兴起了参考希腊、罗马的古典文化，追求以人为本的自由生活方式的文化运动，这就是意味着“再生”的文艺复兴。这次运动，随着活字印刷技术的普及，很快波及整个欧洲。

进入15世纪，一个大陆或者一种文明孤立发展的现象不复存在，彼此之间开始相互联系。为经济和宗教目的而进行的航海运动是一场革命，给世界经济一体化进程、基督教文明的传播和殖民掠夺及全球性战争奠定了重要基础。欧洲人远洋航行及海外探险的目的有两个：一是追求最大的经济利益，寻求亚洲的香料和消费品；二是宗教因素，希望同化东方的异教徒，联合起来对付伊斯兰教。郑和下西洋的经验教训，中国的四大发明，欧洲的文艺复兴，以及古代帝国的扩张和战争实践，都为欧洲航海和探险活动提供了必要的知识、技术和财力。同时，欧洲在科学航海方面也有长足的进步。

14世纪初，首批欧洲航海家主要是意大利人，他们开始航行在大西洋上。100多年后，哥伦布和达·伽马开辟了新航线，打通了太平洋航路。1497年，葡萄牙航海家达·伽马启程向东航行，经南大西洋，穿过非洲南端的好望角，抵达非洲东海岸及东印度群岛。从此，葡萄牙开始控制印度洋，奠定了帝国的基础。后来，这个帝国向太平洋扩张，直达香料之国印度尼西亚。葡萄牙当局积极支持航海，15世纪，利用这些航海知识，葡萄牙航海家麦哲伦证实了地球是球形的。

14—15世纪，整个西欧处于萧条和政治动乱时期，大西洋沿岸的法国、英国和西班牙等国都因经济萧条处于连绵不断的战争之中。14世纪后半期，葡萄牙人先在大西洋的亚速尔群岛和马德拉群岛建立殖民地，有利可图之后，于15世纪初开始向西非沿海地区冒险。在非洲一个接一个大发现之后，1487年绕过好望角，引发了对亚洲香料的竞争，最引人注目的海外扩张开始了。1492年，意大利人哥伦布说服西班牙王室对其资助，率领三条小船横渡大西洋，企图前往中国，结果到达了圣萨尔瓦多，发现了美洲，但当时哥伦布误认为其是亚洲日本附近的一个地方。以后，又于1493年、1498年和1502年三次横渡大西洋到达美洲大陆。从此，欧洲人渐渐征服了西半球。

欧洲基督教文明产生之后，在1000多年的时间里一直在地理上处于自我封闭状态，1490—1520年后，短短几十年间，欧洲人在公海上扬帆远航，四处征战，很快就在东西亚取得了支配地位，并对西半球提出了权利要求。15世纪后半期，葡萄牙和西班牙帆船在大西洋劈波斩浪。1482年，葡萄牙控制了西非黄金海岸的贸易。1492年，哥伦布发现西印度群岛。1500年，葡萄牙人在西印度群岛建立了第一个定居点。1519—1521年两年间，西班牙冒险家科尔特斯控制了墨西哥帝国。1511年，葡萄牙海军占领马六甲海峡，在远东沿海地区建立海军基地和贸易中心，实现了控制东方香料贸易的野心。1516年，葡萄牙人的一条船到达广州，开始敲打东方中国的大门。

在欧洲，因造船技术的发达，罗盘、指南针改良等航海技术的进步，远洋航海成为可能。所以，商人和探险家以遥远的亚洲国家为目标，开始远航，很多欧洲人开始出发到非洲、亚洲、美洲大陆，使海岸线日益明朗

化。16世纪葡萄牙和西班牙作为欧洲主要的远距离贸易商脱颖而出，从而把欧洲经济力量的中心从意大利和地中海转移到大西洋。16世纪后半期，以西班牙无敌舰队败北为契机，英国、荷兰开始向海外扩张。葡萄牙和西班牙的繁荣昙花一现，很快被英国、法国、荷兰等大西洋沿岸的其他国家相继取而代之，这些国家迅速崛起并成为世界经济强国。1607年开始，英国在北美建立殖民地，其后40年间，8万名英国移民在这个新大陆，建立了20个自治的殖民地。1639年，因拥有价廉物美的商船和先进的航海技术，荷兰的海外贸易迅速发展，控制了巴西和欧洲之间的海上贸易，阿姆斯特丹已经成为欧洲海上贸易的中心。

欧洲小国通过海洋迅速占领和征服了亚洲、美洲和非洲等一块块“新大陆”，并统统列入自己的版图之中。利用海军舰船到世界各地去征服和占领那些所谓的“无主地”，疯狂进行殖民掠夺、瓜分世界和拓展疆域使欧洲列强得以迅速崛起。15世纪以前的英国，只有550万人，是一个落后而封闭的农业国。利用海洋向海外的拓展和侵略使它迅速征服世界，包括南极在内的世界6个大陆它占领和瓜分了5个，到1914年，其殖民地人口达4亿，殖民地面积已占全球陆地面积的1/4，比英国本土面积还大100多倍。

海上称霸靠海权

起源于海洋文明的西方国家很早就重视海洋的意义，2000多年前的古罗马哲学家西塞罗说：“谁控制了海洋，谁就控制了世界。”英国雷莱爵士有句名言：“谁控制了海洋，谁就控制了世界贸易，谁控制了世界贸易，谁就可以控制世界的财富，最后也就控制了世界本身。”英国正是靠着这种立国之策，不断扩建海军实力，开拓海外殖民地，拓展海外贸易，才使英国的殖民地遍及全球，有“日不落帝国”之称。从15世纪“地理大发现”开始，几百年来，葡萄牙、西班牙、荷兰、法国、沙皇俄国等几乎所有的世界大国的崛起，无一例外都是通过控制海洋、夺取制海权来实现其侵略扩张的战略目的。

美国濒临两洋，海岸线长达22680公里，陆地国土面积达962万平方公里，地理方面的特征和我国类似，所不同的是美国人没有传统的守土意识和保守观念，富有冒险和开拓精神，海洋观念和海权观念尤为强烈。一个没有海军传统和悠久而厚重历史遗产的国家，在短短的一两百年之间，是如何跻身于世界海军强国之林，又是如何登上世界海军霸主地位的呢？其工业高度发达、经济飞速发展等固然是重要因素，但海军战略思想的产生、发展和转变恐怕是更重要的一环。

1776年7月4日之前，美国只不过是大英帝国在美洲的一个小小殖民地而已。美国独立之后，根本就没有建立什么专门的海军，海军归属陆军，两艘双桅帆船就是这个大陆海军的全部家产。美国海军虽然经过100多年的初创和发展，参加了多次重大战役，在兵力规模、作战经验和武器装备等方面已经具有相当的实力，但并没有形成自己的海军战略。当时的美国海军还是一支本土和近岸防御型的海军兵力，没有公海远洋的作战能力。当时美国海军和中国海军相比差距很大，中国大清海军实力在亚洲排在第一位、世界排在第九位，而美国海军基本上还是隶属于美国陆军的一支近岸防御部队，没有什么战斗力，在世界上的海军排名中排在第十二位。

曾长期在美国海军学院任教，并两度担任海军学院院长的阿尔弗雷德·塞耶·马汉，1890年在他50岁的时候出版了《制海权对历史的影响》一书，提出了"海洋中心"说。马汉认为，商船队是海上军事力量的基础；海上力量决定国家力量，谁能有效控制海洋，谁就能成为世界强国；要控制海洋，就要有强大的海军和足够的海军基地，以确保对世界重要战略海道的控制；对美国来说，最重要的是夏威夷群岛和巴拿马地峡；海军威力等于力量加位置，海军必须以"集中"为战略法则，同时要重视"海上交通线""中央位置"和"内线"；海军必须积极出击，不能消极防御。

在全面研究了英国等欧洲小国迅速崛起并称霸世界的秘诀之后，马汉率先提出了"海洋霸权优于大陆霸权"的海权论观点。他分析了法国路易十四和拿破仑，德国威廉大帝失败的原因，提出"一个一方邻接陆疆的大陆国家是无法在海军发展上和海岛国家相竞争的"，因而断言："世界上没有一个国家可以同时在陆上和海上保持优势，因为这种军费对任何试图争霸的国家都会造成莫大的负担。"他认为，美国要想取代英国的全球霸权地位，必须从根本上改造以往的近海防御战略体系，大力发展远洋海军并控制海洋。

海权是一个国家控制海洋和利用海洋的一种特权，是一种综合力量，除海军兵力外，还应包括商船队、港口、基地和海上交通线等。因此，海权的行使，不仅是夺取和控制制海权，而且是国家运用政治、经济、外交、军事、科技和潜在资源等综合力量，来达到控制海洋和利用海洋的目的。马汉认为，海权倚仗地理位置、自然环境、领土范围、人口数量、国民性格和政府性质等六个自然条件。在这些自然条件的基础上，一个国家如果能抓住生产、航运、基地和武力这四大要素，就能掌握海权。国家的工业生产能力、资源开发能力、产品交易和贸易往来的能力是第一位的，航运和基地是海上贸易往来、船舶停靠及修理的重要手段，而武力则是最后的控制手段。争夺海权主要是控制海洋和利用海洋，控制海洋是指使用强大的海军兵力执行攻势作战，海外扩张和夺取制海权。利用海洋主要是运用商业生产、航运和殖民地，来开拓市场和基地。历史证明：世界上60%以上的人口和几乎所有的大城市都处于沿海地带，所有发达国家几乎都是海洋国家，不重视海洋的国家永远不可能进入世界发达国家行列。

马汉认为："谁拥有优势的海军，谁便能控制海洋、夺取制海权。任何一个国家，要想成为强国，必须首先控制海洋。控制了海洋就控制了海外贸易，控制了世界财富，进而统治世界。美国要想成为世界大国，必须从根本上改造传统的近海防御体系，大力发展远洋海军，控制海上交通线，海上咽喉要道及要塞，并应该凿通巴拿马运河。"

马汉是一位专家教授，有关海权论的专著有20多部，但他没有像其他读书人那样文人相轻，或者躲在象牙塔里孤芳自赏，而是把自己的理论创新成果运用于伟大的军事改革和实践，他的海权论成为美国外交和军事战略的理论基础，也成为美国海军发展和海上扩张的理论依据。1901年9月14日，曾经在海军服役过的西奥多·罗斯福就任总统，他对马汉的海权论推崇有加，多次把马汉请来当面求教，后来马汉干脆当上了总统的海军顾问。从此美国迅速摆脱大陆战略，海军建设驶入快车道。1890年，也就是马汉《制海权对历史的影响》一书刚刚出版的那一年，美国国会通过了《海军法案》，美国开始大规模发展海军。19世纪最后10年，美国的海军实力由世界第十二位跃升为第三位，仅次于英、法两国。第一次世界大战后，战列舰、巡洋舰、潜艇、航空母舰和舰载机大量装备部队，远洋舰队实力不断扩充，美国成为世界上最强的海权国家。第二次世界大战结束时，美国已完全控制了太平洋，不到半个世纪，就力克群雄，击败了英国、法国、德国、意大利和日本海军，登上世界第一海军强国的宝座。

美国的经验值得借鉴，每当历史进入一个技术制高点和转折点的时候，美国就会出现一个军事创新的热潮。在这样的理论创新运动中，每个人都是各抒己见，积极建言，决策者从中萃取正确的观点，指导军队建设走向正确的道路，就像当年马汉的制海权理论和米切尔的制空权理论一样。没有先进的创新的理论，就不会有重大的具有历史意义的实践。制海权理论让美国认识到开发海洋、利用海洋、控制海洋和称霸海洋的重要性，但靠什么力量、依托什么技术去实现这样的战略目标，成为后来的争论焦点。米切尔认为以岸基飞机为主，反对发展航母舰载机；空军认为应该发展战略轰炸机，不应该花钱建造航空母舰；核战略专家认为在核导弹面前，航空母舰只能是一堆垃圾；海军的理论家认为潜艇是秘密武器，航空母舰只能成为潜艇的活靶子。各种不同的学术观点，没有成为航空母舰发展中的杂音，相反，却为美国航空母舰的健康发展提供了理论营养，促使历届美国领导人矢志不渝地大力发展超级航空母舰，他们很清楚，只有这个东西才是大国崛起的精神支柱和力量源泉。当然，对于一个崛起的超级大国而言，航母早已变成一根大棒，随时可以耀武扬威地震慑四方，打赢战争。

杜鲁门号航母

第十四章　中国人的航母梦

15世纪之前，中国曾经是一个超级大国。当郑和率领庞大的船队七下西洋的时候，欧洲人还从没见过如此巨大的郑和宝船，更不知道罗盘可以在没有任何参照物的茫茫大海之上指引航向。仅仅过了半个世纪，当中国人把造船术、罗盘、指南针、火药传入欧洲之后，自己却开始闭关锁国。这个时候，具有强烈海洋意识和侵略本能的欧洲人便使用坚船利炮来轰击中国的国门，中国随之陷入任人宰割、割地赔款的悲惨境地。

20世纪初期，当航空母舰刚刚出现的时候，中国人就想到了发展航空母舰。1945年“二战”结束的时候，英国人主动表示要赠送给中国一艘航空母舰，可惜航空母舰与中国擦肩而过。中国海军历史上从来没有过航空母舰，但中国人对航空母舰却是情有独钟。这可能是历史上长期受压迫、受奴役、被侵略的一种悲情宣泄，也可能是一种大国崛起之后的民族悲壮情和民族自豪感。无论是郑和船队的早期辉煌，还是北洋水师的发达兴旺，其最终结局都让每一个中国人充满了惆怅。伴随着中国的崛起，每个人都希望能够重振昔日海上力量的辉煌，走向远洋，走向深蓝。航空母舰自然成了一种民族的期盼和复兴的希望。

从1928年陈绍宽提出航母发展规划，到1945年英国捐赠航母的设想，再到1985年墨尔本号的考察，中国人一直都不缺乏航空母舰的梦想！直到明斯克号被拖入深圳、基辅号被安置在天津、瓦良格号被开进大连港，中国人才第一次实现了登上航母和改造航母的梦想。虽然那是一些“四不像”，与美国的航空母舰相差甚远，但聊以自慰的是，毕竟中国人开始走近航母！

10多年前，上海东方绿舟公园用钢筋混凝土按照1：1的比例修建了一艘尼米兹级核动力航空母舰的实体模型，可惜，这艘水泥航母永远都不能驶向大海，就像颐和园中的石舫一个样！2008年，山东滨州又如法建造了一艘重型航母，这是中国人圆梦的象征。

中华民国的航母梦

1894年中日甲午海战之后，北洋水师全军覆没，曾经名噪一时的七镇八远等北洋名舰不是被击沉，就是被重创，曾经排在亚洲第一位、世界第九位的中国海军从此一落千丈。为了振兴中国海军，重圆走向远洋的梦想，中国开始把眼光投向了世界。20世纪初期是一个军事技术革命的高峰期，飞机上天，潜艇下海，航母远航，中国海军对这些新型武器装备充满了好奇，这些新型武器装备诱惑着他们。1914年第一次世界大战爆发后，北洋政府海军部于1916年12月派出两名年轻的海军军官陈绍宽和郑礼庆赴欧洲观战，目的是从现代战争中汲取经验教训。陈绍宽时年27岁，早期曾在南京江南水师学堂学习船舶驾驶专业，辛亥革命后任镜清练习舰大副。他们到达英国后，登上英国皇家海军的舰艇亲临战场。英国是世界最早发展航空母舰的国家之一，1916年英国还没有正式建造航空母舰，主要是使用战斗舰艇、民用船舶进行航母改装，当时英国海军先后改装了多艘水上飞机母舰，在达达尼尔海战中，英军一架水上飞机奉命离开母舰出击，将一艘5000吨的土耳其军舰炸沉，令参战各国刮目相看。

1917年中国对德国、奥匈帝国宣战后，当年5月陈绍宽奉命直接参加英国战列舰编队和潜艇部队对德国海军作战，先后连续参加了3场海战，获英国政府颁发的“特别劳绩勋章”。1918年7月，英国完成了大型舰艇暴怒号的改装，加装了飞行甲板，使其成为世界上第一艘航空母舰。从这艘航母上起飞的7架舰载机轰炸了德国空军基地，显示了航母的巨大作战能力。航空母舰和潜艇在当时都属于最新型的武器装备，这两种装备刚投入战场就发挥了如此重要的作用，给陈绍宽留下极为深刻的印象。从那时起他就下决心一定要促成中国海军发展自己的航空母舰和潜艇兵力。

1918年第一次世界大战结束后，陈绍宽又奉命前往法国、意大利海军考察调研，并在英国担任海军武官。1919年奉召回国后，翌年任通济练习舰舰长，1923年任应瑞巡洋舰舰长，1926年升任中国海军第二舰队司令。陈绍宽从欧洲战场归来后，他对如何加速中国海军的发展有一套完整的想法。在担任第二舰队司令后他本想把自己的宏伟构想变为伟大的现实，但由于军阀混战，国内动乱，根本不具备建设新海军的条件。1928年，国内形势好转，陈绍宽任国民政府海军署署长兼第二舰队司令。作为海军领导人，陈绍宽深感自己的责任重大，上任伊始，便向国民政府呈文，要求扩充海军。在呈文中，他首次提出要花2000万元建造一艘航空母舰。这是中国历史上有据可查的第一个建造航空母舰的正式提案，但非常可惜，他的提议并没有引起人们的重视，在1929年1月的全国编遣会议上被否决。这使陈绍宽难以接受，他与第一舰队司令陈季良双双愤然辞职。

蒋介石怕海军群龙无首，赶忙出来安抚陈绍宽，作出大力建设海军的承诺，声称要把原来打算在15年内建造60万吨舰艇的计划缩短为5年内完成，其中包括建造3艘航空母舰。蒋介石的挽留和大力发展海军的承诺使陈绍宽很受感动，打消了辞职的念头。1929年6月，陈绍宽出任海军部次长（副部长），1932年任海军部长。担任海军部长后，陈绍宽在所有的海军建设规划中，都将航母的建造作为海军建设的一个重要组成部分，并在胶州湾、象山和大鹏湾等地考察选址，确定了航空母舰的驻泊基地。同时，决定在福州海军学校每年定期招生，聘请英国教官到校任教，并派出数批海军留学生，为海军培养骨干力量。陈绍宽还指示在英国学习的海军留学生将英国各舰队的情况写成报告，呈送海军部，以资借鉴。他还在海军内部掀起了一场关于海、空军配合作战的大讨论。1934年，他根据参加欧洲海战的经验，写成了《海战》一文，对“海战中的飞机”进行专门讨论。他写道：“现代海军在海战时，欲取攻击手段，必有赖于舰上所载的飞机。”

正当海军部长陈绍宽为建造3艘航空母舰和建造60万吨舰艇的强大海军在军事理论、人才培养和作战训练方面进行积极准备的时候，却发现蒋介石口是心非，没有兑现自己的承诺，也没有给海军投入足够的经费。国民党内部还有少数别有用心之人，出于派系斗争的需要，也反对建设强大的海军。国民政府监察委员高友唐荒唐地提出，不但不需要建造航空母舰，现有的舰艇也不需要，应将它们卖给商家作商船，将卖军舰的钱拿来买200艘小艇守住海上出口就足够了。这些来自国民党内部的阻力让陈绍宽心灰意冷，发展航空母舰的梦想难以成真。到抗日战争爆发前，航空母舰还仅仅是挂在人们口头上的一个新鲜名词而已。

航母与中国擦肩而过

抗日战争爆发后，日本海军航空母舰舰载机对上海、浙江进行轰炸，为开通进入长江中下游地区的航线，航母舰载机对江阴一线进行大规模轰炸，防守封锁线的国民党海军第一舰队所有舰艇几乎都被炸沉。日本航空母舰在配合陆地战场作战中发挥了重要作用，这让陈绍宽再一次感受到发展航空母舰刻不容缓的使命和责任。1943年11月，他代表海军部再次提出海军建设的规划。在这次规划中，他提出将中国沿海划为四个海军战区，每个战区成立一支海防舰队，各拥有5艘航母，共需要建造20艘航母，每艘航母造价18亿元。这个规划令包括蒋介石在内的许多人瞠目结舌，因为在当时情况下，这样的规划基本上是画饼充饥，不存在实施的可能性。1945年8月，陈绍宽拉上军政部部长陈诚，在上次海军装备发展规划的基础上，结合海军舰艇装备现状，制订了《海军分防计划》。该计划对拥有航母的数量从20艘减为12艘，这12艘航母也不是一次完成，执行期限为30年。第一个10年计划先造10000吨和8000吨航母各

1艘，每吨造价6280万美元。

1945年抗日战争胜利后，中国作为战胜国，缴获了日本海军的部分军舰。同时，英国、美国也赠予中国一部分军舰，使国民党政府组建了一支相当强大的海军，其舰船之先进、舰队规模之庞大和战斗力之强都是战前中国海军所无法比拟的。美国政府认为，作为“二战”战胜国中亚洲的代表和四大国之一，中国有必要拥有一支强大的海军，以显示其战胜国的地位。同时，基于向日本派遣占领军的原因，美国也希望中国能拥有一艘航空母舰，以震慑日本人不服气的心理，显示中国战胜国的地位。但是，美军现役航空母舰设施先进且运营费用昂贵，中国当时没有可以与之相适应的港口、码头和基地，所以并不适合中国海军使用。经过权衡，美国政府同英国政府商议，请英国政府在赠送国民党政府一批战舰的同时，向国民党政府赠送一艘护航航母。

护航航母在吨位上和运营费用上都要简单得多，更适合中国军队使用。英国人同意了美国的建议。但是，当英国向中国海军提出馈赠航母的意见时，却被时任中国海军总司令的陈绍宽上将否定了。陈绍宽认为，中国虽然需要航空母舰，但可以自行研制和建造。如果英国政府希望中国建立一支现代化的海军并乐意予以协助的话，希望英国能赠予中国几艘潜艇，这样更有利于中国海军的建设和需要。蒋介石认为，相比潜艇而言，航空母舰更能体现中国的大国地位，既然英国人愿意赠送，为什么非要自行研制呢？蒋介石对陈绍宽易航母为潜艇的决策非常震怒，最终导致了陈绍宽的下台。

陈绍宽被罢免后，陈诚以参谋总长的身份兼任海军总司令，继续与英国人谈判赠送航母的问题。英国方面提出，中国应该准备有相应能力的官兵和相关的物资及海军基地。鉴于当时中国刚从抗战的废墟中走出，陈诚与英方签订了5年的长期协定。协定的内容是：中国在5年的时间内，人员方面，要积极培训准备担任航母人员的军官和军士，并选拔骨干前往英国学习，英方派出顾问进行指导；设备方面，要在旅顺、烟台、宁波、厦门、海南等地建设适合航母使用的基地，并配备足够的物资。中国方面应该在5年时间内训练舰载机飞行员，具体飞机型号在5年后根据情况由中英商议，由中国向英国购买。

英国提供的航空母舰是1943年下水的轻型护航航母半人马座号，中国把这艘航母命名为伏威号。同时，英国也为中国提供了一批现役舰船担任航空母舰的护航舰艇，其中包括著名的重庆号、灵甫号巡洋舰。中国拟订的航母舰长人选是海军上校胡敬端，当时他担任中国海军最先进的长治号炮舰的舰长。但是整个赠舰计划并没有按照预期进行。1946年6月，蒋介石发动了对解放区的进攻，大规模的内战全面爆发，接收英国航母的准备工作被搁置。1949年，重庆号、灵甫号等国民党军舰相继起义投向了人民海军，引起英国的不满。1949年12月，英国照会国民政府，单方面终止了赠给中国航空母舰的整个计划。民国海军就这样与中国的第一艘航空母舰擦身而过。

修建水泥航母

进入21世纪之后，中国人对航母的渴望有增无减，有些地方已经迫不及待，开工建造了水泥结构的航空母舰。2001年上海市政府、市教委等单位投资十几亿元建造了一个东方绿舟公园，占地5000多亩，那里有智慧大道，从四大文明古国久远的历史开始，一些著名的科学家、文学家、军事家和革命家的塑像汇聚成一条世界文明大道。那里的国防教育园和青少年国防教育基地不仅是中国，还是世界上最好的。上海市中学生都要轮流到那里住几天，完成教学大纲规定的军训课程。一般的军训都是出操、走队列、拔军姿、上军事课，东方绿舟的军事训练课程寓教于乐，有素质拓展训练班、进攻阵地、两栖登陆和抗登陆演习阵地，还有激光射击训练和数字化评估系统。几乎每天晚上都有演出或文化活动，许多上海市的名剧团和青年演员都要轮流到那里给学生们演出，看一场演出每人才交一元钱！最令人吃惊的是，他们在那里用钢筋水泥模仿美国尼米兹级重型航空母舰修建了一艘全尺寸的航空母舰，这在世界上可能是绝无仅有的。这艘航空母舰的整个修建过程只用了半年多时间，长220米的甲板上停着9架飞机，航空母舰的内部舱室里布满了各种各样的国防知识展览，还有坦克装甲车辆的实物展示。2008年，山东省滨州市又模仿美国的尼米兹级航空母舰外形，在市区濒湖处用水泥修建了一艘航空母舰。

购买废旧航母

1985年，广东省中山市拆船公司从澳大利亚购买了一艘20000吨级的轻型航空母舰墨尔本号，这是我在中国海域内所见到的第一艘航空母舰。当时，我和我的同事们专程前往中山市参观调研这艘航母的情况。面对那样一艘破旧不堪的“二战”航母，许多人赞叹不已，热血沸腾，流露出些许遗憾之情，毫无疑问，大家都在盼望着中国什么时候也该拥有自己的航空母舰。

1995年，俄罗斯明斯克号航母被当作废金属卖给了韩国，1998年韩国陷入金融危机，明斯克号航母被转让。1998年春，中国一家公司以废旧金属的价格购买了这艘航母。1998年10月8日，这艘饱经沧桑的明斯克号被拖船拖离韩国丽水港，进入广州文冲造船厂进行改装。1999年5月，我应邀到深圳市委去讲学。得知深圳市一家民营公司从韩国购买了一艘40000吨级的俄罗斯中型航空母舰明斯克号，便驱车前往该舰栖息之处——广州黄埔的文冲船厂。

明斯克号航母是我最熟悉的一艘外国军舰之一。早在苏联时代，它作为苏联太平洋舰队的主力战舰，经常率领编队到我黄海、东海和南海游弋，当时的那种高傲、威武和无所畏惧的感觉，至今仍深深地留在我的脑海之中。明斯克，你究竟是一艘什么样的军舰呢？我开始在自己头脑中编织这个庞然大物的三维图像：巨大的舰体高耸于海面，导弹、火炮高昂着头，把黑洞洞的炮口对准遥远的海空，上层建筑上面的各种雷达用警惕的眼睛扫视着远方。

轿车就停在明斯克号航母的跟前，老总告诉我，这就是我们要看的那艘充满传奇色彩的巨大的航空母舰。怎么会是这样？我一边嘀咕着，一边顺着舷梯走上飞行甲板。明斯克号航母内锈迹斑斑，满目疮痍，到处是一片狼藉，真正是惨不忍睹！导弹发射装置、炮座、雷达、火箭发射器、鱼雷发射管都被炸药、雷管或手榴弹炸毁了，油漆剥落后显露出来的庞大舰体上只有明斯克航母这几个俄文字母依稀可辨。明斯克号就像是一匹刚从战场上撤下来的受了伤的战马，它竭力但无声地嘶鸣着、叫喊着，似乎在哭诉着自己的悲哀和不幸。陪同的老总说，他见到了明斯克号的第一任舰长。舰长告诉他，当听说自己曾日夜战斗过的这艘巨舰要卖给韩国的时候，他伤心地痛哭了一场。想当年，他指挥苏联太平洋舰队的官兵叱咤风云，横冲直撞，纵横太平洋，驰骋印度洋，堪与美国第七舰队抗衡，敢向美国海军说不。这才几天呀，怎么说变就变了呢？一艘耗资数十亿美元建造的航空母舰，居然以150美元1吨废钢铁的价格卖给韩国进炼钢炉了，昔日那艘威武的战舰，瞬间就要变成大头针和曲别针了。当听说中国一家公司以468万美元的价格从韩国人手里虎口夺食，使这艘巨舰抢滩广州文冲船厂时，这位憨厚的老舰长露出了欣慰的笑容。他千叮咛万嘱咐，希望中国朋友一定要手下留情，别再往炼钢炉里扔了。当他听说这家公司要斥资数十亿元人民币对明斯克号进行全面装修，并设法在深圳沙头角那片安静的海湾里给它安一个家，供人参观游览，对全民进行国防教育的时候，这位舰长老泪纵横，激动万分，当即献出自己的将军佩剑及所有与该舰相关的文物和资料，而且说到开展的那一天，他一定要到现场来助兴。我再次到深圳考察时，由于时间仓促，未能前往寻访明斯克号。当我回到北京之后，很快见到有关这艘航母装饰一新，正式对外开放参观的消息，我着实为之高兴。

仅仅服役了十几年就于1994年退役的俄罗斯基辅号航母，退役后不断向世界各国兜售，2000年8月，在美国、印度等9个买家中，中国一家拆船公司以7000万元人民币竞买成功。2001年3月21日，基辅号被拖到秦皇岛山海关船厂，经过两年多的维修和改装，于2003年9月14日上午10时从山海关船厂8号码头起航，由拖船拖至天津国际游乐港，作为中国第二个航母主题公园供参观的航母对外开放。

墨尔本号航母

第十五章　发展航母有哪些制约条件

“人有多大胆，地有多高产”，话虽这样说，可胆子够大，产量却不一定够高。很简单，口号代替不了政策，而政策代替不了行动，因为行动受制于客观条件的制约。早在1958年，新中国成立还不到10年的时候，国家百废待兴，工业化刚刚起步，我们就信誓旦旦地要“超英赶美”，提前实现共产主义。半个世纪过去了，我们人均GDP才达到四五千美元，可美国早已经超过了4万美元。中国特色社会主义还只是一个初级阶段。在这个过程中，我们是亲历者，千言万语汇成一句话，就是应该强调科学发展观，坚持实事求是的基本原则，不要超越客观事实去自说自话。

汽车进入家庭以后，从零辆到1000万辆用了几十年，就数量而言，中国已经成为世界汽车大国。1994年我去日内瓦，看到满大街都是奔驰、宝马等高级轿车，出租车、公共汽车居然也都是这些超级豪华车型；回到国内，满大街看到的却是夏利、大发、桑塔纳和破旧不堪的国产公交车。我们不是不知道奔驰、宝马这样的世界知名品牌总比夏利、大发、桑塔纳这些国产车型要好得多，但为什么我们不选择世界名牌？很显然，客观条件不允许，这就是发展中的困惑，因为限制条件太多，制约因素复杂。

航空母舰是一项极其巨大的系统工程，牵一发而动全身，与决心大小关系不大，最重要的是国家综合实力有无坚强的支撑。印度从20世纪80年代就吵着闹着要造航母，可直到2009年才铺设龙骨，当龙骨被顺利铺设之后，却突然发现没有钢材，这可真是开了一个国际大玩笑！万丈高楼平地起，奠基仪式刚刚举行完，却发现没有砖头瓦块，缺少钢筋水泥，早干什么去了？何况航空母舰就是钢铁堆砌成的巨舰，4万吨航母你就得准备4万吨钢材。系统工程，对于印度而言，才刚刚听说，正在实践，这就叫摸着石头过河，发展中国家正在发展着。

航空母舰的制约条件

很多人都在问同一个问题，中国能不能建造航空母舰？我们很多专家学者和领导同志多次用坚定的口吻回答："是的，我们能！"中国已经具备了建造航空母舰的所有条件！那么，建造航空母舰的所有条件是什么？哪些因素限制或者制约着一个国家航空母舰的发展？航空母舰和任何一种大型武器装备一样，它的发展、研制和建造要受政治、经济、军事、技术等多方面的限制，只有在这些方面条件都完全具备或基本具备的时候，发展航空母舰才成为可能，任何一个条件不具备都会影响甚至阻碍航空母舰的发展。

政治因素主要是指国家法律、国家战略、国家外交和国家政策是否允许发展航空母舰这样的大型武器装备。一般而言，作为一个独立主权国家，是否发展航空母舰属于本国的内政，别国无权干预和指责。当然，本国在是否发展航空母舰的问题上，要进行充分的论证研究，研究的重点是看发展航空母舰是否符合本国的战略方针和外交政策，在与其他武器装备相互比较权衡的过程中，航空母舰是否是最优选的方案。日本在"二战"中曾经建造过25艘中型航母，所以在战术、技术和经验方面不存在问题；其军费仅次于美国而居世界第二位，达到500多亿美元，所以不存在钱的问题；在军事上，要保卫两个1000海里海上交通线，可见对航母的军事需求十分强烈。这是不是说明日本就可以建造航母了呢？不行，作为战败国，它必须受一系列国际条约的限制。日本海军从1952年起就秘密研究航

亚伯拉罕·林肯号航母

母发展方案，至今仍未间断，但结果都没有获准建造，其中一个重要原因就是政治和外交问题。日向号轻型航空母舰的建造也是明修栈道，暗度陈仓，欺上瞒下的结果，如果大张旗鼓地发展航母是不会通过的。日本在经济和科技方面是个巨人，但在政治上它却是个侏儒，要听国际社会的，还要听美国人的，美国在日本有驻军，日本没有完全的国家主权，国际上还有许多条约限制它，国内宪法中也有不少条文进行这类限制，所以日本要想发展航母，必须突破上述一系列政治阻碍，否则，发展航空母舰是不可能的。同样的情况还有意大利，它虽然搞了一艘加里博迪号轻型航空母舰，但国内立法禁止海军舰艇携载固定翼飞机，所以在开始阶段只能装载直升机。后来修改了宪法中的条款，才得以携载垂直/短距起降飞机，并研制成功第二艘能够携载固定翼飞机的航空母舰凯沃尔号。

经济因素是一个最容易理解的，也是最实际的因素和限制条件。航空母舰很好，很有用，为什么只有那么几个国家有而其他国家却没有？在拥有航空母舰的国家中，为什么有的国家发展10万吨级的核动力超级航母，有的却发展1万吨级的轻型航母，这其中当然有个军事需求的问题，但更重要的是看谁的经济实力雄厚，财大才能气粗，有钱才能发展巨型航母，这是一个再简单不过的道理。20世纪60年代建造1艘航空母舰只要4亿～5亿美元，70—80年代造1艘大型驱逐舰也就是3亿～4亿美元，可现在翻了几番呢？美国的宙斯盾驱逐舰要10亿美元左右，日本的金刚级宙斯盾驱逐舰则高达14亿美元，这是什么原因呢？物价上涨是一个原因，但重视负载则是一个最主要的原因。舰载电子和武器占全舰造价的比例从70年代的30%、80年代的50%，激增到90年代的60%～70%，日本金刚级宙斯盾驱逐舰首制舰耗资达14亿美元，其中主要经费花在了宙斯盾系统方面。

就美国而言，9万吨级的尼米兹级核动力航母按照1982财年的预算，仅采购费就达37亿美元，如果按服役30年计算，航母维持费为111亿美元。每艘航母有90架舰载机，在30年中需要更新两代，这两代舰载机的采购和维持费就要198亿美元。航母是海上浮动平台，是携载飞机到远海作战的平台，所以光航母是没有用的，还必须给它配备巡洋舰和驱逐舰等护航舰艇，这些舰艇光采购费就得67亿美元，还有油水食品等补给费55亿美元。这样算下来，1艘尼米兹级航母在全寿命周期内的费用就高达468亿美元，要是按20%的通货膨胀率计算，到1996年约560亿美元，到2009年则

罗斯福号航母

要800多亿美元！如果按照上述的计算模式来计算2015年即将服役的福特号航空母舰，由于其造价就比1982财年尼米兹号的37亿美元高出3倍，达到110亿美元，那最终的全寿命周期费用可能要超过2500亿美元。这样的天文数字不要说第三世界国家，就是英国、法国这样的发达国家也难以承受，所以经济因素是个现实因素，没有一定的经济实力，要发展超级航母是不可能的。

军事因素主要是看军事上是否需要，在这方面要论证清楚三个问题：军队现有的武器装备有哪些缺陷？准备发展的航空母舰在多大程度上能够弥补这些固有的缺陷？准备发展的航空母舰有哪几种方案，这些方案是否可行？美国人常说的一句话叫做“需求牵引，技术推动”，所谓需求牵引就是指作战需求和军事需求。1941—1943年，在那么短的时间内，当时的美国就建造了数十艘攻击型航母并改装了100多艘护航航母，这就是军事需求的牵引效果，军队需要，战事紧急，国家就全面动员，不惜血本发展航母。战争结束了，没有明确和迫切的军事需求了，航母的数量就减少了，从20世纪60年代的50多艘，减到七八十年代的十几、二十艘。冷战结束、苏联解体、主要公海作战对象消除之后，没有强敌对抗了，美国又开

尼米兹号航母

始裁减，现在只有11艘。军事需求除牵引航母数量外，对航母质量也有极大的牵引作用。例如，美国海军的战略是“前沿存在，由海向陆”，要把自己的海军舰队经常摆到别国的门前去，除了管自己的事外，世界各地、全球各大洋它都要管，所以这种作战需求就牵引出了尼米兹这样的超级核动力航母，因为它吨位巨大，载机数量多，海上持续作战能力强，威慑力大。对于越南、菲律宾、马来西亚这样的近岸防御海军国家来说，你就是把这种航母白送给它，它也不敢要，不仅花不起维护费，最关键的是把这种航母摆在自己家门口没有用武之地。所以，一个国家确定发展什么样的航母，必须要论证清楚军事需求。

最后一个限制条件是技术问题。有人认为，航空母舰和卫星、导弹、航天飞机一样，都是高技术武器装备，所以技术难度很大，一般国家很难掌握。实际上，通过上面的分析和回顾我们可以清楚地作出这样的结论：航空母舰经过近百年的发展，所有技术基本上已经成熟，没有或很少有难以攻克的高技术难题，一般发达国家和能够建造大型船舶的国家都具有航空母舰的建造能力和技术水平。指出这一点的重要性，在于不要把航母的作用和价值渲染得太过分，也不要把它的难度形容得太过分。有人可能反驳，像俄罗斯那样的常规起降飞机滑跃起飞技术，像英国那样的垂直／短距起降技术不都是高技术吗？是的，但那是飞机的技术而不是舰艇的技术，相反，如果这些技术能够实现，航母的建造将更加容易。我们迫切需要建立这样一个概念：什么是航母？它首先是一个飞机运载平台，是一个浮动的海上机场，它的作用是运载飞机和使飞机起飞和降落，没有太大必要把它建造成一个武器库和钢铁堡垒，更没有必要把那么多高技术用在航空母舰本身的建造上。英国人很聪明，它在新研制和建造的1.7万吨海洋号航空母舰上，破例采用了商船的建造标准，从而使费用大大减少。当然，用商船改装也不失为一种好的选择方案。英国新建造的航空母舰，则采取与法国联合建造的模式，这样不仅可以资源共享、技术互补，还可以节省经费。其实，发展航空母舰和制造汽车是一个道理，1934年美国底特律汽车城是全美趋之若鹜的城市，因为当时汽车刚刚进入家庭，每个人都梦想有一辆自己的汽车。可今天，在金融危机的冲击下，底特律成为全美最阴冷的城市，当初最火爆的通用汽车公司宣布破产保护，下属汽车行业破产重组。十几年前我们梦寐以求的奔驰、宝马、别克、凯迪拉克、丰田等几乎所有的世界名牌汽车都已在中国安家落户，汽车走入千家万户，它对平民百姓而言不再神秘，汽车制造技术也不再是高不可攀。尽管如此，我们仍然不敢妄言中国就掌握了汽车技术，因为中国至今还没有一个完全自主知识产权的汽车品牌，所以在这个意义上来说，汽车对于中国人还是个高科技行业。看完美国大片《变形金刚》之后，更让人感到汽车技术神秘莫测，机械化与信息化结合之后的汽车人擎天柱不再是一个冷冰冰的机器，它已经具备了人工智能，汽车人和人之间已经有情感的交流。所以，人的想象力有多大，技术创新的前景就有多广阔。航空母舰技术也是如此，三四万吨以下的常规航母没有多大难度，印度这样的发展中国家都可以自行研制和制造。但是，要想制造出尼米兹级那样的重型航空母舰对一般国家而言是不可想象的，要想制造出福特号那样的信息化航空母舰则更是不可能。千里之行，始于足下，对于从来没有建造过航空母舰的中国而言，还得要从头开始，慢慢来。

航空母舰的发展途径

发展武器装备途径很多，需要有创新思维，不能一条道儿走到黑，更不能跟在人家屁股后头亦步亦趋，看人家搞什么我也想搞什么，这样会落入别人的圈套，最后让人家给整死，就像苏联那样。我感觉发展中国家，一定要有这种独特的思路，你搞不搞航母那是另外一件事情，如果搞就一定要有自己的特色，不能什么事老按美国的路子走。美国多少钱？乞丐佬跟龙王比宝怎么行？在发展航母问题上，很多国家常犯的一个通病，就是总跟美国攀比，搞航母，一说就是美国那种航空母舰，10万吨级的尼米兹成了标杆儿、典型、被学习和模仿的榜样。只有美国的尼米兹才叫航空母舰吗？那别人的航母就不叫航母啦？浮岛式航母不行吗？商船改装的航母不是也很好吗？看不上，嫌不好看，太土！要知道，美国在“二战”中护航航母建造了100多艘，发挥了巨大作用。护航航母基本上都是几个月就建造1艘，很多都是商船改装的。大和号和武藏号漂亮，排场，正规，但一炮都没有放就沉入海底了。武器装备不是做样子给人看的，是打仗用的，一定要从作战效能上考虑，千万不能搞中看不中用那种花拳绣腿式的东西。

要看到美国搞超级航母主要有两个原因：一个是有作战需求。它要全球作战，今天在波斯湾有3艘航母，突然明天古巴、委内瑞拉出现了问题，它马上就要到加勒比海去，过了一段时间，印度洋、西太平洋又有事儿了，它又要过来，每天都是这么折腾，这就是全球霸权的需要。有些国家是近海防御，没有必要全世界到处跑，在作战需求上也就不能跟美国攀比。美国全球作战，为什么还要搞浮岛式航母呢？20世纪80年代以前，美国在海外有很多殖民地，同时也租用了很多海外军事基地，比如在菲律宾，当时它有克拉克空军基地和苏比克湾海军基地，那都是不沉的航空母舰。后来人家菲律宾要收回来，不出租了，美国失去了很多这样的陆地机场，所以对海上飞机起降平台的需求很迫切。随着海外基地越来越少，美国对于大型航母的依赖越来越大，航空母舰对美国来讲是必不可少的，因为它要全球作战，它没有这个玩意儿就没法投入力量，你说租用人家的空军基地，要打仗了，就得跟人家商量，人家要考虑国际关系和国家利益，如果为了保全自己不同意租借，或者不允许飞机起降，那你自己的飞机也飞不过去，这个时候就必须使用航空母舰。如果都是尼米兹级这样的航空母舰又花不起钱，这种浮岛式航母将会成为一种很好的选择。当然，究竟什么时候造，那要看美国的战略决策了，原来计划2020年前要造3~5艘。一个是技术上成熟，钱也有保障，有钱有技术，这就好办。美国发展航母有这个基础，而且有这个传统，过去90多年来，第一架舰载飞机是美国造的，真正的航空母舰也是美国建造出来的。美国有丰富的航空母舰作战经验，两次世界大战，尤其是太平洋战争，都是航母对航母的作战，在这方面哪个国家都不如美国厉害，航母作战的经验很多，所以说美国不仅有这样的技术，而且有这样的作战经验，这方面别人比不了。

奇思妙想和创新精神是武器装备发展过程中最可贵的精神。武器装备的最大效能不是看杀伤力有多大、技术有多么先进、投资强度有多么高，而是要看是否具有外人不可知的神秘特征。F-117A夜莺隐形战斗机在研制过程中始终处于绝密状态，试飞过程全部选择在偏远地区上空而且是在深夜和凌晨进行。即使这样，也难逃UFO爱好者的慧眼，他们收集了大量夜莺飞机的照片，向空军反映发现了一种奇怪的“不明飞行物”。的确，这种飞机样子怪异，有点像蝙蝠，而且隐形性能很好，雷达很难发现。就是这样的怪物，当突然出现在巴拿马和巴格达上空的时候，对方根本没有任何防备，因此以少胜多，取得显著战绩。当杀手锏装备的玄机泄露之后，其就不再有战术优势，所以在1999年的科索沃战争中，第四天就被南联盟击落了一架，对美国造成重创。

美国的军界、民间和军事爱好者，总是能够公开讨论和创新一些新的武器装备概念和理论，这为美军武器装备的创新和发展提供了无限的生机和活力，使美军的武器装备总是能够领先世界，高人一筹。而其他国家则总是跟在美国后面进行仿造，亦步亦趋，人有我有，这样的思路永远难以跟上别人的步伐，更不用说超越别人了。军事威慑分两种：一种是理论威慑，另一种是武力威慑。武力威慑是美国的拿手好戏，但美国也非常重视理论威慑，国防部经常组织军事专家有计划地利用媒体制造一些军事理论，有针对性地抛出一些理论进行威慑，或者是一些别出心裁的武器装备研制方案。这样的威慑和诱骗是显而易见的，苏联在40年冷战中就吃尽了这方面的苦头。其实，理论威慑是最节省金钱的，花不了多少钱，只要尊重知识、尊重人才，多听听专家学者的意见，利用他们通过媒体发挥作用，就可对敌人实施心理震慑和舆论威慑。

航空母舰的关键技术

航空母舰历来是引发巨大争议的一个话题，在技术层面，通常的争论表现在两个方面。有人认为，航空母舰和卫星、导弹、航天飞机一样，都是高技术武器装备，所以技术难度很大，一般国家很难掌握。也有人认为，航空母舰并不是什么高技术武器装备，而是一种成熟技术综合集成的机械化装备，这种东西经过100多年的发展，所有技术基本上已经成熟，没有或很少有难以攻克的高技术难题，能够建造大型船舶的国家都具有航空母舰的建造能力和技术水平。从某种意义上来讲这种认识是正确的，因为印度、巴西、意大利、西班牙、泰国的航母其实都是这种意义上的航母。从航母建造技术上来讲与其他大型战斗舰艇相比没有太大的区别，从航母舰载机来看与陆基常规起降飞机、垂直/短距起降飞机和直升机也没有太多的区分，航母真正是一个浮动的海上平台，只是运载陆基的飞机在海上起飞和降落而已。正是因为如此，才有很多人对发展航空母舰提出异议，他们认为在信息化战争的今天，远程精确制导武器、能够空中加油的

尼米兹号航母

隐形飞机和战术核武器对航空母舰构成巨大威胁，像航空母舰这样巨大的海上目标，机动速度很慢，很容易发现、跟踪和摧毁，生存能力很低。

航空母舰究竟是一种什么装备？它的技术难度到底有多大？这是一个需要重新思考和认真研究的问题。

1983年，世界新技术革命的浪潮风起云涌，以信息技术为核心，航天、海洋、生物、新能源和新材料等一系列高技术群宣告信息时代的来临。六大高技术群迅速转化为军用高技术和高技术武器装备，对武器装备、军事理论、军事编制产生了重大影响。1993年，美国积极推动并发起了震撼世界的军事革命。军事革命的实质是军事技术革命，军事技术革命的核心是信息技术和与之相关的微电子、新材料、新能源、海洋、航天和生物技术等共用性、基础性高技术。这些高技术应用到军事领域之后，又产生了一系列特殊的、支柱性的军用高技术，如目标探测、精确制导、指挥控制、电子对抗、隐形反隐形、航天、核武器和先进防御技术等，这些军用高技术的作用是直接物化成军队所需要的高技术武器装备。所以，军

各国即将服役的航母

事技术革命实际上是以信息技术为主导、以高技术和军用高技术为支撑的一场规模空前、影响深远的技术革命。军事技术的进步，依赖于社会生产力特别是科学技术的发展。科学技术的最新成就往往优先运用于军事，引起军事技术的变革。军事技术的发展必将首先物化为新型的武器装备，继而对军事思想、军事理论、战略战术、编制体制和军队建设等产生一系列重大影响，促使其产生一系列重大变革和革命。

今天，我们置身于信息时代之中，认真反思三次浪潮的冲击及对我们所产生的影响，认真反思1993年以来军事革命的成果与得失；认真反思1999年以来美国发动的三场信息化战争的经验和教训，在对航空母舰技术问题的认识上应该能够得出这样的结论：航空母舰不是高技术武器，但却是高技术作战平台；航空母舰不是信息化装备，但却是信息化综合集成的产物。

在过去的日子里，我们曾经陷入了一些认识的盲区，总认为高技术主要表现在微电子、新材料、新能源、海洋、航天和生物技术等六个方面，而军用高技术则主要表现在目标探测、精确制导、指挥控制、电子对抗、隐形反隐形、航天、核武器和先进防御技术等八个方面，航空母舰主要是造船技术、航海技术，而这些传统技术在农业革命和工业革命中早已解决，所以是过时的技术、落后的技术，航空母舰的建造技术与信息时代的高技术和军用高技术相比属于普通技术、常规技术和平台技术，没有任何新意，因此，应把发展的重点放在高技术和军用高技术方面，不应在航空母舰建造技术上进行纠缠和投资。

其实，随着信息技术的发展，航母建造技术有了根本性的改进和发展。信息化的基础是标准化，得标准者得天下，率先制定信息化标准的国家必定占领信息化的制高点。美国不仅创新了大量信息化技术、研制了大量信息化设备，也制定了一系列信息化的标准和规范。有了信息化标准规范，就可以签订网络协议，建造信息高速公路，在全球范围内实现互联互通互操作。基于这样一个网络平台，新一代航母可以利用虚拟现实技术、模拟仿真技术等进行虚拟制造和柔性生产，在充分论证并获得经验之后，采用模块化制造方式，把航空母舰化整为零，切分成成千上万的模块或细化为数十万个零部件，通过网络系统进行分段制造，然后综合集成。过去建造一艘航母需要十几年，采用这种新型建造技术之后，建造时间可以节

省1/3以上，而且十分精确，进程和质量随时可以得到监控。

就航空母舰本身而言，其关键技术主要集中在两方面，一方面是蒸汽弹射技术，另一方面是着舰阻拦技术。这两项关键技术是五六十年前英国发明的专利，后来被美国购买后应用至今。一项连续使用超过半个世纪的技术还能算什么高技术吗？显然不是！目前正在建造中的美国福特号航空母舰将抛弃这种蒸汽弹射技术，转而采用一种创新的电磁弹射技术。电磁弹射技术并不是仅仅表现在弹射飞机的功能上，更重要的是用来驱动电磁弹射器的航母动力系统发生了革命性变化，强劲的动力输出不仅能够满足弹射飞机的需要，还能够为电磁炮、动能武器等新概念武器的装舰使用奠定一个良好的基础。由此可见，福特号航空母舰不再是传统航母的概念，而是一个应用了新型动力装置、新型弹射系统和新概念武器的高技术作战平台。

航空母舰是一个庞然大物，满载排水量数万吨到十多万吨，如此巨型的钢铁巨舰，无论从哪个方面来讲都是工业化和机械化时代的典型标志。其实，这只是航空母舰的一种表象，就其实质而言，已经产生了巨大的变化。美国福特号航母采用了新型的数据总线，数据链技术、网络栅格技术、数据库技术、信息处理和存储技术、信息对抗技术、隐形降噪技术、相控阵雷达技术、指挥控制技术等几乎所有的高新技术基本上全都进行了综合集成。这样的一艘航空母舰，虽然外形看上去与其他的航母没有太大的区别，实质上这样的航空母舰已经发展成为一种机械化与信息化相互融合的作战平台，已经成为信息化网络中的一个重要节点和指挥中枢。

从1983年冷战时期的技术革命，到1993年冷战结束后的军事革命，再到2003年信息化时代的伊拉克战争，我们看到美国的技术路线图非常明晰：从机械化走向信息化是一条主线，在这条主要的技术路线中，美国制订并实施了一系列高科技和军事高科技计划，一个一个地沿着各自的技术路线去创新和突破，成熟一个、鉴定一个、运用一个。美国没有抛弃机械化和机械化装备，相反，而是不遗余力地用信息化改造机械化，从而使机械化装备焕发青春，更有活力。这些经过大量实战考验和鉴定的技术，最终逐渐综合集成到机械化平台上去，先是在尼米兹级航母上进行改装、试验和鉴定，继而全面推广并综合集成到福特号航母上，最终打造出新一代信息化航空母舰。

美国是军事强国、机械化强国、信息化强国，在发展航空母舰的问题上任何国家都不可能与之相提并论。但是，这并不是说美国的创新思路、创新理念和技术路线不可以借鉴。技术无国界，他山之石，可以攻玉，其他国家在发展航空母舰的过程中也应该有所启迪、有所借鉴。

预警机弹射起飞

第十六章　大国崛起话航母

日本轻型航空母舰悄然服役

日向号是航空母舰还是护卫舰

主持人：你好，欢迎收看今天的防务新观察。3月18日日本的一艘新型战舰日向号正式服役，外界媒体把日向号称为准航母，但是日本方面对此一再地予以否认，这有什么玄机呢？首先想问一下张教授，对军舰而言超过1万吨是个什么概念？

张召忠：过去的护卫舰吨位是1000吨~2000吨，现在增加到4000吨~5000吨；驱逐舰，过去的吨位是3000吨左右，现在最大的增加到8000多吨了；巡洋舰过去的吨位是8000多吨，现在增加到1万多吨了，就是说超过1万吨在过去是巡洋舰或者是轻型的航空母舰。

主持人：那么您认为日本的这个日向号，它是航空母舰呢？还是驱逐舰？

张召忠：这个日向号当时是用护卫舰的名义立项的，现在日本管它叫航母型的驱逐舰，实际上它确切的名称就应该叫“反潜直升机航空母舰”，这个是比较确切的，或者叫做“轻型航空母舰”。

主持人：就是在它的这种名称当中还是航空母舰。

张召忠：这是肯定的，肯定是航空母舰。说到航空母舰有几个要素：①有直通式飞行甲板，可以供直升机或者是垂直起降飞机起降。②它有机库，有两个大的机库。③有升降机，用来从机库往飞行甲板提升直升机或者飞机的升降机，总共有两个升降机。④有航空控制部门和指挥部门，有飞行员的住舱和飞行员待机的场所。航空母舰的这些基本要素日向号都具备了，所以说它肯定是航空母舰。

主持人：日向号的续航能力大概是多少？

张召忠：续航力大概是5000海里，也就是说一次加满油，加满水，带满食物，它航行的最大距离是5000多海里。

主持人：5000多海里，如果说以日本为圆心的话，它最远能航行到哪里？

张召忠：能够到地中海，在地中海呆10来天还能回来。

主持人：还有一个观点认为这个日向号经过很简单的改装就可以起降F-35这样的作战飞机，它就是一艘不折不扣的航空母舰，张教授您认同这个观点吗？

张召忠：它不经过改装也可以起降F-35，因为F-35有一个垂直短距起降的这样一个功能。这样垂直起降会消耗大量的燃油，会导致F-35作战半径缩短，如果将来要改的话，可以改一个6度左右，或者6~12度的滑橇式飞行甲板。

日本日向级伊势号航母

主持人：就是滑橇型的飞行甲板。

张召忠：滑橇型飞行甲板，这个加上就行了，叠加在航母的飞行甲板上就行了，主要是解决耐热的问题，这是件很简单的事情。

主持人：在媒体报道当中，我们注意到日向号上还有17名日本的女性官兵，这有什么特殊意义吗？

张召忠：增加女性官兵开始大家都没有想到，因为在此之前日本有很多的女兵是在作战支援舰艇上，像运输舰这样的一些舰艇上工作，她们这是第一次到战斗舰艇尤其是日向号航空母舰上来。我想这是日本方面想淡化它的航空母舰色彩，就是想淡化这是一艘大型的攻击型舰艇的色彩，因为女性温柔，给人感觉更加和缓一些。

主持人：那为什么要刻意淡化这种航空母舰色彩呢？

张召忠：因为这艘舰的服役就是违背宪法的，它就是在违背宪法的状况下，偷偷摸摸欺骗公众舆论建造的，你看它立项是按护卫舰立项的，刚才我讲护卫舰的吨位应该是2000吨~3000吨，护卫舰怎么可能会是13500吨呢？如果装上油水，吃的喝的，装上弹药，那这艘舰满载排水量就是18000吨，将近2万吨的一艘舰用护卫舰来立项，这是违反宪法的，日本宪法规定不允许生产这种攻击型的武器装备。就是航空母舰、核潜艇、弹道导弹、战略轰炸机，这些远程作战具有攻击型的装备是不允许生产的。所以日本方面就想尽量地淡化一些，放点女兵上舰，让大家感觉，这比较温柔一点，比较和缓一点。

主持人：现在媒体报道说，日向号即将进驻横须贺，作为日本第一护卫舰群的旗舰，一般来讲旗舰应是战斗力很强的战舰，而且具备联合指挥的这种能力，张教授认为日向号具备这种能力吗？

张召忠：具备，我专门看了这艘舰的一些图，它这艘舰上的舰员包括两部分，一部分是本舰的舰员322人，剩下的有20~30人专门留有一定的舱位，舰队司令或者舰队参谋上舰以后，负责对整个编队进行指挥的时候，有他们的指挥位置，而且有他们工作的舱室，住舱啊，指挥舱啊，专门有他们的工作区域，大屏幕这些也都有。就是说这艘舰在担任舰队旗舰的时候，担负着对整个舰队各个舰艇的联合指挥功能，同时也是代表舰队和美军联合作战，美军像华盛顿号航母和这艘航空母舰进行一些数据链的传输，另外也可以接收来自美国卫星或者其他的一些像水下、水声信息等一些信息传递，所以说它是很重要的指挥舰。

日向号航母战斗群怎样作战

主持人：您觉得日向号的正式服役对日本的第一护卫舰群的战斗力有多大的提升作用？

张召忠：现在日本有四个护卫舰群，叫四个八八舰队，这个四个八八舰队，就是8艘驱逐舰8架直升机，一个舰队里就有8架直升机。第一护卫舰群加上日向号以后，它就从本质上改变了，你比方说现在有7艘舰艇，7艘舰艇就是7架直升机，如果再加上1艘日向号，就变成了8+18，那就是八十八舰队了，以后第一护卫队群我们都不应该叫八八舰队，应该叫它八十八舰队，就是8艘舰艇，18架直升机。你看这个航空力量提升了一倍还多，原来是8架直升机，现在是18架，所以这是一个提升。

再一个，这个舰队反潜能力有本质的提升，因为它多了这么十几架飞机，这十几架飞机的反潜能力，使搜索的区域扩大了，另外舰上的直升机，除了反潜直升机之外，其他直升机还可以对舰队发射的远程导弹、巡航导弹进行中继制导，还可以作为中继制导飞机进行中继制导，这些都极大地提升了舰队的防空、反舰、反潜以及搜索救援等综合作战能力。

主持人：横须贺同时还是美军的一个很重要的一个基地，那么日向号部署在这个地方，对于美日两军今后联合作战，意味着什么呢？

张召忠：部署在横须贺有很多方面的考虑，像1万多吨的舰艇吃水一般在6米左右，日向号吃水是9.7米，将近10米。美国的航空母舰吃水也就是11~12米，就是说它的吃水非常深，吃水为什么这么深？这艘舰很怪，它的球鼻艏声呐里头装了功能非常大的声呐，导致它的水下部分特别的强壮，很明显它是以反潜为主，所以这是需要注意的。另外它的吃水将近10米，要求那个港口的水深起码在15~20米，所以其他的地方不是太好驻，从技术上看这是一点。另外它加入第一护卫舰群以后，驻在横须贺也是正常，这里是日本联合舰队司令部的所在地，这样便于在岸上与美军的第七舰队尤其是华盛顿号航空母舰进行相互的沟通和联络，也便于平常的训练和交流。这也是一个很重要的方面。

主持人：张教授怎么看？

张召忠：这艘舰艇将来主要的任务是守卫西南和东南两条1000海里的生命线，日本自己叫两个1000海里航线。因为日本是一个岛国，99%以上的原料、物资都是靠海运，日本把海上的西南和东南两条运输线作为它的生命线，这是一个方面。还有最重要的一个方面，日向号航母是以反潜为主，虽然防空方面也有一些，但它防空是以本舰和舰队防空为主的，舰队的区域防空能力它都没有，它基本是点防空，就是以为它自己这个舰艇防空为主。这么一艘舰艇是以反潜为主，十几架直升机大部分都是用来反潜，包括舰艇本身自己带的声呐也是用于反潜。那么反潜是反谁的潜艇呢，我估计最重要的任务是填补美国在第一岛链反潜的空白，因为在这个区域美国反潜能力较差，美国不缺制空能力，就是说美国航空母舰像华盛顿号航空母舰，有四个中队F/A-18舰载飞机，既能制空也能对地攻击、对海攻击，但是它反潜的能力很差。现在这个航空母舰反潜的能力，以及美国航空母舰编队反潜的能力都比较差，美国原来有S-3D北欧海盗反潜机，现在已经退役了，现在它的航空母舰没有反潜机，新的日向号的任务，就是在第一岛链围堵想突破第一岛链进入西太平洋的国家。

主持人：也就是说包括日向号在内的，日本的很多作战舰艇之所以如此重视反潜的能力，就是为了配合美军。

张召忠：因为美军在其他方面都是强的，但反潜能力较弱。关于舰载机的问题，刚才你问到这个F-35上日向号航母，有些专家也提出来，它将来会不会上F-35？我个人认为，这个舰艇上F-35从技术上看是可以的，但是从作战上讲没有必要。

主持人：因为它与最主要的作战目的是相违背的。

张召忠：对，如果说这么小的一艘舰，1万吨左右，1.3万吨左右的排水量，顶多1.8万吨，再上几架F-35你到底是干什么的？你是反潜，还是防空，到底干什么啊？其实用不着它防空，有人给它提供防空，现在讲联合作战，用不着自己什么都会，你就给我干好一件事就行，你就能反潜，把潜艇挡住就行了，你自己的安全，整个的周围大约1000公里的作战半径，1000~2000平方公里这个范围的防空，美国的航空母舰都给它提供了，另外这个日本的岸基航空兵也可以提供这样的制空。

所以说日向号舰将来虽然有这种垂直起降飞机的能力。但是它一时半会不会上，起码近期我看不到它上的可能，没有必要，它主要还是反潜。这是它的一个特征。

日本打算造几艘航母

主持人：日本媒体称在2011年的3月还会有一艘和日向号相同级别的军舰下水，日本近几年为什么如此大力发展它的海上力量？

张召忠：这艘舰的发展代号叫16DDH，是2004年开工建造的，原计划在2009年的3月份服役。日本是工业化强国，四年多不到五年，就是从开工建造，铺上龙骨到下水，到服役的时间基本上一天不差，说什么时候下水就什么时候下水，说什么时候服役就什么时候服役。四五年的时间就能建出一艘航空母舰来是很厉害的。第二艘舰叫18DDH，是2006年建造的，2006年建造比建日向号舰稍微晚两年，这样它就有两艘这样的轻型航空母舰，或者叫反潜直升机航空母舰。第二艘出来以后，再加强一个护卫舰群，这样日本就会有两个轻型航母战斗群。两个轻型航母战斗群和另外三艘大隅级两栖运输舰配合，大隅级也是一两万吨，是一个直升机母舰，日本称做两栖支援舰，你拿照片看一看，上面也能停大量的直升机，起码停个五六架没什么问题，因为它还要装其他的装备，运输两栖登陆的装备，所以说呢，它停的直升机相对少一点。但是那三艘舰艇如果加强到这两个轻型航母战斗群当中，日本海军就能在整个广阔的太平洋进行远洋作战了，或者出太平洋到印度洋作战是一点问题没有，因为那三艘舰会对它实行海上支援，所以说，日本给我的感觉是它做什么事都特别值得别的国家去借鉴，比方说它先发展它的三艘大隅级的两栖运输舰，那是个两栖运输舰艇，属于军辅船，大家没怎么太在意它，结果弄出来一看，这不是航空母舰吗？等你注意到已经晚了。这个日向号，用护卫舰立项，结果最后出来一看是艘航空母舰。在此之前，六七艘宙斯盾舰艇全发展起来，比如金刚级宙斯盾舰艇，它发展这些先进舰艇要13亿~14亿美元一艘，一艘舰艇这么贵，大家都说你搞这么贵的舰艇干什么？现在都明白了，因为以前发展的那些先进舰艇就是为日向号航母护航用的，是给它提前发展的护航舰队，日本还是老牌的海军帝国，搞发展深谋远虑，就是明修栈道，暗度陈仓啊，对付世界舆论啊，对付国民啊，这真是有一套办法。

主持人：张教授您认为日本究竟想达成一个什么样的海洋战略呢？

张召忠：20世纪50年代末，当时日本就提出发展航母的计划，当时的计划是8000~9000吨，没有搞成。60年代末，又搞了一个计划，这个时候提的航母是1.4万吨，也没有搞成。70年代消停一点，到了80年代又提出造航母，计划是1.4万吨~1.5万吨，结果还是没有搞成。为什么三次航母都没有搞成，主要原因是两个：一个是国民，国民感觉有《和平宪法》，你不能够突破宪法的制约，所以它不能够搞，舆论不行，本国不支持。还有就是美国打压它，美国说你要干什么啊，你日本想复活军国主义啊，当初日美之间就有过珊瑚海大海战、莱特湾大海战，还有中途岛大海战。当时日本25艘航母都让美国干掉了，现在你又想搞航母，死灰复燃，这个不行，美国就一定不让它搞。但是到了90年代以后，美国意识到在西太平洋这个地方光靠美国自己守卫太累了。

主持人：撑不住。

张召忠：它需要有人给它看着，就逐渐让日本承担更重要的任务，就是让日本在一线，让它守着第一岛链，美国退守到关岛，退到二线，就是说有点什么麻烦的时候，我来支援你，你在前面冲，你给我当炮灰。日本不傻，你让我当炮灰可以，我得有家伙啊，我得搞航母，这些事都是经过美国批准的，像大隅、宙斯盾都是美国给它的东西，日向号的发展是得到美国的首肯的。日本基本上是两手政策，一方面就是光干不说，航空母舰像大隅级、像日向号就这样暗度陈仓地搞出来了；另一方面就是逐渐突破和平宪法，如果说《和平宪法》原来是100%的话，现在就已突破了60%~70%，你比如说《和平宪法》不允许它发展陆海空三军，现在日本不仅有陆海空三军，而且它的陆海空三军在世界上都是非常先进的，一年500多亿美元军费。

主持人：作战能力其实是相当强的。

张召忠：《和平宪法》绝不允许日本在海外派兵，你看日本在海外派兵有多少？1991年就到伊拉克去扫雷了，2003年伊拉克战争以后，日本派到伊拉克的维和部队都是带武器的。现在这又到索马里护航，索马里反海盗，这些都是逐渐突破它的《和平宪法》。我相信，将来它的海洋战略，就是协助美国守着西太平洋，并且前出马六甲海峡，控制南中国海和东海，确保与印度洋连通，确保它的两条海上生命线安全，以及和美国联合控制南海以及东海的广大区域，这是日本的基本的海洋战略。

主持人：其实无论日本今后是否会发展航空母舰，这个日向号的服役都对建造或者说使用现代航空母舰打下了一个良好的基础。

张召忠：是的。日本虽然否认日向号是航空母舰，但其实它已经是航空母舰，如果说日本的国民、日本的国会，或国际舆论对日向号的服役没什么更严格限制的话，我相信日本再过五六年会准备发展4万~5万吨级的航空母舰，赤诚号和加贺号在第二次世界大战时，是世界上非常知名的航空母舰，有四万多吨级，当然最后被美国击沉了，就是说日本造航空母舰是一种什么概念呢？只要它想造，你给它两三年的时间，它很快就能造出来。

罗纳德·里根号航母

主持人：日本是具备这种实力的。

张召忠：日本的技术水平、技术能力、生产经费，什么都不缺，现在唯一的就是政治上的限制，到时候它有可能突破这种限制，就会加速航空母舰的发展。对于其他国家来讲，我感觉一定要做好这种应对措施，尤其是日本反潜能力增强了以后，会对潜艇的活动产生很大的压力。

（中央电视台七频道《防务新观察》访谈实录，2009年3月29日）

航母是强国的身份证

从理论和技术角度来看，著名军事评论员张召忠少将谈起航母，仿佛孩子聊起心爱的变形金刚，如数家珍信手拈来。从政治意义和国家高度而言，这位国防大学的军事战略学博导，把航母看做长城一般的国家象征，进而是从大国迈入强国俱乐部的“会员证”。在一幅巨大的世界地图面前，中国航母的“前世今生”也随之浮出水面。

记者：从世界角度来看，新一轮航母热正在世界范围内展开。为什么航空母舰如此受到重视，它究竟是一件什么样的武器？

张召忠：从政治的角度来看，航母就是一个象征，就像鸟巢、长城、金字塔一样，一个国家发展到一定程度，就得有这个玩意儿。一个大国走向强国，总要有一个象征性的东西，它就是政治上的一个象征。因为航空母舰综合了很多方面的技术，是综合国力的集中体现。从这个角度来讲，航空母舰是一件非常重要的武器。

但是从技术层面上讲，首先航母并不是一个高技术装备。航母技术层面的东西，“二战”之前就解决了，不属于什么关键性的技术，现在只有个别技术属于关键技术，主要指弹射器、阻拦索。弹射器现在常用的是蒸汽弹射器，也是在1944年以前就突破了。这是英国发明的技术，之后美国普遍使用。但是在美国新一代福特号航母上，已经淘汰了蒸汽弹射器，准备用电磁的。电磁属于高技术，蒸汽还是属于40年代的技术。

航母为什么受重视呢？航天的东西大家看不见，电子信息也看不见、摸不着，大家还是喜欢有形的东西。航空母舰那么大一个东西，十几层楼高，上面5000多人，这么一个庞然大物，大家一看就比较有形。技术力量很强大、很综合，综合了舰艇的技术、飞机的技术、电子的技术。大家都倾向于搞这个，一般大国都搞这个东西。政治上有威慑能力，是一个象征性的东西、有形的东西。和平时期不打仗，但需要有威慑力的东西，让别人看了害怕，这是它受重视的重要原因。

记者：航母的分类标准有很多种。根据您目前的掌握，您认为应该如何来划分航母的种类？

张召忠：我这个人做学问，通常喜欢按照自己的思路来。我个人认为，有些分类方法现在已经过时了，比如“二战”时的分类：攻击型航母和护航型航母，日本的赤城号、加贺号，美国的中途岛号都属于攻击型航母，因为上面带飞机，可以从航母上起飞去攻击别人。护航型航母能携带几十架飞机，带到战区，但没法回来降落，有可能在陆上降落，回不来了。这种航母“二战”时很多，一两年就能建一艘。所以说，这种分类方法已经过时了。

我从20世纪80年代开始按照重、中、轻型航母来分类。主要根据是吨位，重型是6万吨以上。当时我划分类别的时候，苏联还没有造出库兹涅佐夫号，那时候6万吨的只有小鹰号、中途岛号、美国号和尼米兹级的几艘；中型是4万吨左右，包括法国的克莱蒙梭号、福煦号，俄罗斯当时基辅级的4艘。剩下2万吨以下的就是轻型了，包括英国的无敌级，意大利的加里波第号，西班牙的阿斯图里亚斯亲王号，阿根廷的五月二十五日号，还有印度的几艘。

航母的吨位很重要，一般是6万吨携带60架飞机，4万吨携带40架飞机，吨位决定它载机的数量。吨位小的航母，它的作战能力就很小。比如6万吨以上的重型航母，带有蒸汽弹射器，作战半径就在600~1000公里。中型的最大半径就是600公里，没有蒸汽弹射，从舰艇上飞起来，把油耗掉1/3，最多再飞个300公里，就要回来了，没什么太大用，还不如导弹打得远。像印度那些航母，只能装载垂直／短距起降飞机和直升机。

到了20世纪90年代尤其是21世纪以后，我感觉分类还是有所变化，增加了超级航母的概念，10万吨以上。这个背景是，美国6万吨的基本上都退役了，最后一艘小鹰号也退役了，只有俄罗斯库兹涅佐夫号还在。这艘说是航母，其实也没发挥过什么作用，这样一来6万吨级就出现空缺。现在造的戴高乐号5万吨左右，之前又增加了一艘超级航母，只有美国拥有，尼米兹级10艘，还有正在建造的福特级，估计建造出来满载排水量会有11万吨，造价超过100亿美元。

记者：现在中国周边的国家陆续拥有了小型航母，比如日本刚刚服役的日向号。但日本方面并未称它为“航母”，而是称为“航母型护卫舰”，这是一种什么样的做法和心态？

张召忠：日本发展航母是违反它的《和平宪法》的。《和平宪法》明确规定，日本不能拥有陆海空三军，不能拥有进攻型武器，包括航母、战略轰炸机、远程导弹，这些东西显然已经超出了自卫的范围。为了突破《和平宪法》，日本做了很多工作。

日本发展航母的策略看来很对头，光干不说——埋头猛干，而且在立项各方面上是蒙骗国会，欺骗国民，使用护卫舰名义立项。在层层把关的过程中，因为是护卫舰，发展护卫舰是很正常的，所以大家都没有在意。日向号最早是2004年开始建造的，但是在20世纪90年代，日本就开始为未来的航母发展护航舰艇。日本不是先建造航母，而是先给航母建造护航舰艇。一开始造金刚级4艘，随后是爱宕级。现在已经有8艘宙斯盾级导弹驱逐舰，比美国的阿里·伯克级还要好，13亿~14亿美元1艘，你可以想象这些舰艇的战斗力有多强。

卡尔·文森号航母编队

日本非常有计划，在这之后还建造了试探性的航母——3艘大隅级，也是12000吨左右。它的立项是两栖运输舰，可以装气垫船、登陆兵，坦克装甲车。但它上面是直通式飞行甲板，可以携载五六架直升机——MH-53超级种马直升机，它的重量比俄罗斯的米格-29战斗机重量还要大10吨，你看它的攻击力有多大？

此举为投石问路，开始立项的时候说是两栖运输舰，但一出来大家一看，这不就是航空母舰吗？但中国也没有抗议，政府也没有表态，日本一看，哦，这是默许了，于是就下定决心搞航母。日本搞航母是很简单的事情，“二战”时候造了25艘，他们非常有经验。从2004年到现在，5年不到就完成了日向号的建造，今年就服役了。日本最早的1艘航母1922年就服役了，这样的历史积累和技术储备我们没法比。

记者：航空母舰的建造要经过多少环节？

张召忠：航母的发展是一个过程，首先必须要立项。比如我们要盖栋大楼，我们整天研究，调研世界上所有的大楼，弄了一大堆，但决策部门如果不立项的话，它还是个纸面上的事情。即使你研究一百年，还是一张图纸和一堆论文。

航母战斗群

一旦正式立项，就要先拨十亿元、二十亿元，然后项目才能启动，展开研究和研制，突破关键技术，展开全面设计，这就要有一个招投标的过程。从想要一艘航母到有一艘航母的设计图纸，这就需要折腾几年的时间。设计完了，审批以后再拨钱，选个造船厂就开始建造。建造费用不是几亿元、十几亿元的问题，起码要几十亿元、几百亿元。造船厂还要有基础设施建设，船台在哪，港口多深，起重机、龙门吊，这些设施又要折腾好几年。其实真正展开建造，有个四五年，最多五六年的时间，造个四五万吨的航母应该差不多了。

航母造出来后，还不能立即用，还得要试航。至少有两三年的时间，就像歼-10飞机出来之后，要试飞很长时间，战斗机的性能都是试飞员飞出来的。全部设计指标达到了，军方验收了，才能正式投入使用。在服役之前，谁也说不好要试航多少时间。一艘庞大的航母，单项指标成千上万个，不是一两个。还有人员配备的问题，所以这个阶段最快也要两三年。其他包括人员培训、航母基地、护航舰艇的配备，都是需要花时间解决的问题，同步建设是非常复杂的工作。至于说国家什么时候立项，那就不是技术层面的事情了，那是国家最高决策层和权威部门的决定了。

记者：世界各国掌握弹射技术的情况如何？

张召忠：蒸汽弹射是英国的专利，美国使用了60多年。这属于机械设备和传统技术，苏联研制了10多年没有突破，只能采用滑跃飞行甲板。

航母舰载机要求推重比要高，在很短的时间内就能升空，推力要大，发动机功能要强，这个指标苏-33的推重比要好一些。另外一个技术指标是着舰的能力。有的飞机使用的是腹部进气，如果飞行员掌握得不好，甲板上有半米高的阻拦索，就很容易出问题。肚子底下不干净的飞机很难降落，就像个袋鼠一样，肚子很大，就比较困难，有一定的危险。苏-33是两侧进气，不存在这个问题。

（原载《东方体育日报》，2009年4月15日）

世界大国为什么争相发展航母

为什么要发展航母

主持人：我们谈到了航母的话题，俄罗斯的西北风级两栖攻击舰，它算不算航母？

张召忠：关于这个西北风级，它实际上是一艘两栖攻击舰，由于它能够携带多架直升机，有些人管它叫直升机航母，现在这个概念的话，其实也经常引起一些误会，比方说美国的塔拉瓦级、硫磺岛级这样的两栖攻击舰，它的满载排水量达到4万多吨，能够携载20～40架垂直起降飞机和直升机。其实它就是一艘航空母舰，它除了携载飞机和直升机之外，还可以携带两栖作战的气垫登陆艇、两栖坦克装甲车辆，它是多用途的舰艇。西北风级就属于这一类。此外还有韩国的独岛号和日本的大隅号，都是两栖舰艇，但是它也担负着直升机航母的作用。

小鹰号航母

主持人：如果是这样的话，报道当中也提到说俄罗斯现在只剩1艘库兹涅佐夫号航母，这个说法是不是不够准确？

张召忠：俄罗斯现在就剩下1艘库兹涅佐夫号了，库兹涅佐夫号今年要开始进入船坞大修了，那么在大修之后的几年里，俄罗斯将不会有任何的航空母舰在海上服役。

主持人：那西北风级是不是也应该算航母？

张召忠：西北风级不能算航母，它应该算两栖攻击舰。俄罗斯向法国订购了4艘，其中2艘在法国建造，另外2艘在本国建造。

主持人：我们知道美国无疑是世界上航母最先进的国家，那么它的航母的优越性体现在什么地方？

张召忠：我们知道，100年前的今天，美国人实现了在改装的一艘航母上驾驶飞机起飞和降落，所以今年是世界航母发展100年。美国在过去的100年，先后建造和改装了200多艘航母，美国的航空母舰参加过第一次世界大战和第二次世界大战。在第二次世界大战当中，尤其是太平洋战争当中和日本的航空母舰进行海上对决，这样的海上对决已经成为第二次世界大战以后的一个绝响，之后再也没有发生过航空母舰之间的对决。美国航母的特点主要是它创造了世界航母的发展模式，从常规动力到核动力航母，这都是美国创造的。

第二个就是从直通甲板到斜角甲板，斜角甲板就是说有一个直通的、有一个斜角的，可以保持4架飞机同时起飞，而且速度是比较快的。另外，在吨位上，美国首次实现了6万吨，就是企业号，它是个突破，接下来又实现了10万吨。接下来就是蒸汽弹射器，美国在大量地使用，从明年、后年开始，美国的福特号也会使用电磁弹射器。那么在电磁弹射方面，它也有很大的创新。

在飞机的携载上，美国最早在舰艇上携载的是水上飞机，就是说在航母上起飞，回来的时候在水面上降落，降落以后再用吊车把这架飞机吊上这艘航母，一开始是这样的。以后到20世纪50年代，美国实现了超音速飞机在航母上降落，这是飞机发展很大的一个突破。接下来，美国在航空母舰上采用了核动力，实现了喷气式飞机上舰，从明年、后年开始，在福特

号航母上将携载F-35C这样的第四代舰载垂直起降的飞机。

主持人：现在关于这个航母也有很多的专家和学者认为，航母其实是“纸老虎”，甚至是“活靶子”，如果是这种情况，为什么现在很多国家还大力发展航母，真实的情况是怎样？

张召忠：这是一个老话题了，这个话题最早是这样的，在斯大林时代，斯大林制订了一个苏联发展航空母舰的宏伟计划，之后在执行的过程当中，20世纪50年代被赫鲁晓夫否定掉了，否定的主要原因就是他认为航空母舰是一个“活棺材”，这个东西在海上没什么用。所以苏联当时就说，停止发展航空母舰。到了1962年，古巴导弹危机的时候，苏联用运输船往古巴运导弹，结果让美国3个双航母战斗群，6艘航母围在加勒比海逼得动弹不得，最后迫使苏联在世界媒体之前认输，撤回它的舰船。从那次事件之后，苏联领导人统一思想，坚决发展航空母舰。其实今天的航空母舰，它是由三大部分组成的，一部分就是传统的航母平台，传统的航母平台就是我们所说的船壳子，它是传统航空母舰所具备的，它包括整个船的动力系统、排水系统、总体结构，航空母舰的起飞、降落系统，还有飞行甲板，这些都是传统的。但是现在也有一些电子信息化的辅助系统，最重要的改变是航母上所装载的系统，我们管它叫负载，就像一辆车，一辆车是个平台，车上装什么东西，现在最重要的是这一块儿，这上面装的一个是电子信息系统，包括指挥、控制、通信、情报、计算机这一套系统。还有一部分就是武器系统，也就是航空母舰自身携带的防御性武器，以及航空母舰遇到危险的时候，召唤它的护航舰队，与它的护航舰队之间互相协调形成的一些武器装备。第三部分就是它的舰载飞机，所以说舰载飞机在舰艇上起降，这是非常关键的。现在的航母已经不再是一个简单的、传统的航母平台，而是一个传统平台加一个电子信息化和制导武器这样的大系统，所以不能简单地说航空母舰就是一个“活靶子”，因为它有预先预警的能力，它通过自己的编队，通过自己的雷达，能够对100～600公里周围的广阔海域和空域范围进行侦察监视。

主持人：现在世界上一些先进的反舰导弹对航母是不是具有致命的打击作用？

张召忠：对航母威胁最大的还不是导弹，应该是鱼雷。从导弹来讲，现在有这么两种，一种是射程大约100公里的反舰导弹，例如法国的飞鱼，美国的鱼叉导弹。另一种就是射程大约500公里的对舰艇的巡航导弹，像美国的战斧导弹，这些导弹要是对一艘航母进行攻击的话，一般情况下它要发射10枚、20枚才能把一艘航母干掉，因为航母它有相邻几个舱室进水不沉的标准。导弹对航母的影响很大，但是要让一艘航母沉没还是很难的。

鱼雷比较危险，因为它在水下攻击，如果在水下对一艘航母命中之后，它会造成一个直径很大的破损断面，这个破损断面如果不能及时补漏的话，它就会大量进水，造成舰艇的倾覆，像1982年马岛海战当中，英国发了两枚鱼雷就把阿根廷一艘1万多吨的贝尔格拉诺将军号巡航舰给击沉了，击沉之后，当时阿根廷海军拥有一艘航空母舰，但从此之后海军就再没有出港，吓坏了，虽然拥有航空母舰，但是航空母舰自始至终没有参加过作战。

舰载机舰面调整

日本的航母发展

主持人：大家对日本的航母发展已经了解了相关的背景，但是其实对于日本的这个航母背景也有不同的说法，有的人认为它是准航母，有的认为它不是航母，比如说像这个日向号、伊势号，其实你一直的观点认为，像日本的这个日向号、伊势号就应该是航空母舰了，那么您怎么看待日本发展航空母舰的意图？

张召忠：日向号、伊势号它就是航空母舰，但是大隅号有点勉强，大隅号是一艘两栖运输舰，但是也能够起降直升机。现在的日本具有航母发展的工业基础、能力，也有发展航母的传统，早在1922年，日本就有了第一艘凤翔号航空母舰。凤翔号航空母舰实际上是世界上第一艘专门设计建造的航空母舰，从那之后，日本就开始发展航空母舰。

日本发展航空母舰引起了当时的美国、英国、法国、意大利这些海洋国家的怀疑，所以在第一次世界大战结束以后，1922年签订了《华盛顿海军条约》，对日本的航空母舰发展进行约束，这个《华盛顿海军条约》限制了航空母舰的发展吨位和数量，结果日本就瞒着国际社会在那儿偷偷造航母，最后造出来的航母在1941年12月7日用来袭击珍珠港。在太平洋战争当中，日本的航空母舰发挥了很大的作用，主要是在初期，但是中后期全部被美国击沉了。战后以来日本根据《和平宪法》不能够发展航空母舰等进攻性武器，但日本一直在悄悄地突破。到现在为止，它的日向号和伊势号是2万吨，长度是200～250米，是一艘典型的轻型航空母舰，但是日本不承认，说这是护卫舰、驱逐舰，世界上有这么大的护卫舰和驱逐舰吗？它们具备了航空母舰所有的要素。

主持人：今天能不能在这个节目当中，再次给我们解释一下，为什么日本的这两艘航空母舰具备了航空母舰所有的要素？

张召忠：看一个国家是不是具备航空母舰的发展能力，要看这个国家有没有航空母舰的工业制造能力。第一，从造船来讲，日本的造船能力曾经在亚洲处于第一位，之后亚洲第一位的桂冠让给了韩国，但是它的工业基础、造船能力还是非常强的。第二，日本有航母发展的传统，这个传统是一代一代传承下来的。第三，在人才方面日本有大量的航母指挥员，从山本五十六那个时候开始，日本的海军就有指挥和使用航空母舰的传统。就舰载机的飞行员而言，我们现在依然记得在很多电影、电视当中，看到当时的“神风突击队”开的零式飞机排成一列，临走之前一个人喝一碗酒，喝完了把酒碗往甲板上一摔，开着飞机就走，带着炸弹去撞美国航母的烟囱。日本的航母舰载机飞行员有这样一种传承，所以说如果允许日本发展航空母舰的话，它会在很短的时间内发展一些中型和大型航母，现在发展航空母舰，日本一切条件都具备，有钱、有技术，也有这个使用方面的军官，但是在政治上不允许它发展，因为它受到《和平宪法》的限制。

印度航母的发展

主持人：刚才通过这个短片我们也再次看到了印度发展航母的雄心，那么现在印度的航母处于一个什么样的发展阶段？

张召忠：印度的航空母舰应该说在亚洲举足轻重，亚洲只有印度拥有跃升甲板的航空母舰，真正起飞固定飞机的航空母舰只有印度拥有。印度的航空母舰说来话长，因为它是英国的殖民地，受英国这样一个海洋帝国的影响很大，新中国成立初期它就拥有航空母舰，世界上发展中国家像印度这样具有海洋传统、具有航空母舰使用传统的很少见。印度拥有的

印度维克兰特号航母

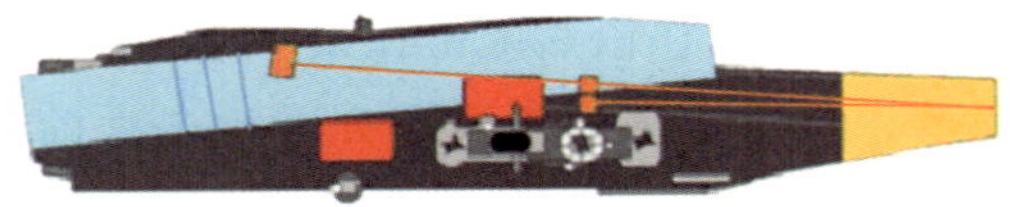

印度维兰特号航母

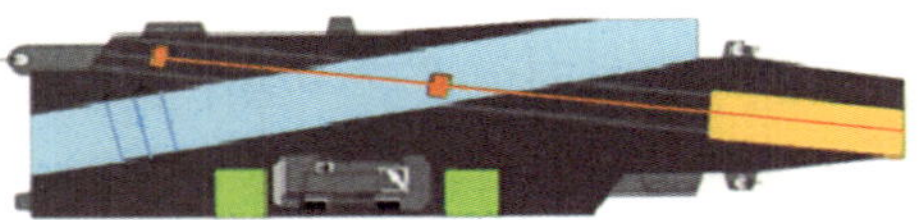

英国伊丽莎白女王号航母

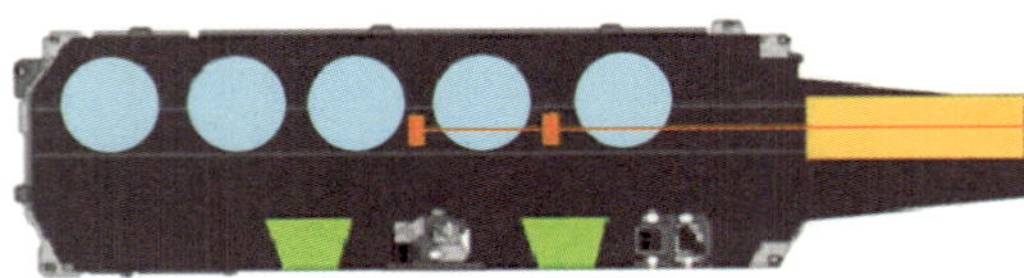

美国福特号航母

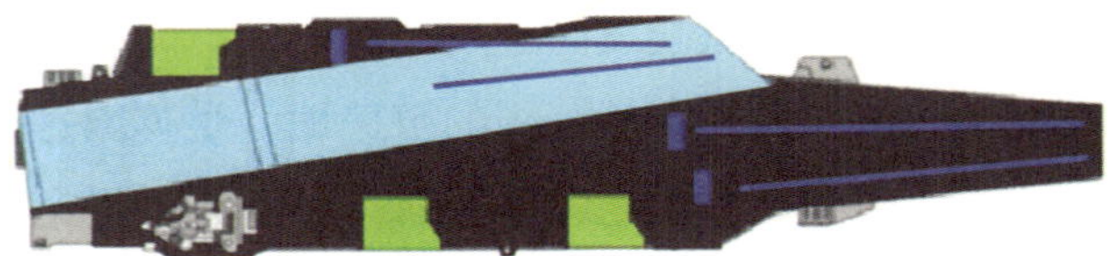

美国、英国、印度航母对比图

最早的航母，是英国第二次世界大战建造的一艘2万吨航母，叫维克兰特号，那艘航母使用蒸汽弹射器，所以印度海军曾经使用过蒸汽弹射器的航母。第二艘是英国的竞技神号航母，参加了1982年马岛海战之后，象征性地收了点钱，以2500万英镑，卖给了印度，卖给印度之后，印度将其改名叫维兰特号航母并进行改装，这艘航母一直在服役，去年又进行了一次大改装，可能还要服役三四年，这艘航母将近4万吨，是滑跃式起飞，阻拦降落。另外，俄罗斯2004年送给印度一艘4万吨级的航母，叫戈尔什科夫号，这艘航母一直在改装，今年已经下水了，准备明年正式服役，这艘4万吨级的航母，将装备新的米-29K舰载机，然后将电子信息系统进行了全面更新，武器系统也进行全面更新，花费的改装费将近24个亿美元，24亿美元啊，这是很大的一笔钱。

由于印度海军曾经使用过蒸汽弹射器的航空母舰，使用过滑跃式起飞的航空母舰，使用过固定翼的舰载飞机，使用过垂直起降的飞机，也使用过舰载直升机，所以印度拥有航空母舰使用的丰富经验，有一批成熟的指挥员。在这个基础上，印度还寻找自己航母的发展途径，印度自己建造的蓝天卫士号航母已经下水了，2014年就要服役，届时，印度将是亚洲唯一一个拥有三艘固定翼飞机航母的国家，是亚洲国家当中拥有航母数量最多的一个国家。

主持人：那通过印度的这种做法，我们是不是也可以看到，比如说购买其他国家的航母平台来进行改装，这对于许多没有航母的国家来说是发展航母的一个思路。

张召忠：这是一个很好的思路，因为印度作为发展中国家，开始的时候，它自己的制造能力非常的差，连汽车都生产不出来，所以在这种情况下，你让它生产航母那是不可能的。那么随着国家的工业基础逐渐的雄厚，人员素质不断地提高，经济形势也逐渐好转，这样的话它通过购买旧航母，然后自己改装，或者是利用俄罗斯送的航母进行改装，在这个基础上再利用自己的技术，建造蓝天卫士号航母，所以我感觉这个思路，对印度来讲，现在基本上开始步入正轨。蓝天卫士号服役之后，它马上再建造第二艘、第三艘，最终实现它的航母以自己建造的为主。

俄罗斯航母的发展

主持人：那么俄罗斯呢，我们知道，俄罗斯曾经也是一个航母强国，关于俄罗斯航母的发展会不会进入一个，比如说有一段时间可能是一个没有航母的断档期？

张召忠：我感觉现在正在进入这样的一个断档期，这艘库兹涅佐夫号在服役的时候就说今年要大修，在进厂大修之前，俄罗斯曾经有一个大的争论，就是这艘航母从服役以来到现在它就没有正儿八经地干过活，一年365天，它基本上360天在“住院”，好不容易每年出这么一次、两次海，出去就惹事，就是事故率特别高。俄罗斯有一派意见就说，还是算了吧，在网上拍卖一下，谁愿意要就卖给谁算了；还有一派说，卖了我不就没了吗？修整修整还能用啊，所以说现在还是说要把它修一修，保养一下，改装一下，还是要继续用。今年圣彼得堡海军节上，俄罗斯有的船厂的人就说，俄罗斯未来要发展自己的航母，几艘啊，核动力什么的。以我个人的观察，俄罗斯今年拨了6000亿美元给军队，但是这6000亿美元中没有航母的预算，所以说从官方来看，俄罗斯就没有发展航空母舰的打算，但是民间的这种要求非常强烈。

主持人：我们看到你刚才谈到的这个消息，恰恰也是俄新社报道出来的，就是俄罗斯的联合造船集团他们发布出来的消息说2016年设计、2023年建成这艘核动力航母，所以您觉得从现在俄罗斯的经济发展现状来看的话，是否是很难完成的一项任务？

张召忠：俄罗斯普京现在对海军是非常支持的，海军排在俄罗斯军队建设的第一位，一次性地拿出6000亿美元支持海军和其他的军种建设，但是到了装备发展排序的时候呢，第一位是潜艇，第二位是潜射弹道导弹，主要是增加对美国的威慑力，另外一个是侧重于发展航天，航空母舰现在在俄罗斯排不上位置。2008年的时候普京曾经提出要在2015年开始服役俄罗斯的6艘航空母舰。到现在为止已经是2011年了，我们还没有看到俄罗斯关于航母的任何图纸画出来。

俄罗斯基辅号航母

主持人：为什么俄罗斯不太重视航母呢？

张召忠：航母是让俄罗斯很辛酸的事情，俄罗斯的几代领导人为了发展航母，呕心沥血，曾经发展了三级9艘航空母舰，但是最后都化为乌有。俄罗斯航母的发展大约可以分成三个级别：第一个级别是莫斯科级，莫斯科级造了2艘，1万多吨，主要是起飞直升机，也是在摸索这个途径，这个航空母舰怎么造啊，当时是20世纪五六十年代，古巴导弹危机以后，不会造，就先弄一个莫斯科号，在这个基础之上发展了第二个级别就是基辅级。基辅级大约是4万吨，能够起降雅克–36、雅克–38这样的垂直起降飞机，但是大部分还是作为巡洋舰的用途装了很多的反舰导弹，这个中国人非常熟悉，在天津有1艘基辅号，深圳有1艘明斯克号，另外有1艘里加号，还有1艘戈尔什科夫号。这4艘航母俄罗斯现在都没有了，卖给中国的主要做游乐中心了。第三个级别，就是库兹涅佐夫级，库兹涅佐夫级一共2艘，现在库兹涅佐夫号是在俄罗斯服役，1991年苏联解体的时候，它服役的。第二艘就是瓦良格号，当时苏联解体的时候瓦良格号完工了68%，这艘航母生下来以后就没有爹没有娘，俄罗斯不要它，乌克兰也不要，姥姥不疼，舅舅不爱，就这么一艘舰，孤苦伶仃的很可怜。完了，扔在那儿多少年，就是这么一艘舰。

第三艘是乌里扬诺夫斯克号，这艘乌里扬诺夫斯克号原来是苏联建造的，跟库兹涅佐夫号有一个根本的区别，准备从乌里扬诺夫斯克号开始增大排水量，提到7万~8万吨，实现蒸汽弹射，实现核动力，然后装弹射的舰载机和阻拦索，这套系统和美国的航空母舰就完全一样了，这个事让美国非常紧张，美国当时在苏联解体之后，就对正趴在船台上的乌里扬诺夫斯克号耿耿于怀，美国和罗马尼亚一块设了一个连环计，共同骗乌克兰，乌克兰中招之后就把它当废铁给拆了，扔去炼钢炉了，这个时候美国人就很放心了。所以说到目前为止俄罗斯的技术已经失传，蒸汽弹射技术已经失传，它的舰载机飞行员的训练、自己的模拟设备这一块全在乌克兰。造船技术也不行，航空母舰是黑海的尼古拉耶夫造船厂造的，像库兹涅佐夫号、瓦良格号，都是在尼古拉耶夫造船厂造的，这个船厂不是俄罗斯的，是乌克兰的。所以说俄罗斯造潜艇是不错的，但是造航母不行，我琢磨着俄罗斯是先从改装戈尔什科夫号这艘航母开始，然后向印度多要点钱，自己培养人才，培养技术工人，搞一些大型设备，在改装的基础上，再改装库兹涅佐夫号。经过改装这2艘航母，俄罗斯可能会积累一定的经验。在这个基础上有可能会建造自己的航母，但目前来讲俄罗斯没有建造航空母舰的官方计划。

航母发展的条件

主持人：刚才我们看到了发展航母的必备条件，比如说对国力的要求等，那么除了这种经济实力方面外，航母本身的这种技术难度是不是也很大？

张召忠：航母发展的条件，简单来讲其实就四个。第一个是军事上需要。第二个是政治上许可，比如说日本，它发展航母政治上就不许可，它是战败国，受《和平宪法》的制约，发展这种大型的进攻性的武器，在政治上就不行。第三个叫技术上可行，要有一些大的造船厂、大的船坞、大型舰艇的工业化生产能力，要有这种技术的储备。第四个是经济上可行。美国造一艘航母，现在福特号是110亿美元，法国的戴高乐号航母才4万吨就花了140亿美元。就是说再便宜，改装一艘航母印度还要花23亿~24亿美元，所以说你得要有钱。这还是说只造这一艘，你还得有可持续作战的能力，其他的一些钱，全寿命周期算下来，这个账算起来要花很多钱。

主持人：如果单就技术这个角度来讲，是不是航母上的很多技术也很难攻克。比如说像这种核动力技术，像这个电磁弹射，或者蒸汽弹射，好像对于精确程度也有很大要求，是吗？

张召忠：最关键的技术有这么几个。第一项技术当然是大型的舰艇建造技术，像五六万吨这种大型舰艇的建造，现在的建造技术是分段建造，模块化建造，就是先拿计算机制一个图，分到全国各个造船厂，造好之后合成，就像搭积木一样，这个技术很厉害。第二项技术就是舰载机起降技术，舰载机起降技术有两大派：一派是以俄罗斯和英国为代表的滑跃式起飞，第二派是以美国为代表的弹射起飞。各有利弊，但是总的来说，弹射起飞会比较好。弹射起飞说起来不是个高技术，四五十年前就有了，但是这项技术其他国家研究起来好像还是有难度，苏联研究了10多年，最后也没有弄成，好不容易弄成了想装上乌里扬诺夫斯克号，结果苏联解体了。所以说蒸汽弹射技术是关键技术，当然了，美国下一期航母要用电磁弹射

航母出航

了，这项技术被淘汰了。第三项技术就是阻拦着舰技术，它是一套系统，不仅仅是一个阻拦索，还有一个着舰技术，因为航空母舰在海上是不平稳的，平常我们的飞机在3000～5000米跑道降落还经常出事，所以在航母上起降的话，它是漂浮不定的，横摇纵摇很厉害。那么飞机在这种不平稳的平台上降落，会面临很大的挑战。

航母战斗群的编成及作用

主持人：我们也注意到航母出海的时候不是单独出海，往往是一个编队，有各种类型的战舰来护航，这是为什么？

张召忠：航母本身是一个平台，你就把它理解成一个浮动的机场，传统的航母就是一个浮动的机场。你把飞机带到公海上，在这个地方起飞和降落。航母除了是一个飞机平台之外，还扮演着一个海上大型指挥中心、一个大型的指挥控制平台的指挥的这样一个角色。所以说它是一个舰队的核心，是一个龙头，现在还是这样。所以一般情况下，航空母舰本身不会装太多的武器，像美国的航母就装几枚近程防空导弹就行了。它靠什么防卫呢？就是靠它的舰载机，舰载机在离它这个航母1000公里这样的一个半径当中，进行空中的预警侦察监视。发现敌机以后给它拦截回去，它周围的舰艇有的进行防空，有的进行反舰，有的进行反潜，组成一层又一层的屏障，高空、中空、低空，远程、中程、近程，把它围在中心，这样敌人想突防是很难的，就像保镖们紧紧护卫着总统一样。所以说护航舰艇都是发挥这样的一个作用。但是单靠一艘航母是没有办法作战的，俄罗斯的航母为什么搞得像基辅级舰这样的，因为它没有办法，它采用滑跃式起飞，没有预警机，所以就得靠舰载导弹去执行自己的防御任务。

主持人：张将军，我们知道美国航母战斗群的数量还是比较多的，那么一般航母战斗群都有哪些配备呢？

张召忠：美国的一个单航母战斗群通常是一艘航母在中间，那么周围的话，在它的前方有2艘防空的导弹巡洋舰，现在基本上是洛杉矶级的，由于它的驱逐舰也具备了防空的能力，装上宙斯盾这样的东西，比如说阿里·伯克级，通常要配2～4艘，因为它是综合的，可以进行反舰，也可以进行反潜。一个单航母战斗群，通常会有5～6艘水面舰艇为它护卫，就是

中途岛号航母

说在它的正前方，一般要派2艘核潜艇为它进行水下搜索，基本上就这么一个行进方式，然后向前开进或进行作战展开。那么我们平时经常会看到一个排列非常整齐的航母编队，这个都是为了照相，作战的时候，它们相互之间用肉眼是看不到的，只能是雷达才能看到。所以说一个航空母舰战斗群在和平时期，主要是部署在公海、大洋用来遏制危机，显示武力这样一种目的。

主持人：我们也记得在2000年的10月和11月，俄罗斯的战机曾经两次飞到美国小鹰号航母的上空进行侦查，当时这也是打破了美国的战斗群滴水不漏的神话。那么航母的防卫能力到底怎么样？

张召忠：美国的航空母舰是世界上最多的，因为它分高空、中空、低空，远程、中程、近程组成多层防御圈，吹得非常邪乎。俄罗斯海军曾经使用一种很老的图-22战略轰炸机、苏-27战斗机、苏-25攻击机，多次渗透到美国航空母舰的上空，然后穿越美国航空母舰。比较搞笑的一次是在“利剑-2000演习”。2000年在日本海演习的过程当中，当时美国的一艘航空母舰正在进行海上补给，在补给过程中因为有很多补给管子要相互连着，这个时候航母航行会非常慢，也很危险，就在这个时候，一架苏-27

战斗机掠过它的上空，低空掠过航空母舰。当时航空母舰上的官兵就伸出V字形的手势，就是胜利的意思吧，表示祝贺，看我们的飞行员飞得多好，这么低，他们没看出来是俄罗斯的飞行员，结果苏-27战斗机绕了一圈又回来了，第二次穿越美国航空母舰，这个时候他们看清楚了，原来是俄罗斯的飞机。这会儿美国人吓坏了，赶紧进入紧急防空状态。后来，俄罗斯给美国发去了很多在航母上空拍摄的照片，美国人感觉很没面子。

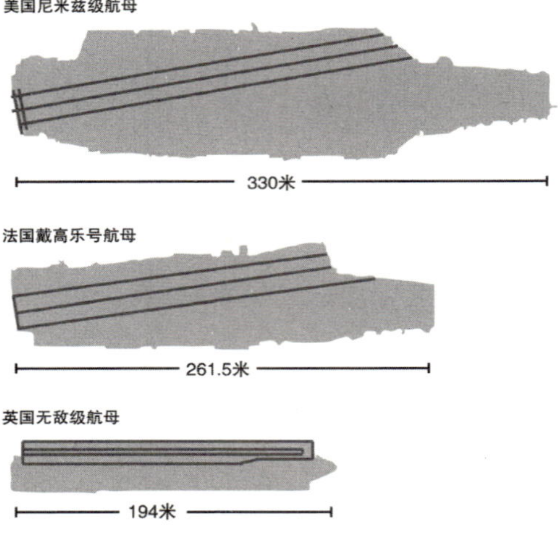

（2011年7月27日央视四套《今日关注》特别节目访谈实录）

要用平常心看航母发展

主持人：世界大国为什么要造航母，张教授您认为呢？

张召忠：为什么要造航母，按照海军武器装备的发展规划和海军的兵力结构，航空母舰是海军兵力结构当中很重要的一个舰种，这个不能缺。人家说你有航母了别的为什么不发展，为什么不发展战列舰呀，不发展巡洋舰，这个战列舰是“大舰巨炮”时代的产物，已经淘汰了。巡洋舰，原来的概念是1万多吨，能够在大洋上航行，现在驱逐舰都到了1万吨了，所以巡洋舰和驱逐舰这个舰种就融合到一块儿了。在驱逐舰以上就没有再大的舰艇了，战列舰没有了，就需再找一个更大的能带头的领头羊，这个领头羊得有一个抓手，就像一个大铁门，怎么拉开呢，你得有个抓手，这个抓手就是一个大型舰艇。这个大型舰艇干啥呢，在海上它得能够为海军编队提供掩护，海军编队一出家门就很远，你总得自己能为自己提供制空权吧，能起降飞机、直升机，一个浮动的起降平台，那就是航空母舰。所以说，航空母舰是海军发展到一定程度的一种必要的装备，没什么大惊小怪的。

为什么要有航母？首先是军事需求，是海军兵力结构的一种需要。但是你说是兵力结构的需要，为什么有些国家没有呢？没有是因为它受一些条件的变化，航空母舰首先是军事需求的需要。其次是政治上要允许，日本为什么偷偷摸摸的，老是不敢宣布，因为它有《和平宪法》的限制，因为宪法明确规定日本不能发展进攻性武器装备。还有经济上要有钱，你没钱可不行，这东西要花大钱呀。我感觉要用非常平和的心态去对待航母发展这个问题，没有什么大不了的，它就是一艘舰，一艘大型水面战斗舰艇。

航母实际上就是一个世界大国或者一个地区性大国发展到一定阶段的必然结果。从近海走向中远海必须要有这么一个大舰种，它这个大舰能够把海上力量，当然不光是海军力量，包括海空力量，都要体系化、综合化、立体化和信息化地推向中远海，是从近海推向中远海，因为咱们通常说航空母舰是海上的浮动机场，也是大型的浮动机场，如果没有这么一个大家伙牵引着海上力量，体系化地推向中远海，那实际上一个国家在中远海就没有这么一支既能夺取制信息权又能夺取制空权的这么一个立体化、综合化、信息化的力量，所以在中远海海域就不能完成应有的作战任务或者作战使命，包括非战争军事行动，所以世界大国或者地区性大国走到一定阶段就必须有这么一支海上立体化、综合化、信息化的力量，保证这个国家海上的海军舰队能够走向中远海。

航母不是高技术装备

主持人：有一种声音说航母是一种过时的装备，是一个烧钱的机器，维护费用高昂还浪费军费又不适用，那么张教授您对这种观点持一种什么样的看法？

张召忠：航空母舰到现在发展一百年了，如果我现在说航空母舰是一种高技术装备，别人听了就会笑话我们，美国都用了一百年了，我到现在还说是高技术装备，这肯定是特离谱儿。航空母舰所有该发明的东西都发明出来了，蒸汽弹射器呀、斜角式飞行甲板呀、助降镜啊、舰载机呀，人家在几十年前就弄出来了，战争都打过多少次了，所以，首先定义就不是一个高技术装备，而是一个常规的装备，不要把航空母舰想成那么不得了，像航天飞机一样，像X-37B一样，它不是那样的东西，它是一个常规的装备。

首先我感觉要确认这一点。其次，从20世纪90年代开始，美国搞了一个新军事革命，这个新军事革命的主要观点就是说要以网络为中心，把所有的武器装备都链接起来，在这个基础上要打一场信息化战争，要发展一种信息化武器装备。这个时候出现了“航母无用论”，认为航空母舰是个大平台，现在都是些精确制导武器，水下用鱼雷，水面用导弹，航空母舰那么大个东西在海上晃悠老远就看到了，所以说按照这种理论，美国就讲航空母舰将来没有用了。

将来有人驾驶的舰载机都要淘汰了，将来都是无人驾驶的了，所以说飞机都是无人驾驶的了，航母那么大目标太容易发现，发展这个有什么用，就没有用了，成废物了。就像赫鲁晓夫20世纪50年代一样，斯大林曾经制订了苏联发展航母的计划，结果到赫鲁晓夫执政时说发展这个干啥，这不是“浮动棺材”吗，就停止了。1962年，到了古巴导弹危机，苏联又开始发展，它感觉没有航母吃亏了。我是从20世纪80年代就开始研究世界航母发展，我经历了整个辩论的过程，最后美国告诉我们说不发展了，这东西没有前途。那我们看美国吧，美国自己不仅发展还更新它的航母，又发展更高级的福特号，电磁弹射，所有的新的舰载机，F-35四代机全上了，你告诉我们说航母没用了干嘛自己还发展。

航母作为一个海上武器装备的一个龙头，作为一个国家综合国力的象征，首先它是一个大国走向强国的一个标志，它是海上的一个指挥中心、一个飞行平台，就围绕这个思路去建，那么把信息化的所有的东西、信息化的武器装备、信息化的指挥控制通信系统全都综合到这个航空母舰上来，它从一个单纯的海上浮动机场，变成了一个海上的浮动综合指挥所、一个指挥控制监视中心，和过去相比又多了一层含义，多出来的这部分是高技术的，比如说信息化武器装备啊，信息化的指挥控制中心，这一套是新的，以前没有。现在我们谈今后的航母，它就是一个传统的飞行降落平台，加上一个信息化武器装备和信息化指挥控制平台，就是这么一个常规武器和高技术武器的一个综合体。

主持人：张教授的观点是不是就认为这个航母未来或者说现在的这种发展的方向，其实就是一个旧瓶装新酒的模式？

张召忠：哎，有点这个意思。

航母出航

主持人：在这个旧的平台上搭载一些比较现代化的、信息化的装备，来更好地发挥它的作用。

张召忠：我个人一直持有这样的观点，就是提倡用民用平台改装军用航母，比方说搞一个民用的平台，或者用一艘过时的航母把它改装，装一些先进的东西，就是说不要在平台上花太多的钱，要把70%～80%的钱花在这个负载上。什么叫负载呢，就是这个船上装的电子信息装备，这个船上装的武器装备，这个船上装的飞机，我把钱大部分放在这些负载上，而不是像以前那样把80%的钱放在造一艘大航母上，不要在这个平台上去花太多的钱，在这个上边花钱很浪费，没有用，就是说这包子有肉不在褶儿上。我是说皮无所谓，关键是不要看那个褶多少，好看不好看，里头那个肉丸要有就行，对不对？在这些方面，英国海军进行了大量的探索，在马岛海战中用商船改装航母，前些年又用民用标准建造了一艘海洋号直升机母舰，现在这艘舰艇在利比亚执行禁飞作战，效能不是挺好吗？没有花几个钱，使用起来与真正的直升机航母几乎一个样。

（央视七套《防务新观察》节目访谈实录，2011年7月28日）

斯坦尼斯号航母

寻找航空母舰的软肋

主持人：爱阅读的人永远年轻，大家好，欢迎走进《书香北京》。有人说，航空母舰是海上霸主，无所不能。也有人说航空母舰是烧钱机器，耗资巨大。更有人说航空母舰就是海上的一座城市，应有尽有。而关于航母还有哪些您所不知道的谜团呢？

航母是个很容易遭受袭击的水上目标

主持人：其实在我们的印象当中，航母真的就是海上巨无霸，应该是所向披靡，可有人说，其实它的防御能力有的时候弱得出奇，甚至它有的时候就像搁浅在海岸上的巨鲸，根本就是一个活靶子，任人宰割。为什么会有这样的说法呢？这和我们印象当中对航母的定位有一定的差距。

张召忠：1910年到2010年正好100年，当时美国首先用一艘巡洋舰改装成了一艘航母，前甲板可以让飞机起飞。

主持人：其实那个时候还不叫航母吧？

张召忠：不叫航母，我们都知道，1903年美国莱特兄弟发明了飞机。

主持人：对。

张召忠：发明飞机之后，在陆上能起飞，能不能在舰艇上起飞呢？当时那个舰艇上没有这么宽敞的地方，就拿一艘巡洋舰，前甲板铺了一个25米长的木板子，尝试飞机在上面起降。

主持人：现在怎么能想象在这有限的面积上进行飞机的起飞。

张召忠：那时候就是一个小飞机，人也胆大，飞行员就坐到飞机上头，一滑下去飞机有个升力，就飞起来了，但飞起来后发现没法降落，就在岸上降落了。到了第二年，1911年，又另外改装了一艘船，又让它在这艘巡洋舰的后甲板上找了一个降落的地方，飞机试降成功。所以1911年，等于起飞和降落都在这一年就实现了。那么到2010年，就是航空母舰发展100年。当然美国第一艘航母CV-1，叫兰利号，应该是还要晚一些，但就航母这个概念来讲，今年是100年了。

这100年，对航母说好说坏的都有，说好的论据就是说它是海上的一个浮动平台。

主持人：对。

张召忠：日本曾经在1941年12月7日出动了6艘航母，6个航母战斗群，然后去偷袭美国的珍珠港，你看要是没有航母，3000多海里怎么过去呢？航母很重要。第二次世界大战的时候，珊瑚岛海战，中途岛海战，整个的太平洋海战过程当中，美国和日本进行了拼死的搏杀，如果美国没有航母，怎么能够打败日本呢？怎么推进到日本的本土呢？战后以来，美国航空母舰起到更重要的作用。

主持人：对，也正是因为有这些成功的战例。

张召忠：对啊。

主持人：所以我们说它容易受到攻击，我们觉得不太好理解。

张召忠：也好理解，我给你说个例子，1982年4月2日，阿根廷登陆马尔维纳斯群岛，把阿根廷的国旗升起来。3天之后，英国成立战时内阁，对阿根廷宣战。当时阿根廷的五月二十五日号航空母舰围着马岛转悠，说是英国你要敢来，我的航空母舰就让你有来无回。有一天，英国核潜艇在马岛周围的海域发现一艘阿根廷的巡洋舰贝尔格拉诺将军号，这艘核潜艇上的指挥官就请示舰队司令，要不要击沉？当时英国首相是撒切尔夫人，撒切尔夫人当时就回答击沉它，核潜艇发射了3枚鱼雷，就把这个1万多吨的巡洋舰击沉了，阿根廷死了几百人。沉了之后那个航母干啥？赶紧往回跑啊。

主持人：为什么要跑啊？

张召忠：从此之后阿根廷的航空母舰再也没出过门，就一直待在家里面，以后他们很多人研究说，这究竟算是对的还是算错的，好多人问我说是五月二十五日号航母要是出来以后会怎么样？我说出来以后，它和贝尔格拉诺将军号的命运是一样的，很快就会被击沉，没出来参战是对的。所以有人说，要航母干啥？平常花这么多钱养着，打起仗来啥事不管，跑回家去了，所以这是反对派的观点。

华盛顿号航母

主持人：是因为它目标太大，容易受到攻击吗？这是它的弱点之一？

张召忠：它目标太大。

主持人：它有哪些弱点能不能跟我们说说？

张召忠：它目标太大，阿根廷那个航空母舰它是英国40年代造的，是巨人级，将近两万吨。两万吨目标太大，另外它需要周围的一些护航兵力，它最怕什么呢？最怕潜艇，下边只要有一艘核潜艇，发射一枚、两枚鱼雷就能给你搞沉了。所以要反潜啊，但是反潜是大海捞针啊，你往大海里扔根针，然后再去捞，难不难？把拉登扔到海里了，海葬了，你再把拉登那个尸体找回来，那很难，顺着洋流就冲跑了，很难的，所以说航空母舰是最怕潜艇，尤其是核潜艇。

主持人：所以刚才我们说到航母的弱点，我就总在想，这还真是一物降一物，您说到核潜艇，是航母最害怕的。但还有一次战例就是在中途岛海战当中，日本的赤诚号和加贺号，它们就是被它们自己搁在甲板上的鱼雷还有什么水雷炸弹给炸毁了。那一次是不是也能够说明这个航母的弱点呢？

张召忠：这是经常出的事情，美国也出过很多次类似的事，尤其是越南战争的时候，飞机从航母下层机库里通过电梯上来，装上炸弹。那个时候用的是炸弹，飞机起飞去投弹，有的时候没投完，理论上来讲没投完就应该扔掉，扔到海里边，不能够再带回来。因为飞机在航母上降落会很颠，万一碰上炸弹的引信，就会爆炸，非常危险。战争时期，这个甲板上有时候会非常忙碌，这个区飞机准备要起飞，那个区炸弹运上来以后准备要给它挂弹，都忙得不亦乐乎，上面还要加油，如果有一枚炸弹爆炸，后果会很可怕。

主持人：第二次世界大战是航空母舰发展和运用的全盛时期，当时总计有200艘航空母舰在大洋上游弋，那其中最大的一艘航空母舰，就是日本海军的超级战舰叫信浓号。但是，这艘战舰的命运非常不济，它在处女航当中就遭到灭顶之灾，成为世界上最短命的航母，而击沉这艘号称世界上最大航母的竟然是美军的一艘潜艇，而这艘潜艇，是单枪匹马就完成了这样伟大的使命，这让我们很难想象，这么硕大的航空母舰，是被一艘潜艇击沉，我们当然觉得不太可能，但是确实事实是这么发生了，我们也请张将军给我们解读和分析一下。

张召忠：日本是世界上航空母舰发展最早的国家之一，1922年它就是自己设计建造了第一艘航母，在当时是非常先进的。到太平洋战争的时候，日本的航空母舰就发展到将近25艘。

主持人：作为一个就是国土面积也不是很大的小国家来说？

张召忠：对。

主持人：当然我只是说从国土面积上来定义它的小，它能拥有20多艘航母，确实非常的多。

张召忠：现在全世界的航母也就是25艘左右，当时它一个国家就有20几艘。当时日本有两个撒手锏，一个是航空母舰世界最大，这个信浓号六七万吨级，没有比它大的。美国当时的航母也就三四万吨级，日本除去信浓号航母，还有几艘航母也是四五万吨级的，都很厉害。还有一个，是它有两艘战列舰，7万多吨级，大和号和武藏号。当时它是造了这两艘大舰，为什么造大舰呢？就是它要在太平洋上跟美国进行决战。信浓号，6万多吨级，当时造好了之后第一次就被美国干掉了，被射水鱼号潜艇干掉了，潜艇打航母，只要让它盯上你就非常的麻烦。

主持人：您的意思是在劫难逃？

张召忠：对对对，它给你两枚鱼雷，甚至一枚鱼雷，就能把你击沉了，当时信浓号被炸了两三米直径的一个大洞，造成严重损伤。

主持人：被击中后怎么办？

张召忠：被击中部位在水下越深，那个洞压力越大，进的水越急，堵不了。舰艇上专门有一个部门，这个部门平日啥事不干，整天练兵，它叫损管部门，负责消防、堵漏，像两米多的大洞要用大木头来堵。

主持人：难道航母上还得随时备着两米的大木头？

张召忠：有，专门准备大木头，塞到那个漏的地方，要不然堵不住，这个舰艇上进水会出现什么问题？你想想看。

主持人：那不就像船进水了一样吗？就翻了。

张召忠：它就倾覆，船就不平衡了，哇一的办法就是往另外一个舱室里边注水，让它慢慢恢复平衡。

主持人：以毒攻毒是吗？

张召忠：信浓号为了赶工期，有很多的水密舱没有造完。什么叫水密舱？可以把它想象成一个楼里边好多好多门，这个门里边只要关上之后它就不进水，是密封的。我原来在潜艇上服役，潜艇上从这个舱室到那个舱室，我们有一个习惯，人过去以后，回手要把水密舱门关上，就是防止在这一刻出现问题之后进水，如果进水以后，这个舱水是满的，那个舱可以做到一滴水没有，水密舱门就起这个作用。一艘航空母舰有多少个水密舱室，美国现在建造的航母有2500个水密舱。

主持人：2500个水密舱，那水密舱室的门要比2500还多。

张召忠：是这样。

主持人：要一倍吧，因为它有进的门还有出的门。

张召忠：当时信浓号里头水密舱都没搞好，一进水到处都是。

主持人：也就是说它还没有彻底完工就下水了？

张召忠：它提前下水，着急出去打仗。犯同样错误的还有大和号和武藏号战列舰，因为当时战争快结束了，没有完工的大和号、武藏号就赶紧出去打仗，结果最后全都让鱼雷击沉了。

谁是航母最大的克星

主持人：所以我们是不是也可以这样说，航母的第一克星就是核潜艇或者是潜艇？

张召忠：对，潜艇是它的最大克星。

主持人：最大的克星，潜艇甚至可以单枪匹马完成袭击航母的任务。

张召忠：在当时飞机扔炸弹把航母炸掉的也有很多。

主持人：如果要排一个顺序的话，潜艇应该是排第一位的？

张召忠：潜艇是第一位，潜艇为什么是第一位呢？因为在水下首先你很难发现它，而它马上就可以接近你。

主持人：对对。

张召忠：潜艇看到航母之后发射鱼雷，鱼雷有七八米长，是一个大家伙，前头能装几百公斤的炸药，只要一枚鱼雷就能将航母击沉，因为堵不住口子你就完了，它会产生两个效应，先爆炸再进水，这就非常麻烦。航空母舰一般的情况下不太怕炸弹、导弹，很难把它击沉，水上部分你炸完顶多飞机不能起飞，但是它沉不了。

主持人：必须让航母舱室进水。

张召忠：进水，而且造成倾覆，这样才能让航母下沉。

主持人：这个鱼雷和水雷是一个东西吗?

张召忠：不是。鱼雷是本身带有制导的，它的外形是细长的，你把它想象成一个导弹，导弹是什么样鱼雷就是什么样。水雷是圆形的，而且早期水雷都带刺，那个刺都是一些触角，碰上以后就爆。

主持人：还有一个问题，美军为什么特别惧怕伊朗在霍尔木兹海峡布放水雷?

张召忠：对，水雷价廉、威力大，要不怎么叫做穷人的原子弹。

主持人：对。

张召忠：一百亿美元造一艘航空母舰，我没有这么多钱，但是我有一万美元，一万美元我可以搞一个水雷。而且水雷可以装一千公斤的炸药，威力大，非常难对付。

主持人：我还有一个问题，布放在海里的水雷是不是很难侦察到?

张召忠：你讲得很对，水雷有这么几种，一种叫漂雷，比方说霍尔木兹海峡，我想把它彻底封锁掉，可以先布漂雷，漂雷是最便宜的，就漂在水面上。

主持人：那也是最容易被发现的啊。

张召忠：所以你经常会看到美军经过霍尔木兹海峡的时候，专门有这么一个小队，在上边拿着机枪，就到处看，看着就打，这个伊朗呢，它为了愚弄美军，经常做一些假的东西。

主持人：不是真的水雷?不是漂雷?

张召忠：一个是放一些假的水雷，还有时候放一些泡沫塑料，把那个泡沫塑料做成很大的一个东西在那里漂着，美军发现就拿机枪打。

主持人：打半天也不爆炸。

张召忠：海湾战争时候美国专门有一支部队是负责扫雷。因为这个漂雷拿机枪一打，很容易就爆了，所以这是国际法明确禁止使用的。

尼米兹级航母

第二种是锚雷，锚雷可设定不同的深度，霍尔木兹海峡100米深，分别把它设成50米、60米、70米这样的不同的深度，船来的时候，碰上就爆，还有一种磁性感应的，只要进入我这个磁场就爆了，这叫锚雷。锚雷是非常厉害，专炸水下部分，舰艇的水下部分，很容易进水，我们刚才探讨过了。第三种水雷，就是美国20世纪80年代研制的一种水雷，叫做鱼水雷。

主持人：两者的结合。

张召忠：刚才你不是问这个鱼雷和水雷有什么区别吗？鱼雷像导弹似的，它有制导；水雷没有制导，但是它可以装很多炸药。可以把鱼雷和水雷结合起来部署在海底，平常是睡眠状态。比方说你这个航空母舰，平常在这走，当你走的时候我把你的水声信号记录下来，因为你在这一走，本身有一个辐射的水声特性，就像你说话，有一个音频的特性，记录下来以后装到鱼雷的计算机里去，然后等你这个航母过来。

主持人：别的都放过了，只要航母的。

张召忠：对，就是说别的舰艇过来它不动作，一会航母来了，它就动作，哈，你终于来了。

主持人：很熟啊。

张召忠：熟啊，马上就发射，认着你航母炸了，所以说这个也是比较厉害的。

航空母舰是个烧钱的机器

主持人：刚才小片提到几个数字，咱们再强调一下，一个是说这个航母，每航行一小时就要支出6万美元，还有一个就是全寿命费用接近600亿美元，我想问一下张将军，为什么这个航母被称作是烧钱的机器？

张召忠：航空母舰好多资料都是来自我的文章。因为早在1984年我就开始研究航母，写了大量的文章。这个数字，我记得非常清楚，不是我杜撰的，是我当时查的英文的AD报告。美国有四大研究报告系列，这个AD报告是美国政府的一个报告，公开发表的。我就是完全在它这个报告的基础上，最后罗列了这么一堆数字，航母直接使用的经费、维持费是它造价的3～5倍，全寿期的费用大约是航母造价的15倍，这是个什么概念呢？就是说你的直接的使用费用，比方说它造价45亿美元，使用的费用大约乘5，全寿期就是从生下来到它死掉的这个过程。

主持人：那这个过程是不是也成本不一啊，它要是在战争中早早地陨灭了呢？

张召忠：对啊，它有的设计是25年。

主持人：那您的这个全寿期指的就是说它寿终正寝。

张召忠：寿终正寝。

主持人：这个钱会是它的13～15倍，简单来讲，就是一艘航母往前航行，基本上就等于有一个人，没事儿干拿100美元一张的钱，就一分钟扔一张，一分钟扔一张，100美元、100美元往海里扔。

主持人：这个太形象了。

张召忠：基本上是这样的。

印度航母

主持人：就是每航行一分钟就是100美元。

张召忠：我告诉你花什么钱，首先在建造航空母舰之前，就得琢磨着怎样设计。

主持人：对。

张召忠：我要造多大一艘航母呢？这个航母上又是有多少个舱室呢？多少人住的地方？哪是放弹药的？哪是放油的？飞机放哪啊？一般要占到这个航母造价的5%～10%。

主持人：还有后续的维修费。

张召忠：还有设计费用、建造费用、造好了还需试航，等等。航母就是一个平台，一个到处跑的飞机场，别的防空舰艇得跟着它，反舰的舰艇得跟着它，反潜的潜艇得跟着它。

主持人：航母得有人全方位保护它。

张召忠：有保镖，水下还得有潜艇。

主持人：对对对。

张召忠：理解为八抬大轿鸣锣开道，周围都是人，这些都得算钱吧。

主持人：它是一个奢侈的武器。

张召忠：尼米兹号是45亿美元，现在已经乘2乘3了，现在美国造的这艘福特号是120亿美元了，比当时增加了3倍，120亿美元就搞一艘航母。护航舰艇，随便哪一艘都得10亿~15亿美元，起码要有4~6艘护航的舰艇，这是多少钱啊？一艘航母120亿美元，护航舰艇每一艘15亿美元，如果6艘这又将近100亿美元。

主持人：对。

张召忠：这是直接买来的，还有飞机呢，当时美国这个尼米兹航母的时候，飞机2000万~3000万美元一架，现在F-35上舰就得1亿美元一架，一艘航母要装起码60架吧？1亿美元一架得多少钱？又是60多亿美元将近80

亿美元，这一艘航母设计的年限，服役年限是25年，飞机设计的使用年限是15年，到时候它就得退役。如果航母超期服役到50年，舰载机就要换四代，计算价格的时候就是300亿～500亿美元。

主持人：就得换新的。

张召忠：你说不退役，不退役那得花钱升级换代，这笔钱又相当于造价的1/3，就又得折腾一通，飞机到时候就得走了，重新换一轮新的飞机，而且这个航母还得要吃要喝啊，还得给它补给呢，它得也有住的地方，它得有母港，它坏了你还得修，它还得有修造船厂呢。

主持人：对，还有维修费用。

张召忠：这船上的五六千人得吃饭得睡觉，基本上就是100美元一张100美元一张的往海里扔。

主持人：我觉得一次扔100美元都不够，一次得扔200美元。对，刚才张将军也提到，就是说这船上还需要很多技术人员，就专业人士除了战士、军人外，他们还需要很多很多人，就是大概三四千人吧？

张召忠：起码得四五千人。

利用商船改装航母也是一种航母发展的途径

主持人：有什么办法来降低航母的这个消耗呢？

张召忠：20世纪80年代的时候，我专门进行了研究，有几个想法：一是要利用商船去改装航母，在当时来讲改造一艘商船花费也就2亿美元吧，两三亿美元就能改装成一艘两三万吨的航母。

主持人：那确实小多了。

张召忠：比如说有一艘滚装船或者一集装箱船，两三万吨的，那么这艘船就是现成的，把它买过来后按照需求改成一艘直升机航母，或者能滑跃起飞的航母就行了，因为航母本身就是一个运载工具，按照这个概念花钱会很少。按照当时的价格计算，大约有两三亿美元就可以建造一艘两三万吨级的。这个道理有点像我们的二线和三线机场，很多都是军民共用的，一天、几天就一个航班，经济实惠，用不着都建得像首都机场那样豪华。

二是用民用标准建造航母。建造一艘两三万吨级的航母，大约是5亿美元，这个方案完全按照民用标准，但是在关键的地方，比方说飞行甲板，起飞、阻拦等地方按照军用标准去造，大约5亿美元，这个构想被英国采用了，英国现在在利比亚作战的这艘航母叫海洋号，就是采用民用标准。

主持人：就是这么改装的？

张召忠：就是按照我说的这个思路去做的。三是建浮岛型航母。古希腊在公元前有个人叫阿基米德，阿基米德它有一个定律，当浮力大于重力的时候它就不下沉了。

根据这个原理我们焊一个钢铁箱子，里面是密闭的，它这样不就不下沉了吗？

主持人：对。

张召忠：这个箱子建多大呢？可以像我们演播室这么大。600平方米的演播室，可以建一个这样大的箱子，可以无休止的建下去，我建它50个，相互之间链接起来就是一艘超级航母。建这么大一个东西我把它弄到南沙群岛，南沙群岛都是岛礁沙洲，有很多的沙盘，我弄它几百个锚，把它锚泊到那个地方，按当时我计算的，花一5亿美元就可以了，就可以起降波音747飞机，上边拿钢板一铺，周围还可以做什么呢？巡逻舰船可以系泊在周围，以这个地方为基地去海上巡逻。

主持人：但是它不能移动了。

张召忠：这是它的缺点，其实就是一个水上机场。

主持人：对，也就是说建造便宜航母的方法还是有的。

张召忠：英国它还真的干这个事了，美国它就不干这个，美国有钱，100多亿美元人家照样造。英国人很抠门，明年开奥运会，连个奥运场馆都不建，全都修旧利废，我感觉这样的精神可嘉。

舰载机尾钩即将钩住阻拦索

为什么大国争相发展航母

主持人：好，那到现在为止我们已经讨论了两大问题，第一个就是航空母舰比较容易受到攻击，第二个就是说它造价太高，太烧钱。下面是第三个问题既然航母这么容易受到攻击，又这么费钱，但为什么还是有许多国家想拥有一艘或者好几艘航母呢？比如说像泰国，它也有航空母舰，我想请问张将军，您了解泰国的航空母舰吗？

张召忠：了解。

主持人：它那个航母是不是威力也很大？

张召忠：泰国的航母跟美国、日本的驱逐舰一样大，一万多吨，是西班牙帮它造的，西班牙自己也搞了一艘阿斯图利亚斯亲王号，一万吨的，也是滑跃起飞的，滑跃起飞阻拦降落。泰国的就是这样的一艘航母。

主持人：印度也有航空母舰。

张召忠：是的。

主持人：它一开始买英国的退役航母，后来是买俄罗斯的航母。

张召忠：现在印度服役的是英国的竞技神号，叫维兰特号，不到4万吨，1982年参加过马岛海战，马岛海战结束之后，英国人就用2500万英镑卖给印度，很便宜，估计还得服役起码5~6年才退役，到它退役的时候，这艘航母可能服役将近六十年。还有你刚才讲的俄罗斯那个叫戈尔什科夫元帅号，那个航母，如果说要对那艘航母建立一个概念，你到天津去看看，有个基辅号航母，到深圳有个明斯克号航母，那是它的兄弟姐妹，就这么一艘破烂货，俄罗斯说白送给印度，印度特高兴，举国欢腾，白送给我们一艘航空母舰，送给它以后双方签了合同，然后印度就跟俄罗斯去谈怎么改装的这个事，这个改装的事从几个亿谈到十几个亿，你猜猜看现在谈到多少个亿？

主持人：上百亿？

张召忠：22亿美元，印度要用22亿美元去改装一个俄罗斯白送给它的一个破旧航母，你要知道，如果造一艘航母，那得多少钱啊？印度原来买一艘英国的航母才2500万英镑。

主持人：我现在就是想知道，您越这么说就越让我们产生这样的疑问，就像泰国、印度这样的国家，为什么千方百计，无论是买还是造，无论是小规模的还是中等规模的，也要拥有航母，它拥有自己航母背后的战略意图到底是什么？能不能也帮我们分析一下。

张召忠：大家都说如果没有一艘航母就不叫一个大国，不叫一个强国，航母是大国的标志，有航母之后，所有的舰艇来给我配套护航，这就有一个龙头。另外有了大船以后就可以远洋，碰到大的风浪别的船不能走，航母照样还可以启动，进行航行，这几方面的理由，导致各个国家都在争先恐后地去发展航母。

主持人：对，所以我们就觉得，中国也应该有一艘航母。

张召忠：应该。

卡尔·文森号航母

主持人：网友总结出了衡量武器优劣的四大标准。第一是寻找和捕捉目标的能力，第二是摧毁目标的能力，第三是保护自己的能力，第四是机动能力，按这四个标准来衡量，这个航空母舰到底算不算是一个好的武器呢？

张召忠：这几个标准呢，用我们专业术语来讲基本上是这样，火力就看它上边装的武器。

主持人：火力是不是指的是摧毁目标的能力？

张召忠：对，火力就是精确打击的能力。

主持人：对对对。

张召忠：航空母舰的火力应该是通过舰载机来完成的。

主持人：那应该算是更强的？

张召忠：10万吨的航母大约装100架飞机，6万吨的航母大约装60架飞机。如果6万吨的航母能够装60架飞机的话，一架飞机能够装5~6枚导弹，你想它的作战能力是很大的，这就是火力。

还有是机动力，那么美国的航母全球机动。

主持人：对。

张召忠：地球70%以上是海洋，美国的航母可以在地球70%的空间当中转悠，这个机动力很强，如果是核动力的话，可以，20年都不用换燃料，可连续环球航行。美国好几艘航母进行过这种实验，企业号核动力航母全球航行，中间不更换燃料，机动力很强。

再有是防护力，航空母舰自身的防护力相对来讲比较弱一点。

主持人：但是一旦编组成战斗群，它就强了。

张召忠：对，你现在很专业啊，是组成战斗群，需要4~6艘护卫舰、驱逐舰，还有潜艇。

主持人：对，它就有保护了。

张召忠：它就有保护了。还有一个叫信息力。

主持人：这就是寻找和捕捉目标。

张召忠：捕捉目标的信息力，信息力主要是解决什么？发现目标的能力，就一定要在你看见我之前先看到你。

主持人：能做到吗？

张召忠：这个百分之百的，所以你看到我之前，预警机啊，我这是航母吧，预警机飞出去，离舰大约500~600公里，往前能看500~600公里，而且能够同时看几百个目标，马上对敌进行跟踪，有多少个目标，给舰艇编队起码提供20分钟到30分钟的预先警告的时间，所以说现代航母就是一个海上信息中心，一个指挥控制的平台。

航母发展的最大难点是什么

主持人：建造航空母舰需要很多技术，其中包括这个船舶建造、电子、航空航天、动力、冶炼等各个行业的密切配合，航空母舰也是一个国家综合国力的直接体现，所以刚才小片子中也提到了建造航母的很多难题，比如说起飞、降落技术等都是非常关键的，张将军您觉得建造航母最大的难点在哪里？

张召忠：最大的难点，我感觉是有这么几个，先排除哪些是共同性的，一个国家能造6万吨船，原则上来讲它造6万吨的航空母舰没有什么大的问题。

主持人：对。

张召忠：但有个特殊的技术，比方说蒸汽弹射，能造6万吨航母的国家，不一定能生产蒸汽弹射器。

主持人：飞机起飞动力技术。

张召忠：蒸汽弹射是个高技术吗？新技术吗？不是，20世纪40年代，即60年前人家英国就发明专利了，之后在英国的航空母舰、美国的航空母舰就一直在用。说60年之后其他国家还学不会吗？学不会，苏联用了十年的时间去研究这个东西，最后还是不行，只好把苏-27改成苏-33，滑跃起飞，是没有办法的办法。

还有一个是阻拦索，阻拦索的难点在哪呢？

主持人：降落的时候需要。

张召忠：飞机着舰降落的时候它得勾住它，想象一下一架飞机，它用700~800公里时速这样的飞行速度，猛的就在航空母舰上停下来。

主持人：对，必须得有外力来帮助它，否则那跑道得多长啊。

张召忠：不是，首先它的速度很快，另外它的体重很大，30多吨。

主持人：对。

张召忠：猛的一降下来，所有的这个力都要作用到一根钢索上，钢索也就大约有我这个大拇指这么粗。

航母飞行甲板机位调整

主持人：钢索？

张召忠：钢索，所有的力都作用到这个钢索上，而且这个钢索不能断，我到航母里头看，原来它是通过齿轮结构来吸收能量，就是齿轮比的原理。

主持人：对。

张召忠：大齿轮、小齿轮，不同的齿轮去算来吸收能量。

主持人：就把它化解了。

张召忠：你要得计算，得多少个齿轮，每个齿轮得多大。

主持人：要不然那么大的力度，航空母舰都会被它带动得移动了。

张召忠：苏联时期也计算，并生产出拦阻索并在库兹涅佐夫号航母上安装上了，看来没计算好，前两年苏-33在上边一降落就停住了，随后飞行员就熄火了……

主持人：结果绳索断了？

张召忠：对啊，绳索断了。

主持人：天啊。

张召忠：绳索断了以后，还要释放一定的力给这个已经停住的飞机，这个力就慢慢传递给这个飞机，这个飞行员还在里头，我看过那个录像，这个飞机就慢慢悠悠、慢慢悠悠往个飞行甲板边上滑，所有人都眼睁睁地看着它最后掉海里了。

主持人：那飞行员逃生了吗？

张召忠：飞机掉海里了，我不知道飞行员爬出来没有。

主持人：所以说在降落、着舰的时候，它以特别高的速度，就是要防止万一没拦住的话可以再起飞，如果它减下了速度，就为了降落。

张召忠：另外一个难点就是这个钢铁材料，国际上造航母起码要用HY-80号钢。

主持人：这指的是它的厚度吗？还是硬度？

张召忠：它的硬度、韧度、耐腐蚀等一系列的指标。造的潜艇、核潜艇为什么能潜深，它和钢的这个材料是有关系的。航空母舰上边，它需要承受30多吨的飞机，在起飞过程当中的这种烧蚀力，因为两个发动机开起来以后它要进行烧蚀，如果钢不行，要给烧化了。这个钢，发展中国家一般的都搞不了，一开始印度就吃了这个亏，印度现在不是自己要造航母吗，所有的设计都完成了，开工了，剪彩了，这才发现钢不行。这边都开工造航母了，就是像一个施工场地，都开始要造房子了，发现钢筋不行，满世界买钢筋，买造航母的这种钢，这个钢不是几百吨，是几万吨，这个钢人家不卖给它，这属于战略物资，要禁运。

航空母舰就是一座小城市

主持人：有网友这么评论的，说这个航空母舰什么都有，就是警察没有，火葬场没有。

张召忠：不是，这俩都有，你知道为什么没有火葬场吗？因为它不是火葬。

主持人：这个也有啊。

张召忠：不是，是海葬的。

主持人：就是说它这个功能是有的，就是这种具体的形态没有。

张召忠：2011年美国航空母舰卡尔·文森号举行了一个很隆重的海葬仪式。

主持人：对，海葬本·拉登。

张召忠：舰上官兵也是这样海葬，你死了人必须要海葬的，必须要解决后事，关于警察不仅航空母舰上有，所有舰艇上都有。

主持人：他们也叫警察吗？还是有别的称谓。

张召忠：不叫警察。就是督察军纪的宪兵。20世纪80年代，有一次美国一个编队到中国来访问，我担任这个驻舰联络官。

主持人：您就上去了？

张召忠：我在上面工作，我上去以后他们跟我说的第一件事，就说我们有两个兵在泰国起航的时候没赶上。

主持人：落下了。

张召忠：结果落下两个人，说他们坐飞机过来，我就没当回事，反正落下了，他们坐飞机到北京，北京再送到上海来，不就这么点事嘛，我就没当回事。到了第二天这俩小子来了。

主持人：来了。

张召忠：来了，车停在这艘舰下头的码头上，5分钟之内，就有两个戴白钢盔，上边写着MP的人顺着舷梯跑下来了，把那两人马上铐上，带回美舰上。

主持人：天啊。违反军纪了是吗？

张召忠：带回舰就关禁闭，关禁闭要穿囚服，剃了光头，这几个月的工资也给扣了。

主持人：但是在起航的时候不查一下吗？说哪个班哪个组少不少人？

张召忠：少了也不找，哪有这样的。

主持人：就是知道少了也不会等他们。

张召忠：不会等他们，他知道是少了，但是不会等，马上就走了，那是我第一次看到，于是我就围绕这件事展开一个调查，警察每个舰上都有，尤其是航空母舰上。

主持人：这就是驻舰警察。

张召忠：这是专门的一个系统，驻舰警察，是宪兵队，舰上的人都管不着他们，有特权的。

主持人：对，您上过航空母舰，那次在航空母舰上都看到了什么？比如说大家很关心，这些在舰艇上的人怎么跟家人联络啊？他们怎么吃饭？怎么睡觉？您看航空母舰那么大，他们是不是住得也很舒服？等等。

张召忠：这个航空母舰你就把它理解成一个小城市，上边交通是开汽车。

主持人：其实我们最直观的印象，有很多观众朋友坐过这豪华游轮什么的，会知道里边比如有船舱啊，然后也会有商店，有邮局什么，像您刚才说的酒吧，等等。

张召忠：现在美国的航空母舰是非常舒服的，首先是全空调。第二个在上边可以骑自行车、开电瓶车。

主持人：走一圈大概要好几小时？

张召忠：跟外边联系，原来都是打长途电话，现在打手机，我们上网可以查到任何一艘航空母舰的网站，就是美国鼓励这些人去上网。但是，它军用的作战的系统跟这个网是硬件隔离的，就是你平常的业余时间干什么事你都可以通过因特网做，你聊天的时候不要谈保密的事情就是了，但作战指挥和因特网是不连接的，物理是隔绝的。航空母舰要会从这个城市到另外一个城市，从这个国家到那个国家，去了之后，停到码头上，它就会留下值班的人，比方说停香港了，有5000人它就会留下一两百人值班，剩下的人就全上街了，这个时候他们就可以提前把自己的女朋友，或者自己的男朋友，约到香港聚会。

主持人：见面。

张召忠：见面还可以在岸长住，只要你不值班都可以在岸上活动，买东西，团聚，都可以做这样的一个事情。

主持人：就是我们想象您说的城市，就是只要是在陆地上可以干的事情，舰艇上都可以？

张召忠：还有一个特别重要的我要说一下，就是美国的舰艇上边，都有一个搞政治工作的人。

主持人：做思想工作的？

张召忠：做思想工作，因为有些年轻人，有心理问题，比方说想家了啊。

主持人：毕竟长期在海上。

张召忠：比如想家了，或者是想不开，想跳海的啊。

主持人：真有吗？

张召忠：打仗之前恐惧，或者是第一次上舰的人。

主持人：但我觉得一个人不够啊。

张召忠：小舰艇嘛，一般的只有一个人，你猜它这个职业叫什么？

主持人：叫心理（咨询师）。

张召忠：牧师。

主持人：牧师？

张召忠：牧师在航空母舰上就很多了，还有教堂，还有很多这种专门的设置。

主持人：我觉得他完成的就是心理咨询、心理安慰的这样一个作用。

张召忠：航空母舰上还专门有教堂这样的祈祷场所，做思想工作的，专门的牧师，他有军用编制，是现役的。

主持人：好，非常感谢今天给我们一一揭开关于航母的谜团，非常感谢今天的观众朋友，感谢大家收看《书香北京》，再见。

（北京电视台《书香北京》节目访谈实录，2011年7月28日，7月29日）

英国航母发展进入裸奔时代

皇家方舟号航母退出现役

主持人：说起这个皇家方舟号，虽然已经服役25年了，但是一直是非常招人耳目，大家非常关注它。就是2010年的时候它还参加过一些正常的训练，而且有消息说它到2014年才能够退役，但是到2010年的11月8日，英国女王居然就在朴次茅斯港举行了对它的一个告别仪式，为什么会提前退役？

张召忠：也不算提前退役，基本上无敌级航母服役也是25年，皇家方舟号也是25年就退役，基本是按服役条令，到点就退。

主持人：服役条令。

张召忠：航母的服役期就是25年，它的设计和建造的服役期就是25年，现在为什么有很多航母服役50~60年？那是因为服役到25年之后每隔五六年就要进行一次现代化改装，要花不少钱，那么一次现代化改装会使服役寿命延长5~10年。无敌号和皇家方舟号的退役是这样，提前退役主要是一个财政的问题，原来想到2014年退役，主要的原因就是作为英国这样一个老牌海洋帝国，它不能够没有航母，但是现在提前退役后，面临青黄不接的局面。原来是准备2014年退役，然后伊丽莎白女王号航母就服役了。由于提前退役，今后四五年，没有新航母接替。

主持人：在宣布皇家方舟号退役的同时海鹞式舰载机也同时宣布淘汰。

张召忠：因为它没有平台了，海鹞式飞机以后可能会在海洋号航母上用。

主持人：您认为还会继续成为舰载机的一种选择吗？

张召忠：对，也有可能。因为海洋号是一艘采用民用标准建造的一艘航母，轻型航母或者叫做两栖运输舰，现在在利比亚那个地方主要是执行一个禁飞任务，上边携带直升机，但是它也可以携带弹药对利比亚进行打击。海洋号是英国在没有钱的情况下琢磨出来的一种办法，采用民用标准降低造价，然后又能够满足海军的需要，就是这种方式。

主持人：对航母非常关注的我们，其实特别愿意再进一步地了解皇家方舟号航母，它到底是一个什么样的航母，它的退役或者服役为什么会引起大家格外的关注？

张召忠：皇家方舟号按照英国的命名规则，所有的军舰英文都是用阴性，she而不是he，正确的中文翻译应该是女字她而不是男性的他，这是表示对舰艇的一种尊重。英国号称是一个日不落帝国，传统的海洋强国，海军有很严格的传统，像英国皇室成员必须要在海军舰艇上服役，就是要从下边干起，少尉啊中尉啊上尉啊，要从海军基层这样慢慢磨炼。

主持人：没有这样的履历几乎就不能成为一个合格的皇室成员。

张召忠：所以叫英国皇家海军嘛，就是说海军是皇家的，皇家方舟号有可能会退役，有可能在战争当中被击沉，却还前仆后继，就是说前面一艘舰退了以后另一艘舰还是用它的名字，所以皇家方舟号到现在起码有四五艘了，都叫它的名字，它之前那一艘是很壮观的，是英国的第二艘皇家方舟号，将近60000吨级，是非常重要的一艘航母，那艘航母到1978年才退役，是大甲板的带蒸汽弹射器的那样一艘航母。

主持人：首先是最早的百眼巨人号就是他的。

张召忠：航空母舰上好多技术，像蒸汽弹射器、阻拦索、助降镜这些技术都是英国发明的，到现在还有知识产权，另外大甲板的斜角甲板航母都是英国的。像老的皇家方舟号退役了，但是20世纪70年代中期到80年代那一段正好是英国的经济萧条时期，英国这个国家有个特点，和平时期军队是没什么用的，可到需要用兵时就马上想到军队是最有用的。和平时期不想打仗，打仗时候就想赶紧用兵，一直这么矛盾。当时我记得非常清楚，撒切尔夫人上来之后，她就像卡梅伦现在面临的情况一样，经济很萧条，政府没钱，没钱以后就是说查查账，哪个东西最花钱，查来查去最花钱的就是航母。新造航母要花钱，已经有的航母要花钱养活它，当时决定把老的大甲板的航母全砍掉，提前退役，一下子省出很多钱。可作为大英帝国不能没有航母，必须要造航母，要造航母当时美国的概念就是60000

吨级以上，当时尼米兹级是90000吨级，企业号是60000吨，英国当时就说我们要造航母，但是又不能搞太大的，要省钱的作为象征性的。空军也说你们海军不要造那么多航母，我空军给你提供制空权，空军提供制空权海军还要航母干啥，所以当时海军就没办法，就提了一个19000吨级这么一个排水量，舰长大约200~220米，能够携载垂直起降飞机和直升机的这么

皇家方舟号航母

一种航空母舰。当时大家听了以后特别奇怪，脑子里从来没有过垂直起降这种概念，就是海鹞式飞机，大家说好厉害，直接就可以起降了，但是也可以滑跑，滑跑不是省油吗，70年代海鹞式飞机和海王直升机风靡一时，大量使用在无敌级和皇家方舟号上面。

主持人：所以张教授您看，英国是世界上最早有航母的国家之一，随着皇家方舟号的退役变成一个没有航母的国家，所以说很多网友就在评论这个皇家方舟号的退役真的是标志着英国近百年来跌入一个最低谷时期，有没有这么严重的一个程度？

张召忠：最低谷，英国历史上最低谷，应该算是。英国现在的军费开始削减，卡梅伦政府今年也削减了它很多政府的一些工作岗位，造成很多人失业。军费削减以后航母提前退役，原来是想造两艘航母，现正建造一艘，另外一艘航母现在还没着落——威尔士亲王号，那么未来几年没有航母，这在英国起码三四百年的历史上是最差的一段时期。

主持人：就仅仅是因为没有航母？

张召忠：不是，不是因为没有航母，是因为没有钱。最主要的是因为没有钱，国力衰退，没有钱就养不起航母也造不起航母。

主持人：但是您刚才解释说这个皇家方舟号对英国来说具有象征意义，历史上先后有过5艘，只要有航母，就一定会有航母叫皇家方舟号这个名字，现在皇家方舟号退役没有航母了，如果一旦有新航母的话是不是一定叫皇家方舟号？

张召忠：那不一定，因为英国第二次世界大战结束的时候，就像50年代，当时它有52艘航母，一个国家拥有52艘航母。

主持人：整个海岸线才有多长？

张召忠：11000多公里长，你不到英国去不知道它有多小。

主持人：现在美国也就有11艘航母吧？

张召忠：是的。

主持人：英国那时候有50多艘？

张召忠：同时服役的有52艘，最后全部退役了，所以英国航母有很多的名字，不一定再选皇家方舟号。你比方说英国现在在建的航母叫伊丽莎白女王号，第二艘叫威尔士亲王号，但是将来需要的话皇家方舟号这个名字还是可以用的。

皇家方舟号航母在网上拍卖

主持人：将来是不是还会有另一艘航母用皇家方舟号这个名字并不重要，这次我们关注到，关于皇家方舟号的退役，有很多的说法。比如有的说要把皇家方舟号拉到泰晤士河上，把它改成警用的或者医用的一个直升机的漂浮平台；还有的说干脆把它变成一个夜总会；甚至还有的说伦敦的奥运会，要把什么保安人员的训练基地放在这个航母上。有诸种说法，张教授你是对英国航母比较了解，您如果是决策者会把它怎么用呢？

张召忠：英国历史上战舰的处理一般是做博物馆。你到英国去看，我在英国学习的时候我看过几乎所有的海军的船，从17世纪到19世纪一些船，比如胜利号，英国当时的造船技术真是现在去看还会叹为观止，因为当时那艘舰现在一般的国家要造都造不出来。

主持人：我刚才注意到您的一个词，真是现在去看还会叹为观止，也就是说英国现在在世界范围也是建造航母能力最强的国家。

张召忠：是最强的，你根本造不出来。比如在这个风帆时代向机械化转换的过程当中，巡航的时候使用风帆，把所有的帆都升起来，舰上的动力就不用烧油了，什么动力也不用，而且所用的帆都是快帆。因为新航路的开辟，16世纪之后英国在这方面积累了很多的技术，但是发现敌人之后舰艇马上把帆降下来，把蒸汽轮机启动起来。我看过那个变速箱和齿轮箱，怎么样由风帆动力转成机械动力，真的难以想象。齿轮全是铜的，你到船上所有的地方去看，各个地方都是铜制的，整个船是木头的，那个造船技术真的特别棒。

英国有个什么习惯呢，同一级别的航母退役之后一定要留着一艘作为博物馆，就是很完好的一个博物馆，这是退役航母的一个用途。第二个用途是要销往世界，就是卖给别的国家，然后作为一个军事外交和换钱的办法。比方说印度，印度现在就有两艘舰是买英国的，第一艘舰是维克兰特号，已经退役了，20000吨级的，第二艘就是竞技神号（维兰特号）。竞技神号是1982年打完了马岛海战之后卖给印度的，现在还在服役。其他的如阿根廷的五月二十五号，我们国家1985年买的一艘拆了的墨尔本号，当时是澳大利亚的，还有巴西的米拉斯杰拉斯，这些都是英国的航母。英国的退役航母就是往世界上卖的。至于你说的娱乐设施，这个英国以前倒是没有过，也不排除在这次利用奥运会有这种打算，但是在英国国民心中这个印象不是太好，因为这是很严肃的一艘航母，它曾经立过很多的战功，结果变成了一个娱乐场，在作为大英帝国的英国人心目中感觉不是太严肃的事情。

主持人：在我们国家对这件事关注度这么大，其实还有另外一层意义，就是听说它搞网上拍卖，而后有华人介入了这个拍卖。

张召忠：网上拍卖是从无敌号开始的。无敌号是2005年退役的，是无敌级。皇家方舟号是无敌级当中的一艘舰，2005年退役，退役之后好几年放在那儿没什么用，有人就说可以通过网上进行拍卖，结果就有一个中国人想买，他大概是网上先注册，然后提交资料。你是谁，你为什么要买这个，你有没有钱，你买了以后干什么用途去，这些你必须要说明，说明之后英国皇家海军就会对要买航母的这个人进行资质方面的审查，比方说这个人到底会不会用于军事用途，卖方需要一个一个地去核实。参与无敌号拍卖的有一个中国人叫林建邦，是一个商人，资格审查没有通过，就没有买到。

主持人：他准备要弄到香港去，在香港驻泊，而后从事别的用途，好像还不是军事用途，但也未果。

那现在看这个无敌号当时拍卖的结果，也挺惨烈的，只卖了300万英镑！这个价让我觉得英国就需要钱到这种程度了吗？感觉就是卖了废钢铁的这样一个价格。

张召忠：是这样，就是说一艘航母退役之后的话一般是按照废钢铁卖，废钢铁的价格应该是说在150~200美元1吨。按吨算，因为它要受很多的限制，比方说你哪个国家买它，这个很重要。比如皇家方舟号和无敌号印度要买它，印度和英国是个什么关系呢，是英联邦国家，印度属于英联

邦国家，如果印度要买，舰上的东西什么都不用拆，雷达、武器什么都不用拆，开回去用就是了。如果是中国要买这艘航母，你只能做废铁卖。

主持人：那它就要把武器拆掉吧？

张召忠：对，所有的都拆空了以后你算多少吨，做废铁去卖10000吨，1吨多少钱，200美元，那就是1万吨乘200美元，就这么多钱，回来以后你就扔炼钢炉里。但是“二战”以前造的航母不像墨尔本号，当时我上去过墨尔本号，那是“二战”时建的，上边所有的东西都是铜的，比方说电缆都是铜的，而现在的电缆都是铝的；那个洗脸盆全是铜的，所有的东西都是铜的，这椅子各方面，锃光瓦亮的。

主持人：都是贵金属。

张召忠：水管全是铜的，那样一艘舰买来之后你光这个稀有金属就能赚不少钱，现在都是钢铁、塑料造的真是卖不了什么钱。

主持人：那您估计皇家方舟号能多少钱成交呢？

张召忠：这个我估计也就是三四百万英镑差不多，那个人好像是报了四百多万英镑。

主持人：对。

张召忠：值不了多少钱。

主持人：可是有一个问题，您说它得把东西拆下来，拆它也需要花钱啊？

张召忠：不需太花钱，放个雷管爆了就行了。为什么拆？在上边还有重量干嘛要拆了呢？拆的目的主要是怕你学它的技术。

主持人：英国实际上作为一个传统的海洋大国，特别希望自己还拥有非常强大的航母舰队，对于服役期满的旧航母，它为什么不升级改装，而后让它继续服役呢？因为它的主体部分我听说大部分还是能用的。

张召忠：就是这么一个概念，比方说你有一架老爷车，用了25年，现在有两个处理方案，其中一个方案是你干脆把它卖了。

主持人：填补一部分是一部分，比如说买新车只能相当于1/10，那就认了，但也是省了一点钱。

张召忠：再一个办法，你还是把你那辆旧车改装一下。你想想看，如果你有一辆用了25年的拉达或者华沙，这架老爷车的维修和零配件都是一个大问题。

主持人：基本上每周都得去一趟修车后。

张召忠：另外这华沙，你上哪儿修去．零配件都没了，从苏联进口，苏联也没了，解体了。

主持人：配件都断档了。

张召忠：从哪个独联体的国家弄个配件来，光一个配件多少钱？你修不起也养不起。

主持人：而且关键是即使你改完了它也不如你新建的这个先进的要好用。

张召忠：我们通常说造一艘航母多少钱，其实是养一艘航母，它的维护费太多了，主要是这么一个概念。

主持人：另外我看到网络上有一些外媒猜测，就是说有很多华商在竞标这艘皇家方舟号。竞标的时候虽然说用于开发商业用途，但其实也是要用于科研改造的，有这个可能吗？

张召忠：皇家方舟号首先它这个技术比较老了，用了25年，另外关键是这艘航母它所有的设计理念应该说现在已经不再被什么别的国家愿意使用了，这个设计理念已经落伍了。在当时设计的时候它的一个功能是能够携载和起降像海王这种大型直升机，而当时的护卫舰和驱逐舰绝大部分还不能够携载直升机，现在好像护卫舰和驱逐舰就没有不能携载直升机的。在它这艘航母服役的时候都不能携载，这就不算什么了，至于直升机的着舰、起飞、引导等，指挥控制这一套大家都有了，所以也没什么可学习的。再说垂直起降这个技术，基本上被大家认为是一个废物，没什么用，费了半天劲飞起来，然后浪费了很多油，飞出去300公里作战半径又回来了。现在的飞机的作战半径一般都是一两千公里，300公里出去干啥去，飞行速度还是亚音速，那么大目标，所以这个飞机它就是个废物。直升机起降在现在驱逐舰都已经解决了。但是作为商人，把它买回来停在海上，比方说那个林建邦，我看他买回来以后要停在珠海的外海，在那个地方开一个国际学校，这个很有创意。

主持人：所以您说中国的商人不管是林建邦也好还是黄光裕也好，不管是谁买到，或者没买到，这些都不管。您说这是标志着什么，是说明什么问题，是说明我国的一个经济上的实力还是说一个军事上的实力？

张召忠：我感觉都有，首先中国的民营企业家，他用自己辛辛苦苦赚来的钱去买一艘这样的航母，回来以后再用于比如教育或者娱乐这种活动，这都说明他有钱了，这是在过去改革开放前不敢想象的事情，这肯定是经济上的。另外他有钱可以买别的，到外国买别墅，买两块地，在美国买一栋房子，现在赶紧到美国买房子，买一套别墅还送好几亩地，而且一买都是永久性的，不是什么三十年、五十年的，他为什么不买这个呢？这还是体现了航母情结。

主持人：那这样说英国把这个没有什么价值的航母处理后，再造更先进的航母，这不挺好的吗？不觉得它衰落啊，总比留着在那儿强。

张召忠：作为一个军队不能够这样干，你比方说俄罗斯，它就非常惨，一直发展海军，发展得很大，最后结果呢？苏联也是这样，苏联时期一年两三千亿美元的一个军费，维持的武器装备一直都非常先进，苏联解体以后呢？俄罗斯突然从两三千亿美元的军费一下子降到50亿美元，没钱了。没钱了以后，飞机不能造了，舰艇不能造了，潜艇也不能造了，航母也都给卖了，卖了以后换钱呀，这样一直过了十年，从一个巅峰一直跌落到低谷，这个时候很多人才流失了，工程师没了，设计师没了，即便是人还在，年龄也到了，也该退休了，十年间发生了多少事情？技术更新了，人才更新了，设备更新了，生产线过时了．苏联解体以后都成了一个一个独立的国家，其中好多国家跟俄罗斯还关系微妙，一切都变了。现在俄罗斯说我有钱了，这几年石油价格飙升，原来石油一桶20多美元，现在涨到100多美元，有钱了以后再发展航母，感觉不行了，搞不了航母，我一直在说俄罗斯搞不了航母，没有哪个工厂能造航母，技术断档了，生产线没了，工人退休了，这个传统失传了。英国的危险性在什么地方呢？5年这个时间似乎不太长，但是5年成建制的飞行员、指挥员、官兵都退役了，厂里边好多东西要变了，要去造商船，造别的船，搞别的经营去了，技术设施都没了，所以说这是值得关注的。

英国航母进入裸奔时代

主持人：正如张教授所说，有许多新闻媒体就这样称，说英国这样传统的海洋大国即将迎来没有航母的尴尬时期，那么真的是这样吗？我看到一个资料说伊丽莎白女王级的航母正在昼夜加班，24小时不停，在加快建造步伐，不仅如此，卓越号航母也已经开始准备试水，而且经过七周的试航之后很快进入英国的皇家海军服役，这些迹象是不是说明英国并不甘衰落，还在努力地维护着它海洋大国的地位？

张召忠：现在的英国海军无可奈何花落去，是处于这么一种状态，英国现在已经是没有办法了，它现在赶紧攒钱，先把奥运会这件事搞定。现在伊丽莎白女王号航母服役肯定是推迟，能不能服役现在还难说，就算是服役了它也没飞机。

主持人：服役了也是裸奔。

张召忠：它所有的设计，都是滑跃式起飞的，所有的设计都是按F-35设计的，就是美国那个F-35。

主持人：早就传出来美国的F-35和F-22全都要停产。

张召忠：对呀，美国的F-35英国给了一部分钱，参了干股，就是说知识产权是它的，比如垂直短距起降这个技术是英国人首创的，把专利给你，我就不拿钱了，生产出来咱俩分成，你卖给其他国家6000万美元，卖给我2000万美元，就这么一个合同。结果现在F-35的价格都1亿多美元了，F-22服役后停了3个多月了，现在怎么算呢，2亿多美元1架，F-22是最先进的，但是太贵了，而且有很大的风险，那个飞行员进去以后说OK，可以起飞，结果被关在里头起飞不了，另外的也出不来了，在里面愣是待了七八个小时，没办法，拿个电锯把座舱盖锯开了，这一锯75000美元就没了。本来就没钱还锯了一下，说你那个程序不管用，失灵了，往高处飞能飞12000米、13000米，可是突然没氧气了，飞行员头昏脑涨，飞机摔了，它是个有人驾驶的飞机，飞行员死了飞机可不就摔了吗？这么一架飞机，F-35现在超重，太胖了，设计是轻的，结果太重了，一降下去就起不来了。F-35和F-22有可能这两个型号就是象征性地造几十架，生产线就关了，关了之后所有参与这个项目的投资者全亏了，就像买美债的国家全亏了一个样。

主持人：算是压错了宝。

张召忠：对，压错宝了，如果F-35不能装备甚至取消的话，那伊丽莎白女王号航母就要裸奔了，你可以在世界大洋上开，但是上边也就装几架海王直升机。

主持人：也就是说网上所热炒的这艘伊丽莎白女王号的大型模块吊装，这样一个大的动作和24小时昼夜加班在努力建造，这些消息都是没有意义的。

张召忠：它没有意义，像什么飞机啊，英国肯定没有一艘这种飞机，米格-29K倒是可以，苏-33倒也可以，但是俄罗斯绝不会卖给它的。

主持人：既然如此的话英国何必还砸这么多钱在这上面？

张召忠：失算了，早知今日何必当初呢？我一个18层楼已经盖了16层了，你说怎么办呢，还是接着把它盖完算了。

主持人：但是英国皇家海军绝对不会自甘堕落的，它在近两年一直在热炒它的S2C2计划，这个计划是一个什么样的计划，是不是跟航母也是紧密相关的？

张召忠：这个计划跟航母没关系，这个计划是一个没有航母时代的一个水面战斗舰艇的编组计划，这个计划是一个没有办法的办法，就是说没有航母之后怎么办呢？现在是24艘主力舰，说数量上要减到19艘，然后用45型的驱逐舰的壳子造6000吨一艘的驱逐舰，大约造10艘吧，6000吨的驱逐舰，这是反潜用的，另外再拿它造一种防空型的舰艇，还要再发展2000吨一艘的舰艇，基本上就是搞三型这种吨位的，相互有差距，比方说反潜的稍微简单一点，简装型的，这样的话就是一个中型水面舰艇编队，没有航母这一段时间，一个海上编队就是这样一个凑合的方案。

主持人：可是这个计划里有一个很重要的就是也需要很多钱啊，那现在伊丽莎白女王号需要很多钱，而且说还要建什么机敏级核潜艇，也需要很多钱，那这个计划如果没有钱它怎么来实现呢？

张召忠：这种舰艇花不了太多钱，造一艘航母的钱能造十几艘这种小舰艇，比如2000吨的小舰艇，英国都不好意思说这个事，2000吨的巡逻艇。

主持人：刚才在访谈过程中张教授一再地表示就是英国实际上是一个建造能力非常强的一个国家，它有这么雄厚的基础，如果它意识到了像你说的那样，人才不断档，整个建造设计研制能力不断档，如果一旦经济有所复苏，像英国这样的国家会不会很快地就再重拾过去海军强国的？

英国的商船战时动员能力特别强

张召忠：肯定的，在马岛海战过程中，为什么这么短时间当中英国就能够动员起国家的战争能力，仔细研究以后我发现英国有这么几个特点，一个就是说把战争的潜力蕴藏于整个的国家的这个民用设施。

主持人：整个国家大机器。

张召忠：英国保持一个小的常备军，但是有很大的动员能力，这一点非常重要，为了确保这一点，你比方说军民结合，平战结合呀，军民一体这些思想它是一贯的，几百年来都是这样，然后为了确保这套思想，它有严格的法律。我给你举个例子，它的法律制度，比如说你是一个私营的船东，你想造一艘5万吨的滚装船，你造滚装船的时候一定要到英国皇家海军动员处去盖个戳，它得看你这个东西，备一下案，你造船，这个战时我要是征用你这艘船的话，你给我留没留这种改装的余地，它都会提出来，如果没有就重新设计，比方说我的装甲车，比方我的坦克这么宽，你上面结果给我设计这么窄不行，你必须搞这么宽，必须按我的标准走。所以国家有这么一套的法律法规，但是人家私营的船厂、私营的船主为什么要听你海军的呢，这就牵扯一个法律问题，海军说你按照我这个改，我要征用你时我会给你钱的，比如用10亿英镑造船我会给你补贴，比方说3亿英

皇家方舟号航母

镑，这3亿英镑有可能我永远不征用，但是用的时候我就要改装。这个特别重要，平常没事你就正常地营业。

主持人：在世界上其他国家好像这样的一种管理体制还并不多见。

张召忠：英国非常厉害，你比方说还有一个问题就是说航空母舰、驱逐舰、护卫舰退役下来的海军舰长、副舰长、部门长这样的军官，基本上没有什么特殊情况下，到地方以后都要安排在地方的商船上当船长，大副、二副，基本上都当这个。

主持人：使他的业务知识并不减弱。

张召忠：不，他把海军的那套作风又带到他的商船队去了，这样每年他举行一次英国皇家海军和他的商船队的一次演练，军事演习，这些转入到预备役的船长和军队保持军用通信，相互之间的作战指挥、联络，他还是随时可以作战的这么一支力量。为什么我说这个问题特别好呢？你不要看英国现在航母没了，钱也没了，造什么这个也弄不起来，真打起仗来它可以在12小时、24小时、72小时迅速地把它动员起来。

主持人：英国在马岛海战的时候是一个很好的佐证。

张召忠：对。

主持人：我记得当时它征用的民船是100多艘，占到参战舰船总数量的2/3，但是很快战争动员就完成了，而且还确实派上用场。像您说的滚装船，有百十来艘都是派上用场了，数万兵力可以马上就远程奔赴作战，这是很好的一个佐证，如果未来有涉及英国的战争，英国看来还能完成这样一个战争动员。或许正像您刚才所介绍的那样，英国的军方已经意识到了就伊丽莎白女王号这个航母将来可能会遇到舰载机不好配备的问题，所以它好像是设计了这个滑跃式甲板和这个电磁弹射这种并用的起飞方式。这个消息准确吗？

张召忠：不准确，它肯定没有电磁弹射。它是这样的，这个航母设计得很别扭，首先它这个设计理念很落后，65000吨是个双岛的，航母的飞行甲板它强调的是上边的障碍物越少越好，最好是一个岛形上层建筑。

你看福特级，我现在感觉福特级设计得非常漂亮，在它的右后方一个很小的岛，这样就留出很大一片面积，因为有的飞机要调整，有的飞机要停靠，有的飞机要升降、要装弹，有的飞机要维修，有很多事，所以它搞一个岛。英国的航母搞了两个岛，双岛中间是一个升降机，这个设计太别扭了，这个设计方案是怎么通过的？这会减少它很多的甲板停机空间，这是一个问题。再一个搞这么大的舰艇结果还是个滑跃起飞的，你要知道蒸汽弹射器是英国人创造出来，为什么不用？它说我先用滑跃的，过个十年二十年以后我可以改装，可以改成蒸汽弹射的，不是电磁弹射。电磁弹射美国都可能取消，现在美国在福特号试验，老是试验不好，这种取消的可能性也存在，英国不可能用电磁的，它设计的这个短距起降就是为F-35准备的。F-35可以垂直起降，要是F-35没有的话也不会没有别的飞机可以上航母。

（央视七套《防务新观察》节目访谈实录，2011年8月14日）

日本正在打造四个航母战斗群

【主持人导语】

9月12日，日本的新任防卫大臣一川保夫在接受美国媒体采访时说，拖延已久的日本下一代战斗机的采购合同将会在本月投标，而且年底之前就会定标。不过俄罗斯媒体在12日当天也报道说日本正在准备建造两艘2.4万吨级的新型直升机航母。一旦这种长达248米的准航母建成，再向美国购买可以垂直起降的F-35隐形战机，日本在战时可以瞬间把准航母变身为实实在在的航母。那么日本是否真的像俄罗斯媒体所猜测的那样意图打造不折不扣的航母呢？我们看到针对日本近期与周边国家在岛屿争端问题上的强硬立场，俄罗斯方面在远东地区也是接连施以重拳，先是派出两架图-95战略轰炸机绕日本列岛飞行了一圈，随后在与日本相邻近的海域举行了军事演习。那么日俄是否会在岛屿的争议问题上发生冲突呢？

【新闻背景】

日本谋划把“准航母”变成“真航母”

俄罗斯海军网站12日报道，日本准备建造两艘2.4万吨级、代号为22DDH的新型直升机航母，据称可搭载9架直升机，计划于2012年开工，2014年服役，由石川岛播磨重工公司建造，造价约1139亿日元，约合人民币80亿元。

日本现役最大直升机航母为日向级，共两艘，即日向号和伊势号，分别于2009年3月和2011年3月服役。与它们相比，22DDH长248米，尺寸几乎大出日向级两艘军舰50%，将是日本海上自卫队的最大军舰。

报道称，22DDH虽然仍保持“直升机驱逐舰”的定位，但其尺寸和排水量已超过了日本“二战”时期的部分正规航母，也超过了目前意大利、西班牙、泰国等国家装备的轻型航母水平。

从目前来看，22DDH的用途与日向级类似，但是也不排除未来升级改造的可能性。

有分析评论称，为应对近年来东亚形势的变化，加强海上自卫队夺取

制空权的能力，日本国内也在研究是否将为新型直升机航母配备固定翼舰载机，例如美国的F-35B型短距起飞/垂直降落战斗机等。一旦这样配置，日本的准航母将成为不折不扣的航母。

【演播室访谈】

主持人：媒体非常关注日本新的举动，目前新的所谓准航母代号叫22DDH，比日本的日向级要大出了50%，200多米，2.4万吨。那么究竟该如何界定它的身份？到底是直升机航母还是直升机驱逐舰？我们看到有很多说法。

张召忠：22DDH直升机航母或者叫轻型航母。航母大约分三种类型：第一种是满载排水量2万吨左右的叫轻型航母，这一艘它超过2.4万吨。轻型航母通常携带直升机，但是个别的航母也携带垂直短距起降飞机，像英国的海鹞式这样的。第二种是满载排水量4万吨左右的叫中型航母，它基本都是采用固定翼飞机，像法国的戴高乐号就属于这类。第三种是满载排水量6万～10万吨的叫重型航母。

主持人：为什么说这是一艘航母？

张召忠：判断一艘舰艇是不是航母主要看两个特征：一是上面有一个通长型的飞行甲板，一个岛型上层建筑，只要有飞行甲板就是航母。二是它上面的作战武器主要是飞机和直升机，装备的导弹、鱼雷、火炮比较少，看不到，所以说这艘军舰肯定是一艘航空母舰，没什么别的解释。

日本日向号航母

主持人：另外，还有媒体报道说日本自卫队准备新建造的2艘2.4万级的轻型航母，将会配备美国雷神公司所生产的海拉姆防空系统，如果日本的新航母再配上海拉姆是不是会成为一个强大的盾牌？

张召忠：我们的观察点不应该在海拉姆导弹上，而应该观察它携带什么样的飞机，这是判断22DDH航母将来作战能力的关键。导弹装到航母上通常不作为判断航母战斗力的一个重要指标。海拉姆导弹是怎么回事儿呢？20世纪80年代德国就在研制这种导弹，别的导弹打出去以后小翅膀弹出来自己就往前飞直线，海拉姆导弹打出去以后有点像陀螺仪，你看跳芭蕾舞的演员的小脚尖不停地转，她为什么要旋转呢？因为要保持稳定。德国开始研制海拉姆导弹就称要让它不停地旋转，叫旋转弹体导弹。这种导弹的特点是没有带翅膀，并且来回旋转，所以它的稳定性比较好，速度能达到2马赫以上，导弹长约2.8米，直径是127毫米，射程大约是10公里。日本新的航母装完这种导弹以后和以前的日向级有什么区别呢？日向级装有两座密集阵速射炮，是6管的20毫米炮，一分钟可发射3000～6000发炮弹，组成一个弹幕，当对方的导弹来袭时，它用一个弹幕来拦截。这艘航母除去装有三座密集阵之外，又装了两座海拉姆，不仅可以组成弹幕，还可以在10公里的范围内用导弹摧毁来袭的战机和导弹，这叫弹炮结合。

主持人：其实对航母本身而言也是很强的防御。

张召忠：它是末端点防御的导弹，我感觉还是应引导大家关注航母上的舰载机，它将来最大的不同就是要上F-35隐形战机，这是一个新动态。

【新闻背景】

日本新战机本月招标 F-35隐形战机成焦点

9月12日，日本新任防卫大臣一川保夫在接受美国媒体采访时说，日本将从9月26日开始接受下一代战机采购项目正式投标。他预计定标决定将作为2012年财政年度预算讨论的一部分在12月前作出。

日本国内把下一代战机项目称为“FX”项目。《华尔街日报》以军工业人士为消息源报道，日本可能购买40～60架战机，合同总价值大约40亿美元。

F-35隐形战机

目前这一项目吸引了世界三大军火制造商，有开发F-18“超级大黄蜂”式战机的美国波音公司，还有主打F-35战机的美国洛克希德—马丁公司和以“台风”战机闻名的欧洲战斗机有限公司。

不过根据“武器出口三原则”，日本不仅不能出口武器，而且不能与外国联合研发和生产武器，比如与美国合作研发F-35型联合打击战斗机。

本月早些时候，刚被任命为民主党政策调查会长的前原诚司在访美期间公开呼吁修改“武器出口三原则”，但显然没有事先与包括一川保夫在内的内阁大臣磋商，引发不满。一川保夫虽然也赞成迅速推动日本政府放宽武器出口禁令的进程，但无论民主党政府采取什么政策，必须先在党内充分讨论。

主持人：假如F-35能够成功被日本买进，因为F-35具有短距起飞/垂直降落的功能，再加上日本新建的两艘轻型航母，如果在战时的状态下，瞬间所谓的准航母就可以变成真航母?

张召忠：现在不存在准航母的问题，以后媒体再报道的时候请统一口径，不要再管它叫“准航母”。

主持人：这个概念不准。

张召忠：只要是日本的日向号、伊势号和22DDH，就是叫航母，我们都要用这个规范用语。现在服役的日向级一共两艘，首舰叫日向号，二号舰是伊势号，这两艘舰的满载排水量达到18000吨，能够携带10～12架直升机，是典型的直升机航母。日向号是配第一护卫队群，伊势号是配第四护卫队群，现在这两艘22DDH将来有可能会配第三和第四护卫队群，这样就形成了四个护卫队群，等于四个舰队都有它的旗舰，相当于四个航母战斗群了。现在从22DDH的设计来看，我判断它肯定会上F-35，一是飞行甲板采取了特种钢，特种钢可以耐烧蚀，因为发动机在上面折腾的时候要能承受一定的重量，另外一个要耐烧蚀，韧度要高。二是升降机，原来日向级的两艘舰，日向号和伊势号的升降机电梯都放在舷内，在飞行甲板中间抠两个洞。现在一个在里头，一个在外头，叫舷侧升降机，舷侧升降机就是中型航母使用的升降机，这又是一个证据。三是舷侧升降机的提升能力在20吨以上，如果提升直升机有10吨就够了，造这么大升降机显然是提升F-35的。四是它的机库空间，机库可以存放四五架F-35和三四架V-22鱼鹰，所以航母将来上F-35和V-22鱼鹰的可能性非常大。

【新闻背景】

俄军机绕飞军舰演习给日新政府下马威

最近，俄罗斯在远东地区接连出拳，触动日本紧张神经。先是9月8日两架图-95战略轰炸机绕着日本列岛画了一个圈，完全无视身后跟着的10架紧急起飞的日韩战机，期间，俄罗斯还出动伊尔78空中加油机为图-95战略轰炸机进行加油；随后9日和10日两天，24艘俄军军舰又穿越了俄日交界的宗谷海峡画了一条让日本紧张的线，从日本海一侧航行至鄂霍次克海，在俄罗斯南千岛群岛以北海域进行反潜演习。

而据日本媒体报道，10日又有两架俄罗斯的伊尔-38反潜机先后10次接近了日本的领空。日本自卫队战机也紧急升空尾随，日本防卫省官员表示，俄战机“挑衅意图”极为明显。

与此相关的是俄罗斯在鄂霍次克海附近区域进行军演的消息，空中演习刚刚结束，14日，由太平洋舰队50多艘军舰参加的俄东部军区大规模海

上演习就在堪察加地区拉开了序幕。

而除了军事上举动频频，在政治和经济上，俄罗斯也频繁出手。11日，俄罗斯国家安全会秘书帕特鲁舍夫视察了俄日争议岛屿中的国后岛和齿舞群岛的水晶岛。日本共同社评论说，帕特鲁舍夫此行表明，俄方重新对日方发起了攻势。

主持人：虽然这个图–95是 9 月8日的事，但是现在想起来好像还是很值得玩味，因为我们在记忆中很少发现哪一个国家是以轰炸机飞行轨迹的方式给另外一个国家划出一个完整的地图，而且过了几天又有俄罗斯的高官登上了争议岛屿。这是否意味着在日本东部大地震之后，两国的岛屿之争已经重启？

张召忠：这不是第四次就是第五次俄罗斯用飞机给日本画地图了，让人感觉以大欺小的样子。你把日本本土想象成一栋豪华别墅，俄罗斯军队开着坦克装甲车、直升机在你家院墙外一天到晚转，这也太欺负人了。它使用的图–95战略轰炸机虽然是个老爷机，20世纪70年代就服役了，是四发螺旋桨飞机，它的外号叫熊，再加上俄罗斯靠近北极，大家都管俄罗斯叫北极熊，我们经常看到汽车后贴个标志叫“熊出没”，所以它这就等于“熊出没”日本。它贴近人家12海里以外巡航，日本起飞F–15战斗机进行拦截、驱赶，可就在日本拦截的时候，它居然给飞机加油，飞机最怕加油的时候被别人拦截，你想想多牛，你拦截，我加油，根本就不把对方放在眼里。

主持人：不放在眼里。

张召忠：太藐视日本了。还有一个问题它飞到齿舞岛和国后岛上空干脆从这里过去了，这是个争议海域，在争议的空中插过去就是告诉你以后我就这么画线，你们领导人经常坐着飞机看北方四岛，以后我的领空就在这画线里，对有争议的领空作出这样强硬说明，俄罗斯太厉害了。在解决这些争端问题上，俄罗斯一直和其他国家的态度不一样，其他国家基本上有三种态度：一种是通过外交谈判的方式来解决，比方说我们俩要通过外交谈判，那就证明我们俩都会作出让步，否则谈不到一块。

主持人：谈判一定意味着妥协。

张召忠：双方都要有妥协才能谈拢。第二种是国际裁判，国际裁判有的是失败者，有的是成功者。第三种就是俄罗斯这种我行我素，有什么可说的？北方四岛1945年以前是日本的，但是现在不是你的了，因为1945年北方四岛被苏联红军打下来，俄罗斯就继承了，你有本事再用武力夺回去，没本事就以后不要再提这事了，俄罗斯很有性格。

主持人：对于岛屿争议的问题恐怕日本现在没有找到新的突破口，有报道说在6日的时候，野田佳彦在给梅德韦杰夫打电话时说希望在一个安静的环境下来解决岛屿争议的问题。但是据说梅德韦杰夫态度比较模糊，这个模糊从另外一个角度来看，就是这里是必争之地。日俄在这一地区今后的动向我们也会继续关注。

（摘自2011年9月16日央视四套《今日关注》节目访谈实录）

全国技工院校公共课教材

劳动法常识

（第三版）

主　编　王婷婷

副主编　胡筱曼　王　卓

参　编　王瑞霞　钟思仪

中国劳动社会保障出版社

图书在版编目（CIP）数据

劳动法常识 / 王婷婷主编 . -- 3 版 . -- 北京：中国劳动社会保障出版社，2022
全国技工院校公共课教材
ISBN 978-7-5167-5293-7

Ⅰ. ①劳… Ⅱ. ①王… Ⅲ. ①劳动法 - 中国 - 技工学校 - 教材 Ⅳ. ① D922. 5

中国版本图书馆 CIP 数据核字（2022）第 046663 号

中国劳动社会保障出版社出版发行
（北京市惠新东街 1 号 邮政编码：100029）

*

北京谊兴印刷有限公司印刷装订 新华书店经销

787 毫米 × 1092 毫米 16 开本 9.75 印张 154 千字
2022 年 6 月第 3 版 2024 年 5 月第 4 次印刷
定价：22.00 元

营销中心电话：400-606-6496
出版社网址：http://www.class.com.cn

前言

法律作为现代社会发展的重要基石，在社会生活中扮演着重要角色。学校向学生普及法律知识，引导学生自觉遵法守法，是学校教育工作的重要内容之一。

根据近年新修订的《中华人民共和国劳动法》《中华人民共和国劳动合同法》，我们组织重新修订了《劳动法常识》教材，旨在通过劳动法常识教育，使学生认识和理解基本劳动法律知识，学会运用法律知识维护自身合法权益。

教材内容从劳动者所享有的休息权、获取劳动报酬权、劳动安全卫生保障权、职业培训权、社会保险和福利等基本权益出发，对劳动者与用工单位双方间的基本权益与义务进行了说明，紧贴工作实际。案例选取自常见劳动纠纷，通过真实案例增强学生实践中运用法律知识的能力，提升学生维护自身合法劳动权益的意识。每课设置课后练习，供学生检验自身学习情况。

本书由王婷婷主编，胡筱曼、王卓任副主编，王瑞霞、钟思仪参加编写。

本书编写组

2022年3月

目 录

第一课　劳动法——劳动者的保护神……001
第二课　促进劳动就业，保护平等权益……021
第三课　签订劳动合同，保护劳动权益……033
第四课　合理安排工作，快乐娱乐休息……065
第五课　守护劳动安全，保障生命健康……087
第六课　解密社会保险，护航职业生涯……103
第七课　解决劳动争议，维护合法权益……121
第八课　遵守劳动纪律，提高职业技能……141

第一课 劳动法——劳动者的保护神

劳动法作为维护劳动者权益、体现人本关怀的一项基本法律，是以国家意志把实现劳动者的权利建立在法律保障的基础上，同时也是每一个劳动者在劳动过程中的行为规范，是劳动者从事劳作活动、维护自身劳动权益、履行劳动义务的准绳。

本书认为，从狭义上讲，劳动法是指 1995 年 1 月 1 日起施行的《中华人民共和国劳动法》；从广义上讲，劳动法是调整劳动关系以及与劳动关系有密切联系的其他社会关系的法律规范的总称。

作为未来的劳动者，我们有必要了解劳动法基本知识。学习劳动法，首先要对它的立法目的、调整对象，以及劳动法所规定的劳动者应享有的基本权利和应履行的基本义务等有一个较完整的了解。

劳动法的立法目的

劳动创造一切。劳动是一个人的立身之本，也是一个国家的立国之基。正是劳动创造了人类社会，书写了人类文明辉煌的历史。劳动不仅是个人谋生的手段，也是实现人生价值、创造美好未来的前提。一个人达到法定年龄就要参加劳动，选择一种职业，成为一名劳动者。

案例

2018 年 9 月，董小力在某技工学校经过 3 年的学习后顺利地完成了学业，并取得了数控技术中级工技能等级证书。毕业后，他通过当地人力资源市场与某公司签订了劳动合同，成为一名技术工人。董小力到公司工作后，认真遵守公司的规章制度，努力工作，并在工作中积极探索和创新，取得了良好的工作业绩。一年后，公司通过对董小力工作成绩的考核和评价，决定将原来约定的每月 2 500 元的工资提高到每月 3 000 元。后来，由于技术设备更新，公司又出资将董小力选送到一所高级技工学校深造。董小力通过继续学习不仅更新了知识和技能，还取得了高级工技能等级证书，成为公司的一名技术骨干。

评析

董小力应聘到某公司工作，成为一名劳动者，招聘董小力的这个公司就是用人单位。作为劳动者，董小力要为公司尽心尽力地履行义务，并由此享受相应的权益；作为用人单位，公司则享有对劳动者进行组织管理的权利，同时也要履行保障劳动者有关权益的义务。董小力与这个公司所形成的权利和义务关系，就是一种劳动关系。

劳动者在用人单位从事劳动的过程中，双方形成一定的劳动关系。由于这一关系的形成涉及双方的经济利益，处理不当就有可能产生一系列矛盾。

案例

朱小朋等 5 人从技工学校毕业后应聘到某建筑材料厂工作。2014 年 10 月，朱小朋等人与该厂签订了为期6年的劳动合同。由于该厂的经营状况出现困难，从2018年11月起，厂里连续8个月给朱小朋等人只发放50%的工资，其余部分一直拖欠。朱小朋等人多次向厂里提出补发工资的要求，但厂方总以资金周转困难为由一拖再拖。他们见补发工资无望，便提出解除劳动合同。而该厂以车间人员不足，解除劳动合同会给厂里带来损失为由，拒绝了他们的要求，并称如果朱小朋等人一定要解除劳动合同，厂方将不予办理相关手续。面对这种情况，朱小朋等人的权益该如何维护？

评析

在本案例中，企业先是拖欠工资，当朱小朋等人提出解除劳动合同时，企业又不予配合办理相关手续，不断地侵犯劳动者的正当权益。劳动者是多么需要一个有效的法律武器来保障自身的权益啊！

如何协调劳动关系中劳动者和用人单位之间的矛盾，双方的权利和义务如何保障，不仅直接关系到劳动者和用人单位的利益，也关系到社会稳定。国家通过立法对劳动关系双方的权益，特别是对劳动者的正当权益给予保护，以维持劳动关系的规范、和谐。《中华人民共和国劳动法》（以下简称《劳动法》）正是这样一部调整和协调劳动关系的法律。

法条链接

《中华人民共和国劳动法》第一条　为了保护劳动者的合法权益，调整劳动关系，建立和维护适应社会主义市场经济的劳动制度，促进经济发展和社会进步，根据宪法，制定本法。

我国的《劳动法》旨在协调劳动关系，保护劳动者的合法权益，以促进我国经济发展和社会进步。在社会实践与职业工作中，具有极强实用性的《劳动法》起着巨大的引导作用。我国《劳动法》主要从促进就业、劳动合同和集体合同、工作时间和休息休假、工资、劳动安全卫生、女职工和未成年工特殊保护、职业培训、社会保险和福利、劳动争议、监督检查、法律责任十一个方面对劳动者与用人单位间的权利与义务进行规范与指导，旨在调整劳动关系，建立和维护适应社会主义市场经济的劳动制度，促进经济发展和社会进步。

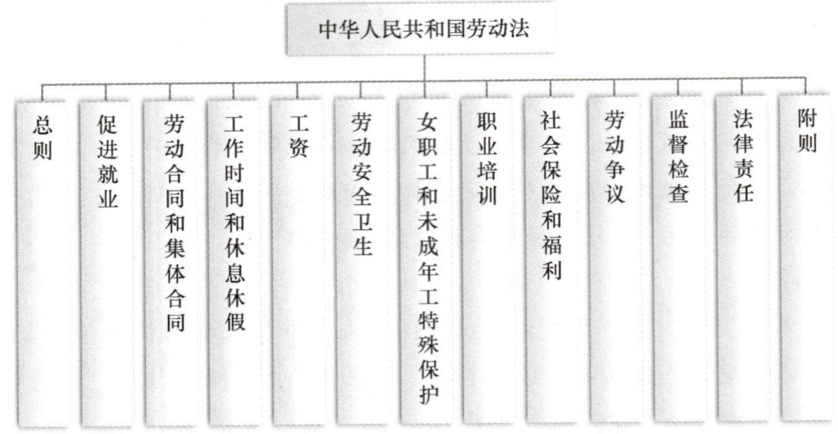

我们通过学习《劳动法》，在未来职业生活中，一方面要严格遵守《劳动法》的基本要求，另一方面也要懂得运用《劳动法》相关知识，维护自身合法权益。

小贴士

中华人民共和国成立以来，宪法就对公民的劳动权利和义务及劳动关系等作出了原则性规定。为适应社会经济发展和劳动制度改革的需要，我国颁布了大批劳动法律、法规和规章，内容涉及劳动就业、劳动合同、工资、工时休假、劳动保护、职业培训、社会保险和福利、劳动争议等各个领域。

法律	行政法规	部门规章及规范性文件等
•中华人民共和国劳动法	•保障农民工工资支付条例	•职称评审管理暂行规定
•中华人民共和国职业病防治法	•社会保险费征缴暂行条例	•企业年金办法
•中华人民共和国社会保险法	•住房公积金管理条例	•劳动人事争议仲裁办案规则
•中华人民共和国劳动合同法	•人力资源市场暂行条例	•劳动人事争议仲裁组织规则
•中华人民共和国工会法	•全国社会保障基金条例	•劳务派遣暂行规定
•中华人民共和国劳动争议调解仲裁法	•工伤保险条例	•劳务派遣行政许可实施办法
	•中华人民共和国劳动合同法实施条例	•女职工劳动保护特别规定
	•职工带薪年休假条例	•最低工资规定
	•劳动保障监察条例	•禁止使用童工规定
	•失业保险条例	•工资支付暂行规定

劳动关系探究

一、劳动关系概述

1. 劳动关系的概念

我国劳动法的调整对象包括劳动关系以及与劳动关系有密切联系的其他社会关系。劳动法所调整的劳动关系是指劳动者与用人单位在实现劳动过程中发生的社会关系。

与通常意义的劳动关系相比，劳动法所调整的劳动关系有其特定的内涵。

（1）劳动关系是在劳动者参加用人单位生产产品或提供服务以获取劳动报酬的过程中发生的社会关系。

在劳动者实现劳动的过程中，劳动者同用人单位提供的生产资料相结合，而不是劳动者同自有的、自己支配的生产资料相结合。劳动者或其家庭成员同自有的、自己支配的生产资料相结合，就不会形成劳动法所调整的劳动关系。

（2）劳动关系的主体是劳动者和依法成立的用人单位。

劳动者身处劳动关系中，要接受用人单位的管理，成为用人单位的成员，从事用人单位安排的工作，从用人单位领取劳动报酬和享受劳动保护。

（3）在劳动过程中，劳动关系表现为一种管理与服从的关系。

劳动者和用人单位之间通过相互选择和平等协商，以合同形式确立劳动关系，并可以通过合同续延、变更、暂停、终止劳动关系，双方是一种平等关系。但劳动关系一经缔结，在劳动过程中劳动者就成为用人单位的职工，要服从用人单位的组织、管理和工作安排，遵守劳动纪律以及用人单位的各项规章制度。用人单位是劳动力的支配者和劳动者的管理者，这使得劳动关系表现为双方主体间的以指挥和服从为特征的管理关系。

案例

某公司职工钟某经常旷工，并且屡次违反公司规章制度，在生产作业场所抽烟、喝酒。2014 年度，钟某累计旷工达 41 天，该公司新任主管决定对钟某予以除名，并且以书面除名决定书的形式通知钟某本人。钟某不服，认为自己和公司签订的是无固定期限劳动合同，公司无权以这种方式终止劳动关系。于是钟某向劳动争议仲裁委员会申请仲裁。

评析

在本案例中，钟某的理由不能成立。公司可以依法制定相关规章制度来支配、管理劳动者，约束、规范劳动者进行生产劳动和各种活动，并可依据有关法律法规以及依法制定的公司规章制度，对严重违反公司管理制度的钟某予以除名。

2. 劳动关系中的主体

劳动关系存续于提供劳动的劳动者以及依法招用和管理劳动者并发放报酬的用人单位之间，即劳动关系的双方当事人一方是劳动者，另一方是用人单位。

案例

吴杰是某烹饪职业技术学院的学生，毕业前最后半年到一家公司实习。当时公司食堂厨师请假一个月，老板让吴杰帮助烹饪一个月的饭菜，并答应给他 2 000 元的报酬，可是后来并没有兑现。吴杰认为公司没有支付自己工资，侵犯了自己的权利，于是向劳动争议仲裁委员会申请仲裁，结果仲裁委员会不予受理。

评析

在本案例中，吴杰与公司之间不是劳动关系。吴杰作为在校学生不是与用人单位之间形成劳动关系的劳动者，学生毕业实习不是劳动用工行为，而是具有培训性质的学习，就实习报酬引起的纠纷不属于劳动争议。

我国的劳动法对劳动者以及用人单位的主体资格都作出了明确的规定与限制。

劳动者是指按照法律的规定或合同的约定，在用人单位管理下从事劳动并获取相应劳动报酬的人，既包括体力劳动者，也包括脑力劳动者。

我们要注意，以下这些人不属于劳动法调整对象，不是劳动关系中的劳动者，不受劳动法的保护。

（1）公务员和参照《中华人民共和国公务员法》管理的事业组织和社会团体的工作人员。

（2）农村劳动者（乡镇企业职工和进城务工、经商的农民除外）。

（3）现役军人。

（4）家庭保姆。

（5）与国家机关、事业组织、社会团体、中国境内的企业、个体经济组织未建立劳动关系的人员。

此外，劳动者须达到法定年龄，具有劳动能力。劳动法对劳动者年龄也有严格规定。

法条链接

《中华人民共和国劳动法》第十五条　禁止用人单位招用未满 16 周岁的未成年人。

文艺、体育和特种工艺单位招用未满 16 周岁的未成年人，必须遵守国家有关规定，并保障其接受义务教育的权利。

我国法定劳动年龄指年满 16 周岁至退休年龄。我国法定工作年龄最低为 15 周岁。《禁止使用童工规定》第十三条规定，文艺、体育单位经未成年人的父母或者其他监护人同意，可以招用不满 16 周岁的专业文艺工作者、运动员。文艺、体育单位招用不满 16 周岁的专业文艺工作者、运动员的办法，由国务院劳动保障行政部门会同国务院文化、体育行政部门制定。学校、其他教育机构以及职业培训机构按照国家有关规定组织不满 16 周岁的未成年人进行不影响其人身安全和身心健康的教育实践劳动、职业技能培训劳动，不属于使用童工。

√巧计 2 个劳动年龄 3 个时间：

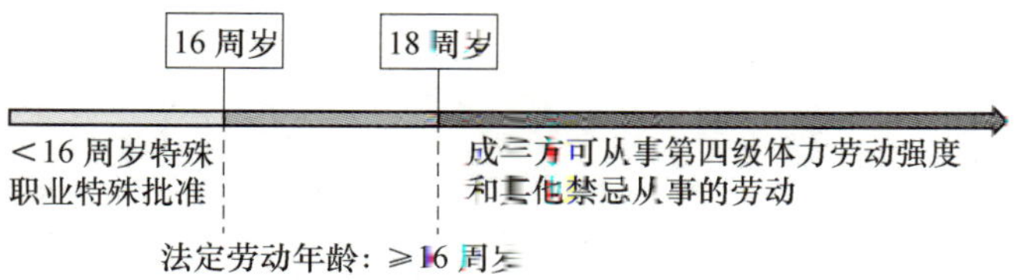

中等职业技术学校学生毕业就业时仍存在一部分同学已满 16 周岁、但未满 18 周岁的情况。此时，此类同学与用人单位之间劳动用工为未成年用工，属于

未成年人范畴，并受《中华人民共和国未成年人保护法》的保护。《未成年工特殊保护规定》明确了未成年工的年龄标准、禁止从事的劳动范围、用人单位定期对未成年工进行健康检查的项目，以及未成年工使用和特殊保护登记制度。未成年工在与用人单位协商工作岗位具体要求与内容时，应当严格依照法律法规，保护自身合法权益。

用人单位是指依法招用和管理劳动者、支付劳动报酬的劳动组织，主要包括企业、个体经济组织和民办非企业单位。国家机关、事业单位、社会团体在法律规定的情况下也可以成为劳动法中的用人单位。

我们要注意，群众性自治组织、农村集体经济组织、家庭、农村承包经营户都不是劳动法所规定的用人单位。

案例

胡友超是某村村民，2015 年 1 月起受该村村委会的聘请，负责该村村里鱼塘的捕捞工作。该村与胡友超口头约定，胡友超的劳动报酬为每天 30 元。胡友超每日按时出勤并在村委会签到，村委会的支出证明上也列有胡友超每月的劳动报酬支出。2018 年 7 月，村委会决定聘请李某接替胡友超的工作，便通知胡友超不用再来上班。胡友超要求村委会给予经济补偿，村委会拒绝支付。胡友超向当地劳动争议仲裁委员会申请仲裁，但仲裁委员会以胡友超申请仲裁主体不适格为由不予受理。

评析

村委会是基层群众性自治组织，不是劳动法所指的用人单位，胡友超属于农村劳动者，他与村委会均不是受劳动法调整的主体，二者不构成劳动关系，不适用劳动法的相关规定。

二、劳动关系的确认方式

劳动法调整的主要对象是劳动关系，劳动关系的确立是劳动者运用劳动法这一法律武器维护自己合法权益的前提。在现实中有时会出现这样的情况：一个劳动者明明在一家用人单位从事劳动，而当劳动者的权益受到侵害，向用人单位提出相应的赔偿时，用人单位却提出种种理由，否认与劳动者存在劳动关系。所以，学习和掌握认定劳动关系的法律法规对劳动者具有重要的现实意义。

那么，如何认定劳动关系的存在呢？

1. 主要确认方式——订立书面的劳动合同

法条链接

《中华人民共和国劳动法》第十六条　劳动合同是劳动者与用人单位确立劳动关系、明确双方权利和义务的协议。

建立劳动关系应当订立劳动合同。

劳动合同是劳动者维权的法律凭证。书面的劳动合同在劳动关系的确认中至关重要。在我国劳动法中明确规定，劳动者与用人单位建立劳动关系应当订立书面劳动合同。当我们入职时，应当积极与用人单位签订书面劳动合同，使双方间的劳动关系得以明确。俗话说"口说无凭"，现实中一些劳动者在维护自身权益的过程中就吃亏在不能提供充分有力的证据上，而劳动合同是劳动关系的直接反映，是最有力的证据。"白纸黑字"的劳动合同是在劳动争议仲裁、法院判决中维护劳动者合法权益的主要凭据之一。因此，劳动者要勇敢地主张自己的权利，要求用人单位与自己签订书面劳动合同，这是劳动者维护自身权益的关键所在。关于劳动合同的知识，我们将在后面的课程中详细介绍。

2. 其他确认方式——是否存在事实劳动关系

在现实的劳动关系中，劳动者和用人单位相比，往往处于弱势地位。有些用人单位有意不与劳动者签订劳动合同，劳动者往往为了保住工作机会而放弃要求签订劳动合同的权利；或用人单位采取欺瞒的手段与劳动者签订了无效劳动合同，而劳动者本人也没有提出异议，便开始在用人单位从事劳动。事实上，在类似这些情况发生时，劳动者与用人单位同样存在着劳动关系。如果用人单位与劳动者之间由于各种原因没有签订劳动合同或者签订的是无效劳动合同，但却存在着劳动关系，就称之为事实劳动关系。事实劳动关系被认定后，劳动者的合法权益同样受到劳动法保护。

案例

2016年5月，苏某到某市新闻报社工作并未签订劳动合同。报社与某媒体投资管理顾问中心签订了周刊委托管理合同，苏某也与该中心签订了编辑部记者岗位目标责任书。后来苏某与报社围绕彼此是否形成劳动关系发生争议，报社向当地劳动争议仲裁委员会申请仲裁，要求不予确认双方存在劳动关系。

评析

本案例中，苏某于2016年5月到报社工作，虽然没有签订书面的劳动合同，但从岗位目标责任书中可以认定苏某接受报社的管理，且其提供的劳动是报社的业务组成部分。故报社与苏某之间存在劳动关系，报社的仲裁请求应依法驳回。

以下凭证均是有效的事实证明证据，我们要注意收集：

（1）工资支付凭证或记录（职工工资发放花名册）、缴纳各项社会保险费的记录。

（2）用人单位向劳动者发放的“工作证”“服务证”等能够证明身份的证件。

（3）劳动者填写的用人单位招工招聘“登记表”“报名表”等招用记录。

（4）考勤记录。

（5）其他劳动者的证言等。

案例

2019年5月，某公司作为招工单位于职介中心参加招聘会，小林在招聘会上被该公司录用，填写了作为空调安装工的职工登记表，该表经公司加盖公章。被录用后，小林获得由公司发放的工作胸卡以及专业工作服。小林于2019年5月20日到公司从事空调安装工作，双方并未签订书面劳动合同，口头约定的工资标准为每月3 000元。因公司未向小林支付2020年4月—8月的工资，小林向劳动争议仲裁委员会提出申请，要求裁决公司支付被拖欠的工资。仲裁委员会以小林无证据证明其与该公司存在劳动关系为由，驳回了小林的仲裁请求。小林不服仲裁裁决，向法院提起诉讼，要求确认其与公司存在事实劳动关系，并要求公司按照约定的工资标准向其支付工资。公司辩称，其从来没有招聘过小林，与小林根本不存在劳动关系，故不同意小林的诉讼请求。

经查，2019 年 5 月该公司作为招工单位参加了职介中心举办的招聘会。小林主张，就是在招聘会上被公司录用，招聘时公司的负责人是张某，此后其一直是在张某的管理下为公司工作。公司否认其内部有张某这个人。依据小林的申请，法院到职介中心调取了公司在职介中心的招工登记表，登记表中加盖了公司的公章，联系人正是张某，招聘的工种为空调安装工。小林还向法院提交了照片、胸卡等证据，照片是小林和同事的合影，小林身着印有"某公司"字样的工作服；胸卡上印有"某公司空调"的字样，并印有小林的姓名。

评析

本案例的关键就在于小林与该公司事实劳动关系是否成立。《劳动和社会保障部关于确立劳动关系有关事项的通知》规定，用人单位招用劳动者未订立书面劳动合同，但同时具备下列情形的，劳动关系成立：第一，用人单位和劳动者符合法律、法规规定的主体资格；第二，用人单位依法制定的各项劳动规章制度适用于劳动者，劳动者受用人单位的劳动管理，从事用人单位安排的有报酬的劳动；第三，劳动者提供的劳动是用人单位业务的组成部分。用人单位未与劳动者签订劳动合同，在认定双方存在劳动关系时也可参考一些凭证。

本案例中，根据职介中心存档备案的用人单位登记表，可以证明公司于 2019 年 5 月委派其职工张某到职介中心办理了招聘登记，公司所招聘的工种包括空调安装工。小林提出的其于 2019 年 5 月 20 日到公司从事空调安装工作、公司的张某对其进行日常管理的主张与上述证据能够相互印证。小林提交的胸卡印有"某公司空调"的字样，提交的照片中身着印有"某公司"字样的工作服，上述证据均可佐证小林提出的其与公司建立了劳动关系的主张。通过对以上证据的分析认定，法院最终确认小林与公司之间存在劳动关系。

议一议

结合上面的案例，议一议"立字为据"在确立劳动关系时的重要性。

三、劳动关系、劳务关系与劳务派遣

1. 劳动关系与劳务关系

劳动关系与劳务关系两种关系具体都表现为劳动者付出劳动，用人方给予报酬。但是，在法律规定中，劳动关系与劳务关系的具体含义、关系双方应承担的权利义务有着巨大差别。我们应当掌握劳动关系与劳务关系的区别，并学会辨析它们，才能在就业过程中更好地维护自身作为劳动者拥有的合法权益。劳动关系与劳务关系的区别见下表。

表　　劳动关系与劳务关系的区别

	劳动关系	劳务关系
概念	劳动者与用人单位依法在运用劳动能力实现劳动的过程中形成的社会经济关系。受劳动法的调整	平等主体之间就劳务的提供与报酬的给付所形成的经济关系。不在劳动法调整范围之内
主体	劳动关系仅限于双方主体，即符合劳动年龄并具有劳动权利能力和劳动行为能力的自然人与符合劳动法规定条件的用人单位	劳务关系则不限于自然人与用人单位双方，还可以是单位之间、自然人之间，并且可能是两个主体以上
关系	劳动者与用人单位之间呈现较强的管理与被管理、监督与被监督、指挥与被指挥的关系。劳动关系为持续性的	平等主体依据双方约定所形成的一种财产关系，不存在管理监督指挥上的约束。劳务关系多为一次性或临时性的工作，一般为完成某次特定工作
薪酬待遇	劳动者除了定期得到劳动报酬外还享有劳动法律法规所规定的劳动者权益，如社会保险和福利、劳动安全卫生保障等	劳务关系一般只涉及劳动报酬问题，劳动报酬都是一次性或分期支付，并不涉及社会保险和福利

案例

2020 年 12 月，小高经人介绍进入某投资有限公司从事卫生清洁工作，但未经过正式的招聘程序，也未约定工作期限，双方未签订书面合同。小高与公司口头约定每日工时为 2 小时，报酬为每小时 20 元，每日工作完成后，可在公司客房休息住宿。小高自行记录上下班时间，与公司其他人员一起负责打扫卫生、接待等，其实际工作时间只有1个月。

评析

小高所从事的打扫卫生等工作，不属于公司的业务组成部分，其自行记录工作时间，未受到公司规章制度管理，与公司之间不存在管理与被管理的关系。

小高进入公司工作，双方达成口头约定，并未经过正式的招聘程序，也未约定工作期限，实际工作时间只有1个月，体现出临时性的特征，不具有长期性、持续性和稳定性。

综上所述，小高与公司之间不存在管理与被管理的关系，工作不具有长期性、持续性和稳定性，不具备劳动关系的法律特征。因此，双方形成的是劳务关系。

2. 劳务派遣

劳务派遣是我国人力资源市场根据市场需求而引进开发的新的人才服务项目，是一种比较新的用工方式。用工单位可以根据本行业的特点或自身工作和发展的需要，通过具有劳务派遣资质的劳务派遣服务机构派遣所需要的各类人员。劳务派遣服务机构根据用工单位的实际需求招收劳动者，并与之订立劳动合同，按照其与用工单位订立的劳务派遣协议将劳动者派遣到用工单位劳动。劳动过程由用工单位管理，劳动报酬和社会保险费等由用工单位提供给派遣单位，再由派遣单位支付给劳动者劳动报酬，并为劳动者办理社会保险登记和缴费等服务。

现行法律制度规定，劳务派遣用工单位，应当实行同工同酬制度，让派遣员工与用工单位的员工享受完全相同的工资和福利待遇。

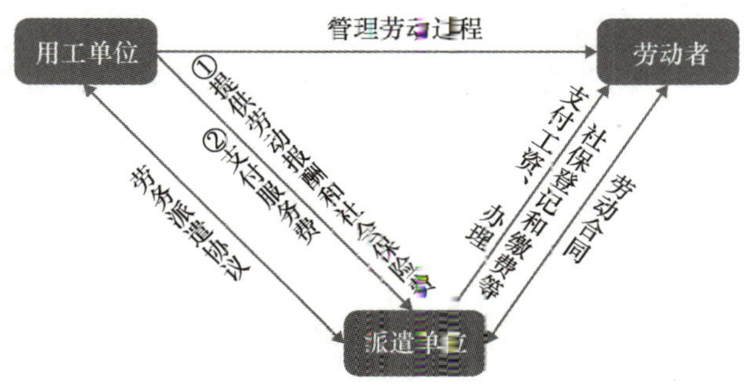

案例

张明职高毕业后在网上查到有一家劳务派遣公司招工，便在网上报名，后经面试被劳务派遣公司录用。劳务派遣公司与张明签订了劳动合同，劳动合同明确约定张明被派往某电厂工作，月工资 4 000 元。张明到电厂报到后，电厂和张明签订了劳务协议，张明就在电厂开始了工作。后来张明了解到，电厂的正式工月工资都在 5 000 元以上，他虽与电厂的正式工同工却不同酬。张明不知道这劳务派遣究竟是怎么回事，同工不同酬应由哪家企业承担责任。

评析

劳务派遣的法律关系比较复杂，它涉及劳务派遣单位、劳动者和实际用工单位三方。首先由实际用工单位和劳务派遣单位签订劳务派遣协议，然后由劳务派遣单位与劳动者签订劳动合同。劳务派遣单位是劳动法所称的用人单位，劳动者与劳务派遣单位是劳动关系，劳动者与实际用工单位之间是有偿使用劳动力的关系。受派遣劳动者张明在实际用工单位电厂的管理下为其提供劳动。根据《劳动合同法》第六十三条的规定，被派遣劳动者享有与用工单位的劳动者同工同酬的权利。某电厂应执行同等工资待遇标准。

劳动者的基本权利和基本义务

一、劳动者的基本权利

我国《劳动法》突出体现对劳动者权益的保护。该法第一条就开宗明义地指出其立法宗旨是保护劳动者的合法权益，并在第三条规定了劳动者享有的基本权利。

（1）劳动者享有平等就业和选择职业的权利。

（2）劳动者有取得劳动报酬的权利。

（3）劳动者有休息休假的权利。

（4）劳动者有在劳动中获得劳动安全卫生保护的权利。

（5）劳动者有接受职业技能培训的权利。

（6）劳动者有享受社会保险和福利的权利。

（7）劳动者有提请劳动争议处理的权利。

（8）法律规定的其他劳动权利。

案例

某针织有限公司招用20名女职工，公司与女职工签订的“聘用合同”规定，未婚女职工在2年内不得结婚，否则予以辞退；工作期限内生病受伤由职工自行负责；职工应按照公司生产要求服从加班加点的指令等。由于工作量指标定得过高，绝大多数女职工不能完成工作量，1年后仍拿不到全薪。加班加点更是频繁，平均1周加班4天，每次4小时左右。后来1名女职工写信向当地电视台反映，有关情况被新闻媒体披露。

评析

本案例中某针织有限公司的行为明显侵害了女职工作为劳动者的基本权利。工作期限内生病受伤由职工自行负责，侵害了她们的社会保险权；任意加班加点，侵害了她们的休息休假权；不合理的工作量指标和扣减工资，侵害了她们的获得劳动报酬权；规定未婚女工在2年内不得结婚，侵害了她们的婚姻自由权。实践中，一些用人单位利用其优势地位，以“合同”或“规章制度”等形式随意剥夺、侵害劳动者基本权利。这种剥夺、侵害劳动者基本权利的行为，不管以什么形式出现，都是违法的。

下面为大家具体阐释劳动者依法享有的基本权利中的5项权利。

1. 劳动报酬权

法条链接

《中华人民共和国劳动法》第五十条　工资应当以货币形式按月支付给劳动者本人。不得克扣或者无故拖欠劳动者的工资。

工资分配应当遵循按劳分配原则，实行同工同酬。用人单位支付的工资不得低于当地最低工资标准。劳动者在法定休假日、婚丧假期间，以及依法参加社会活动期间，用人单位应当依法支付工资。

实例

王翔 2019 年 1 月 15 日入职某物流公司，成为一名货车驾驶员，双方约定基本工资每月 7 000 元，未签订书面劳动合同。2020 年 4 月起该物流公司开始拖欠王翔工资。该物流公司侵害了王翔所享有的劳动报酬权。

2. 休息休假权

国家发展劳动者休息和休养的设施，对劳动者工作时间和休假制度进行规定。工作时长上，我国目前实行的是每日工作 8 小时、每周工作 40 小时的工作时间制度。我国劳动者依法享有的假期包括法定假、年休假、病假，以及工伤假、探亲假、婚假、产假等。

实例

国庆期间某零件厂为赶制一批螺丝，要求全体员工加班，不得放假且事后未发放加班费。国庆节为法定假期，劳动者享有在法定假期休息休假的权利。若法定假期必须加班，工厂则应当向劳动者支付不低于日工资的 300% 的工资报酬。

3. 获得劳动安全卫生的权利

法条链接

《中华人民共和国劳动法》第五十二条　用人单位必须建立、健全劳动安全卫生制度，严格执行国家劳动安全卫生规程和标准，对劳动者进行劳动安全卫生教育，防止劳动过程中的事故，减少职业危害。

劳动者有权要求用人单位提供安全的工作环境以及必要的劳动保护用品，以保障本人的安全和健康的权利。其中对于 16~18 周岁的未成年工、女职工，以及从事有毒有害、高温辐射、井下作业等特殊工种行业，要有特殊的劳动安全卫生保护。

新冠肺炎疫情期间，外卖公司统一为骑手送餐过程制定一系列的定时测温、定点消毒等防疫措施，以保障劳动者的劳动安全卫生权利。

4. 享受社会保险的权利

《中华人民共和国劳动法》第七十条 国家发展社会保险事业，建立社会保险制度，设立社会保险基金，使劳动者在年老、患病、工伤、失业、生育等情况下获得帮助和补偿。

用人单位和劳动者必须依法参加社会保险，缴纳社会保险费。

李风进入某销售公司担任销售经理，双方签订劳动合同并约定：李风主动要求公司不缴纳社会保险费，由公司按每月500元标准向其支付保险补贴。实际上，李风与销售公司的约定无权免除李风享受社会保险的权利和缴纳社会保险费的法律义务，李风和销售公司应当依法缴纳社会保险费。

5. 享有职业技能培训的权利

《中华人民共和国劳动法》第六十八条 用人单位应当建立职业培训制度，按照国家规定提取和使用职业培训经费，根据本单位实际，有计划地对劳动者进行职业培训。

从事技术工种的劳动者，上岗前必须经过培训。

用人单位有义务对本单位劳动者进行职业培训，尤其是特殊技术工作岗位的员工上岗前必须经过培训。

实例

王晓在原工作单位工作已经超过10年，并在原单位工作期间接受过培训。现因工作需要王晓被调离原单位，原单位要求从王晓工资中扣除培训费。劳动者接受职业技能培训是应有的权利，原工作单位此时不能以调离为由扣除王晓的培训费。

《劳动法》中还规定了劳动法律、法规的实施、监督，以及劳动争议处理办法，为劳动者权利的实现提供了保障。

二、劳动者的基本义务

劳动者履行义务和享有权利是统一的。享有劳动权利和履行劳动义务是对等的、互为条件的，不允许只享有权利而不履行义务，也不允许只履行义务而不享受应有的权利。《劳动法》规定的劳动者的基本义务主要有：

（1）完成劳动任务的义务。

（2）提高职业技能的义务。

（3）执行劳动安全卫生规程的义务。

（4）遵守劳动纪律和职业道德的义务。劳动纪律包括遵守各项规章制度，以及服从管理、听从指挥等。

（5）法律、法规规定的其他义务。如忠实履行劳动合同，为用人单位保守商业秘密，发生事故后接受检查，以及向有关劳动争议处理机关举证等义务。

议一议

作为一名劳动者，应当履行哪些基本义务？

课后练习

一、选择题

1. 以下哪个选项属于劳动法调整对象的劳动者？（　　）

A. 公务员　　B. 军人　　C. 农村劳动者　　D. 我国企业员工

2. 以下哪个选项不属于劳动法规定的用人单位？（　　）

A. 事业单位　　B. 企业

C. 群众性自治组织　　D. 社会团体

3. 确认劳动关系最有效的方式是什么？（　　）

A. 工资支付凭证或记录　　B. 工作证、工作服

C. 考勤记录　　D. 书面劳动合同

4. 我国法定劳动年龄是（　　）周岁。

A. 18　　B. 14　　C. 16　　D. 20

二、思考与探究

1. 劳动者与用人单位之间的劳动关系有哪几种确认的方式？

2. 如何理解劳动关系与劳务关系的区别？

3. 我国法定劳动年龄是如何规定的？

4. 请判断下列说法是否正确，并简要说明理由。

（1）劳动关系中，劳动者可以不与用人单位签订书面劳动合同。

（2）劳动者接受了用人单位报酬，只能承担义务不能享受权利。

三、案例分析

小张在深圳一家公司做前台工作近半年了，她曾经要求和公司签订劳动合同，但经理说已过了当年入职签订的时间，就一直没有签。当初公司口头承诺月工资为 3 500 元，但只发了几个月就以公司效益不好、资金暂时紧张为由停发了。小张想离开这家公司，又担心后几个月的工资得不到。

（1）小张如何证明自己和这家公司存在劳动关系？

（2）小张可以通过哪些方式维护自己的合法权益？

（3）小张的遭遇对你有什么启发？

第二课 促进劳动就业，保护平等权益

劳动就业是建立劳动关系的前提，是劳动者的一项基本权利。在我国，每一名劳动者都享有平等的就业和选择职业的权利。国家采取各种积极有效的措施促进劳动就业，努力为劳动者实现就业创造条件。了解实现劳动就业和选择职业的途径、方式，掌握国家关于劳动就业的方针和解决就业问题的主要措施，有助于我们正确地选择就业途径和就业岗位。

劳动就业及其相关服务探究

一、什么是劳动就业

就业是最大的民生，是人民改善生活的基本途径。我国有 14 亿多人口，是世界上人口最多的国家，解决就业问题任务繁重、艰巨而紧迫。党和政府从亿万人民的根本利益出发，高度重视就业问题，把促进就业作为劳动法的一项重要内容，采取各种政策和措施积极促进就业，不断满足劳动者的就业需求。

案例

孙小明毕业后，通过当地的职业介绍机构开始找工作。起初，一家装饰公司有意聘用他，在与公司主管面谈后，他认为公司的薪金不高，且对公司的工作环境也不太满意，就没有与该装饰公司签订劳动合同。后来他到一家广告公司应聘，对广告公司的工作环境和薪酬标准比较满意，于是便同这家公司签订了为期 3 年的劳动合同。

评析

孙小明找到了一份满意的工作，与用人单位签订了劳动合同，建立了劳动关系，实现了劳动就业。

法条链接

《中华人民共和国劳动法》第十条　国家通过促进经济和社会发展，创造就业条件，扩大就业机会。

国家鼓励企业、事业组织、社会团体在法律、行政法规规定的范围内兴办产业或者拓展经营，增加就业。

国家支持劳动者自愿组织起来就业和从事个体经营实现就业。

那么，到底什么是劳动就业？所谓劳动就业，是指具有劳动能力并有求职愿望的劳动者在法定劳动年龄内，依法从事某种有报酬或劳动收入的社会经济活动。这一概念包含以下几个方面的含义。

（1）劳动者就业须具有劳动能力，包括劳动权利能力和劳动行为能力。

（2）劳动者就业须达到法定劳动年龄，即年满16周岁。

热点疑问解答

为什么一般情况下，劳动者必须年满16周岁？

答：一般雇用未满16周岁的未成年人即使用童工。未满16周岁的未成年人就业危害极大，一方面损害其自身的身心健康，影响其发育成长；另一方面扰乱了正常的劳动管理秩序，降低劳动生产率和劳动质量，容易发生安全事故。因此，禁止用人单位招用未满16周岁的未成年人。

案例

2019年7月—8月，某市劳动保障监察大队开展打击非法使用童工专项行动。行动期间，通过核对身份证件发现某企业使用未满16周岁童工一名。劳动保障监察员对该企业负责人进行了调查询问，该企业负责人称，这名童工系熟人介绍，并不知道其具体年龄。劳动保障监察大队对该企业作出5 000元的处罚决定。

评析

依照《禁止使用童工规定》，劳动保障监察大队对该企业进行立案查处，送达法律文书，依法追究该企业的相关法律责任，切实维护未成年人的合法权益。

热点疑问解答

1. 为防止误用童工，用人单位在招用人员时，应当注意什么？

答：用人单位招用人员时，必须核查被招用人员的身份证；对不满16周岁的未成年人，一律不得录用。用人单位录用人员的录用登记、核查材料应当妥善保管。

2. 用人单位使用童工，将承担什么法律责任？

答：《禁止使用童工规定》第六条规定，用人单位使用童工的，由劳动保障行政部门按照每使用一名童工每月处5 000元罚款的标准给予处罚；在使用有毒物品的作业场所使用童工的，按照《使用有毒物品作业场所劳动保护条例》规定的罚款幅度，或者按照每使用一名童工每月处5 000元罚款的标准，从重处罚。劳动保障行政部门并应当责令用人单位限期将童工送回原居住地，交其父母或者其他监护人，所需交通和食宿费用全部由用人单位承担。用人单位经劳动保障行政部门依照前款规定责令限期改正，逾期仍不将童工送交其父母或者其他监护人的，从责令限期改正之日起，由劳动保障行政部门按照每使用一名童工每月处1万元罚款的标准处罚，并由工商行政管理部门吊销其营业执照或者由民政部门撤销民办非企业单位登记；用人单位是国家机关、事业单位的，由有关单位依法对直接负责的主管人员和其他直接责任人员给予降级或者撤职的行政处分或者纪律处分。

（3）劳动者在主观上必须有求职的愿望。如果劳动者在主观上不具有求职愿望，即使临时参加社会劳动，也不能算是就业。

（4）劳动者所从事的劳动必须是有劳动报酬或经营收入的职业，而不是义务劳动。

（5）这种劳动是得到社会承认的劳动，并且是合法的劳动。

一般而言，符合上述定义的人员就称为就业人员。结合我国的实际情况，并借鉴国际通用的就业标准，凡是在规定年龄范围之内具有下列情况的人员，都属于就业人员。

一是正在工作中，即在规定的时间内正在从事有报酬或收入的工作的人员。

二是有职业，但是临时没有工作的人员。主要指由于疾病、事故、休假、旷工、气候不良、机件损坏或故障等原因而临时没有工作的人员，以及因用人单位的各种原因而导致临时停工的人员。

三是雇主和个体经营者，或正在协助家庭经营企业或农场而不领取报酬的家庭成员，且在规定的时间内从事正常工作时间15小时以上的人员。

二、就业服务

为了促进劳动就业以及规范人力资源市场，各级政府大力加强人力资源市场科学化、规范化、现代化建设，制定和完善有关法律法规，建立健全公共就业服务制度。我国的公共就业服务以促进就业为目的，以提供公益服务来定性，以政府服务公众的职能为定位，由公共政策、公共财政给予保障和支持。目前全国城市都建立了以公共职业介绍机构为窗口的综合性服务场所，公共就业服务机构在促进就业中还建立了5项制度，即免费服务制度、就业与失业登记管理制度、就业援助制度、专项服务制度和信息服务制度，对促进就业发挥了巨大作用。正确认识就业服务机构，可以帮助我们今后有效地利用这些就业服务渠道，顺利地实现就业。

案例

大学毕业生小张一家生活困难。父母在街头以擦皮鞋谋生。小张和妹妹虽然已经大学毕业，但至今没有找到合适的工作。

评析

针对当前就业困难人员和家庭的困境，《中华人民共和国就业促进法》（以下简称《就业促进法》）有专章规定了“就业援助”。要求各级人民政府建立健全就业援助制度，采取税费减免、贷款贴息、社会保险补贴、岗位补贴等办法，通过公益性岗位安置等途径，对就业困难人员实行优先扶持和重点帮助。此外，还有一些可以量化的可操作性的规定，如《就业促进法》第五十六条规定，县级以上地方人民政府采取多种就业形式，拓宽公益性岗位范围，开发就业岗位，确保城市有就业需求的家庭至少有一人实现就业。法定劳动年龄内的家庭人员均处于失业状况的城市居民家庭，可以向住所地街道、社区公共就业服务机构申请就业援助。街道、社区公共就业服务机构经确认属实的，应当为该家庭中至少一人提供适当的就业岗位。

法条链接

《中华人民共和国劳动法》第十一条　地方各级人民政府应当采取措施，发展多种类型的职业介绍机构，提供就业服务。

职业介绍是促进用人单位和求职者实现双向选择和促进劳动力合理流动的

重要环节，也是政府采取的有效的就业服务措施之一。职业介绍所的职能是为劳动者就业提供信息服务、咨询服务、指导服务、介绍服务、委托服务和管理服务等。

案例

小李从技工学校毕业后在某工厂做钳工，每月工资 3 700 元。一天，小李路过某职业介绍所，深圳某公司一条醒目的招工启事映入他的眼帘。该启事声称，只要交纳 300 元的报名费，就可以成为深圳某公司的员工，工资每月达 7 500 元。高工资的诱惑使小李不假思索地报了名，可一个月过后却没有任何回音。两个月过去了，连职业介绍所的人员也踪影全无。小李急忙打电话到深圳查询，结果发现根本就没有这样一家公司。

评析

近年来，由于就业竞争日趋激烈，一些求职者就业心切，对招聘信息盲目相信。而一些黑心单位和不法中介机构往往就利用这一点，设置种种陷阱引诱求职者上当。这些骗术的花样层出不穷，令人防不胜防，受害者不但没有找到工作，还为此赔上许多冤枉钱。求职者最好通过政府开办的职业介绍机构或者知名的职业介绍机构进行求职。如果是营利性的职业介绍机构，其一定要证照齐全。在面试前，最好能了解职业介绍机构的资质和规模。如果发现其规模很小，就需要提高警惕。如果需支付费用，一定要索要发票或收据，并应留意发票上财务专用章的单位名称与公司实际名称是否一致。

求职者在应聘时还需提防“暗箭伤人”。有些不法分子在报纸上刊登招聘信息，却是“醉翁之意不在酒”。他们的目的不在于招聘人才，而是诱使应聘者递上个人资料，然后假冒他人身份到银行申办信用卡，进行疯狂透支消费。因此，求职者千万不要有“撒大网捞大鱼”的心理，要有目的、有针对性地应聘，对自身资料要注意保管。如果遇到无证照或证照不全的非法职业介绍机构，应及时向相关的劳动行政部门、市场监管部门或公安部门反映，有关部门将根据相应的管理规定对其进行处罚，其所收介绍费可退还给本人。

劳动者享有平等就业的权利和选择职业的权利

一、劳动者的平等就业权利

我国《劳动法》明确规定了劳动者享有平等就业的权利。所谓平等就业的权利，是指我国劳动者不论其民族、种族、性别、宗教信仰和文化程度，均有平等地获得就业机会的权利。平等就业权包含三层含义：

一是任何劳动者都平等地享有就业的权利和资格，不因民族、种族、性别、年龄、文化、宗教信仰、经济能力等而受到限制。

二是在应聘某一职位时，任何劳动者都需平等地参与竞争，任何人不得享有特权，也不得对任何人予以歧视。

三是平等不等于同等，平等是指对于符合要求、符合特殊职位条件的人，应给予他们平等的机会，而不是不论条件如何都同等对待。

《中华人民共和国劳动法》第十二条 劳动者就业，不因民族、种族、性别、宗教信仰不同而受歧视。

第十三条 妇女享有与男子平等的就业权利。在录用职工时，除国家规定的不适合妇女的工种或者岗位外，不得以性别为由拒绝录用妇女或者提高对妇女的录用标准。

现实就业中五花八门的歧视现象

姓氏歧视。有一家公司有意招聘一女生当营业员，一听女生姓裴，便改变了主意，理由竟是“裴”与“赔”谐音。

年龄歧视。在招聘广告中，我们常常可以看到有关年龄的限制。招收文秘人员，一般要求是女性，年龄在22~28岁；招聘部门经理职位，一般都要求在35岁以下；如果求职者年龄在40岁甚至50岁以上，求职时就很少有人问津。

身高歧视。南方某地教育部门“规定”，凡身高在 160 cm 以下的男性不得当教师。这条“规定”使一些身高在 160 cm 以下的授课多年的男教师面临下岗。

身份歧视。即由于身份、户籍、居住区域等的不同，而在求职、就业、管理等方面受到的区别对待。

血型歧视。有一家公司在重金聘请销售总监和国内、国际市场销售经理时，除了其他条件，还特意规定血型需为 O 型或 B 型，这一做法构成对其他血型人员的歧视。

以上劳动就业中的做法显然违背了《劳动法》的有关规定，当劳动者遇到就业歧视时可以依法维护自身合法权益。

案例

小秋于 2006 年 7 月毕业于某职业技术学院英语专业，并取得教师资格证。2006 年 12 月 1 日，小秋与某教育投资管理咨询有限公司分别签订了实习合同与外派合同。根据实习合同的约定，小秋在位于郑州市的华北大区师训部进行为期 1 个月的实习。12 月 21 日，根据外派合同的约定，小秋接到公司通知，其工作地点为公司的加盟学校——浙江省某学校。12 月 24 日小秋到达学校，当日又接到华北大区师训部负责人的电话通知，要求其当日返回郑州，另有工作安排。小秋于 12 月 26 日返回位于郑州的华北大区师训部，后者以小秋相貌不佳为由，拒不按照合同约定履行劳动合同。2007 年 2 月 5 日，小秋前往上海劳动争议仲裁部门维权，该案被称为全国“相貌歧视第一案”。

评析

2007 年 2 月 7 日，此案进入劳动争议仲裁法律程序之后，在上海市徐汇区劳动和社会保障局外地劳动力管理所，双方坐到了一起，在劳动争议仲裁调解员的主持下进行调解，但失败。2 月 9 日，双方又进行了一次调解，最终达成和解。小秋在结束歧视案后，全身心投入到了新的公益事业中。

我国不少法律都有关于反对就业歧视的阐述和规定。《就业促进法》不仅规定了政府在保障公平就业方面的职责和用人单位与职业中介机构不得实施就业歧视的义务，第六十二条还规定了一个极具可操作性的内容——违反本法规定，实施就业歧视的，劳动者可以向人民法院提起诉讼。也就是说，凡劳动者遇到就业歧视，如性别、民族、种族、信仰、年龄、身体（身高、相貌、残疾）、地域、学历等各种五花八门、或明或暗的就业歧视，都可以向法院提起诉讼，通过司法途径获得救济，由法院根据法律规定和具体情况作出裁定，责令用人单位改正或作出赔偿。

在劳动力资源供大于求、就业机会相对不足的就业环境中，平等就业还意味着劳动者在就业过程中享有平等竞争的权利，即社会对劳动者的劳动行为能力要以同一尺度和标准进行衡量，通过公平竞争择优吸收劳动者就业。作为职业学校的学生，只有刻苦学习和实践，成为一名掌握一技之长的技能型人才，才能够顺利地实现就业。

我国技工人才仍存在缺口

由于我国高级技工缺口高达上千万人，供需关系严重失衡，技工人才越来越受到各方面高度重视。“技工荒”的现象明显体现在工业机器人行业，很多工业机器人企业都表示“月薪过万也难求一技术人才”。由薪资水平之高可见，现在高级技工已经成为人力资源市场上有价无市的“香饽饽”。高级技工的缺口不仅集中在机械、建筑、印刷等传统行业，更大量集中在电子信息、环保工程、工艺美术等高新技术产业中。作为世界制造业大国，我国高级技工还存在着一个非常大的缺口，提升我国高级技工的数量和质量迫在眉睫。

二、女职工劳动权益保障

近年来，随着我国三孩政策的开放，女职工劳动权益保障话题再次引起社会热议。对于女职工的劳动权益保障，我国法律法规作出了许多规定：不得以性别为由限制妇女就业，不得拒绝录用妇女，不得将限制生育作为录用条件等。下面，我们从两个案例进一步了解女职工劳动权益保障。

案例

小马（女）在网上看到某快递公司招聘快递员的广告，任职资格中写道：男，年龄18~45岁，身体健康，无文身，无前科。小马源于对快递员一职的喜欢，便在线投了自己的简历。小马在面试时隐约感觉到了面试官异样的眼神，并在面试后第二天收到未被录用的通知：因为是女性，所以公司不批准签合同。后小马不服，以性别歧视为由，将该快递公司起诉至法院。法院最终认定该快递公司构成就业性别歧视。

评析

我国《劳动法》第十三条明确规定，妇女享有与男子平等的就业权利。在录用职工时，除国家规定的不适合妇女的工种或者岗位外，不得以性别为由拒绝录用妇女或者提高对妇女的录用标准。

因此，遇到用人单位招聘广告中存在性别歧视的内容或基于性别差异对劳动者进行不合理的差别对待时，劳动者可积极维权，要求用人单位给予平等的就业条件。

案例

2019年1月15日，樊女士入职某物业公司任监控员。2月20日，樊女士发现自己怀孕，遂打电话向经理杜某告知情况并请假，杜某在电话中不准许。同日下午4点多，杜某电话通知樊女士不用再去公司上班。2月21日，公司拒绝樊女士进入工作场所。2月23日，樊女士向公司邮寄《要求继续履行劳动关系通知书》，要求公司尊重妇女工作权益而继续履行劳动关系，公司签收后未予回应。樊女士认为，公司获知其怀孕后无理由解雇的行为严重侵犯了她的平等就业权，遂向劳动争议仲裁机构提起申请。仲裁机构最终判令公司向樊女士作出书面赔礼道歉，并赔偿孕期工资损失2 000元、精神损害抚慰金10 000元。

评析

物业公司在知道樊女士怀孕后立即将其辞退，侵害了樊女士的平等就业权。我国法律法规明确规定，禁止对妇女的歧视行为，不得以性别为由限制妇女求职就业、拒绝录用妇女，不得询问妇女婚育情况，不得将妊娠测试作为入职体检项目，不得将限制生育作为录用条件，不得差别化地提高对妇女的录用标准。《女职工劳动保护特别规定》第五条也明确规定，用人单位不得因女职工怀孕、生育、哺乳而降低其工资、予以辞退、与其解除劳动或者聘用合同。用人单位在招聘、管理等过程中应当依法规范合理用工，不得有对劳动者性别、地域、年龄、宗教信仰、健康状况等就业歧视的行为。

三、特殊劳动者权益保障

残疾人、退役军人等由于其身份或身体状况的特殊性，其就业问题主要由《中华人民共和国残疾人保障法》(以下简称《残疾人保障法》)、《退役士兵安置条例》等法律法规予以规定，尽可能全面地保障其合法劳动权益的实现，也展现了我国对这些特殊群体劳动者的优惠与照顾。其中，《残疾人保障法》从国家、地方、政府与社会各个角度出发，有效保障残疾人劳动权利，为残疾人创造劳动就业条件。由于残疾人身体的特殊性，就业中常出现用工单位违法侵害残疾人合法权益的情形。

在线互动

杨某是一级智力残疾人，他的母亲作为法定代理人代其与某物业管理公司签订了劳动合同。由于杨某干活较其他工人慢，公司以杨某是残疾人为由每月只发400元工资。合同到期前，公司在杨某个人不理解签署文件性质的情况下让杨某签署了离职申请。

问：物业管理公司侵犯杨某劳动权益的具体表现是什么？

四、选择职业的权利

选择职业的权利，是指公民根据自己的意愿、才能，结合社会的需要自主地选择职业。劳动是劳动力的付出过程，更是人的自我价值的实现过程，不同的职业、不同的工作岗位对劳动者劳动能力的要求不同，社会回报程度也不同。市场经济的发展为劳动者自主择业提供了契机。公民作为自身劳动力的所有者，有权根据自身的实力，通过平等竞争获得自己理想的职业和工作岗位，取得理想的经济利益。劳动法适应了劳动择业的这一新发展，及时完善了有关规定，为公民自主择业提供了法律保障。

案例

某文秘档案专业毕业生刘某被推荐到一家令人羡慕的外企公司担任秘书。但这份光鲜的职业并不是她的理想职业，她看不到自己工作的意义所在。于是，她放弃了 5 000 余元的月薪和秘书职位，毅然步入北京某大厦干起月薪 2 500 元的客户服务工作，在那里寻找她的人生价值。她爱岗敬业，被总经理调到了担子最重、要求最高的销售部。之后刘某更加勤奋努力，取得了很好的业绩。不久后她被晋升为销售部主管，开始了自己职业生涯的一个新阶段。

评析

公民自主择业权不仅有利于劳动者行使劳动权，而且符合价值取向，有利于调动劳动者的劳动积极性和主观能动性，将其劳动潜能最大化地释放，帮助其服务于祖国的建设事业。

课后练习

一、思考与探究

1. 本课所讲的重要概念你理解了吗?

劳动就业

平等就业的权利

选择职业的权利

2. 如何理解男女平等的就业权利，举一个身边的小例子。

3. 检索并选择一件关于女职工劳动权益受侵害的案例，运用所学知识进行分析。

二、案例分析

刚从技校毕业的小王经职业中介机构介绍到一家公司应聘。但令他奇怪的是，公司负责人对他的简历、学历并不感兴趣，而只是让他支付 300 元的报名费，并承诺只要报名就可上岗。然而，当付清费用之后小王却被告知没有通过面试，他这才意识到自己上当受骗了。

结合上面的案例，想一想我们在接受职业中介机构提供的就业服务的过程中应注意哪些事项。

第三课
签订劳动合同，保护劳动权益

劳动合同是市场经济条件下建立劳动关系的法律凭证和基本形式。根据《中华人民共和国劳动合同法》（以下简称《劳动合同法》）第三条规定，依法订立的劳动合同具有约束力。劳动者与用人单位依法订立劳动合同，有利于确定当事人双方的权利和义务，对维护劳动关系当事人的合法权益，特别是维护劳动者的合法权益尤为重要。

劳动合同概述

一、什么是劳动合同

在第一课里，我们就已经了解到，作为一名劳动者，依法与用人单位签订劳动合同是维护自身合法权益的重要保障。劳动合同是劳动关系的直接反映，是劳动者维权的法律凭证。

那么，什么是劳动合同？

劳动合同是劳动者与用人单位确立劳动关系、明确双方权利和义务的协议。劳动者应在用工之日起1个月内，与用人单位协商劳动合同的内容并签订劳动合同。劳动合同的签订需要作为劳动合同主体的双方，即劳动者和用人单位就各自的权利义务进行协商谈判，使双方的意志协调一致，从而对双方都具有约束力。劳动合同签订后，用人单位须严格依照合同安排劳动者的工作等相关事项，按照劳动者提供的劳动数量与质量给予劳动报酬，保证劳动者的劳动权益和待遇。

何谓合同?

合同是平等主体的自然人、法人及其他组织之间设立、变更、终止民事权利义务的协议。它的主要特征：（1）合同是一种民事法律行为，通过当事人的意思表示，当事人双方或多方产生一定的权利义务关系。这种意思表示必须是合法的，否则就没有约束力，也不受国家法律的保护。（2）合同是双方或多方当事人意思表示一致的法律行为。合同成立必须有两个或两个以上当事人，且各方当事人必须作出一致的意思表示。（3）合同以设立、变更、终止民事权利义务关系为目的。

劳动合同作为合同的一种形式，与其他合同相比具有以下特征：

（1）劳动合同是劳动者为用人单位付出劳动，用人单位向劳动者支付劳动报酬和提供相关待遇的协议。

（2）劳动合同是当事人双方订立的一种具有从属关系的协议，劳动者要接受用人单位的管理和领导，遵守用人单位的规章制度。

（3）劳动合同中有关用人单位应尽义务的主要条款受《劳动法》及相关法律法规的强制约束，不具有协商性。

小贴士

用人单位必须遵守为劳动者缴纳社会保险费、执行最低工资标准、提供劳动保护、对未成年工和女职工进行保护等约定，这些都是劳动法规定强制执行的。

案例

小王于2017年7月来到某公司工作，双方于2018年3月1日签订了以完成一定工作任务为期限的劳动合同，合同于该年度工作任务完成时终止。合同约定了小王从事包装工作、公司对小王实行综合计算工时制度、每批合同完成后集中休假、每年按季度发工资、年底付清工资及待工期间生活费等内容。小王表示他的月平均工资为3 000元，工资仅支付到2018年6月，公司未能及时支付其2018年7月—12月工资。小王于2018年12月底从公司辞职。双方就工资支付期限发生争执，小王认为工资应当按照《劳动合同法》的规定按月发放，公司认为按照双方自愿签订的劳动合同应当按季发放。

评析

根据《劳动法》第五十条的规定，工资应当以货币形式按月支付给劳动者本人。不得克扣或者无故拖欠劳动者的工资。虽然该公司与小王在劳动合同中约定了工资支付期限，但是该约定违反法律强制性规定，故属无效条款。公司应按月向小王支付劳动报酬。

二、劳动合同的作用

1. 劳动合同是建立劳动关系的基本形式

以劳动合同作为建立劳动关系的基本形式是世界各国的普遍做法。这是由于劳动过程是非常复杂也是千变万化的，不同行业、不同单位的劳动者在劳动过程中的权利义务各不相同，国家法律法规只能对共性问题作出规定，不可能对当事人的具体权利义务作出规定，签订劳动合同才能明确权利义务。

2. 劳动合同是促进劳动力资源合理配置的重要手段

用人单位可以根据经营或工作需要确定录用劳动者的条件、方式和数量，并且通过签订不同类型、不同期限的劳动合同，发挥劳动者的特长，合理使用劳动力。

3. 劳动合同是处理劳动争议的重要依据

劳动合同明确规定劳动者和用人单位的权利义务，这既是对劳动合同主体双方的保障，又是一种约束，有助于提高双方履行合同的自觉性，促使双方正确行使权利、严格履行义务，更可以在发生劳动争议时作为仲裁、诉讼的法律依据。

热点疑问解答

1. 用人单位不与劳动者签订劳动合同应承担什么责任？

答：按照《劳动合同法》第十条、第八十二条的规定，劳动合同要用书面形式订立，用人单位自用工之日起超过 1 个月不满 1 年未与劳动者订立书面劳动合同的，应该按照规定向劳动者每月支付 2 倍的工资。

2. 签订劳动合同时，用人单位可以扣押劳动者的身份证吗？

答：根据《劳动合同法》第九条、第八十四条的规定，用人单位招用劳动者，不得扣押劳动者的居民身份证和其他证件；用人单位违反本法规定，扣押劳动者居民身份证等证件的，由劳动行政部门责令限期退还劳动者本人，并依照有关法律规定给予处罚。

3. 劳动合同文本是否应由用人单位保管？

答：根据《劳动合同法》第十六条、第八十一条的规定，劳动合同文本由用人单位和劳动者各执一份；用人单位未将劳动合同文本交付劳动者的，由劳动行政部门责令改正；给劳动者造成损害的，应当承担赔偿责任。

三、劳动合同的分类

1. 按照劳动合同的期限划分

劳动合同按照期限划分，可分为固定期限劳动合同、无固定期限劳动合同和以完成一定工作任务为期限的劳动合同。

（1）固定期限劳动合同，是指用人单位与劳动者之间有对合同终止时间进行约定的劳动合同。

何某与某物业管理公司签订的劳动合同中第三条写明："本合同于 2020 年 1 月 5 日生效，本合同于 2021 年 1 月 5 日工作完成时终止。"

问：何某与某物业管理公司签订的合同是什么类型的劳动合同？

（2）无固定期限劳动合同，是指用人单位与劳动者之间约定无确定的合同终止时间的劳动合同。

无固定期限劳动合同中，除非劳动合同被依法解除，劳动关系可以持续到劳动者依法退休或用人单位不复存在。

法条链接

《中华人民共和国劳动合同法》第十四条　无固定期限劳动合同，是指用人单位与劳动者约定无确定终止时间的劳动合同。

用人单位与劳动者协商一致，可以订立无固定期限劳动合同。有下列情形之一，劳动者提出或者同意续订、订立劳动合同的，除劳动者提出订立固定期限劳动合同外，应当订立无固定期限劳动合同：

（一）劳动者在该用人单位连续工作满 10 年的；

（二）用人单位初次实行劳动合同制度或者国有企业改制重新订立劳动合同时，劳动者在该用人单位连续工作满 10 年且距法定退休年龄不足 10 年的；

（三）连续订立 2 次固定期限劳动合同，且劳动者没有本法第三十九条和第四十条第一项、第二项规定的情形，续订劳动合同的。

用人单位自用工之日起满 1 年不与劳动者订立书面劳动合同的，视为用人单位与劳动者已订立无固定期限劳动合同。

归纳法条我们可以发现，无固定期限劳动合同的订立共有 3 种方式。

①协商订立：用人单位与劳动者之间协商一致订立。

②法定订立：除劳动者提出订立固定期限劳动合同的情况外，劳动者提出或者同意续订、订立劳动合同的。一般有以下 3 种情况。

第一，劳动者在该用人单位连续工作满 10 年的。

第二，用人单位初次实行劳动合同制度或者国有企业改制重新订立劳动合同时，劳动者在该用人单位连续工作满 10 年且距法定退休年龄不足 10 年的。

第三，连续订立 2 次固定期限劳动合同，且劳动者没有《劳动合同法》第三十九条和第四十条第一项、第二项规定的情形，续订劳动合同的。

案例

王某在某公司已经连续、不间断工作达 10 年以上。2019 年 6 月 30 日，双方签订的劳动合同期限届满，王某向公司提出续订劳动合同并签订无固定期限劳动合同，遭到公司的拒绝。

评析

王某此时已经在该公司连续工作满 10 年，具备签订无固定期限劳动合同的条件。因此，公司应当与王某订立无固定期限劳动合同。

③视为订立：用人单位自用工之日起满 1 年不与劳动者订立书面劳动合同的。

在线互动

陈某自 2019 年 5 月 18 日至 2020 年 5 月 17 日在某公司工作满 1 年。工作期间陈某受公司的管理与约束，但公司一直未与他签订书面劳动合同。

问：陈某此时与该公司之间是什么关系？陈某与公司之间的劳动合同是什么类型？为什么？

（3）以完成一定工作任务为期限的劳动合同，是指用人单位与劳动者约定以某项工作的完成为合同期限的劳动合同。合同中不明确约定合同的起止日期，以某项工作或工程完工之日为合同终止之时。它一般适用于临时性、季节性的工作，或由于其工作性质可以采取此种合同期限的工作岗位。

李某是某木制品厂的工人，李某与该厂签订了一份以完成制作500张木椅的工作任务为期限的劳动合同。

2. 按照用工方式划分

劳动合同按照用工方式划分，可分为全日制用工和非全日制用工。

（1）全日制用工。根据规定，国家实行职工每日工作8小时、每周工作40小时的工时制度。累计工时每周超过24小时就属于全日制用工。

（2）非全日制用工。非全日制用工是指以小时计酬为主，劳动者在同一用人单位一般平均每日工作时间不超过4小时，每周工作时间累计不超过24小时的用工形式。

非全日制用工应注意：

①双方当事人不得约定试用期。

②小时计酬标准不得低于用人单位所在地人民政府规定的最低小时工资标准。

③劳动报酬结算支付周期最长不得超过15日。

④双方当事人可以订立口头协议。

案例

刘星2018年4月入职某公司担任清洁工。双方签订的非全日制用工合同中约定：刘星每周工作6天，每天的工作时间为3小时，每小时的工资为14元，劳动报酬的支付周期为月结。刘星在公司工作3个月后，以公司发放的小时最低工资低于该市小时最低工资标准且工资发放周期不符合法律规定为由，要求公司补发入职以来的最低工资差额，并变更工资的发放周期。公司予以拒绝，刘星遂诉诸劳动仲裁。

评析

刘星与公司双方建立起非全日制用工劳动关系后，依法履行劳动义务，行使劳动权利。公司的上述行为明显违反了《劳动合同法》第七十二条的规定，公司应向刘星补发最低工资差额，并应至少每15天支付一次劳动报酬。

拓展阅读

全日制用工与非全日制用工对比

项目	全日制	非全日制
劳动合同订立	用工之日起 1 个月内订立书面劳动合同（《劳动合同法》第十条）	可以订立口头协议（《劳动合同法》第六十九条）
试用期约定	根据劳动合同期限确定（《劳动合同法》第十九条）	不得约定试用期（《劳动合同法》第七十条）
工作时间	职工每日工作 8 小时、每周工作 40 小时（《国务院关于职工工作时间的规定》第三条）	每日不超过 4 小时，每周累计不超过 24 小时（《劳动合同法》第六十八条）
工资支付周期	至少每月支付一次（《工资支付暂行规定》第七条）	最长不得超过 15 日即支付一次（《劳动合同法》第七十二条）
社会保险缴纳	须缴纳养老、医疗、失业、生育、工伤保险（《社会保险法》）	须缴纳工伤保险（《实施〈中华人民共和国社会保险法〉若干规定》第九条）
经济补偿金	解除或终止时，部分情形须支付经济补偿，违法解除须支付赔偿金（《劳动合同法》第四十六条、第八十七条）	终止用工，用人单位不向劳动者支付经济补偿（《劳动合同法》第七十一条）
双重劳动关系	禁止（《劳动合同法》第三十九条第四款）	允许（《劳动合同法》第六十九条）
年休假及其他福利	有（《职工带薪年休假条例》第二条）	无（《职工带薪年休假条例》第二条）

案例

王某于 2019 年 6 月 5 日进入某公司担任出纳。由于王某需要照顾家庭，双方口头约定王某每天工作时间固定为 9 时至 14 时 30 分，午休 1 小时，每周上班 5 天休息 2 天，月工资人民币 4 000 元。2019 年 9 月 4 日，公司要求变更王某工作时间，王某无法接受，遂产生劳动争议。王某申请劳动仲裁，要求公司支付其 2019 年 6 月 5 日至 2019 年 9 月 4 日未签订劳动合同期间的

2倍工资差额。公司则主张王某为非全日制用工。双方协商未果，诉至法院。王某的用工形式究竟为全日制用工还是非全日制用工呢？

评析

王某平均每日工作时间为4.5小时，超出了非全日制用工中的4小时规定，故公司主张王某为非全日制小时工的用工形式无法律依据，王某系全日制用工形式。

劳动合同的内容

一、示范文本

劳动合同

甲方：____________________

乙方：____________________

根据《中华人民共和国劳动法》（以下简称《劳动法》）、《中华人民共和国劳动合同法》（以下简称《劳动合同法》）等有关法律法规的规定，甲乙双方遵循合法、公平、平等自愿、协商一致、诚实信用的原则，签订本合同，共同遵守本合同所列条款。

一、合同期限

第一条　甲乙双方约定按以下第____种方式确定本合同期限。

1. 有固定期限：从______年______月______日起至______年______月______日止。

2. 无固定期限：从______年______月______日起至依法解除、终止劳动合同时止。

3. 以完成一定工作任务为期限：从______年______月______日起至任务完成时止。完成任务的标志是_______。甲方应当以书面形式通知乙方工作任务完成。

试用期为____个月（试用期包括在合同期限内，如无试用期，则填写

“无”；在选择第 3 种方式时，无试用期）。

二、工作内容和工作地点

第二条　乙方的工作内容（岗位或工种）：________________。乙方的工作地点：________________________。

乙方应爱岗敬业、诚实守信，保守甲方商业秘密，遵守甲方依法制定的劳动规章制度，认真履行岗位职责，按时保质完成工作任务。乙方违反劳动纪律，甲方可依据依法制定的劳动规章制度给予相应处理。

三、工作时间和休息休假

第三条　甲乙双方同意按以下第 ____ 种方式确定乙方的工作时间。

1. 标准工时制，即每日工作时间不超过 8 小时，每周工作时间不超过 40 小时，每周至少休息 1 日。

2. 不定时工作制，即经劳动保障行政部门审批，乙方所在岗位实行不定时工作制。

3. 综合计算工时工作制，即经劳动保障行政部门审批，乙方所在岗位实行以 _____ 为周期的综合计算工时工作制。

第四条　甲方由于生产经营需要延长工作时间的，按《劳动法》第四十一条执行。

第五条　乙方依法享有法定节假日、婚假、产假、丧假等假期。

四、劳动报酬

第六条　甲方依法制定工资分配制度，并告知乙方。甲方支付给乙方的工资不得低于当地最低工资标准。

第七条　甲方采用以下第 ____ 种方式向乙方支付工资：

1. 月工资 ____ 元。

2. 计件工资。计件单价为 ____，甲方应合理制定劳动定额，保证乙方在提供正常劳动情况下，获得合理的劳动报酬。

3. 基本工资和绩效工资相结合的工资分配办法。乙方月基本工资 ____ 元，绩效工资计发办法为 ________。

4. 双方约定的其他方式 ____________。

第八条　乙方在试用期期间的工资计发标准为 ____ 元。

第九条　甲方每月 ____ 日前足额支付工资。甲方至少每月以货币形式向乙方支付一次工资。

第十条　乙方假期工资及特殊情况下的工资支付按有关法律、法规的规定执行。

第十一条　甲方应合理调整乙方的工资待遇。乙方从甲方获得的工资依法承担的个人所得税由甲方从其工资中代扣代缴。

五、社会保险和福利待遇

第十二条　甲乙双方按照国家和省、市有关规定，依法参加社会保险，甲方为乙方办理有关社会保险手续，并承担相应社会保险义务，乙方应当缴纳的社会保险费由甲方从乙方工资中代扣代缴。

第十三条　甲方依法执行国家有关福利待遇的规定。

第十四条　乙方患职业病或因工负伤的待遇按国家有关规定执行。乙方患病或非因工负伤的，有关待遇按国家有关规定和甲方依法制定的有关规章制度执行。

六、职业培训、劳动保护、劳动条件和职业危害防护

第十五条　甲方应对乙方进行工作岗位所必需的培训。乙方应主动学习，积极参加甲方组织的培训，提高职业技能。

第十六条　甲方按国家和省、市有关劳动保护规定，提供符合国家劳动安全卫生标准的劳动作业场所和必要的劳动防护用品，切实保护乙方在生产工作中的安全和健康，对从事有职业危害作业的劳动者应当定期进行健康检查。

第十七条　甲方按国家和省、市有关规定，做好女职工和未成年工的特殊劳动保护工作。

第十八条　乙方有权拒绝甲方的违章指挥，强令冒险作业；对甲方危害生命安全和身体健康的行为，乙方有权要求改正或向有关部门举报。

七、规章制度

第十九条　乙方应遵守国家和省、市有关法律法规和甲方依法制定的规章制度，按时完成工作任务，遵守安全操作规程和职业道德。

第二十条　乙方违反规章制度和劳动纪律，甲方有权依照制度给予处分或解除劳动合同。

八、合同变更、解除和终止

第二十一条　甲乙双方经协商一致，可以依法变更合同。变更合同应采用书面形式。变更后的合同文本双方各执 1 份。

第二十二条　甲乙双方经协商一致，可以解除合同。乙方提前 30 日以书面形式通知甲方，可以解除劳动合同；乙方试用期内提前 3 日通知甲方，可以解除劳动合同。乙方应当配合甲方办理工作交接手续。甲方依法应向乙方支付经济补偿的，在办结工作交接时支付。甲方为乙方出具解除或者终止劳动合同的证明，并在 15 日内为乙方办理档案和社会保险关系转移手续。

第二十三条　甲方有下列情形之一的，乙方可以解除劳动合同。

1. 未按照劳动合同约定提供劳动保护或者劳动条件的。

2. 未及时足额支付劳动报酬的。

3. 未依法为劳动者缴纳社会保险费的。

4. 用人单位的规章制度违反法律、法规的规定，损害劳动者权益的。

5. 因《劳动合同法》第二十六条第一款规定的情形致使劳动合同无效的。

6. 法律、行政法规规定劳动者可以解除劳动合同的其他情形。

甲方以暴力、威胁或者非法限制人身自由的手段强迫乙方劳动的，或者甲方违章指挥、强令冒险作业危及乙方人身安全的，乙方可以立即解除劳动合同，不需事先告知甲方。

第二十四条　乙方有下列情形之一的，甲方可以解除劳动合同。

1. 在试用期间被证明不符合录用条件的。

2. 严重违反甲方的规章制度的。

3. 严重失职，营私舞弊，给甲方造成重大损害的。

4. 乙方同时与其他用人单位建立劳动关系，对完成甲方的工作任务造成严重影响，或者经甲方提出拒不改正的。

5. 乙方以欺诈、胁迫的手段或者乘人之危，使甲方在违背真实意思的情况下订立或者变更本合同，致使劳动合同无效的。

6. 被依法追究刑事责任的。

第二十五条　有下列情形之一的，甲方提前 30 日以书面形式通知乙方或者额外支付乙方 1 个月工资后，可以解除劳动合同。

1. 乙方患病或者非因工负伤，在规定的医疗期满后不能从事原工作，也不能从事由甲方另行安排的工作的。

2. 乙方不能胜任工作，经过培训或者调整工作岗位，仍不能胜任工作的。

3. 劳动合同订立时所依据的客观情况发生重大变化，致使劳动合同无法履行，经甲乙双方协商，未能就变更劳动合同内容达成协议的。

第二十六条　有下列情形之一的，劳动合同终止。

1. 劳动合同期满的。

2. 乙方开始依法享受基本养老保险待遇的。

3. 乙方死亡，或者被人民法院宣告死亡或者宣告失踪的。

4. 甲方被依法宣告破产的。

5. 甲方被吊销营业执照、责令关闭、撤销或者甲方决定提前解散的。

6. 法律、行政法规规定的其他情形。

九、争议处理

第二十七条　甲乙双方发生劳动争议的，应先协商解决。协商不成的，可以向劳动争议仲裁委员会申请仲裁。对仲裁裁决无异议的，双方必须履行；对仲裁裁决不服的，可以依法向有管辖权的人民法院起诉。

十、双方认为需要约定的其他事项

第二十八条　本合同条款与现行法律法规规定有抵触的，按现行法律法规执行。

第二十九条　本合同未尽事宜可由双方协商解决。

第三十条　本合同自甲乙双方签字盖章之日起生效，涂改或未经书面授权代签无效。

第三十一条　本合同一式两份，甲乙双方各执一份。

甲方：________________________　　乙方：________________________

______年____月____日

二、劳动合同具体条款分析

劳动合同的内容共分为两个部分，一是法定必备条款内容，二是用人单位与劳动者协商约定的内容。

《中华人民共和国劳动法》第十九条　劳动合同应当以书面形式订立，并具备以下条款：

（一）劳动合同期限；

（二）工作内容；

（三）劳动保护和劳动条件；

（四）劳动报酬；

（五）劳动纪律；

（六）劳动合同终止的条件；

（七）违反劳动合同的责任。

劳动合同除前款规定的必备条款外，当事人可以协商约定其他内容。

按照法律规定，用人单位与劳动者订立的劳动合同除上述7项必须具备的条款内容外，还可以协商约定其他内容，如约定试用期、保守商业秘密的事项、用人单位内部的一些福利待遇、房屋分配或购置等内容。

在线互动

李明职高毕业后经多家公司面试，终于有一家公司表示要录用。该公司人力资源部经理拿出一份事先打印好的劳动合同文本，要求李明签字。李明翻了翻这份劳动合同，有好几页几十个条款，他一下看不明白。李明说："我得认真看看这份合同。"对方回答："可以，你可以带回去看看，有什么不合适的，还可以提出修改和补充。"李明把劳动合同带回家，认真研究了一宿，也不得要领。他不知道劳动合同应当有哪些必备条款。你能给他支支招吗？

热点疑问解答

1. 单位提出在工作一段时间后，根据工作表现决定是否签订劳动合同，该说法合法吗？

答：不合法。根据《劳动合同法》第七条、第十条的规定，用人单位自用工之日起即与劳动者建立劳动关系，应该签订书面的劳动合同，最晚也应该在用工之日起1个月内签合同。以一段时间的工作表现为标准设有试用期的用工，劳动者与用人单位之间也要签合同。

2. 试用期的工资应如何计算？

答：根据《劳动合同法》第二十条的规定，试用期间工资不能低于本单位相同岗位最低档工资或者劳动合同约定工资的80%。同时，也不能低于用人单位所在地的最低工资标准。

3. 存在事实劳动关系，但没有与用人单位及时签订劳动合同是不是只能自食其果？

答：当然不是。这种情况下，工作超过1个月不满1年的劳动者，单位应支付双倍工资并补签合同；如果劳动者不愿意补签合同，单位还要支付额外的经济补偿。

劳动合同的订立

一、劳动合同订立的原则

劳动合同订立的原则即劳动合同订立的指导方针，它贯穿于劳动合同订立的全过程，是衡量当事人双方订立的劳动合同是否合法有效的依据和基本标志。

劳动合同订立的原则主要有四项。

1. 平等自愿原则

平等自愿是订立劳动合同的核心原则。平等，是指在订立合同时劳动者和用人单位在法律上处于平等的地位，都有权选择对方，并就合同内容表达具有同等效力。自愿，是指订立劳动合同的当事人双方以各自的意思表示自己的意愿。任何一方可拒绝与对方签订合同，同时任何一方都不得强迫对方与自己签订合同。

2. 协商一致原则

协商一致原则是平等自愿原则的延伸和结果。协商一致是指当事人双方进行充分的平等协商，就劳动合同的所有事项形成真实一致的意思表示后确定订立劳动合同。协商一致是维护当事人双方合法权益的基本要求。

3. 依法订立原则

依法订立原则是订立劳动合同的基本原则，也是最重要的原则。依法订立是指劳动合同的订立不得违反法律、法规的规定。这里所说的法律、法规既包括现行的劳动法律、行政法规，也包括民事、经济方面的法律、法规。

依法订立劳动合同的基本要求：

（1）订立劳动合同的主体必须合法。即当事人双方必须具有法律、法规规定的主体资格。劳动者一方必须达到法定劳动年龄，具有劳动权利能力和劳动行为能力；用人单位一方必须是依法设立的能够独立承担合同义务的组织，主要包括企业、个体经济组织、民办非企业单位等经济组织。

（2）订立劳动合同的内容必须合法。当事人双方在合同中约定的权利义务条款必须符合国家法律、法规和有关政策的规定。

（3）订立劳动合同的程序和形式必须合法。

4. 诚实信用原则

诚实信用原则是《劳动合同法》的一项基本原则。当事人双方在订立劳动合同时要诚实、讲信用，不得欺诈对方。

实现诚实信用原则的要求：

（1）劳动者在订立劳动合同前，有权了解用人单位相关的规章制度、劳动条件、劳动报酬等情况，用人单位应当如实说明。

（2）用人单位在招用劳动者时，有权了解劳动者的健康状况、知识技能和工作经历等情况，劳动者也应当如实说明。

案例

某私营鞋厂老板为了完成一笔大订单的生意，也为了少支出一部分工资，就从当地农村招收了12名十四五岁的童工负责给鞋打孔，每人每月工资1 000元，并同这12名童工签订了为期3个月的劳动合同。后经知情人举报，劳动行政部门责令鞋厂老板支付相应的报酬后将童工送回家乡，并对老板给予了相应处罚。

评析

在本案例中，鞋厂老板为了完成订单和节省费用，招用了12名不满16周岁的童工。这种做法显然违背了《劳动法》的规定。未满16周岁的未成年人不具有签订劳动合同的主体资格，所以这个私营鞋厂老板与12名童工签订的是一种无效劳动合同。

无效劳动合同是指虽然经过双方同意订立，但所订立的劳动合同违反法律、行政法规，不具有法律效力。无效劳动合同的表现形式：违反法律、行政法规强制性规定的劳动合同；采取欺诈、胁迫等手段或者乘人之危，使对方在违背真实意思的情况下订立的劳动合同；用人单位免除自己的法定责任、排除劳动者权利的劳动合同。无效劳动合同从订立时起就没有法律约束力。确认劳动合同部分无效的，如果不影响其余部分的效力，其余部分仍然有效。

在实践中经常出现这类情况：虽然签订了无效的劳动合同，但是在此期间，如果劳动者已为用人单位提供了劳动，则应当视为一种事实劳动关系。在这种情况下，劳动者的利益应受法律保护，劳动者可依照法律规定要求用人单位支付报酬。

二、劳动合同订立的规则

通过对劳动合同的特征、作用和订立原则的学习，我们真正认识到，在今后的求职和工作过程中，必须增强劳动合同意识，把订立一份规范、有效的劳动合同作为维护自身合法权益的重要手段。

下面我们就来学习签订劳动合同的一些具体规则和要求。

1.形式上：坚持要求订立书面劳动合同

案例

在某技校学习焊接专业的小胡即将毕业，其表哥说，他所在的工厂正好缺一名电焊工，如果小胡愿意干，可以帮他联系。小胡高兴地答应了。在与工厂洽谈的过程中，双方口头约定了工作岗位和待遇等事项。由于是亲戚介绍的，小胡就没有提出签订书面劳动合同的要求。但后来因为劳动保护方面的问题，小胡与工厂发生了劳动争议，由于没有直接的书面凭证，小胡在解决劳动争议的过程中陷入被动。

评析

订立书面劳动合同不仅有利于当事人双方履行合同，而且可使当事人双方在发生纠纷后有据可查，便于处理。如果我们是通过熟人或亲属介绍进入用人单位的，可能会因为碍于情面，只是与用人单位达成一个口头劳动协议，而没有坚持要求签订书面劳动合同。这种情况对于我们自身是不利的，因为一旦发生纠纷，会因没有书面证据而陷入被动，甚至遭受一定的损失。

上述案例提醒我们，在正式进入用人单位工作时，一定要坚持签订书面劳动合同，以便明确双方的权利和义务关系。如果劳动者进入外资或合资企业工作，用人单位与劳动者签订劳动合同须用中文书写，亦可同时用外文书写，但中文、外文文本必须一致，并以中文合同文本为正本。

2. 内容上：对合同内容进行谨慎思考，使其无遗漏和歧义，确保当事人双方的意思一致

在与用人单位签订劳动合同之前应注意以下几个方面。

（1）仔细阅读合同条款。

①要清楚一个完整、规范的劳动合同文本的式样及其应具备的主要条款，即确认合同是否包含我们在“劳动合同的内容”中学过的 7 项必备条款。

②要逐条阅读、仔细推敲合同条款。尤其应注意以下几个方面的问题：对于“一边倒”的条款要及时提出质询，用人单位多采用现成的格式合同，在合同中只从用人单位的利益出发规定用人单位的权利和劳动者的义务，而很少涉及用人单位的义务和劳动者的权利，发现这样的合同条款，我们要运用所学的劳动法知识与用人单位进行协商，以保护我们的合法权益；对于违反《劳动法》和相关法律法规的无效条款要明确指出。

（2）如果对合同文本中规定的条款有不明白或不理解的，可以到当地劳动行政主管部门进行咨询，或要求对劳动合同进行鉴证。劳动合同鉴证，是指劳动行政管理部门对劳动合同的签订、变更程序及其内容的合法性、真实性、完备性、可行性进行全面审查、核实、确认的法律行为。在我国，鉴证是对劳动合同确立的劳动关系的合法性的证明，是国家对劳动合同实施有效管理的一种办法，一般采取自愿原则。

（3）注意劳动合同中的细节问题。对于合同中的数字书写是否规范、日期界限是否准确等问题都要留意，以免出现纠纷。

案例

毕业于某技校汽车修理专业的小陆，来到一家规模不小的民营汽车修理厂应聘。工厂负责人向他介绍了工厂的简要情况、他进厂后的工作岗位、每月 4 200 元的工资和其他待遇等事项，随后便拿来两份合同书说，如果同意就在合同上签字。小陆听完这位负责人的介绍，觉得很满意，便在这位负责人的指点下签了字。工厂负责人告诉他月初即可来上班，并须交纳 1 000 元的保证金。小陆不解地问："为何要交保证金？"负责人回答这是厂里的规定，而且合同上也清楚地注明了。这时，小陆才开始阅读劳动合同的内容，并看到确实有交纳保证金的条款。但是小陆在合同上已经签了字，真是骑虎难下。

评析

劳动者与用人单位签订劳动合同是为了通过法律来保护自己的利益，所以，签订劳动合同之前要谨慎、细致，不能疏忽大意，使自己陷入被动。

本案例中，小陆没有仔细阅读劳动合同的内容就签字的做法显得过于草率，同时用人单位向小陆收取保证金的行为本身也违反了《劳动法》的规定。《关于贯彻执行〈中华人民共和国劳动法〉若干问题的意见》明确规定，用人单位在与劳动者订立劳动合同时，不得以任何形式向劳动者收取定金、保证金（物）或抵押金（物）。违反以上规定的，应按照有关规定，由公安部门和劳动行政部门责令用人单位立即退还给劳动者本人。常见的违反《劳动法》和有关法律法规的无效条款还有工伤概不负责、不负担劳动者社会保险费的缴纳、不准劳动者结婚等。

议一议

结合上面的案例议一议：在首次签订劳动合同前，是否有必要参考规范的合同文本。

慎签六类合同

（1）慎签口头合同。若只有口头约定，则没有其他任何书面载体来保障合同内容的实现。

（2）慎签没有细节条文约束的简单合同。即劳动合同中各项条款没有具体内容。

（3）慎签要求交纳证件或者财物抵押的合同。用人单位招用劳动者不得扣押劳动者的居民身份证和其他证件，不得要求劳动者提供担保，或者以其他名义向劳动者收取财物。

（4）慎签阴阳合同。阴阳合同指的是用人单位为减少税款缴纳，提供低薪假合同与高薪真合同两份合同与劳动者签订。一旦产生劳动纠纷涉及经济补偿等问题时，劳动者权益会受到损害。

（5）慎签写明“工伤概不负责”的“生死合同”。某些用人单位为逃避责任，会在合同中写明“工伤概不负责”的条款。

（6）慎签霸王条款合同。霸王条款指的是用人单位为实现单位利益最大化，制定的一些违背劳动者真实意思的条款，如女职工在劳动合同期限内不得生育、某重要岗位的劳动者超过 2 年不可跳槽至同行业单位、劳动者加班不支付加班费等。此类霸王条款严重侵害劳动者权益，我们在签订合同时应仔细查看、慎重对待。

3. 既要做到诚实守信，又要注重维护权益

我们在签订劳动合同时，应根据法律规定，对合同条款进行认真的分析，衡量其是否做到了权利与义务的对等，是否公平、合法。

案例

计算机专业毕业的小康来到一家计算机软件开发公司应聘。公司对他的计算机水平进行测试后，同意录用，并与他签订为期 3 年的劳动合同。由于小康的工作涉及该公司软件开发的核心秘密，所以公司在劳动合同中规定：“员工要为用人单位保守生产、技术、经营秘密。离开公司 2 年内，不得在与该公司生产同类产品或经营同类业务且有竞争关系的其他用人单位任职，或自己生产、经营与该公司有竞争关系的同类产品或业务，如有违约，依法承担赔偿责任。”小康看到这一条款后，认为既然来到公司工作，就应该做到诚实守信，为用人单位保守秘密，所以同意了该条款。

评析

小康签订的这一条款，叫作竞业限制条款。竞业限制是指用人单位的员

工（尤其是高级员工）在其任职期间不得兼职于竞争单位或兼营竞争性业务，在其离职后的特定时期和地区内也不得从业于竞争单位或进行竞争性营业活动。竞业限制的主要目的是保护用人单位的商业秘密不会随着员工的流动而流向竞争单位，保持用人单位在竞争中的优势地位。根据我国有关法律法规的规定，竞业限制的期限最长不得超过2年，与员工约定竞业限制的单位应当予以补偿。小康在签订这份合同时，首先想到了诚实守信的做人准则，这是值得肯定的。但是他也应该考虑，一旦离开了用人单位，就要在2年内不得从事他所喜爱和拥有专长的专业，为了生计，他有可能从事某项没有专业要求或自己并不愿从事的工作，这将对他的收入和生活造成一定的影响。而用人单位只从自身利益出发提出了对劳动者的竞业限制，却没有规定对于诚实守信的员工要给予相应补偿的条款，这是显失公平的。坚持诚实守信的原则，为用人单位履行自己的义务是必须的，但同时也要考虑自身的合法权益是不是受到了侵害。

热点疑问解答

1. 用人单位有权要求员工离职后保守公司秘密吗？

答：用人单位与劳动者可以在劳动合同中约定保守用人单位的商业秘密和与知识产权相关的保密事项。

2. 哪些人员对单位负有保密义务？

答：竞业限制的人员限于用人单位的高级管理人员、高级技术人员和其他负有保密义务的人员。

3. 员工与用人单位约定不得到同类业务、有竞争关系的其他用人单位工作的最长期限是多久？

答：不得超过2年。

4. 员工违反竞业限制的约定，支付违约金后能否不再遵守？

答：劳动者违反竞业限制约定，向用人单位支付违约金后，用人单位可以要求劳动者按照约定继续履行竞业限制义务。

4. 要坚持双方当面签字，妥善保管合同文本

劳动者在签订劳动合同时，要注意签约的严肃性，做到当面签订、同时签

订。还要真正树立起合同意识，妥善保管好自己所持有的那份劳动合同，作为自己维权的凭证。

案例

刚从某技校毕业的肖明等 11 名同学一起应聘到某家具制造厂工作。在与用人单位商议好应聘的有关事项，并对劳动合同文本进行仔细阅读后，他们都在劳动合同上签了字。而用人单位的负责人却把他们签了字的合同一并拿走，说是去盖章，此后一直没有把盖好章的合同交还给他们。当肖明的手在工作中被砸伤，与用人单位发生工伤医疗纠纷时，他才发现自己是两手空空，没有劳动合同。

评析

签订劳动合同的正确方法应是当事人双方当面签字盖章，然后各执一份合同保管。但是在现实中，许多用人单位往往是将事先拟订的劳动合同文本一式两份交给劳动者先行签字，然后由劳动者将自己签好的劳动合同交还给用人单位，用人单位盖章后将其中一份交还给劳动者。这种签约方式效率较高，但过程中存在漏洞。如果用人单位出于某种目的而有意不将签好的、应当交还给劳动者的那份劳动合同交还给劳动者，那么类似本案例中的情况就会出现，即两份合同全在用人单位手上，劳动者则两手空空。如果用人单位恶意更改合同条款，那么除非能够拿出相关证明，否则劳动者将不得不承受这一更改的后果。更有甚者，当发生争议时，用人单位否认签订了劳动合同，那么对劳动者就更为不利了。

劳动合同的变更、解除、终止

一、劳动合同的变更

如果在履行劳动合同期间，由于各方面的原因，需要对合同中约定的部分条款进行修改、补充或删减，这种行为称为劳动合同的变更。在这种情况下要注意以下事项：第一，劳动合同变更也要遵循平等协商的原则，用人单位未征得劳动者本人的同意，不得随意变更劳动合同的条款；第二，变更劳动合同与订立劳动合同一样，也应是书面形式；第三，如果协商不成，则原合同应继续履行。

案例

黄某为某矿业公司员工，与公司签有5年期限的劳动合同，工作岗位为法律顾问。黄某是大学学历法律专业，他非常喜爱法律事务工作。在劳动合同履行3年时，公司借口工作需要，未经黄某同意单方变更了他的工作岗位，安排他从事统计员工作。黄某认为自己没有不胜任工作的表现，且公司的法律顾问岗位并未撤销，公司强行变更其工作岗位是违法的，于是提起劳动争议仲裁，要求公司按劳动合同履行义务。

评析

该公司变更黄某的工作岗位时应与黄某协商，且根据《劳动合同法》第十六条的规定，劳动合同由用人单位与劳动者协商一致，并经用人单位与劳动者在劳动合同文本上签字或者盖章生效。因此，劳动合同一经依法订立，即具有法律约束力，受法律保护，双方当事人应当严格履行，任何一方不得随意变更劳动合同约定的内容。用人单位与劳动者协商一致时，可以变更劳动合同约定的内容。公司没有正当理由单方变更黄某的工作岗位是无效的，双方应按劳动合同规定继续履行。

二、劳动合同的解除

劳动合同的解除是指劳动合同当事人双方在劳动合同期限届满之前依法提前终止劳动合同关系的法律行为。劳动合同的解除可以分为协商解除、劳动者单方解除、用人单位单方解除等。

1. 协商解除

劳动者与用人单位双方协商一致解除劳动合同。

《中华人民共和国劳动法》第二十四条　经劳动合同当事人协商一致，

劳动合同可以解除。

2. 劳动者可以解除劳动合同的情形

根据《中华人民共和国劳动合同法实施条例》第十八条规定，有下列情形之一的，劳动者可以依照劳动合同法规定的条件、程序与用人单位解除劳动合同：

（1）劳动者与用人单位协商一致的；

（2）劳动者提前 30 日以书面形式通知用人单位的；

（3）劳动者在试用期内提前 3 日通知用人单位的；

（4）用人单位未按照劳动合同约定提供劳动保护或者劳动条件的；

（5）用人单位未及时足额支付劳动报酬的；

（6）用人单位未依法为劳动者缴纳社会保险费的；

（7）用人单位的规章制度违反法律、法规的规定，损害劳动者权益的；

（8）用人单位以欺诈、胁迫的手段或者乘人之危，使劳动者在违背真实意思的情况下订立或者变更劳动合同的；

（9）用人单位在劳动合同中免除自己的法定责任、排除劳动者权利的；

（10）用人单位违反法律、行政法规强制性规定的；

（11）用人单位以暴力、威胁或者非法限制人身自由的手段强迫劳动者劳动的；

（12）用人单位违章指挥、强令冒险作业危及劳动者人身安全的；

（13）法律、行政法规规定劳动者可以解除劳动合同的其他情形。

案例

2018 年 7 月，小王应聘到一家电梯修理厂工作，并与用人单位签订了 5 年期的劳动合同。2020 年 8 月，小王想离职，于是向工厂递交了书面辞职书。而工厂却以小王的合同未到期为由，不同意他辞职。30 日后工厂仍拒绝为其办理解除劳动合同的相关手续，致使小王迟迟不能到新的单位工作。

评析

劳动者拥有单方解除劳动合同的权利，而不需要任何实质性条件，也无须征得用人单位同意，这是法律赋予劳动者的权利。这一规定充分维护了劳动者自主择业的权利。劳动者与用人单位签订了劳动合同，一旦认为所从事的工作难以发挥自己的才能，或有更适合自己的工作，或有其他原因，都可提出解除劳动合同。除法律规定外，劳动者解除劳动合同应当提前30日以书面形式通知用人单位，这主要是为了给用人单位一个合理的准备和调整期限，安排人员接替辞职员工，以减少损失。注意这里所讲的是“通知”，而不是“批准”。距劳动者提出办理解除劳动合同的相关手续超过30日时，用人单位应予以办理。

本案例中，小王可以就电梯修理厂不予办理解除劳动合同的相关手续向劳动争议仲裁委员会提出维权申请。当然，如果劳动合同中规定了解除劳动合同的违约赔偿责任，劳动者本人还是需要承担的，这也提醒我们不要草率辞职。

3. 用人单位可以解除劳动合同的情形

根据《中华人民共和国劳动合同法实施条例》第十九条规定，有下列情形之一的，依照劳动合同法规定的条件、程序，用人单位可以与劳动者解除劳动合同：

（1）用人单位与劳动者协商一致的；

（2）劳动者在试用期间被证明不符合录用条件的；

（3）劳动者严重违反用人单位的规章制度的；

（4）劳动者严重失职，营私舞弊，给用人单位造成重大损害的；

（5）劳动者同时与其他用人单位建立劳动关系，对完成本单位的工作任务造成严重影响，或者经用人单位提出，拒不改正的；

（6）劳动者以欺诈、胁迫的手段或者乘人之危，使用人单位在违背真实意思的情况下订立或者变更劳动合同的；

（7）劳动者被依法追究刑事责任的；

（8）劳动者患病或者非因工负伤，在规定的医疗期满后不能从事原工作，也不能从事由用人单位另行安排的工作的；

（9）劳动者不能胜任工作，经过培训或者调整工作岗位，仍不能胜任工作的；

（10）劳动合同订立时所依据的客观情况发生重大变化，致使劳动合同无法履行，经用人单位与劳动者协商，未能就变更劳动合同内容达成协议的；

（11）用人单位依照企业破产法规定进行重整的；

（12）用人单位生产经营发生严重困难的；

（13）企业转产、重大技术革新或者经营方式调整，经变更劳动合同后，仍需裁减人员的；

（14）其他因劳动合同订立时所依据的客观经济情况发生重大变化，致使劳动合同无法履行的。

4. 用人单位不得解除劳动合同的情形

根据《劳动合同法》第四十二条规定，为了充分保障劳动者的合法权益，劳动者有下列情形之一的，用人单位不得依照《劳动合同法》第四十条、第四十一条的规定解除劳动合同：

（1）从事接触职业病危害作业的劳动者未进行离岗前职业健康检查，或者疑似职业病病人在诊断或者医学观察期间的；

（2）在本单位患职业病或者因工负伤并被确认丧失或者部分丧失劳动能力的；

（3）患病或者非因工负伤，在规定的医疗期内的；

（4）女职工在孕期、产期、哺乳期的；

（5）在本单位连续工作满 15 年，且距法定退休年龄不足 5 年的；

（6）法律、行政法规规定的其他情形。

案例

刘某是某公司的员工，订有为期 3 年的劳动合同。在劳动合同期满前 2 个月，刘某因患有急性黄疸型肝炎，需住院治疗。根据刘某的工作年限，他可有 3 个月的医疗期。经过 1 个月的治疗，刘某临床治愈出院，遵医嘱在家休息 1 个月。2 个月病假期后正值劳动期限届满，公司通知刘某办理终止劳动合同的手续。

评析

本案例中，公司要求刘某办理终止劳动合同的手续是违反劳动法的。刘某与公司的劳动合同期限已满，但刘某的医疗期还有 1 个月，此时公司不能单方解除劳动合同，刘某仍可上班工作。如果刘某不能做现在的工作，公司应当安排其他适合的工作；如果他仍不能做另行安排的工作，公司也应在医疗期满之后再办理终止劳动合同的手续。

由上可知，劳动者在医疗期、孕期、产期和哺乳期内，用人单位不得依照《劳动合同法》第四十条、第四十一条的规定解除劳动合同。但《劳动合同法》第三十九条不受此限，如果劳动者的行为符合《劳动合同法》第三十九条规定情形之一的，用人单位同样可以解除劳动合同，并不予支付经济补偿。

案例

2018 年 4 月 24 日，宋某进入某医疗器械有限公司从事销售工作，双方签订书面劳动合同，合同期限为 2 年，月薪为 4 000 元。从 2019 年 5 月 7 日开始，宋某在未办理请假手续的情况下，无故一直未到公司上班，造成恶劣影响。2019 年 5 月 19 日，公司根据员工手册有关旷工的处罚规定作出辞退宋某的决定，并将书面辞退通知快递给宋某。2019 年 5 月 21 日，宋某来到公司告知其怀孕的事实，要求公司不能与其解除劳动合同，公司拒绝。2019 年 6 月 3 日，宋某向区劳动争议仲裁委员会提出仲裁申请，称其 2019 年 3 月 15 日确诊怀孕，2019 年 5 月 7 日因身体不适到医院住院治疗，医生开具诊断证明书建议休息 2 周。宋某认为自己是怀孕女职工，孕期、产期、哺乳期内，公司不能与其解除劳动合同，所以宋某请求依法确认公司应该继续履行劳动合同，并补发工资。

评析

本案例中，宋某虽然应该享受怀孕女职工的特殊劳动保护，但是一样应该遵守公司的规章制度。宋某无故旷工已经累计超过 3 天，严重违反公司规章制度，公司依据《劳动合同法》第三十九条第二项及公司规章制度解除与宋某的劳动合同是合法有效的。区劳动争议仲裁委员会开庭审理了该案，庭审中，宋某无法举证证明其履行了请假手续，公司对宋某怀孕及住院事实毫不知情，所以公司就宋某的旷工事实作出辞退决定、将书面的辞退通知送达宋某，以及解除劳动合同的行为符合法律规定。最终仲裁委员会驳回宋某的全部仲裁请求。

法条链接

《中华人民共和国劳动合同法》第三十九条　劳动者有下列情形之一

的，用人单位可以解除劳动合同：

（一）在试用期间被证明不符合录用条件的；

（二）严重违反用人单位的规章制度的；

（三）严重失职，营私舞弊，给用人单位造成重大损害的；

（四）劳动者同时与其他用人单位建立劳动关系，对完成本单位的工作任务造成严重影响，或者经用人单位提出，拒不改正的；

（五）因本法第二十六条第一款第一项规定的情形致使劳动合同无效的；

（六）被依法追究刑事责任的。

三、劳动合同的终止

劳动合同的终止是指劳动合同当事人双方的权利义务因履行完毕而归于消灭，双方所确立的劳动关系自然失效，不再履行。劳动合同的终止与劳动合同的解除不同，其一般不涉及用人单位或劳动者的意思表示。

法条链接

《中华人民共和国劳动合同法》第四十四条　有下列情形之一的，劳动合同终止：

（一）劳动合同期满的；

（二）劳动者开始依法享受基本养老保险待遇的；

（三）劳动者死亡，或者被人民法院宣告死亡或者宣告失踪的；

（四）用人单位被依法宣告破产的；

（五）用人单位被吊销营业执照、责令关闭、撤销或者用人单位决定提前解散的；

（六）法律、行政法规规定的其他情形。

此外，《劳动合同法》还规定，出现上述第四十四条第四项、第五项情形终止劳动合同的，用人单位应当向劳动者支付经济补偿。

案例

某化工厂是一家集体所有制企业，专业生产皮革染料。2015年，吴某大学刚毕业便与该化工厂签订劳动合同，化工厂聘其为技术员，专门负责染料的技术研发与调配。合同期限为4年，自2015年7月1日起至2019年6月30日止。化工厂为其缴纳各种社会保险费用。吴某的月工资为5 500元，食宿补贴500元。由于工作环境优越，工资待遇优厚，吴某对化工厂的工作非常满意，下定决心要好好在单位发展。然而事与愿违，2018年1月15日，化工厂因长期排放超标废水、废气，严重影响农田灌溉和城市饮用水源，被当地政府有关部门责令关闭。3天后，化工厂书面通知全体员工终止劳动合同并办理离职手续。收到通知后，吴某要求化工厂支付经济补偿，但遭到工厂领导的拒绝。工厂领导认为，劳动合同是因企业被当地政府有关部门责令关闭而终止的，并非企业主动解约，其无须向员工支付经济补偿。吴某不服，到当地劳动部门投诉，要求化工厂支付经济补偿。那么吴某能否得到经济补偿呢？

评析

吴某有权得到经济补偿。在本案中，用人单位某化工厂被当地政府有关部门责令关闭后，其与员工吴某的劳动合同因此终止。根据《劳动合同法》第四十六条第六项的规定，化工厂应在劳动合同终止时向吴某支付经济补偿。用人单位拒不支付的，劳动者投诉至劳动行政部门后，用人单位要承担行政法律责任。

课后练习

一、选择题

1. 对劳动合同的终止时间没有进行明确规定的是（　　）。

A. 固定期限劳动合同

B. 无固定期限劳动合同

C. 以完成一定工作任务为期限的劳动合同

2. 什么情况下视为劳动者与用人单位建立无固定期限劳动合同？（　　）

A. 用人单位自用工之日起满 1 年未与劳动者签订劳动合同的

B. 劳动者与用人单位签订为期 5 年期限劳动合同的

C. 劳动者与用人单位签订了两次固定期限劳动合同的

D. 劳动者在该用人单位连续工作满 10 年的

3. 劳动者提出解除劳动合同的，需要提前（　　）向用人单位提出。

A. 10 日　　B. 30 日　　C. 一周　　D. 3 日

4. 用人单位在制定、修改或者决定有关劳动报酬、工作时间、休息休假、劳动安全卫生、保险福利、职工培训、劳动纪律等直接涉及劳动者切身利益的规章制度或者重大事项时，应当经职工代表大会或者全体职工讨论，提出方案和意见，与（　　）或者职工代表平等协商确定。

A. 董事会　　B. 监事会　　C. 工会　　D. 职工代表大会

二、思考与探究

1. 查找并阅读订立无固定期限劳动合同几种情形的具体案例，并与同学交流分享。

2. 非全日制用工的劳动者应如何缴纳社保?

3. 请简述劳务派遣用工中，用工单位、劳动者、派遣单位三方主体之间的权利义务关系。

三、案例分析

1. 2018 年 8 月，吴某被某公司聘为业务员，并与该公司签订了为期两年的劳动合同。劳动合同约定：吴某需先交 2 000 元风险抵押金，如果吴某违约，则 2 000 元押金不再退还；吴某试用期为 6 个月，试用期每月工资为 3 000 元，试用期满后每月工资 4 000 元。劳动合同还约定，如果吴某严重违反公司的劳动纪律或者患病住院、怀孕等，公司有权立即解除劳动合同，并且不需要给吴某任何经济补偿。

该劳动合同存在哪些违反劳动法的地方?

2. 2019 年 5 月，李某去一家外企应聘，声称自己是某名牌大学法学硕士毕业生，通过了司法考试并取得了法律职业资格证书，他将自己的证书复印件交给了招聘人员。该公司急需法律顾问，于是以高薪聘请李某担任法律主管，双方签订了劳动合同，合同期限为 5 年，试用期为 6 个月。李某自 2019 年 5 月开始工作后，在试用期内经常发生错误，特别是在一项合同审查中，没有对该合同的重大纰漏提出法律意见，导致公司损失巨大。公司于 2020 年 12 月了解到，李某的法律职业资格证书是伪造的，于是公司立即主张解除与李某的劳动合同。

公司是否有权解除李某的劳动合同？依据是什么？

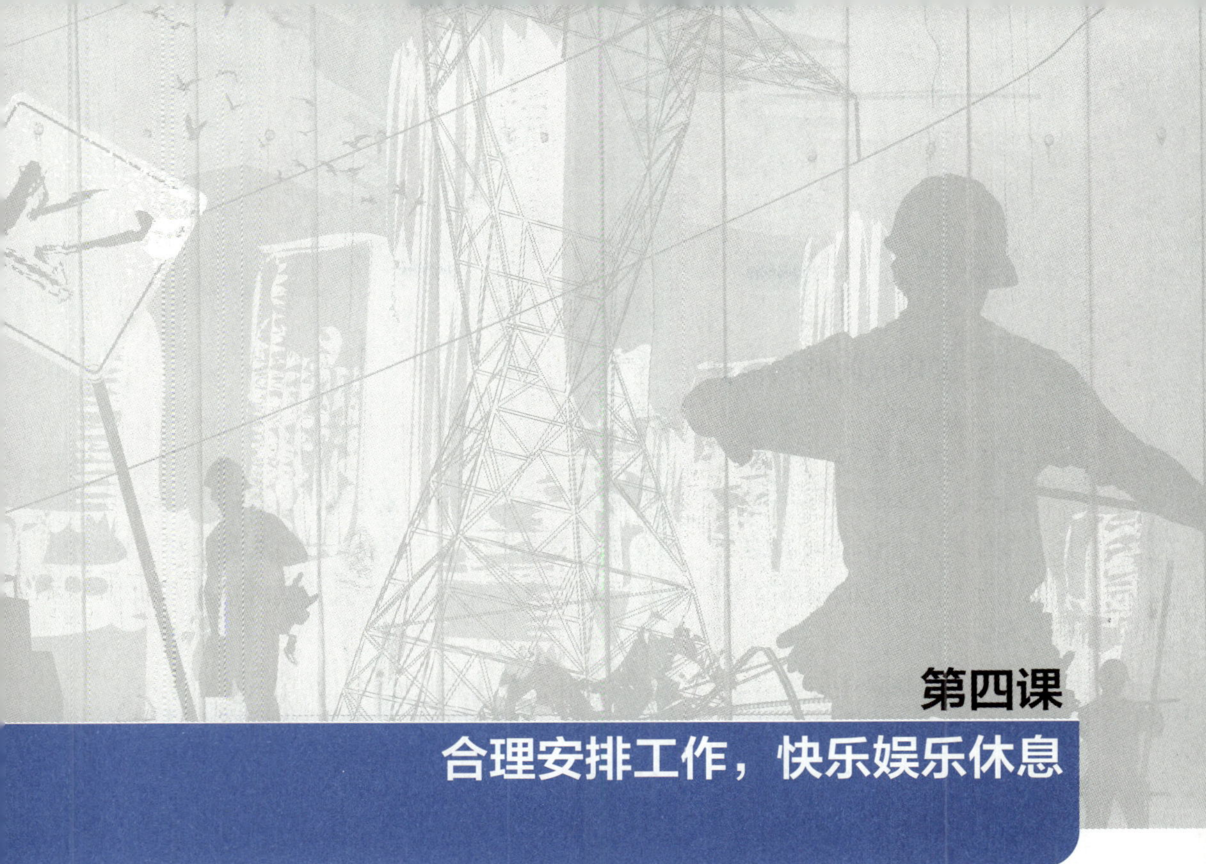

第四课
合理安排工作，快乐娱乐休息

劳动权和休息权都是劳动者的基本权利。劳动者与用人单位签订劳动合同、确立劳动关系后，要依照法定工作时间进行劳动，并获取相应的劳动报酬。

了解《劳动法》和相关法律法规对工作时间、休息休假和取得劳动报酬的规定，对于劳动者维护自身合法权益十分重要。

依法安排工作时间

一、工作时间的基本规定

1. 什么是工作时间

通过上一课的学习，我们知道，在每一个劳动者同用人单位签订的劳动合同中，都有关于工作时间的约定。为保护劳动者的身心健康，《劳动法》及相关法律法规对工作时间的安排有着严格的法律限制，用人单位安排劳动者工作不能违背法律的规定。

工作时间就是指劳动者为履行工作义务，在法定限度内，在用人单位从事工作或者生产的时间。

小贴士

工作时间是消耗劳动的时间，是创造人类社会物质财富和精神财富的重要条件，社会和个人的发展都取决于对工作时间的利用和利用工作时间的成果。工作时间确定得合理、科学是完成生产任务的重要保证。同时，工作时间的确定，是劳动者实现劳动权利的一个必要条件。

2. 工作时间的法律规定

工作时间一般以小时为计算单位，有工作小时、工作日和工作周 3 种。

（1）标准工作时间制。标准工作时间制是由国家法律统一规定的，在正常情况下劳动者从事工作或劳动的时间。每日工作 8 小时、平均每周工作 40 小时是我国目前实行的标准工作时间，也是衡量其他工作时间制的基准。

小贴士

1889 年 7 月 14 日，国际社会主义者代表大会在法国巴黎隆重开幕。在这次大会上，法国代表拉文提议因 1886 年 5 月 1 日美国工人争取 8 小时工作制的斗争，把每年 5 月 1 日定为国际无产阶级的共同节日。与会代表一致同意并通过了这项具有历史意义的决议。从此，五一国际劳动节诞生了。现在各国的劳动法大都规定本国的标准工作时间在每日8小时内。

在线互动

张尹是某专卖店的销售人员，专卖店实行每周上6天、休息1天、每天工作8小时的工作时间制度。

问：专卖店的工作时间制度是否合法？

案例

李顺入职某物业管理公司任保安，双方签订书面劳动合同，约定实行标准工作时间制，但在用工时长的约定中，公司要求李顺24小时在岗。李顺每天早上8：00开门，晚上20：00关门，其他时间公司给李顺提供了床等休息用品，他一周工作5天，休息2天。公司按每天加班4小时的标准依法支付给李顺加班工资。工作一段时间后，李顺认为其24小时均在公司，公司应当按每天加班16小时的标准支付加班工资，并以此为由要求解除劳动合同，提起劳动仲裁申请，要求物业管理公司支付剩余的加班费及经济补偿金。

评析

公司支付工资的等价条件是李顺作为保安的职责。虽然李顺24小时吃住在公司，但晚上公司关门后其允许保安休息，并提供了床铺等休息设施，确保了李顺的休息权利。李顺在岗时间可合理扣除其睡眠、休息的时间，故不能单从在公司的时间长短来认定其存在加班的事实。故李顺的主张无法得到支持。

对于全天24小时待在单位吃住的保安、门卫、仓库保管员等劳动者，应综合考虑其具体工作时间的认定。工作场所中提供了住宿或休息设施的，应合理扣除可以睡眠、休息的时间；因工作需要和单位要求不能休息的，应认定其在工作场所的时间为工作时间。其中超出法定工作时间上班的，用人单位应当支付加班工资。在应聘此类工作岗位时，应积极与用人单位沟通协商，就工时与劳动报酬达成一致意见，确保自身劳动权益得到合理保护。

（2）特殊工作时间制。特殊工作时间制指因工作性质或者生产特点的限制不能实行标准工作时间制的，按照法律规定或经劳动行政部门批准，可以实行其他工作和休息办法的工时制度。在我国，因工作性质或者生产特点的限制，不能实行每日工作8小时、平均每周工作40小时标准工时制度的，按照国家有关规定可以实行以下工作和休息办法。

①缩短工作时间制。缩短工作时间制是指劳动者每日工作时间少于8小时、每周工作时间少于40小时的工时制度。

小贴士

在标准工作时间内用人单位可以自行缩短工作时间，其主要有两种情况：一是用人单位根据生产实际适当缩短工作时间；二是对在一些特殊条件下从事劳动和有特殊情况的职工实行缩短工作时间制度。此制度主要适用于夜班工作，矿山井下、高温、有毒有害、特别繁重或过度紧张的作业以及哺乳期内的女职工3种情况。

②综合计算工作时间制。综合计算工作时间制是指以标准工作时间制为基础，以一定的期限为周期，综合计算工作时间的制度。

小贴士

综合计算工作时间制是针对因工作性质特殊需连续作业，或受季节及自然条件限制的企业的部分职工，采取以周、月、季、年等为周期综合计算工作时间的一种工时制度。综合计算工作时间制的平均日工作时间和平均周工作时间应与法定标准工作时间基本相同，即平均每日不超过8小时，平均每周不超过40小时。

实行综合计算工作时间制的人员：因工作性质特殊需连续作业的职工，主要指交通、铁路、邮电、水运、航空、渔业等行业职工；工作受季节和自然条件限制的行业的部分职工，主要指地质及资源勘探、建筑、制盐、制糖、旅游等行业的有关人员；其他适合实行综合计算工作时间制的职工。

③不定时工作时间制。不定时工作时间制是指针对因工作特殊需要或职责范围的关系，劳动者的工作时间不受固定时间限制的一种工时制度。

小贴士

实行不定时工作时间制的人员：因工作原因无法按标准工作时间衡量的职工，主要指企业中的高级管理人员、外勤人员、推销人员、部分值班人员等；因工作时间不固定需要机动作业的职工，主要指长途运输人员、出租汽车司机和与铁路相关联的驻站人员以及仓库的部分装卸人员等；其他因生产经营特点、工作特殊需要或职责范围的关系，适合实行不定时工作时间制的职工。

案例

葛某于2015年7月1日入职某软件公司任总经理，2016年3月15日与公司解除劳动关系，后葛某以要求公司支付2016年1月—3月加班工资为由申请仲裁。仲裁委员会经审理后认为，葛某系某软件公司总经理，属于高级管理人员，在适用不定时工作制的前提下，即使其有延时或休息日工作的情况，也不能理所当然视为加班，故对葛某要求加班工资的请求未予支持。

评析

公司高级管理人员负责企业日常经营管理事务，由于要随时处理各种突发事务，工作时间具有不确定性和灵活性。对于公司高级管理人员要求支付加班工资的，应当在尊重双方当事人约定的基础上，参考工时制度、工资明细等内容合理确认加班工资的支付。如果用人单位与公司高级管理人员约定实行不定时工作制，公司高级管理人员要求用人单位支付加班工资的，不应予以支持。

（3）计件工作时间制。计件工作时间制是指以劳动者完成一定劳动定额来确定劳动报酬的一种工作时间制度。

按《劳动法》的规定，对实行计件工作的劳动者，用人单位应当根据标准工作时间的规定，合理确定劳动定额和计件报酬标准。

小贴士

劳动定额是指为完成一定的工作任务而预先规定的必要劳动消耗量标准，或是预先规定单位时间内完成合格产品的数量。劳动定额要合理制定，以保证大多数人在正常情况下按标准时间劳动能够完成定额。

二、延长工作时间

延长工作时间是指超过法定工作时间长度的工作时间，也就是我们常讲的加班加点。

工作时间的延长使得劳动者的休息时间被占用，如果对加班加点没有约束，劳动者的休息权就难以保障。对于占用劳动者休息时间的加班行为，法律法规予以约束，用人单位必须按照法律法规支付劳动者延长工作时间的报酬。

《中华人民共和国劳动法》第四十一条　用人单位由于生产经营需要，经与工会和劳动者协商后可以延长工作时间，一般每日不得超过1小时；因特殊原因需要延长工作时间的，在保障劳动者身体健康的条件下延长工作时间每日不得超过3小时，但是每月不得超过36小时。

第四十四条　有下列情形之一的，用人单位应当按照下列标准支付高于劳动者正常工作时间工资的工资报酬：

（一）安排劳动者延长工作时间的，支付不低于工资的150%的工资报酬；

（二）休息日安排劳动者工作又不能安排补休的，支付不低于工资的200%的工资报酬；

（三）法定休假日安排劳动者工作的，支付不低于工资的300%的工资报酬。

案例

2018年3月2日，某灯饰厂为了赶制一批热销产品，决定自3月5日起，全厂工人每天延长工作时间2小时，周六、周日不休息，直到2018年4月5日才能恢复8小时工作制。职工对此意见很大，多次派代表与厂领导协商以求减少加班加点时间，均未果。于是职工们向劳动仲裁部门提出维护劳动者休息权的仲裁申请，劳动仲裁部门经调查后裁决该厂必须立即纠正违法行为。

评析

《劳动法》规定，一般情况下，用人单位由于生产经营需要，可以延长工作时间，但必须遵守相应的程序和限度。一是符合法定程序，必须经过与工会协商和与劳动者协商。因为延长工作时间要占用劳动者的休息时间，所以只有在劳动者自愿的情况下，才可以延长工作时间，不得强迫。二是不得超过法定限度，用人单位延长工作时间一般每日不得超过1小时，因特殊原因需要延长工作时间的，每日不得超过3小时，且每月不得超过36小时。

由此可以看出，本案例中灯饰厂存在两个错误。一是延长工作时间的程序违法。协商是企业决定延长工作时间的法定程序，而该厂既没有与工会协商，也没有与劳动者协商。二是延长工作时间超出了法律规定的限度。因此，劳动争议仲裁部门裁决该厂立即纠正违法行为。如该厂未按规定支付职工加班工资，职工还可以同时申诉要求支付相应的加班工资。此外，我国劳动法还规定了延长工作时间不受上述规定限制的4种情况：（1）发生自然灾害、事故或者因其他原因，使人民的安全健康和国家财产遭到严重威胁，需要紧急处理的；（2）生产设备、交通运输线路、公共设施发生故障，影响生产和公众利益，必须及时抢修的；（3）必须利用法定节日或公休假日的停产期间进行设备检修、保养的；（4）为完成国防紧急任务，或者完成上级在国家计划外安排的其他紧急生产任务，以及商业、供销企业在旺季完成收购、运输、加工农副产品紧急任务的。

在上述特殊情况下，用人单位组织职工延长工作时间不受法律规定的时限约束，也无须征求劳动者的意见，但用人单位应当按照法律规定的标准支付延长工作时间的工资。

议一议

如果在临近下班时车间水管突然爆裂，主任要求全体人员加班进行抢修，你认为这种做法对吗？

在线互动

国庆节假期期间烟花工厂的生产线发生了爆炸，经理要求全体人员加班进行事后紧急处理与恢复。

问：用人单位需要支付劳动者劳动报酬吗？按什么标准支付呢？

劳动者的休息休假权利

一、劳动者的休息权

休息权是指劳动者在完成法律规定的工作时间内的劳动以后，享有休息和休养的权利。劳动者的休息时间是指劳动者在法定工作时间以外，依法不从事生产和工作，由个人自行支配的时间。休息时间是相对于工作时间而言的，它是劳动者实现休息权的重要保障条件。

法条链接

《中华人民共和国劳动法》第三十八条　用人单位应当保证劳动者每周至少休息1日。

第四十条　用人单位在下列节日期间应当依法安排劳动者休假：

（一）元旦；

（二）春节；

（三）国际劳动节；

（四）国庆节；

（五）法律、法规规定的其他休假节日。

在线互动

某科技公司为减员增效，将值班室由3个人减至2个人，并要求2个人轮值白班和夜班，无公休日。该公司两名门卫大李和小王每天工作12小时，两个月后他们感到体力不支，向公司提出拒绝公休日长期加班。两名门卫认为，长期加班有损健康，他们依法应享有休息权，每月加班不超过36小时，每周至少休息1日。公司则认为，门卫工作时间长但工作量轻，夜间可于值班室配套小床睡觉，同时公休日加班均给了等价加班费，因此拒绝了门卫的提议。

问：两名门卫的观点是否正确？请写出理由。

二、劳动者依法享有的休息休假时间

1. 工作间歇休息时间

工作间歇休息时间是指劳动者在工作日的工作时间内享有的休息时间和用餐时间。

小贴士

工作间歇休息时间的主要规定：间歇时间一般在工作 4 小时后，最少不低于半小时，一般为 1~2 小时。

2. 日休息时间

日休息时间是指劳动者在每昼夜（24 小时）内，除工作时间以外由自己支配的时间。

小贴士

我国实行 8 小时标准工作时间制，劳动者从一个工作日结束到下一个工作日开始前的休息时间一般为 15~16 小时，两个工作日间的休息时间应当能够有效地保证劳动者恢复体力和精力。实行轮班制的单位，其班次平均调换，在调换班次时不得让职工连续工作两个班。

3. 周休息时间

周休息时间也称公休假日休息时间，是指劳动者在一个工作周内享有的连续休息在 1 天以上的休息时间。我国现行规定为在保证职工每周工作时间不超过 40 小时的前提下，每周至少休息 1 天。

4. 法定节假日休息时间

根据《劳动法》及相关法规规定，全体劳动者在法定节日期间享有的休息时间：元旦 1 天，春节 3 天（农历正月初一、初二、初三），清明节 1 天，劳动节 1 天，端午节 1 天，中秋节 1 天，国庆节 3 天。上述节日适逢公假日，顺延补假。

属于部分公民的节日，如三八妇女节、五四青年节、六一儿童节、八一建军节等放假半天或一天，以利于开展相关活动。

在线互动

阿丽技校毕业后，与同乡的几个女孩一起打工，她们被一家服装厂录用，并与这家工厂签订了劳动合同。妇女节之前，阿丽与姐妹们约好要利用妇女节的半天假上街去玩。没想到妇女节这天工厂并没有给女工放假，照样安排阿丽她们上班。阿丽和几个姐妹找厂领导理论，厂领导说："法律规定的法定节日是指元旦、春节等这些全体公民都能享受到的节日，妇女节只有你们妇女能享受，所以不属于法定节日。因此妇女节安排生产，正常发工资。"阿丽她们心里没有底，妇女节究竟属不属于法定节日，妇女节上班属不属于加班，应不应该得到加班费？

5. 年休假和探亲假休息

年休假是指劳动者连续工作满一定的工作年限后，每年在一定时期内享有保留工作和工资的连续休息的时间。

法条链接

《中华人民共和国劳动法》第四十五条　国家实行带薪年休假制度。

劳动者连续工作 1 年以上的，享受带薪年休假。具体办法由国务院规定。

我国《劳动法》中明确规定了国家实行带薪年休假制度。劳动者只有充分享受休息权，恢复工作中消耗的体力，才能更好地在工作中继续发挥劳动价值。下面结合具体实践，介绍带薪年休假的具体规定。

（1）初入职场的劳动者连续工作满 1 年以上可享受带薪年休假。

实例

赵某大学毕业后于2019年8月到一家文化传媒公司工作。2020年5月，赵某以公司未足额支付劳动报酬为由与公司解除了劳动合同，并将公司诉至法院。赵某提出，其2020年开始应当享有带薪年休假，要求公司支付未休年休假工资。但赵某作为新入职场员工，未连续工作满12个月，不享有带薪年休假，因此其该项诉求被驳回。

（2）劳动者连续工作满12个月以上再入职新单位后，可以享受带薪年休假。

实例

王某在一家科技公司任职满一年后于2020年5月跳槽到一家物流管理公司。2020年12月，王某向现任职物流管理公司提出休2020年当年带薪年休假的要求。物流管理公司查询王某个人社保缴费和科技公司出具的任职证明后，依法依规为王某安排带薪年休假。

（3）符合带薪年休假条件的劳动者提出离职，用人单位应支付未休年休假工资。

案例

李六是一家生物化工公司的研究员，2019年4月25日与公司解除劳动合同。在商讨解除事宜时，李六主张2019年未休年休假，公司应当支付其未休年休假工资。公司主张因李六系个人原因提出离职，不同意支付其未休年休假工资。李六向仲裁委员会提出仲裁申请后，仲裁委员会依法裁决该生物化工公司支付李六2019年1月至4月25日未休年休假工资。

评析

享受带薪年休假是劳动者的一项权利，该项权利并不因劳动者自行离职而被消灭。只要劳动者符合休带薪年休假的条件，用人单位就应当安排劳动者休年休假。未能安排的，应当支付劳动者未休年休假工资。无论是用人单位提出解除劳动合同，还是劳动者主动辞职，用人单位都应该支付劳动者应休未休年休假工资。

探亲假是指劳动者享有的保留工资、工作岗位而与分居两地的父母或配偶团聚的假期。如职工探望配偶的，每年假期为30天；未婚职工探望父母的，每年假期为20天；已婚职工探望父母的，每4年给假1次，假期为20天。

相关知识

在学习了前面的知识后，我们可以计算出年、季、月的标准工作日。

年标准工作日：365−104（公休日）−11（法定节日休息）=250（天）

季标准工作日：250÷4=62.5（天）

月标准工作日：250÷12=20.83（天）

劳动者的劳动报酬

一、按劳分配，同工同酬

我国现阶段实行以按劳分配为主体、多种分配方式并存的分配制度。《劳动法》规定，工资分配应当遵循按劳分配原则，实行同工同酬；用人单位根据本单位的生产经营特点和经济效益，依法自主确定本单位的工资分配方式和工资水平；工资应当以货币形式按月支付给劳动者本人。不得克扣或者无故拖欠劳动者的工资。劳动者履行劳动义务，就应当获得相应的劳动报酬。劳动报酬权是劳动者权利的核心，它不仅是劳动者及其家庭成员的生活保障，也是社会对劳动者劳动的承认和评价。

二、工资的构成项目

工资是指用人单位依据国家有关规定或劳动合同的约定，以货币形式直接支付给本单位劳动者的劳动报酬。

根据《关于工资总额组成的规定》第四条，工资总额由下列6个部分组成：（一）计时工资；（二）计件工资；（三）奖金；（四）津贴和补贴；（五）加班加点工资；（六）特殊情况下支付的工资。

小贴士

劳动者以下劳动收入不属于工资构成项目：

（1）单位支付给劳动者个人的社会保险福利费用，主要包括丧葬抚恤救济费、生活困难补助费、计划生育补贴等。

（2）劳动保护方面的费用，主要包括用人单位支付给劳动者的工作服、解毒剂、清凉饮料费用等。

（3）按规定未列入工资总额的各种劳动报酬及其他劳动收入，主要包括根据国家规定发放的创造发明奖、国家星火奖、自然科学奖、科学技术进步奖、合理化建议和技术改进奖、中华技能大奖等，以及稿费、讲课费、翻译费等。

三、工资支付的法律规定

1. 获得最低工资保障

最低工资保障制度是保障劳动者获得最低劳动报酬以满足自身及其家庭成员基本生活需要的一种法律制度。它是工资分配制度的基本内容，在整个工资分配中具有重要作用。最低工资是指劳动者在法定工作时间或依法签订的劳动合同约定的工作时间内提供了正常劳动的前提下，其所在单位应支付的不得低于政府确定的最低工资的劳动报酬。

月最低工资标准适用于全日制就业劳动者，小时最低工资标准适用于非全日制就业劳动者。我国各省、自治区、直辖市范围内的不同行政区域可以有不同的最低工资标准。最低工资标准每两年至少调整一次。

案例

刚刚毕业的小陈在某公司找到一份工作。这一天，他拿到了当月工资 1 500 元，其中包括加班费 150 元、伙食补贴 150 元。小陈对此疑惑不解，因为市政府公布的最低工资是 1 900 元。于是他找经理理论，经理解释说："你在试用期，与正式职工不一样。"小陈不认同这种说法，向劳动争议仲裁委员会提出申请。后经调解，公司向小陈支付了按最低工资标准应得的差额工资。

评析

劳动者与用人单位建立劳动关系后，在试用、熟练和见习期间，劳动者只要在法定工作时间内提供了正常劳动，其所在的用人单位就应当支付其不低于最低工资标准的工资。而且在劳动者提供正常劳动的情况下，下列各项不应作为最低工资组成部分：①延长工作时间工资；②中班、夜班、高温、低温、井下、有毒有害等特殊工作环境、条件下的津贴；③国家法律法规和政策规定的劳动者社会保险和福利待遇等。实行计件工资或提成工资等工资形式的用人单位，在科学合理的劳动定额基础上，其支付劳动者的工资不得低于相应的最低工资标准。

本案例中小陈的工资与当地最低工资标准的差额为 1 900−（1 500−150−150）＝700（元），小陈应获得 700 元的差额工资。

我国实行最低工资保障制度，劳动者的工资不得低于当地最低工资标准。然而在具体实践中，常出现许多用人单位未严格按照法律法规执行最低工资标准的情况。用人单位不执行最低工资标准时，劳动者维权方式有以下几种：

（1）拨打电话 12333 进行投诉。

（2）向劳动保障行政部门举报。

（3）向劳动争议仲裁委员会申请仲裁。

热点疑问解答

1. 社保缴纳与“包吃包住”计入最低工资吗？

答：不计入。社会保险、公司“包吃包住”属于劳动者福利待遇，根据《最低工资规定》不计入最低工资构成部分。

2. 试用期工资可以低于最低工资标准吗？

答：根据《劳动合同法》第二十条规定，劳动者在试用期的工资不得低于本单位相同岗位最低档工资或者劳动合同约定工资的 80%，并不得低于用人单位所在地的最低工资标准。

3. 请病、事假的劳动者是否继续享有最低工资保障？

答：不享有。劳动者只有提供了正常劳动方能获得不低于最低工资标准的报酬。劳动者缺勤，请病、事假，无故旷工、迟到早退等情况期间，用人单位可以拒绝支付其工资。

2. 以法定形式支付工资

工资支付是工资分配的最终环节，也是在工资分配上保护劳动者合法权益的重要措施。为维护自身的合法权益，我们应当了解有关工资支付的法律规定。

法条链接

《中华人民共和国劳动法》第五十条　工资应当以货币形式按月支付给劳动者本人。不得克扣或者无故拖欠劳动者的工资。

案例

某电扇厂为筹集购买原材料的现金，连续3个月以电扇出厂价折合的现金数额来抵扣工资，将电扇发给职工。职工们意见很大，可厂长却以资金周转困难为由拒不改正。于是，职工代表向劳动争议仲裁部门提出申诉。劳动争议仲裁部门在核实情况后，责令该厂立即改正，要求其收回实物、补发现金。

评析

《劳动法》明确规定，工资应当以货币形式支付。本案例中，电扇厂以产品代替工资的做法是错误的。货币是支付手段，以货币形式支付工资，有利于保障劳动者使用工资的自由，也可以更好地反映劳动者实际付出的劳动量与报酬之间的关系，有利于贯彻按劳分配、同工同酬的原则，这也是国际通行的做法。

有关劳动法规还规定，工资必须在用人单位与劳动者约定的日期支付，工资的最长支付周期为1个月，也就是至少每月支付1次。为保障工资及时支付，有关法律规定，如遇节假日或休息日，工资应提前在最近的工作日支付；实行周、日、小时工作制的，可按周、日、小时支付；对完成一次性临时劳动或某项具体工作的劳动者，用人单位应按有关协议或合同规定在劳动任务完成后即支付工资；用人单位在与劳动者依法解除或终止劳动合同时，应同时一次性付清劳动者工资；用人单位依法破产时，应将欠付的劳动者工资列入第一清偿顺序，首先予以支付。

议一议

某企业原来约定的发薪日是每月2日，但是到了下月就变成了5日，再下一个月变成了8日，这种做法对吗？

3. 依法抵制克扣和无故拖欠工资

克扣工资是指在正常条件下，劳动者履行了合同规定的义务和责任，在工作时间内保质保量地完成了生产、工作任务，用人单位却不支付或未能足额支付劳动者工资。克扣工资是一种违法行为，但是因劳动者本人原因给用人单位造成经济损失的，用人单位可按照劳动合同的约定要求其赔偿经济损失。经济损失的赔偿，可从劳动者本人的工资中扣除，但每月扣除的部分不得超过劳动者当月工资的20%。若扣除后的剩余工资部分低于当地最低工资标准，则按最低工资标准支付。

无故拖欠工资是指用人单位无正当理由在规定付薪时间内未支付劳动者工资。无论何种原因，拖欠劳动者工资都是对劳动者合法权益的侵害。

（1）构成无故拖欠工资的必要条件。用人单位应当在每月结束前与劳动者结算工资，超过30天后，无故不按期或足额支付劳动者工资即构成无故拖欠工资。用人单位遇到不可抗力无法按时支付工资的情况不属于无故拖欠工资。

（2）被拖欠工资的劳动者的正确维权方式。被拖欠工资的劳动者可以采取以下几种维权方式。

①与用人单位协商解决。

②向用工所在地人力资源社会保障部门及劳动保障监察机构反映被拖欠工资的具体情况。同时，积极收集并向相关部门提供用人单位转移、隐匿财产或有能力支付工资的线索和材料。

③申请劳动争议仲裁。

④向法院提起诉讼。对于仲裁裁决不服的，劳动者自收到仲裁裁决书之日起15日内可将对方当事人作为被告向人民法院提起诉讼。

⑤申请人民法院强制执行。在用人单位不履行生效的劳动仲裁调解书、裁决书或人民法院判决书的情况下，劳动者可以申请人民法院强制执行。

案例

刘凯在某IT企业找到了一份工作，一连干了3个月也没拿到工资。他找到老板要求支付工资，老板说："放心吧，到年底之前一块儿给你。"到了年底，老板却以扣除工具损坏、午饭等费用为由，只发给他一半工资。刘凯心里很气愤，便向劳动争议仲裁部门提出申请，使用法律武器维护自己的合法权益。

评析

本案例中老板的做法先是无故拖欠工资，后又克扣工资，严重侵害了刘凯的合法权益。根据相关法律法规，用人单位可以从劳动者工资中代扣的费用主要包括用人单位代扣代缴的个人所得税，用人单位代扣代缴的应由劳动者个人负担的各项社会保险费用，法院判决、裁定中要求代扣的抚养费、赡养费，法律、法规规定可以从劳动者工资中扣除的其他费用。老板的行为已构成违法。

小贴士

劳动者参加社会活动，如依法行使选举权或被选举权，当选代表出席乡（镇）、区以上政府、党派、工会、青年团、妇联等组织召开的会议，出任人民法庭证明人，出席劳模等表彰大会，不脱产的工会基层委员会委员参加工会活动，以及其他依法参加的社会活动等，用人单位应向劳动者支付工资，不允许将其作为克扣工资的理由。

4. 依法获得加班加点工资

加班加点工资是指职工在法定节假日、公休日加班加点，或在规定的法定工作时间以外的时间工作获得的劳动报酬。

案例

2015年9月30日，某公司生产部发出通知，要求所有职工十一国庆节期间加班，理由是"黄金周"产品销路好，并提出节后给补休。当小马等人提出加班应按《劳动法》规定支付加班工资时，生产部经理以"黄金周"过后可以补休为由予以拒绝。

评析

人们通常把10月1日—7日称为“黄金周”，按照劳动法律法规的规定，这7天是由两个部分组成的，即法定休假日和休息日。前3天是法定休假日，也就是说，在10月1日—3日加班的劳动者，用人单位应按照不低于劳动者本人日工资或小时工资的300%支付加班工资；后4天是休息日，在10月4日—7日加班的劳动者，用人单位应首先安排劳动者补休，补休时间应等同于加班时间。不能安排补休的，按照不低于劳动者本人日工资或小时工资的200%支付加班工资。另外，计算加班工资的基数不得低于劳动者所在岗位应得的工资报酬，若低于最低工资标准，则以当地最低工资标准作为基数。实行计件工资的劳动者在十一法定节假日工作的，按不低于法定工作时间计件单价的300%支付工资报酬；在休息日工作的，按不低于法定工作时间计件单价的200%支付工资报酬。

用人单位在法定休假日安排劳动者工作的，不能以安排补休代替支付加班工资。因为法定休假日对于劳动者来说，有着比平常休息日更为重要的意义，它影响了劳动者的精神文化生活和其他社会活动，这是补休无法弥补的。因此，用人单位应当支付不低于劳动者本人日工资或小时工资300%的加班工资。

本案例中小马等人可以向劳动争议仲裁部门提出申请，也可以向劳动监察部门举报投诉，依法维护自身的合法权益。

用人单位支付加班工资的前提是“用人单位根据实际需要安排劳动者在法定标准工作时间以外工作”，即由用人单位安排加班的，用人单位才应支付加班工资。如果不是用人单位安排加班，而是由劳动者自愿加班的，用人单位依据规定可以不支付加班工资。

案例

王某是某外资公司的职员，与公司签订有一年期的劳动合同，具体从事办公室文员工作。公司确定王某的工作时间为每日8小时、每周40小时的法定标准工作时间，公司也按标准工时制度支付王某工资。工作期间，王某十分努力，当日工作任务在8小时内未完成的，王某就在下班后自觉加班完成。

一年以后，王某难以承受公司的工作安排，就在合同期限届满时表示不再续签劳动合同，并要求公司支付其一年内延长工作时间的加班工资，且出示了一年内延长工作时间的考勤记录。公司对王某不愿续签劳动合同表示遗憾，但认为公司实行的是计时工资制度，并有加班制度的相关规定，公司并未安排王某延时加班，且王某没有办理过相关加班审批手续，王某延长工作时间是个人自愿的行为，公司不能另行支付加班工资，对王某的要求予以拒绝。于是双方发生争议。

评析

本案例的争议焦点是王某为完成工作任务自动延长工作时间，是否可以要求公司支付延时工作的加班工资。虽然公司对王某实行了计时工资制度，但王某平时的延时加班不是由公司安排的，而是王某自愿进行的，公司对企业内加班有加班制度的相关规定，王某在延时加班时并未履行公司规定的加班审批手续。因此，王某要求公司支付其自愿且未履行手续的延时加班工资缺乏依据。

课后练习

一、选择题

1. 工作日是指法定的以日为计算单位的工作时间。我国实行的工作日的种类主要有（　　）。（此题多选）

A. 标准工作日　　B. 缩短工作日

C. 不定时工作日　　D. 综合计算工作日

2. 特殊情况下需加班的，加班每日不得超过（　　）小时，每月不得超过（　　）小时。

A. 3，40　　B. 3，36　　C. 4，40　　D. 4，36

3. 休息日安排劳动者工作且不能安排补休的，用人单位应当支付不低于工资的（　　）的工资报酬。

A. 400%　　B. 300%　　C. 200%　　D. 150%

4. 法定节假日安排劳动者工作的，用人单位应当支付不低于工资的（　　）的工资报酬。

A. 400%　　B. 300%　　C. 200%　　D. 150%

5. 用人单位应当保证劳动者每周至少休息（　　）。

A. 两日　　B. 一日半　　C. 一日　　D. 半日

二、思考与探究

1. 工资的构成部分你记清楚了吗？不属于工资构成的项目有哪些内容？

2. 加班的三种情形下，用人单位应当支付劳动者工资报酬的不同比例分别是多少？

3. 小组讨论：用人单位加班不受支付高额工资报酬的限制的具体情形。

4. 自行查找并阅读劳动者向用人单位要求支付加班费的具体事例。

5. 本课所讲的重要概念你理解了吗？

工作时间

延长工作时间

休息权

最低工资保障制度

三、案例分析

1. 在小魏与某单位签订的劳动合同中规定了劳动定额，同时还规定了处罚条款，即完成的劳动定额每减少 10%，其工资扣减 20%，直至扣完为止。最近，小魏因患病，工作上力不从心，平均每月只完成劳动定额的 80%。而用人单位表示要严格按劳动合同规定执行，认为小魏未能提供正常劳动，不受最低工资标准的保护，因此只发给小魏 1 390 元的工资（当地最低工资标准为 1 590 元）。小魏不服，准备向劳动争议仲裁部门提出申请，请你帮他分析一下申请理由。

2. 请判断以下用人单位的做法是否正确。

（1）A 市最低工资标准为每月 1 300 元，王姐在 A 市一家鞋厂做工，包吃包住。鞋厂与其约定工资为每月 1 300 元，但要扣除王姐社会保险费用，因此鞋厂每月实际支付王姐工资 1 150 元。

（2）张武与某旅行社签订 1 年期劳动合同，约定试用期 2 个月，试用期工资为每月 900 元，转正后工资为每月 1 300 元。已知旅行社位于 B 市，最低工资标准为每月 1 300 元。

（3）郭先生月工资为 1 300 元，符合最低工资标准，本月郭先生请了 10 天病假，公司扣除病假工资后最后支付郭先生月工资 1 000 元。

3. 请判断下列说法是否正确，并说明理由。

（1）只要参加了工作就可以享受带薪年休假。

（2）劳动者跳槽后工作周期需要重新计算。

（3）符合带薪年休假条件的劳动者提出离职，用人单位无须支付未休年假工资。

第五课

守护劳动安全，保障生命健康

劳动安全卫生是《劳动法》的重要内容。在劳动过程中实施强有力的劳动安全卫生保护，是改善劳动条件的重要措施，也是劳动者生命安全和身体健康的重要保障。

正确理解劳动保护的重要性，明确劳动关系双方在劳动安全卫生方面的权利和义务，自觉树立遵守劳动安全卫生制度的意识，对于我们每一个劳动者都有着十分重要的意义。

劳动保护概述

一、什么是劳动保护

劳动保护，就是国家为了保护劳动者在劳动生产过程中的安全健康，在改善劳动条件、消除事故隐患、预防事故和职业毒害、实现劳逸结合和女工保护等方面所采取的各种组织措施和技术措施。劳动保护权是指劳动者享有的保护其在劳动过程中生命安全和身体健康的权利，是维护劳动者生存权和健康权的条件，也是生产发展的客观要求。劳动保护归根结底是对劳动者的保护。

小贴士

这里所说的劳动保护主要是指国家和用人单位为保障劳动者的安全和健康，在法律、技术、教育、管理和组织上所采取的一整套综合性措施。在劳动生产过程中，存在着各种不安全、不卫生的因素，如果不采取措施加以防止和消除，就有可能发生工伤事故或职业病，危害劳动者的生命安全和身体健康，影响生产劳动的正常进行。为了保护劳动者的安全和健康，保证劳动生产的正常进行，必须采取各种措施，改善劳动条件、加强劳动保护、变危险作业为安全作业、变有害劳动为无害劳动，防止工伤事故和职业病的发生，实现安全生产和文明生产。

劳动保护的目的是为劳动者创造安全、卫生、舒适的劳动工作条件，消除和预防劳动生产过程中可能发生的伤亡、职业病和急性职业中毒，保障劳动者以健康的状态参加社会生产，促进劳动生产率的提高，保证生产建设的顺利进行。

保护劳动者在劳动生产过程中的安全与健康，是我国的一项基本方针，是坚持社会主义制度的劳动保护的本质要求，是发展生产、促进经济建设的一项根本性大事，也是社会主义物质文明和精神文明建设的一项重要内容。

经济发展的经历表明，搞好劳动保护是发展经济的一条客观规律。人们只有很好地认识和利用这一规律，才能达到理想的经济发展效果；反之，就会受到惩罚。如美国驻印度博帕尔化学公司甲基异氰酸盐贮罐泄漏导致大量毒气外泄事故，苏联切尔诺贝利核电站 4 号反应堆爆炸导致大量放射性物质严重污染大气事故，我国山西三交河煤矿特大瓦斯煤尘爆炸事故，都造成了巨大的人员伤亡和经济损失，污染了环境，破坏了生态平衡，扰乱了社会生产的正常秩序。

二、劳动保护工作的指导方针

劳动保护工作的指导方针是“安全第一，预防为主”。安全生产是一切经济部门和生产企业的头等大事。“安全第一，预防为主”不是权宜之计，而是客观规律的必然要求，是安全生产管理的一项长期指导原则。

1.“安全第一”的主要内容

（1）确立保护人的安全和健康是第一位的原则，应尽最大努力避免人员伤亡和职业病的发生。

（2）劳动者在各自的工作岗位上，都把贯彻安全生产法规、充分满足安全卫生需要摆在第一位，绝不做有损于安全生产的事情。

（3）当生产任务同安全发生矛盾时，贯彻“生产服从安全”的原则，排除不安全因素后再进行生产。

（4）在衡量企业工作时，把安全生产工作作为一个重要内容来考核。安全生产不好的企业，不能被评为先进企业，也不能升级。安全指标有“否决权”。

（5）进行新建、扩建或改建工程时，确保劳动安全与卫生技术措施和设施的投入，实行安全设施与主体工程同时设计、同时施工、同时投产，并依法实施安全生产评价、检测和评估制度。

案例

小李在一家公司仓库开铲车，每天的工作就是用铲车将货物从仓库运出，装载到卡车上。一天，小李驾驶铲车装载桶装硫酸到卡车上，在装载两个小时后，他发现铲车右轮胎被严重划伤，为防止爆胎，小李向工组长提出暂停作业、将铲车右胎换一下的建议。工组长查看了被划伤的轮胎，认为没什么大事，现在任务紧，装车重要，可以等装完这车再去换胎。小李就按工组长的意思继续装载。在装车时，小李驾驶的铲车右胎爆裂，整个车辆向右倾斜，铲车上的硫酸桶掉落到地上，摔破的硫酸桶滚到成品库，其泄漏的硫酸使成品严重腐蚀造成成品报废。事故虽未造成人员伤亡，但造成了公司财产的重大损失。事后，公司对此次安全事故进行了全面调查，认定小李和工组长是这起安全事故的责任人，要求小李和工组长写检查并赔偿财产损失的30%，共计12 000元，小李承担5 000元，工组长承担7 000元。

评析

小李违反安全操作规程，驾驶存在安全隐患的车辆继续作业，违反了劳动保护“安全第一”的指导方针。工组长违章指挥，没有在确保安全的前提下指挥生产作业。因而双方均应承担相应责任。

2.“预防为主”的主要内容

（1）事故的预防。事故虽然有意外性、偶然性和突发性，但又有一定规律。任何一种事故都可以通过有效的安全措施防止，如尽力采用先进的设备和技术，确保安全生产；始终抓紧安全教育，提高劳动者操作的可靠性和安全意识；运用先进的技术手段和现代安全管理方法，预测和预防危险因素的产生。

（2）职业危害的预防。职业危害造成的后果并不亚于伤亡事故。从统计上看，一些行业职业病发病和死亡人数大大多于因工伤亡人数。只是由于职业危害要经过较长时间才能显现出来，因而常被人们忽视。有些行业生产作业场所粉尘和毒物浓度高，职业病发生率高，劳动生产率低，已成为阻碍企业发展的负面因素。

预防职业危害已经发展成专门学科。总的要求是劳动安全卫生工作要把防止、控制有毒有害因素对劳动者的危害作为重要工作，同时做好职业病治疗。

劳动者享有的劳动保护基本权利

一、获得安全卫生环境条件的权利

劳动者有在安全和卫生的生产环境中从事劳动的权利。用人单位必须建立、健全安全卫生制度，严格执行国家劳动安全卫生规程标准，配置安全卫生设施，使劳动工具、劳动场所和劳动环境保持安全和卫生的状态。

案例

甲厂和乙厂是两家邻近的皮鞋厂。甲厂非常重视劳动安全卫生工作。由于皮鞋加工经常接触有毒有害物质，甲厂依据国家有关法律规定，在车间内安装了充足的通风设备，并给职工按时发放手套、口罩、工作服等个人劳动防护用品，还引进了污水处理设备，对有毒废水进行达标处理。而乙厂只顾赚钱，不重视劳动安全卫生工作。乙厂车间狭小，既没有良好的通风设备，也不给职工发放个人劳动防护用品，致使每年都要发生几起职工中毒事件。不仅如此，乙厂对有毒废水也不做任何处理而是直接排入地下管道。2015 年年底，乙厂因不对污水进行处理和连续发生职工中毒事件，严重违反《劳动法》和《环境保护法》，被处以罚款、吊销营业执照。而甲厂此时却是另一番景象：职工劳动积极性高涨，产品销售势头良好，生产规模不断扩大，经济效益持续提高。

评析

本案例中甲和乙两家皮鞋厂对劳动安全卫生工作的态度不同，结果也不同。甲厂重视劳动安全卫生工作，依据国家有关规定改善生产环境，加强劳动保护，保障了职工的身体健康和生命安全，同时也促进了企业的发展。而乙厂只顾赚钱，不重视劳动安全卫生工作，不仅损害了职工的身体健康，也使企业走到了尽头。只有处理好生产与劳动安全卫生的关系，提供安全卫生的劳动环境，才能保证企业正常的生产秩序，促进生产发展。

二、获得劳动防护用品的权利

有些劳动场所和岗位，即使达到国家规定的安全卫生标准，也难以实现对劳动者的全面保护。因此，法律规定，对特定场合、岗位、职业的劳动者，用人单位应当提供必要的供劳动者个人使用的劳动防护用品。

小贴士

劳动者个人使用的劳动防护用品，是指劳动者在劳动过程中使用的可以防止职业病危害因素、有效保护劳动者身体健康的个人用品，如隔热工作衣物、防毒防尘口罩、眼镜、胶手套、耳塞等。用人单位必须为劳动者免费提供符合国家标准的劳动防护用品，用人单位不得以货币或其他物品代替应当配备的劳动防护用品，同时用人单位要教育劳动者按照个人防护用品使用规则和防护要求正确使用劳动防护用品。

案例

刘某2014年6月被一家木材加工厂招收为电锯工，并与该厂签订了5年劳动合同，合同约定试用期1个月。劳动时，刘某看到同班组的老职工都戴着防护眼镜和手套，于是要求厂方也为自己配备防护眼镜和手套，但厂方以刘某还在试用期、不是正式职工为由拒绝发放。为此，刘某向当地劳动争议仲裁委员会提出申请。仲裁委员会受理此案后，经调查，刘某所申请情况属实。仲裁委员会指出厂方的做法不对，应予以纠正。厂方接受了仲裁委员会的调解意见，表示将按规定发给刘某个人劳动防护用品。

评析

这是一起因企业在劳动生产过程中不按规定发给职工个人劳动防护用品而引发的劳动争议案件。该木材厂以职工刘某还在试用期、不是正式职工为由不发给劳动防护用品是错误的，是没有法律依据的，侵犯了刘某获得劳动安全卫生保护的权利。

劳动防护用品是保护劳动者在生产过程中的人身安全与健康所必需的一种防护性装备，对于减少职业危害、防止事故发生起着重要作用。对此，国家劳动法律、法规都有明确规定。《劳动法》第五十四条规定，用人单位必须为劳动者提供符合国家规定的劳动安全卫生条件和必要的劳动防护用品。在劳动生产过程中，用人单位发给劳动者劳动防护用品，是以劳动场所、生产条件需要和保护劳动者健康为依据的，是以预防事故和职业伤害为目的的。凡是在规定的应当发放劳动防护用品场所工作的劳动者，不分年龄、资历等，都应被发放劳动防护用品。

本案例中，刘某所从事的劳动是电锯工，符合劳动法律、法规规定的应当得到劳动保护待遇的条件，他应当和其他电锯工一样，由用人单位发放所需的劳动防护用品。至于劳动合同中约定的试用期，是用人单位为了和劳动者相互了解，考察劳动者是否符合录用条件、能否适应工作岗位、能否完成工作任务，从而决定是否继续保持劳动关系的一段时间。试用期不是用人单位不发给劳动者劳动保护用品的理由和依据。劳动者从与用人单位签订劳动合同那天起，就成为用人单位的正式职工，就有权享有劳动保护基本权利。即使不是正式职工，只要与用人单位存在劳动关系且所从事的劳动应发放防护用品，用人单位就必须按规定发给劳动者个人劳动防护用品。

三、依法享受定期健康检查的权利

为了切实保护劳动者的身体健康，《劳动法》规定，对从事有职业危害作业的劳动者和未成年工，用人单位应当定期进行健康检查。定期健康检查是劳动保护权的具体内容之一。

案例

赵某2013年12月入职某煤矿厂从事井下爆破工作，双方未签订劳动合同。2014年1月，该煤矿厂通过民主程序制定了考勤管理办法等规章制度并进行了公示，赵某亦学习了该规章制度。考勤管理办法规定，职工旷工15日，用人单位可以解除劳动关系。赵某入职时及入职后，该煤矿厂从未组织过职工职业健康检查。2016年6月，赵某感觉身体不适，肺部疼痛，在告知领班队长后入住某医院检查，被诊断为疑似硅肺病，住院治疗至2016年9月。2016年9月，该煤矿厂以赵某旷工时间长达3个月，严重违反单位规章制度为由，依据《劳动合同法》第三十九条第一款第二项和考勤管理办法的规定，作出解除与赵某劳动关系的决定。2016年10月，赵某被诊断为硅肺病三期。2016年11月，赵某向劳动争议仲裁委员会申请仲裁，请求裁决确认某煤矿厂解除与赵某的劳动关系违法。

评析

本案例中，某煤矿厂不履行组织职工职业健康检查的义务，且在职工被诊断为疑似硅肺病及治疗期间作出解除劳动关系的决定，属于违法解除。劳动争议仲裁委员会裁决确认该煤矿厂解除与赵某的劳动关系违法。

法条链接

《中华人民共和国劳动法》第五十四条　用人单位必须为劳动者提供符合国家规定的劳动安全卫生条件和必要的劳动防护用品，对从事有职业危害作业的劳动者应当定期进行健康检查。

《中华人民共和国职业病防治法》第三十五条　对从事接触职业病危害的作业的劳动者，用人单位应当按照国务院卫生行政部门的规定组织上岗前、在岗期间和离岗时的职业健康检查，并将检查结果书面告知劳动者。职业健康检查费用由用人单位承担。

用人单位不得安排未经上岗前职业健康检查的劳动者从事接触职业病危害的作业；不得安排有职业禁忌的劳动者从事其所禁忌的作业；对在职业健康检查中发现有与所从事的职业相关的健康损害的劳动者，应当调离原工作岗位，并妥善安置；对未进行离岗前职业健康检查的劳动者不得解除或者终止与其订立的劳动合同。

职业健康检查应当由取得《医疗机构执业许可证》的医疗卫生机构承担。卫生行政部门应当加强对职业健康检查工作的规范管理，具体管理办法由国务院卫生行政部门制定。

《中华人民共和国劳动合同法》第四十二条　劳动者有下列情形之一的，用人单位不得依照本法第四十条、第四十一条的规定解除劳动合同：

（一）从事接触职业病危害作业的劳动者未进行离岗前职业健康检查，或者疑似职业病病人在诊断或者医学观察期间的；

（二）在本单位患职业病或者因工负伤并被确认丧失或者部分丧失劳动能力的；

（三）患病或者非因工负伤，在规定的医疗期内的；

（四）女职工在孕期、产期、哺乳期的；

（五）在本单位连续工作满 15 年，且距法定退休年龄不足 5 年的；

（六）法律、行政法规规定的其他情形。

四、依法享有拒绝权

为了保护劳动者的生命安全和身体健康不受人为因素的侵害，《劳动法》确立了以保障劳动者生命安全和身体健康为目的的拒绝权。即当用人单位管理人员违章指挥、强令冒险作业时，劳动者有权拒绝执行。

案例

2018 年 5 月 17 日晚，王某在某食品厂上班。该厂部门主管张某因临时工作需要，要求王某登高作业修理损坏的厂内路灯。王某提出升降设备年久失修，部分部件已失灵，存在事故隐患，登高作业具有一定危险性，于是拒绝登高作业。事后，食品厂认为王某不服从部门主管分配工作，违反厂方生产纪律，作出扣发其奖金的决定。王某不服，认为厂方这样处理侵害了其合法权益，要求厂劳动争议调解委员会进行调解。

评析

本案例涉及的问题是劳动者是否有权拒绝违章指挥和强令冒险作业。《劳动法》明确规定，劳动者对用人单位管理人员违章指挥、强令冒险作业，有权拒绝执行；对危害生命安全和身体健康的行为，有权提出批评、检举和控告。由此可见，本案例中厂部门主管在升降设备年久失修、部分部件已失灵的情况下要求王某冒险作业属于违法行为。王某拒绝违章指挥、冒险作业是完全正确的。如经厂劳动争议调解委员会调解不成，王某可以向当地劳动争议仲裁部门提出申请，以维护自己的合法权益。

特殊劳动保护

国家对女职工和未成年工实行特殊劳动保护。女职工和未成年工的特殊劳动保护，是劳动安全卫生保护的重要内容，是劳动法的重要组成部分。

一、女职工的特殊劳动保护

女职工的特殊劳动保护，是根据女职工的生理特点和抚育子女的需要，对其在劳动过程中的安全健康依法加以特殊保护。如《劳动法》和相关法律法规规定，禁止安排女职工从事矿山井下、国家规定的第四级体力劳动强度的劳动和其他禁忌从事的劳动。同时，法律对女职工在经期、孕期、产期、哺乳期的保护，也作了相应的规定。

《中华人民共和国劳动法》第五十八条　国家对女职工和未成年工实行特殊劳动保护。

未成年工是指年满16周岁未满18周岁的劳动者。

第五十九条　禁止安排女职工从事矿山井下、国家规定的第四级体力劳动强度的劳动和其他禁忌从事的劳动。

第六十条　不得安排女职工在经期从事高处、低温、冷水作业和国家规定的第三级体力劳动强度的劳动。

第六十一条　不得安排女职工在怀孕期间从事国家规定的第三级体力劳动强度的劳动和孕期禁忌从事的劳动。对怀孕7个月以上的女职工，不得安排其延长工作时间和夜班劳动。

第六十二条　女职工生育享受不少于90天的产假。

第六十三条　不得安排女职工在哺乳未满1周岁的婴儿期间从事国家规定的第三级体力劳动强度的劳动和哺乳期禁忌从事的其他劳动，不得安排其延长工作时间和夜班劳动。

《女职工劳动保护特别规定》第三条　用人单位应当加强女职工劳动

保护，采取措施改善女职工劳动安全卫生条件，对女职工进行劳动安全卫生知识培训。

第五条　用人单位不得因女职工怀孕、生育、哺乳降低其工资、予以辞退、与其解除劳动或者聘用合同。

第六条　女职工在孕期不能适应原劳动的，用人单位应当根据医疗机构的证明，予以减轻劳动量或者安排其他能够适应的劳动。

对怀孕7个月以上的女职工，用人单位不得延长劳动时间或者安排夜班劳动，并应当在劳动时间内安排一定的休息时间。

怀孕女职工在劳动时间内进行产前检查，所需时间计入劳动时间。

第七条　女职工生育享受98天产假，其中产前可以休假15天；难产的，增加产假15天；生育多胞胎的，每多生育1个婴儿，增加产假15天。

女职工怀孕未满4个月流产的，享受15天产假；怀孕满4个月流产的，享受42天产假。

第九条　对哺乳未满1周岁婴儿的女职工，用人单位不得延长劳动时间或者安排夜班劳动。

用人单位应当在每天的劳动时间内为哺乳期女职工安排1小时哺乳时间；女职工生育多胞胎的，每多哺乳1个婴儿每天增加1小时哺乳时间。

案例

2015年4月27日，梁某到某专科医院上班，担任住院医师，月薪6 000元。同年7月1日，双方正式签订劳动合同，合同期限为1年。双方在劳动合同中约定，在合同期内梁某不得生育，若违反约定，该专科医院将不支付梁某孕期诊疗及产假期间的工资，且在此期间的社会保险费由梁某全额承担。2015年11月17日，梁某因怀孕身体不适向医院请假，请假时间为2015年11月17日至2016年1月16日。2016年1月17日，梁某向医院递交了产假的请假条，医院同意了梁某的请假。5月16日，医院以短信方式通知梁某于6月30日终止劳动合同。2015年11月17日至2016年6月30日期间，医院未支付梁某病假、产假工资，并由梁某承担了此期间应由医院缴纳的社会保险费 9 540 元。

2016 年 9 月，梁某向劳动争议仲裁委员会申请仲裁，请求裁决某专科医院返还梁某孕期、哺乳期请假期间该院违法收取的社会保险费用 9 540 元、支付怀孕期间和产假期间工资 47 720 元、支付违法终止劳动合同经济赔偿金 12 000 元。

评析

劳动争议仲裁委员会作出裁决：某专科医院返还梁某社会保险费 9 540 元，支付梁某病假工资、产假工资、经济赔偿金等共计 48 808 元。

根据《就业促进法》第二十七条规定，用人单位录用女职工，不得在劳动合同中规定限制女职工结婚、生育的内容。因此，医院与梁某在劳动合同中约定梁某不得生育的条款不符合法律规定，属于无效条款。

《劳动合同法》第四十五条规定，劳动合同期满，有本法第四十二条规定情形之一的，劳动合同应当续延至相应的情形消失时终止。其中包括女职工在孕期、产期、哺乳期的情形。医院在 2016 年 6 月 30 日终止梁某劳动合同的行为属于违法终止。

《女职工劳动保护特别规定》第五条规定，用人单位不得因女职工怀孕、生育、哺乳降低其工资、予以辞退、与其解除劳动或者聘用合同。梁某产假期间工资应由医院按照产前工资标准支付。

根据《劳动法》和《社会保险法》规定，在劳动关系存续期间，用人单位和劳动者应当依法共同缴纳社会保险费。某专科医院要求梁某承担应由该专科医院缴纳的社会保险费，违反法律规定，属于无效约定，应予返还。

综上，劳动争议仲裁委员会裁决某专科医院返还梁某社会保险费，支付梁某病假工资、产假工资、经济赔偿金。

热点疑问解答

1. 女职工在三八妇女节上班，是否需要支付加班工资？

答：根据《国务院关于修改〈全国年节及纪念日放假办法〉的决定》（国务院令第 664 号）中关于妇女节放假的规定，妇女节（3 月 8 日）妇女放假半天。此类属于部分公民放假的节日，节日期间对参加社会或单位组织庆祝活动和照常工作的职工，单位应支付工资报酬，但不支付加班工资。如果该节日恰逢星期六、星期日，单位安排职工加班工作，则应当依法支付休息日的加班工资。如果恰逢工作日，单位安排女职工正常上班的，按正常出勤计薪即可。另外，单位在三八妇女节向女性员工发放的礼品或给予的相应金钱补助属于福利性质。因此，女职工在三八妇女节上班，用人单位正常支付工资即可，但不支付加班工资。

2. 女职工入职时隐瞒怀孕信息，用人单位能否主张劳动合同无效，并辞退女职工？

答：很多企业在入职资料登记表中加上“婚否”“是否怀孕”等必填内容，同时在上面写明“本人保证所填写和提供的入职资料真实，如有虚假，即使被单位录用，单位也可随时无偿解雇我”等类似相关保证条款，要求入职员工签名。一旦发现员工提供虚假信息就以“欺诈”为由无偿辞退入职隐瞒怀孕的员工。一般认为，并不是所有的提供虚假信息或隐瞒行为都属欺诈，谎报学历、工作经历等与隐瞒怀孕有本质的区别，需要结合实际情况来认定。女职工怀孕是其个人隐私，不属于劳动者必须如实说明的内容，劳动者有权不予告知。且怀孕是女性公民享有的基本权利，是基本人权。如果用人单位招聘员工所用的筛选条件违背基本人权和社会常理，就是违反法律规定的，即该条件是无效的，单位不能据此辞退员工。

《中华人民共和国妇女权益保障法》（以下简称《妇女权益保障法》）第二十三条规定，各单位在录用职工时，除不适合妇女的工种或者岗位外，不得以性别为由拒绝录用妇女或者提高对妇女的录用标准。各单位在录用女职工时，应当依法与其签订劳动（聘用）合同或者服务协议，劳动（聘用）合同或者服务协议中不得规定限制女职工结婚、生育的内容。《女职工劳动保护特别规定》第五条规定，用人单位不得因女职工怀孕、生育、哺乳降低其工资、予以辞退、与其解除劳动或者聘用合同。因此，用人单位拒绝录用怀孕妇女，可能会因其属于“提高对妇女的录用标准”而被认定为无效。

3. 女职工在“三期”期间，用人单位能否降低其工资标准？

答：未经双方协商同意，在女职工“三期”（孕期、产期、哺乳期）期间，用人单位不能随意降低其工资标准。根据《妇女权益保障法》第二十七条的规定，任何单位不得因结婚、怀孕、产假、哺乳等情形，降低女职工的工资，辞退女职工，单方解除劳动（聘用）合同或者服务协议。但是，女职工要求终止劳动（聘用）合同或者服务协议的除外。同时，根据《女职工劳动保护特别规定》第五条的规定，用人单位不得因女职工怀孕、生育、哺乳降低其工资、予以辞退、与其解除劳动或者聘用合同。

二、未成年工的特殊劳动保护

未成年工是指年满16周岁未满18周岁的劳动者。未成年工的特殊劳动保护，是指国家根据未成年工处于生长发育期的特点，以及接受义务教育的需要，对其在劳动过程中的安全健康所给予的法律保护。

法条链接

《中华人民共和国劳动法》第五十八条　国家对女职工和未成年工实行特殊劳动保护。

未成年工是指年满16周岁未满18周岁的劳动者。

第六十四条　不得安排未成年工从事矿山井下、有毒有害、国家规定的第四级体力劳动强度的劳动和其他禁忌从事的劳动。

第六十五条　用人单位应当对未成年工定期进行健康检查。

案例

2014年8月27日，邓某被某国营煤矿招为合同制工人，双方签订了为期5年的劳动合同，该矿安排邓某在矿办公室当通信员。该矿向劳动行政部门办理了登记，入职前邓某进行了身体检查。2015年5月9日，该矿因精简机构，压缩非生产部门工作人员，安排邓某下井到采掘面工作，邓某当即拒绝，并说明缘由。矿方也认为安排其从事井下工作不妥，并于同月12日安排邓某到锅炉房做司炉工作，也被邓某拒绝。事后，一些工人反映邓某不到一线工作，他们也不去一线。矿方认为邓某不服从分配，已经给矿上的工作造成不良影响。于是，同月22日，经矿长办公会决定，对邓某予以辞退，并于第二天张贴了公告，并向邓某送达了辞退通知书。邓某不服，认为矿方对其调整的工作属于国家规定禁止未成年工从事的范围，因此，向当地劳动争议仲裁委员会提出申请，要求撤销对其的辞退决定，并给其安排力所能及的工作。

矿方认为，邓某虽然未年满18岁，但身体健壮，有力气从事一些体力劳动，何况矿上正在精简机构，压缩非生产部门的人员，充实一线工人，在此情况下调整邓某工作，邓某先后两次都不服从，在矿上造成不良影响。因此，该矿才对其作出辞退处理。

评析

本案例是一起用人单位违反国家规定安排未成年人从事禁忌劳动遭到拒绝而引起的劳动争议。

未成年工是指已被录用的，在法定最低就业年龄以上的未成年人。未成年工与童工不同，二者以法定最低就业年龄为界，在此年龄之上的为未成年工，在此年龄之下的为童工。未成年工就业为法律所允许，但因其仍是未成年人，所以应对其进行特殊保护。

未成年工虽已年满16周岁，能够参加工作，但仍属未成年人，其身体和智力尚未发育成熟。为了青少年的健康成长，必须在劳动过程中对其安全和健康采取特殊保护措施，以适应其生理发育和知识增长的需要。《劳动法》及《未成年工特殊保护规定》则对有关特殊保护的具体范围和措施作了详细规定。根据有关法律的规定，关于未成年人的特殊劳动保护，主要包括以下几方面的内容：（1）禁止未成年工从事某些禁忌劳动；（2）对未成年工的使用和特殊保护采取登记制度；（3）定期进行健康检查。

本案例中，某国营煤矿先后两次为邓某安排的工作，分别是《未成年工特殊保护规定》第三条第八项和第十七项规定的未成年工禁止从事的劳动事项，即用人单位不得安排未成年工从事矿山井下及矿山地面采石作业和锅炉司炉的工作，邓某完全有理由拒绝这两项工作安排，该煤矿以此为由辞退邓某是完全错误的。

由于未成年工正处于身体发育时期，因此，定期的身体检查可以及时了解未成年工的身体状况以保证其健康。根据《未成年工特殊保护规定》，用人单位应在安排工作岗位之前，对未成年工工作满1年以及年满18周岁，距前一次的体检时间已超过半年之久时，对其进行健康检查。未成年工的健康检查，应按该规定所附《未成年工健康检查表》列出的项目进行。用人单位应根据未成年工的健康检查结果安排其从事适合的劳动，对不能胜任原劳动岗位的，应根据医务部门的证明，予以减轻劳动量或安排其他劳动。

我国对未成年工的使用和特殊保护实行登记制度。用人单位招收使用未成年工，除需符合一般用工要求外，还须向所在地的县级以上劳动行政部门办理登记。劳动行政部门根据《未成年工健康检查表》《未成年工登记表》，核发“未成年工登记证”。未成年工须持“未成年工登记证”上岗。未成年工登记制度，使劳动行政部门得以对未成年工特殊保护措施的贯彻情况进行跟踪监管，有利于未成年工的健康成长。

课后练习

一、思考与探究

1. 本课所讲的重要概念你理解了吗？

劳动保护

劳动防护用品

2. 为什么要对女职工和未成年工实行特殊劳动保护？

3. 劳动者在劳动过程中面临何种情况时可以行使拒绝权？

二、案例分析

某公司员工刘某在怀孕7个月后要求公司不要再安排她上夜班，但公司以无人代替其岗位为由拒绝，刘某只好坚持继续上夜班。休完产假后刘某回公司上班，公司由于工作任务繁重，需要刘某加班，但刘某认为自己正处于哺乳期，加班极为不便，因而拒绝了公司的加班要求。公司以刘某不服从安排为由解除了与她的劳动合同。

用人单位侵犯了刘某哪些合法的劳动保护权利？

第六课

解密社会保险，护航职业生涯

建立和完善社会保险制度是发展社会主义市场经济的客观要求和不可缺少的条件，是实现社会分配公平以及促进经济可持续发展、维护社会安定的重要保证。享受社会保险和福利的权利是劳动者依法享有的基本权利之一。

社会保险概述

一、什么是社会保险

劳动者在用人单位从事劳动过程中由于自己或用人单位的原因，难免会遇到各种各样的风险，中断、丧失或暂时丧失劳动能力。例如，由于在劳动过程中履行工作职责而受到直接伤害引发的工伤事故和职业病，由于劳动者随着年龄增长以及女职工生育等情况带来的劳动能力的丧失或暂时中断。面对这些情况，仅仅依靠劳动者个人的力量难以承受经济上的损失，这就需要以某种方式来分散这些风险，以保障劳动者及其家庭成员的基本生活。

社会保险是指国家通过立法建立的，在劳动者遭遇年老、患病、工伤、生育、失业等风险时，给予必要的物质帮助，以保障其基本生活需求的社会保障制度。

法条链接

《中华人民共和国劳动法》第七十条　国家发展社会保险事业，建立社会保险制度，设立社会保险基金，使劳动者在年老、患病、工伤、失业、生育等情况下获得帮助和补偿。

案例

2010 年 9 月，小贵等 9 名同学同时被某工厂录用，分别被分配在机房等岗位工作。2012 年 4 月，小贵因病住院支付医疗费 1 100 元，出院后，他拿着相关凭证到工厂报销，工厂却不予报销。此时小贵等 9 名同学才明白，该工厂没有为他们缴纳养老、医疗、工伤、失业、生育等各项社会保险费，于是他们向厂方提出了为他们补缴各项社会保险费的要求。而厂方却以资金紧张，不能为新招聘员工缴纳社会保险费为由予以拒绝。小贵等 9 名同学向当地劳动争议仲裁委员会提出申请，经调解，厂方同意为他们补缴各项社会保险费。

评析

本案例中，小贵等9名同学运用法律武器，捍卫了自己的合法权益。通过这个案例我们认识到，社会保险对劳动者具有重要的保障作用。只有了解和掌握必要的社会保险知识，才能维护劳动者自身的合法权益。

拓展阅读

什么是商业保险？

保险按其性质来分可分为两大类，一类是不以营利为目的的社会保险，另一类是以营利为目的的商业保险。

商业保险，又称金融保险，是指商业保险组织根据保险合同约定，向投保人收取保险费，建立保险基金，对于合同约定的财产损失承担赔偿责任，或当被保险人死亡、伤残、患病以及达到合同约定的年龄、期限时承担给付保险金责任的一种合同行为。其特征包括：经营主体是商业保险公司；保险关系是通过保险合同体现的；保险的对象可以是人或物（包括有形的和无形的），具体标的包括人的生命和身体、财产以及与财产有关的利益、责任、信用等；经营以营利为目的。

二、社会保险的特征

1. 法定性

社会保险是国家通过立法手段在全社会强制推行的，用人单位和劳动者必须参加社会保险基金，不以自愿为原则，而且要按期缴纳社会保险费，拒不缴纳的要受到法律制裁，逾期缴纳的要受到经济处罚。

小贴士

常见的用人单位未依法为劳动者缴纳社会保险费的情形：

（1）用人单位未为劳动者办理社会保险登记。

（2）用人单位虽然为劳动者办理了社会保险登记但险种不全。

（3）用人单位为劳动者办理了社会保险登记且险种齐全，但存在缴纳年限不足、缴费基数低等问题。

（4）用人单位强迫劳动者入职时写不缴纳社会保险的承诺书。

（5）劳动者入职时自愿与用人单位协商要求不缴纳社会保险。

2. 互济性

社会保险将劳动风险造成的经济损失在劳动者之间实行合理分担，也就是由投保人之间互济。

3. 福利性

社会保险不以营利为目的，而是以帮助劳动者摆脱生活困难为目的，属于公益性的非营利服务事业，国家对社会保险所需资金负有一定的支持责任。

4. 社会性

社会保险的范围比较广泛，包括社会上不同行业、不同职业的劳动者。社会保险体现为一种社会政策，具有保障社会安定的职能。

小贴士

我国的社会保险制度始建于20世纪50年代初，标志是1951年政务院颁布的《中华人民共和国劳动保险条例》。其内容包括养老、伤残、遗属、疾病津贴、医疗、工伤和职业病、生育待遇等。该制度由实行劳动保险的各企业或资方按工资总额的3%缴费，建立劳动保险金，职工退休后再从基金中支取退休金，伤残津贴也从基金中支付；其他项目由企业按政府规定标准支付，若有困难，由基金给予补助。这一制度对当时的社会稳定起到了积极作用。20世纪60年代末，由于历史原因，社会保险由企业单独负担，并逐步演变成企业保险。直到1978年后，我国对社会保险制度逐步进行了改革。

当前，我国已建立起了包括基本养老、基本医疗、工伤、失业、生育5种保险在内的完整的社会保险体系。社会保险的管理体制是以各级政府主管社会保险的职能部门及所属的社会保险事业机构为主体，为实现宪法和劳动法赋予劳动者享受社会保险待遇的权利，对社会保险事务实行人、财、物统一管理。

热点疑问解答

1. 社会保险断缴的影响有哪些?

答：社会保险连续缴费时间影响保险金额，缴费时间越长，可领取保险金则越高。社会保险断缴最直接影响的是医疗保险的正常使用，断缴的第二个月个人账户上的钱还可以正常使用，但住院等费用则无法再报销。

2. 用人单位不签劳动合同也不缴纳社保怎么办?

答：若用人单位不签订劳动合同，劳动者可以主张从未签订劳动合同的第二个月起至1年内的双倍工资，同时准备好可以认定双方劳动关系存在的证据。若用人单位拒绝缴纳社保，劳动者可以主张由单位为自己补缴社保；以单位拒缴社保为由向单位提交书面辞职书的，可以主张单位支付工作每满1年的1个月工资的经济补偿。

社会保险的内容

一、基本养老保险

基本养老保险是指因劳动者达到国家规定的解除劳动义务的劳动年龄界限，或因年老丧失劳动能力而退出劳动岗位，而建立的一种保障其基本生活的社会保险制度。目的是以社会保险为手段来保障老年人的基本生活需要，为其提供稳定可靠的生活来源。凡在规定范围内的用人单位和个人必须无条件参加基本养老保险，并按法律规定的方式和标准向指定的社会保险经办机构缴纳基本养老保险费。

1. 基本养老保险费的缴纳

法条链接

《中华人民共和国社会保险法》第十条 职工应当参加基本养老保险，由用人单位和职工共同缴纳基本养老保险费。

无雇工的个体工商户、未在用人单位参加基本养老保险的非全日制从业人员以及其他灵活就业人员可以参加基本养老保险，由个人缴纳基本养老保险费。

公务员和参照公务员法管理的工作人员养老保险的办法由国务院规定。

（1）用人单位为劳动者缴纳基本养老保险费的规定：用人单位应当按照国家规定的本单位职工工资总额的比例缴纳基本养老保险费，记入基本养老保险统筹基金。

（2）职工个人缴纳基本养老保险费的规定：职工应当按照国家规定的本人工资的比例缴纳基本养老保险费，记入个人账户；无雇工的个体工商户、未在用人单位参加基本养老保险的非全日制从业人员以及其他灵活就业人员参加基本养老保险的，应当按照国家规定缴纳基本养老保险费，分别记入基本养老保险统筹基金和个人账户。

案例

小钱在某技校数控维修专业毕业后，于2017年与某公司签订了为期5年的劳动合同。2018年小钱了解到公司没有为自己办理基本养老保险并缴纳保险费，便向公司提出办理基本养老保险的要求。公司却解释说，公司已经给了小钱很高的工资待遇，其工资中就包含了保险费，所以不再给他缴纳养老保险费。小钱不服，向当地劳动争议仲裁委员会提出申请。劳动争议仲裁委员会经审理后认为，虽然合同中约定小钱每月的工资为8 000元，但不能作为用人单位不予缴纳养老保险费的理由。最后劳动争议仲裁委员会依法裁决某公司为小钱补办基本养老保险，维护了小钱的合法权益。

评析

本案例中，该公司以支付高工资的方式替代缴纳养老保险费的做法显然是违反劳动法的。即使在合同中约定以支付高工资的方式代替为劳动者办理基本养老保险，且劳动者本人也同意，这种做法仍是错误的。因为用人单位和劳动者是无权以约定的方式拒不履行参加基本养老保险这一法定义务的。

2. 职工基本养老保险个人账户

职工基本养老保险个人账户，是指社会保险经办机构以居民身份证号码为标识，为每位参加基本养老保险的职工个人设立的唯一的、用于记录职工个人缴纳的养老保险费和从企业缴费中划转记入的基本养老保险费，以及上述两部分的利息金额的账户。个人账户是职工在符合国家规定的退休条件并办理了退休手续后，领取基本养老金的主要依据。

个人账户记入的资金包括三部分：（1）当年缴费本金，含个人全部缴费以及用人单位缴费中划入个人账户的部分（从 2006 年 1 月 1 日起，个人账户的规模统一由本人缴费工资的 11% 调整为 8%，全部由个人缴费形成，单位缴费不再划入个人账户）。（2）当年本金生成的利息。（3）历年累计储存额生成的利息。

个人账户养老金是社会统筹与个人账户相结合改革模式中的基本养老金的重要组成部分。个人账户养老金与基础养老金以及过渡性养老金、调节金一起，共同构成退休人员的基本养老金。个人账户储存额只用于职工养老，不得提前支取。职工调动时，个人账户全部随同转移，中断后可以按相关规定予以接续。职工或退休人员死亡，个人账户中的个人缴费部分可以被继承。

3. 劳动者基本养老保险待遇

1997 年 7 月发布的《国务院关于建立统一的企业职工基本养老保险制度的决定》指出，各级人民政府要把社会保险事业纳入本地区国民经济与社会发展计划，贯彻基本养老保险只能保障退休人员基本生活的原则；为使离退休人员的生活随着经济与社会发展不断得到改善，体现按劳分配原则和地区发展水平及企业经济效益的差异，各地区和有关部门要在国家政策指导下大力发展企业补充养老保险，同时发挥商业保险的补充作用。2021 年政府工作报告指出，提高退休人员基本养老金，上调城乡居民基础养老金最低标准。2021 年退休人员基本养老金的全国总体调整水平为 2020 年退休人员月人均基本养老金的 4.5%。

参加基本养老保险的职工要领取养老金必须符合两个条件：

一是达到法定退休年龄；

二是累计缴纳养老保险费满 15 年。

小贴士

劳动年龄界限一般是指男年满 60 周岁，女工人年满 50 周岁，女干部年满 55 周岁；从事井下、高空、高温、特别繁重体力劳动或者其他有害身体健康的工作，男年满 55 周岁，女年满 45 周岁；男年满 50 周岁，女年满 45 周岁，经劳动鉴定委员会确认为完全丧失劳动能力的。

退休时的基础养老金月标准以当地上一年度在岗职工月平均工资和本人指数化月平均缴费工资的平均值为基数，缴费每满 1 年发给 1%。个人账户养老金月标准为个人账户储存额除以计发月数，计发月数根据职工退休时城镇人口平均预期寿命、本人退休年龄、利息等因素确定。

基本养老金的计算公式如下：

基本养老金 =（当地上年度在岗职工月平均工资 + 本人指数化月平均缴费工资）/2×［缴费年限（含视同缴费年限）×1%］+ 个人账户储存额 / 计发月数

案例

自 2004 年 7 月起，小光就职于某公司，其间该公司一直未给小光办理养老保险。2012 年 1 月至 2014 年 12 月，公司方才开始为小光缴纳养老保险费。2016 年 10 月小光一次性补缴了前期未缴纳的养老保险费共计 67 445.52 元，其中，职工基本养老保险（单位缴纳）部分为 59 250 元，职工基本养老保险（个人缴纳）部分为 8 195.52 元。小光补缴养老保险费后，要求公司返还其为公司垫付的养老保险费 59 250 元。

问：公司是否应当向小光返还 59 250 元的养老保险费？

评析

用人单位缴纳社会保险费是其法定义务，应当按时足额缴纳。劳动者对其缴纳的应当由用人单位承担的社保费用有权追偿。小光自愿补缴的是个人应缴部分的养老保险费，而非自愿补缴单位应缴部分的养老保险费，且其并未明确表示放弃向该公司追偿代其缴纳部分的养老保险费。因此，该公司应当支付小光养老保险费 59 250 元。

热点疑问解答

个别用人单位在劳动者入职的时候会与之签订免除缴纳社会保险费义务的合同，让劳动者声明自愿承担全部社会保险费用，从而减少单位开支。用人单位此种做法是否合法?

答：用人单位与劳动者自行约定的免除用人单位缴纳社会保险费义务的条款，违反了法律法规的强制性规定，应认定为无效。劳动者对其缴纳的应当由用人单位承担的社保费用有权追偿。

二、基本医疗保险

基本医疗保险是国家强制实施，由国家、单位和个人缴纳医疗保险费，建立医疗保险基金，当个人生病或受到伤害时，由社会医疗保险机构按规定提供医疗费用补偿的一种社会保险制度。

1. 用人单位和职工医疗保险费的缴纳

职工应当参加职工基本医疗保险，由用人单位和职工按照国家规定共同缴纳基本医疗保险费。无雇工的个体工商户、未在用人单位参加职工基本医疗保险的非全日制从业人员以及其他灵活就业人员可以参加职工基本医疗保险，由个人按照国家规定缴纳基本医疗保险费。

2. 医疗保险个人账户

医疗保险个人账户，是指医疗保险机构为参加基本医疗保险的个人设立的，用于记录本人医疗保险筹资和偿付本人医疗费用的专用基金账户。个人账户基金的主要来源包括个人缴纳的医疗保险费和用人单位缴纳的医疗保险费的一定比例。有的还包括用人单位为个人缴纳的个人账户启动资金，还有随着保险年限的增加而产生的个人账户资金的利息收入。具体标准由各地根据个人账户的支付范围和个人年龄等因素确定。已退休人员也必须参加医疗保险并建立个人账户，但不再缴纳医疗保险费。

3. 医疗保险待遇

医疗保险待遇，是指用人单位和职工按照一定的费率和费基缴纳医疗保险费，形成医疗保险基金，由基金对参保职工因疾病支付医疗费用所造成的经济损失给予一定的补偿。医疗保险支付医疗费用的范围是由起付标准和最高限额确定的。门诊和住院费用在起付标准以下的部分由个人账户支付或由个人自付；门诊和住院费用在起付标准以上、最高限额以下的部分，由医疗保险机构按一定比例支付；超过最高支付限额的医疗费用，可以通过商业医疗保险等途径解决。

案例

小赵2015年8月到某公司工作，签订了为期5年的劳动合同。公司参加了城镇职工基本医疗保险，为所有职工按时足额缴纳了医疗保险费。2019年4月，小赵生了一场大病住院治疗。住院治疗期间，小赵享受了医疗保险待遇，但公司却停发了他的工资，并于2019年8月通知他在给予他部分经济补偿后，立即解除劳动合同。小赵不服，认为公司侵害了他的合法权益，遂向劳动争议仲裁委员会提出申请，要求公司补发住院期间的病假工资，并撤销立即解除劳动合同的决定。劳动争议仲裁委员会经调查后责令公司补发小赵病假工资，并撤销立即解除劳动合同的决定。

评析

《关于贯彻执行〈中华人民共和国劳动法〉若干问题的意见》第五十九条规定，职工患病或非因工负伤治疗期间，在规定的医疗期间内由企业按有关规定支付其病假工资或疾病救济费，病假工资或疾病救济费可以低于当地最低工资标准支付，但不能低于最低工资标准的80%。《劳动法》还规定，劳动者患病或者负伤，在规定的医疗期内不得解除劳动合同。医疗期满后，不能从事原工作也不能从事由用人单位另行安排的工作的，用人单位可以解除劳动合同，但是应当提前30日以书面形式通知劳动者本人。虽然小赵的医疗期已满，但该公司必须要以书面形式通知小赵，并在30日后解除劳动合同，而不能作出立即解除劳动合同的决定，这属于程序上违法，公司应当撤销该决定。

三、工伤保险

工伤保险是指劳动者在工作中或在规定的特殊情况下，遭受意外伤害或患职业病导致暂时或永久丧失劳动能力以及死亡时，劳动者或其遗属从国家和社会获得物质帮助的一种社会保险制度。

1. 工伤认定

工伤是指与用人单位建立劳动关系的劳动者，因工作原因受到事故伤害、意外伤害或患职业病的情形。工伤劳动者依法享受工伤待遇。

案例

小钟是某职业高中学生，毕业前夕，学校安排小钟等学生到某机械厂实习，实习期为 3 个月，每天有 30 元的实习补助。实习期间如果表现良好，毕业后将被该厂录用。小钟和同学们都很努力。有一次，小钟使用的机器发生故障，他关掉电源修理机器。不料，小钟的同学小周并不知情，他拉上电闸开动了机器，小钟的左手食指被机器轧成粉碎性骨折，造成他终身残疾。小钟住院 1 个星期，伤愈出院，其间的医疗费都是工厂支付的。听说在干活时受到意外伤害属于工伤，小钟想知道自己算不算工伤呢？

评析

实习是出于教学需要而进行的社会实践活动，实习生与用人单位之间并没有建立劳动关系。因此，实习生在实习工作中受到的意外伤害不属于工伤，不能享受工伤待遇。

虽然实习生实习期间与用人单位不构成劳动关系，受伤并不属于工伤，但是此时双方为雇佣关系。雇员在从事雇佣活动过程中遭受人身损害的，应当由雇主承担赔偿责任。因此，实习生可以人身损害赔偿为由向用人单位主张赔偿或提起诉讼。

劳动者有下列情形之一的，应当认定为工伤：

（1）在工作时间和工作场所内，因工作原因受到事故伤害的；

（2）工作时间前后在工作场所内，从事与工作有关的预备性或者收尾性工作受到事故伤害的；

（3）在工作时间和工作场所内，因履行工作职责受到暴力等意外伤害的；

（4）患职业病的；

（5）因工外出期间，由于工作原因受到伤害或者发生事故下落不明的；

（6）在上下班途中，受到非本人主要责任的交通事故或者城市轨道交通、客运轮渡、火车事故伤害的；

（7）法律、行政法规规定应当认定为工伤的其他情形。

劳动者有下列情形之一的，视同工伤：

（1）在工作时间和工作岗位，突发疾病死亡或者在48小时之内经抢救无效死亡的；

（2）在抢险救灾等维护国家利益、公共利益活动中受到伤害的；

（3）职工原在军队服役，因战、因公负伤致残，已取得革命伤残军人证，到用人单位后旧伤复发的。

劳动者有下列情形之一的，不得认定为工伤或者视同工伤：

（1）故意犯罪的；

（2）醉酒或者吸毒的；

（3）自残或者自杀的。

小贴士

劳动功能障碍分为十个伤残等级，最重的为一级，最轻的为十级。一至四级为完全丧失劳动能力，五至六级为大部分丧失劳动能力，七至一级为部分丧失劳动能力。生活自理障碍分为三个等级：生活完全不能自理、生活大部分不能自理和生活部分不能自理。

2. 工伤待遇

（1）工伤医疗待遇。工伤职工在医疗期或医疗期满仍需治疗的，享受工伤医疗待遇。工伤医疗待遇包括：职工治疗工伤或职业病所需的挂号费、住院费、医疗费、药费、就医路费全额报销；工伤职工需要住院治疗的，按照当地因公出差伙食补助标准的2/3发放住院伙食补助费；经批准转外地治疗的，所需交通、食宿费用按照本企业职工因公出差标准报销。

（2）工伤津贴。职工工伤医疗期内停发工资，改为按月发放工伤津贴。工伤津贴标准相当于工伤职工本人受伤前12个月内平均月工资收入。工伤医疗期待遇期限为3~24个月。工伤医疗期后或评定伤残等级后，停发工伤津贴，改为享受伤残待遇。

（3）伤残待遇。伤残待遇按评定的伤残等级确定为一至四级的，按月发放伤残津贴，并享有一次性伤残补助金、其他疾病的医疗保险待遇；五至十级的，享有一次性伤残补助金、一次性工伤医疗补助金、一次性伤残就业补助金。

（4）因工死亡待遇。包括丧葬补助金，标准为6个月的省、自治区、直辖市上年度职工月平均工资；一次性工亡补助金，标准为上一年度全国城镇居民人均可支配收入的20倍；供养亲属抚恤金，按照职工本人工资的一定比例发给由因工死亡职工生前提供主要生活来源、无劳动能力的亲属，标准为配偶每月40%、其他亲属每人每月30%，孤寡老人或者孤儿每人每月在上述标准的基础上增加10%，核定的各供养亲属的抚恤金之和不应高于因工死亡职工生前的工资，供养亲属的具体范围由国务院社会保险行政部门规定。

《工伤保险条例》第十四条 职工有下列情形之一的，应当认定为工伤：

（一）在工作时间和工作场所内，因工作原因受到事故伤害的；

（二）工作时间前后在工作场所内，从事与工作有关的预备性或者收尾性工作受到事故伤害的；

（三）在工作时间和工作场所内，因履行工作职责受到暴力等意外伤害的；

（四）患职业病的；

（五）因工外出期间，由于工作原因受到伤害或者发生事故下落不明的；

（六）在上下班途中，受到非本人主要责任的交通事故或者城市轨道交通、客运轮渡、火车事故伤害的；

（七）法律、行政法规规定应当认定为工伤的其他情形。

第十五条 职工有下列情形之一的，视同工伤：

（一）在工作时间和工作岗位，突发疾病死亡或者在48小时之内经抢救无效死亡的；

（二）在抢险救灾等维护国家利益、公共利益活动中受到伤害的；

（三）职工原在军队服役，因战、因公负伤致残，已取得革命伤残军人证，到用人单位后旧伤复发的。

职工有前款第（一）项、第（二）项情形的，按照本条例的有关规定享受工伤保险待遇；职工有前款第（三）项情形的，按照本条例的有关规定享受除一次性伤残补助金以外的工伤保险待遇。

热点疑问解答

1. 没有劳动合同，能否认定工伤？

答：如果没有劳动合同，但有其他证据可以证明工伤职工与用人单位存在劳动关系，依法可以认定为工伤。

2. 员工操作失误导致事故，能算工伤吗？

答：在工伤认定中，对用人单位适用无过错责任原则，即不论用人单位有无过错，只要发生了劳动者伤害事故，除了《工伤保险条例》第十六条规定的 3 种情形外都要承担责任。

四、失业保险

失业保险是国家和社会为暂时失去职业又没有其他收入来源的人员提供基本生活保障，并通过职业培训、职业介绍等手段帮助其实现再就业的一种社会保险制度。

小贴士

失业人员是指在法定劳动年龄内有劳动能力、目前无工作，并以某种方式正在寻找工作的人员，一般包括就业转失业的人员和新生劳动力中未实现就业的人员。而我国《失业保险条例》将失业人员限定为就业转失业的人员。所谓目前无工作并以某种方式寻找工作，是指失业人员有工作要求，但受客观因素的制约尚未实现就业。所以那些目前虽无工作，但没有工作要求的人，并不被视为失业人员。失业是一种社会经济现象。劳动力资源是经济资源的重要组成部分，就业岗位的竞争是劳动力资源实现优化配置的必要前提。竞争过程中，必然会有一部分劳动力因各种原因暂时不能实现就业。解决失业问题，不是完全消除失业现象，而是通过发展经济开发就业岗位，通过职业培训提高劳动者的素质和技能，把失业人员的数量控制在社会可以承受的范围内。同时，通过实施失业保险对暂时不能实现就业的劳动者给予帮助，保障他们的基本生活，提供再就业服务，把失业造成的消极影响降到最低限度。因此，发展和完善我国的失业保险制度，对分担失业风险、解决失业问题具有十分重要的作用。

1. 失业保险费的缴纳

职工应当参加失业保险，由用人单位和职工按照国家规定共同缴纳失业保险费。

2. 享受失业保险待遇的条件

失业人员享受失业保险待遇需具备以下条件：

（1）失业前用人单位和本人已经缴纳失业保险费满 1 年；

（2）非因本人意愿中断就业；

（3）已经进行失业登记，并有求职要求。

 小贴士

失业人员在领取失业保险金期间重新就业、应征服兵役、移居境外、享受基本养老保险待遇、被判刑收监执行或者被劳动教养、无正当理由拒不接受当地人民政府指定的部门或者机构介绍的适当工作或提供的培训的，以及有法律、法规规定的其他情形的，应停止领取失业保险金，并同时停止享受其他失业保险待遇。

3. 失业保险待遇

失业保险金的标准，由省、自治区、直辖市人民政府确定，不得低于城市居民最低生活保障标准。领取失业保险金的限期根据失业人员的累计缴费时间确定：累计缴费时间满 1 年以上不足 5 年的，最多为 12 个月；满 5 年以上不足 10 年的，最多为 18 个月；10 年以上的，最多为 24 个月。

五、生育保险

生育保险是国家通过立法实施的，在怀孕和分娩的妇女劳动者暂时中断劳动时，由国家和社会提供医疗服务、生育津贴和产假的一种社会保险制度，是国家和社会对生育的职工给予必要的经济补偿和医疗保健的社会保险制度。我国生育

保险待遇主要包括两项：一是生育津贴，二是生育医疗费用。

生育保险费由用人单位按规定缴纳，个人不缴纳生育保险费。

（1）生育津贴为女职工产假期间的工资。生育津贴低于本人工资标准的，差额部分由企业补足。生育津贴按照女职工本人生育当月的缴费基数除以 30 再乘以产假天数计算。

（2）女职工生育享受产假，正常产假 98 天，其中产前可以休假 15 天；难产的增加产假 15 天；生育多胞胎的，每多生育 1 个婴儿，增加产假 15 天。女职工怀孕未满 4 个月流产的，享受 15 天产假；怀孕满 4 个月流产的，享受 42 天产假。

（3）女职工生育的检查费、接生费、手术费、住院费和药费由生育保险基金支付。超出规定范围和标准的医疗服务费和药费由个人负担。

案例

制药公司女职工岳岳于 2018 年参加工作，并与该公司签订了为期 10 年的劳动合同。2020 年 2 月岳岳按照规定休产假。当她重新上班时，原岗位已经被别人顶替，其部门领导不予安排工作。岳岳认为自己与公司签订了 10 年的劳动合同，同时按照规定休产假，公司现在不安排工作，就等于中止劳动合同。她多次找相关领导要求上班，但是公司一直没有安排她的工作。岳岳在万般无奈的情况下，于 2020 年 12 月向劳动争议仲裁委员会提出劳动争议仲裁申请。

评析

《劳动法》规定，用人单位不得在女职工孕期、产期、哺乳期解除劳动合同。女职工生育期间的权利受国家法律保护，该公司虽然没有解除与岳岳的劳动合同，但是不安排其工作，不保障女职工的基本待遇，其性质和解除劳动合同是一样的，应予以纠正。

课后练习

一、选择题

职工有下列情形之一的，应当认定为工伤。（　　）（此题多选）

A. 在工作时间和工作场所内，因工作原因受到事故伤害的

B. 工作时间前后在工作场所内，从事与工作有关的预备性或者收尾性工作受到事故伤害的

C. 在工作时间和工作场所内，因履行工作职责受到暴力等意外伤害的

D. 在上下班途中，受到自行车事故伤害的

二、思考与探究

1. 本节课所讲知识概念你理解了吗?

社会保险

养老保险

医疗保险

工伤保险

失业保险

生育保险

2. 梳理各种社会保险缴纳方式以及费用承担比例。

3. 查阅资料，分析社保断缴对劳动者医疗、生育、养老、工伤、失业分别会有什么具体影响。

4. 张飞入职某餐饮公司并签订劳动合同，此时张飞应当参加哪类保险？该保险包含了哪些内容？保险金额应当由谁承担？公司可否以另外支付奖金补贴为由拒绝为张飞缴纳社保?

5. 学习并认识社会保险制度的重要性及其作用。

6. 社会保险的主要特征有哪些?

7. 判断下列说法的对错。

（1）经与劳动者协商后，用人单位可以不为劳动者办理社会保险登记。

（2）用人单位强迫劳动者写不缴纳社会保险的承诺书，该承诺书即为有效。

（3）劳动者入职时自愿与用人单位协商要求不缴纳社会保险的，用人单位即可不缴纳。

（4）用人单位为劳动者办理了社会保险登记且险种齐全，但因资金周转不灵，用人单位断缴了 6 个月，用人单位无须再补缴。

三、案例分析

乔某是某钢铁公司职工，2018 年 12 月 16 日上午，他骑自行车上班，一辆卡车突然拐入自行车道将其撞伤。事故发生后肇事车辆逃逸，乔某的医药费无人

支付，出院后乔某被鉴定为六级伤残。钢铁公司以乔某已不能胜任原工作为由，解除了公司与他的劳动合同。乔某认为自己属于工伤，应享受工伤待遇，单位应支付医疗费且不能解除劳动合同。双方协商不成，乔某向劳动争议仲裁委员会提请仲裁。

（1）乔某在上班途中被撞伤是否应认定为工伤？

（2）单位是否应支付乔某的医疗费？

第七课

解决劳动争议，维护合法权益

在劳动过程中，由于劳动关系双方在劳动权利和劳动义务方面出现分歧或受各种因素的影响而发生劳动争议，是不可避免的。当我们作为劳动者的合法权益受到侵害时，应当清楚如何依照法律法规通过哪些途径来维护自己的合法权益。

劳动争议的基本认识

一、什么是劳动争议

通过前面的学习我们认识到，稳定和谐的劳动关系是劳动者与用人单位之间权利和义务顺利实现的保证。但是在劳动过程中，由于劳动关系双方各持不同主张，劳动权利和劳动义务不同，以及受其他各种因素的影响，发生争议是不可避免的。例如，因工资待遇、工作时间引发的劳动争议，因劳动安全事故引发的赔偿纠纷，因社会保险费缴纳引发的纠纷等。随着社会经济活动的日益复杂，劳动争议的数量不断增加。

所谓劳动争议，又称劳动纠纷，是指劳动关系当事人之间因劳动权利和劳动义务发生分歧而引起的争议。

小贴士

劳动争议是现实中较为常见的纠纷。国家机关、企事业单位、社会团体等用人单位与职工建立劳动关系后，一般都能相互合作，认真履行劳动合同。但双方之间难免由于各种原因产生纠纷，这不仅使正常的劳动关系得不到维护，还会使劳动者的合法利益受到损害，不利于社会的稳定。因此，我们应当正确把握劳动争议特点，积极预防劳动争议发生。劳动争议具有以下特点。

（1）劳动争议的当事人，一方为劳动者，另一方为用人单位。不具有劳动法律关系主体身份者之间所发生的争议，不属于劳动纠纷。如果争议不是发生在劳动关系双方当事人之间，即使争议内容涉及劳动问题，也不构成劳动争议。例如，劳动者之间在劳动过程中发生的争议，用人单位之间因劳动力流动发生的争议，劳动者或用人单位在劳动行政管理中发生的争议，劳动者或用人单位与劳动行政部门在劳动行政管理中发生的争议，劳动者或用人单位与劳动服务主体在劳动服务过程中发生的争议等，都不属于劳动纠纷。

（2）劳动争议的内容涉及劳动权利和劳动义务，包括就业、工时、工资、劳动保护、保险福利、职业培训、民主管理、奖励惩罚等各个方面，因而相当广泛。

（3）劳动争议的形式表现为当事人双方提出不同主张或要求的意思表示。

二、劳动争议的范围

劳动关系内容的广泛性决定着劳动争议范围的广泛性。根据劳动争议涉及的权利义务的具体内容，可将其分为以下几类。

（1）因确认劳动关系发生的争议。

（2）因订立、履行、变更、解除和终止劳动合同发生的争议。

（3）因除名、辞退和辞职、离职发生的争议。

（4）因工作时间、休息休假、社会保险、福利、培训，以及劳动保护发生的争议。

（5）因劳动报酬、工伤医疗费、经济补偿或者赔偿金等发生的争议。

（6）法律法规规定的其他劳动争议。

解决劳动争议的主要途径

劳动争议发生后，如果不能被及时、妥善地解决，将会影响劳动关系的和谐，影响生产和经济建设，以至于影响社会稳定。当前，某些用人单位对法律的认识不够深刻，侵犯劳动者合法权益的行为仍在继续发生。所以，我们不仅要学习必要的劳动法律常识，而且要了解和掌握解决劳动争议的正确途径和方法，这样才能有效维护自身合法权益。劳动争议的解决途径主要有6种，其中协商和调解为自愿选择的途径，诉讼需要有仲裁来作为前置程序。

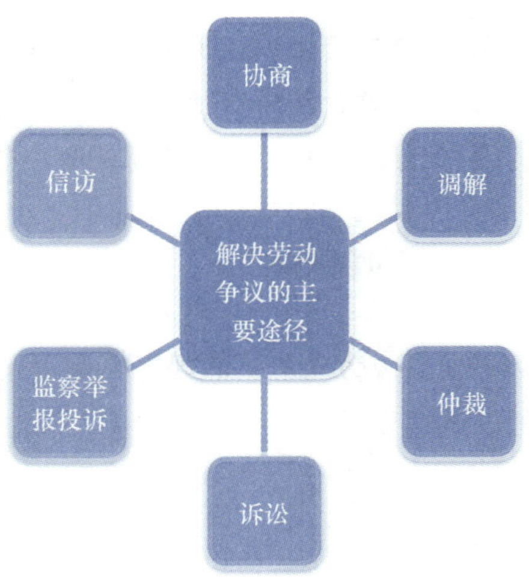

一、协商解决

当劳动者与用人单位发生争议，并认为自己的合法权益受到侵害时，可以通过与用人单位协商来使其纠正过错行为。

案例

林凡在技工学校上学时就是一名能力较强的班干部，毕业后他到一家外商独资公司工作，成为一名公司内部公认的好员工，并被推举为该公司的共青团代表，出席当地的团代会。此次团代会共 3 天，公司主管虽然批准了林凡的请假申请，但扣发了林凡 3 天的工资。

林凡运用所学的劳动法律知识，向公司主管解释了劳动者依法参加团代会等社会活动期间，用人单位应当支付劳动者工资，这是我国劳动法明确规定的。公司主管在听了林凡的解释后，明白了扣发林凡工资的做法是不正确的，决定立即予以补发。

评析

林凡参加当地的团代会，属于依法参加社会活动，公司不应扣减其工资。林凡在自己的合法权益受到侵害时，首先想到的是运用法律知识，心平气和地与公司讲道理，使公司认识到自己的做法不符合法律规定，林凡的这一做法就是对劳动争议协商解决途径的应用。通过本案例我们可以看到，本着平等、自愿的原则进行协商是解决劳动争议最为简便易行的方法。

二、调解解决

根据《劳动法》的规定，在用人单位内可以设立劳动争议调解委员会。劳动争议调解委员会负责调解本用人单位发生的劳动争议。

小贴士

劳动争议调解委员会的人员组成一般包括职工代表、用人单位代表、用人单位工会代表。劳动争议调解委员会主任由用人单位工会代表担任。调解委员会的办事机构设在用人单位工会委员会。对于没有成立工会组织的用人单位，调解委员会的设立及其组成由职工代表与用人单位代表协商决定。

调解委员会调解劳动争议，应当自当事人申请调解之日起30日内结束；到期未结束的，视为调解不成。调解委员会调解劳动争议应当遵循当事人双方自愿原则，经调解达成协议的，由调解委员会制作调解协议书，当事人双方自觉履行。

以前面林凡的案例来讲，如果林凡与单位主管进行协商没有达到预期的目的，那么他可以选择到本单位的劳动争议调解委员会申请调解解决，以维护自己的合法权益。

三、仲裁解决

1. 什么是劳动争议仲裁

仲裁也称为公断，其基本含义是由一个公正的第三者对当事人之间的争议作出评判。劳动争议仲裁是劳动争议仲裁委员会对用人单位与劳动者之间发生的争议，在查明事实、明确是非、分清责任的基础上，依法作出裁决的活动。

小贴士

我国县、市、市辖区都设立了劳动争议仲裁委员会。仲裁委员会由下列人员组成：劳动行政主管部门的代表、同级工会的代表、用人单位方面的代表。仲裁委员会组成人员数量必须是单数，主任由劳动行政主管部门的负责人担任。劳动行政主管部门的劳动争议处理机构为仲裁委员会的办事机构，负责办理仲裁委员会的日常事务。仲裁委员会实行少数服从多数的原则。

劳动者与用人单位之间发生争议后，如果劳动者所在的用人单位没有设立劳动争议调解委员会，或者劳动者与用人单位经协商没有达成一致协议，用人单位的调解委员会调解也不成的，为维护自身的合法权益，劳动者可以向劳动争议仲裁委员会提请仲裁，也可以选择直接向仲裁委员会申请以仲裁的途径解决争议。以前面林凡的案例来讲，争议发生之初，如果他不选择通过协商来解决争议，也可以直接申请仲裁。

2. 申请劳动争议仲裁要注意的具体问题

（1）正确填写和提交劳动争议仲裁申请书。当事人应当向劳动争议发生地的仲裁委员会提交申请书，并按照被申请人的人数提交副本。如果发生劳动争议的用人单位与职工不在同一个仲裁委员会辖区，此仲裁由该职工工资关系所在地的仲裁委员会处理。

申请书应当载明下列事项：当事人的姓名、职业、住址和工作单位；用人单位的名称、地址和法定代表人的姓名、职务；仲裁请求及所依据的事实和理由；证据及证人的姓名和住址。申请书内容有欠缺的，当事人可在劳动争议仲裁委员会的指导下进行补正，并在申诉时效内向仲裁委员会提交。劳动争议仲裁申请书的一般格式如下所示。

劳动争议仲裁申请书

申请人：　　　　性别：　　　　出生年月：

民族：

工作单位：　　　　职业：

住址：　　　　电话：

被申请人：　　　　法定代表人姓名：　　　　职务：

地址：　　　　电话：

请求事项：

（写明申请仲裁所要达到的目的）

事实和理由：

（简要写明事情的经过、申请仲裁的原因、依据以及相关的法律条文等，包括证据和证据来源、证人姓名和住址等情况）

此致

________劳动争议仲裁委员会

申请人：（签名或盖章）

______年____月____日

附：1. 本申请书副本 × 份（按被申请人人数确定份数）；

2. 证据 × 份；

3. 其他材料 × 份。

（如果有多个被申请人，按顺序列在一起即可，不必写多份申请书。如果申请人是单位，还应该提交法定代表人身份证明书）

（2）注意仲裁时效。当事人应当从知道或者应当知道其权利被侵害之日起60日内，以书面形式向劳动争议仲裁委员会申请仲裁。超过规定的仲裁时效，经仲裁委员会认定因不可抗力或者有其他正当理由的，也应当受理。但从劳动争议发生之日起超过1年的，仲裁委员会一般不予受理。

申请人自权利被侵害之日起60日内提出申请，仲裁委员会接到当事人劳动争议仲裁申请后进行审查，并在5日内作出是否立案的决定。决定立案的，自作出决定之日起5日内通知申请人；决定不予立案的，自作出决定之日起5日内向申请人下达不予受理通知书，并说明理由。

案例

小王是一家公司的技术经理，已在公司工作5年。2015年3月，由于小王和公司之间发生一些不愉快，公司提出解除与小王的劳动合同。正好小王有一个出国深造的机会，他就此离开公司，随即出国，因而一直未向公司主张经济补偿。2016年7月，小王回国后要求公司支付经济补偿，公司不同意，双方因此发生纠纷，小王遂向劳动争议仲裁委员会申请仲裁。

评析

本案例属于用人单位提出、双方协商一致解除劳动合同的情形。根据《劳动合同法》第三十六条与第四十六条，用人单位与劳动者协商一致解除劳动合同的，用人单位应当向劳动者支付经济补偿。因此，公司依法应当向小王支付经济补偿。但小王因出国导致其在离职一年多时间后才申请仲裁，按照《中华人民共和国劳动争议调解仲裁法》（以下简称《劳动争议调解仲裁法》）第二十七条规定，申请劳动仲裁的时效期间为1年，小王申请劳动仲裁时已超过仲裁时效，其身在国外不能回国，不属于法律规定的不可抗力或其他正当理由，仲裁委员会未予受理。

《中华人民共和国劳动争议调解仲裁法》第二十七条　劳动争议申请仲裁的时效期间为1年。仲裁时效期间从当事人知道或者应当知道其权利被侵害之日起计算。

前款规定的仲裁时效，因当事人一方向对方当事人主张权利，或者向有关部门请求权利救济，或者对方当事人同意履行义务而中断。从中断时起，仲裁时效期间重新计算。

因不可抗力或者有其他正当理由，当事人不能在本条第一款规定的仲裁时效期间申请仲裁的，仲裁时效中止。从中止时效的原因消除之日起，仲裁时效期间继续计算。

劳动关系存续期间因拖欠劳动报酬发生争议的，劳动者申请仲裁不受本条第一款规定的仲裁时效期间的限制；但是，劳动关系终止的，应当自劳动关系终止之日起1年内提出。

区分劳动争议仲裁中的“普通时效”与“特殊时效”

根据《劳动争议调解仲裁法》第二十七条，劳动争议仲裁有普通劳动争议仲裁时效与特殊争议劳动仲裁时效之分。

（1）普通劳动争议仲裁时效

普通劳动争议申请仲裁的时效期间为1年，从当事人知道或应当知道权利被侵害之日起开始计算。

在适用普通劳动争议仲裁时效时我们要注意以下两点。

第一，1年的普通时效可以因当事人一方向对方当事人主张权利、向有关部门请求权利救济，或者对方当事人同意履行义务而中断。中断指的是在仲裁时效期间，发生了一定的法定事由，致使已经经过的时效期间统归无效，待时效中断的事由消除后，仲裁时效期间重新起算，即重新计算1年的时间。

第二，因不可抗力或者有其他正当理由，当事人不能在《劳动争议调解仲裁法》第二十七条第一款规定的仲裁时效期间申请仲裁的，仲裁时效中止。从中止时效的原因消除之日起，仲裁时效期间继续计算。

案例

刘某是一家模具公司生产线上的操作工，入职第一天便由于使用机器不当，手指被模具刀切断。公司认为刘某还未创造价值就给公司带来损失，因此不给刘某认定工伤，也不支付医疗费，还通知刘某不要去上班。由于没有签订劳动合同，公司也不承认双方存在劳动关系，刘某只得先申请认定劳动关系，再申请认定工伤。直到一年后，刘某才得以申请劳动仲裁，要求公司支付工伤待遇、停工期间的工资，以及违法解除劳动合同的赔偿金。

评析

虽然本案例中刘某申请劳动仲裁时距离受伤已超过 1 年时间，但其仲裁时效在住院期间中止，出院后方继续计算。根据《劳动争议调解仲裁法》第二十七条第二款规定，刘某申请劳动关系的认定和工伤认定即属于向公司主张权利的行为，构成仲裁时效中断。所以，即使刘某申请仲裁要求公司赔偿时距离受伤已过 1 年时间，但由于这期间刘某因住院无法申请仲裁，时效中止；出院后其立即主张权利，构成仲裁时效中断，重新计算 1 年的时间。综上，刘某申请劳动仲裁未超出仲裁时效。

当遇到刘某这种情况时，劳动者可通过向公司主张权利、向劳动监察部门或工会反映情况并请求处理等方法使仲裁时效中断，保障自身权利。

（2）特殊劳动争议仲裁时效

劳动关系存续期间因拖欠劳动报酬发生争议的，劳动者申请仲裁不受 1 年时间的限制（即不适用普通劳动争议仲裁时效）。但是，劳动关系解除或终止后，劳动者应当在自劳动关系解除或终止之日起 1 年内提出申请劳动争议仲裁。我们要记住，适用特殊劳动争议仲裁时效的有且只有以上一个条件。

案例

姜某是某公司高管。2012 年 5 月开始，该公司生产经营陷入困难，开始裁员和拖欠员工工资。姜某作为公司骨干人员，也被停发了 5 个月工资。直到2012年10月，公司由新股东注入资金后运营恢复正常，但对于以前拖欠的5个月工资，新的股东却闭口不提。姜某问了多次也没有结果，后来由于开发新项目，便将此事搁置。2013年11月，姜某再次问起此事，人事部同事表示，新股东说老股东已经退股，拖欠的工资过了1年的仲裁时效，打官司也打不赢。姜某遂将公司告上劳动争议仲裁委员会，要求公司支付拖欠的工资。

评析

根据《劳动争议调解仲裁法》第二十七条第四款规定，劳动关系存续期间因拖欠劳动报酬发生争议的，劳动者申请仲裁不受本条第一款规定的仲裁时效期间的限制。本案例中，姜某还在某公司工作，双方劳动关系仍在存续期间。因此，姜某因公司拖欠劳动报酬与公司发生劳动争议，其申请仲裁时间适用特殊时效，不受1年仲裁时效期间的限制，其诉求仍在有效仲裁时效期间内。新股东的说法无法律依据。

在有些案件中，也需要考虑普通劳动争议仲裁时效与特殊劳动争议仲裁时效结合的情况。

案例

吴某于2014年3月入职一家公司任人事文员，负责公司考勤工作，每月制作员工出勤表，经部门主管签字后存档。2017年5月，吴某以公司拖欠加班工资、未缴社保等原因辞职，并向劳动争议仲裁部门申请仲裁，要求公司支付2014年3月至2017年5月的加班工资，以及2014年4月至2015年3月未签订劳动合同时的2倍工资差额、5个月工资额的经济补偿金，总额近20万元。为此，吴某向仲裁部门提供了出勤表以证明其长期加班的事实。

评析

加班费属于劳动报酬，本案例中关于加班费的部分属于因拖欠劳动报酬发生的劳动争议，适用特殊仲裁时效规定。吴某在离职后（劳动关系终止）1年内提出仲裁申请完全符合仲裁时效的法律规定。此外，超过两年的考勤及加班事实须由劳动者举证，而本案例中的吴某刚好负责考勤工作，其可以提供在职期间加班的证据，最终吴某在职三年半时间的加班费均获仲裁委员会支持。

吴某主张的关于未签劳动合同公司应当支付2倍工资的诉求，实为经济补偿，是因用人单位未签劳动合同的违法行为产生的处罚赔偿，不在劳动报酬范围之内，不适用劳动报酬特殊仲裁时效规定，应当适用普通时效。吴某主张的2倍工资差额期间为2014年4月至2015年3月，但其2017年5月20日才提起仲裁，显然已经超过1年的仲裁时效期间，因而吴某的该项仲裁请求没有得到支持。

（3）注意收集相关证据。劳动者在遇到用人单位不签订劳动合同、拖欠工资、无故辞退等情况，不管是劳动仲裁还是劳动诉讼，都需要收集好相关的证据资料，以证明所阐述的事实和理由，避免在解决劳动争议的过程中处于不利地位，合法权益得不到保障。在解决劳动争议、维护自身权益的过程中，我们要注意收集哪些证据呢？

在劳动争议仲裁中可作为证据的事实主要有：

①书证，是指用文字、符号、图形记载或表示的能够证明案件待证事实的书面材料。

②物证，是指能够证明案件真实情况的一切物品。

③视听资料，是指以录音或录像磁带所反映的声音或图像，或以电子计算机储存的信息资料来证明案件事实的证据。

④证人证言，是指证人就自己知道的案件事实向办案人员作的口头或书面陈述。

⑤当事人陈述，是指当事人就案件事实向仲裁机构所作的陈述。

⑥鉴定结论，是指鉴定部门运用专门知识对专门性问题进行研究后所作出的科学判断结论。

案例

2012年3月1日下午，已在公司工作了8个月但一直未签劳动合同的徐某在下班途中因车祸导致左脚粉碎性骨折，经鉴定为伤残九级。经交警部门认定，对方负事故的全部责任。根据《工伤保险条例》第十四条第六款规定，在上下班途中，受到非本人主要责任的交通事故或者城市轨道交通、客运轮渡、火车事故伤害的，应认定为工伤。但徐某没有想到，公司拒绝作出工伤赔偿，理由更是出乎徐某意料：她不是公司员工。由于彼此没有签订劳动合同，徐某需提供能够证明劳动关系存在的相关证据。

评析

《最高人民法院关于民事诉讼证据的若干规定》第一条规定，原告向人民法院起诉或者被告提出反诉，应当提供符合起诉条件的相应的证据。即要想获得工伤赔偿，就必须证明劳动关系的存在。劳动合同无疑是直接证据，在没有劳动合同的情况下，徐某可提供下列凭证：（1）工资支付凭证或记录（职工工资发放花名册）、缴纳各项社会保险费的记录；（2）用人单位向劳动者发放的工作证、服务证等能够证明身份的证件；（3）劳动者填写的用人单位招工招聘登记表、报名表等招用记录；（4）考勤记录；（5）其他劳动者的证言等。

（4）注意按时出庭。一般情况下，仲裁庭在开庭的5日前，会将开庭时间、地点的书面通知送达当事人双方。申请人接到书面通知，无正当理由拒不到庭或者未经仲裁庭同意中途退庭的，对其按照撤诉处理，被申请人可以缺席裁决。用人单位和职工原则上应当亲自参加劳动争议仲裁活动。

小贴士

具有法人资格的用人单位由其法定代表人参加仲裁活动，依法成立的不具有法人资格的用人单位由其主要负责人参加仲裁活动。当事人可以委托1~2名律师或其他公民代理参加仲裁活动。委托他人参加仲裁活动，必须向仲裁委员会提交有委托人签名或盖章的授权委托书，授权委托书应当明确委托事项和权限。劳动争议仲裁委员会在开庭审理劳动争议时，着重进行调解，调解达成协议时，由仲裁庭按有关规定制作调解书。调解书一经送达，即发生法律效力。调解不成的，仲裁庭将根据事实和法律作出裁决。

案例

2014年4月16日，李某到某建筑公司从事木工工作，公司未依法缴纳工伤保险费。2014年10月15日7时许，李某因工负伤，后经鉴定为伤残九级。因公司拒绝支付各项工伤待遇，李某向当地劳动争议仲裁委员会提出申请，要求与公司解除劳动关系，并要求公司支付各项工伤待遇共计12.5万元。公司接到出庭通知后，无正当理由拒绝到庭，仲裁委员会依法缺席开庭，裁决公司向李某支付工伤待遇 10.6 万元。

评析

我国劳动法律、法规明确规定，劳动者因工负伤后，理应获得各项工伤保险待遇。依照《工伤保险条例》规定，应当参加工伤保险而未参加工伤保险的用人单位职工发生工伤的，由该用人单位按照本条例规定的工伤保险待遇项目和标准支付费用。本案中，某公司未依法缴纳工伤保险费，导致李某负伤后未能从工伤保险经办机构领取工伤待遇，因此李某各项工伤待遇应由公司全额负担。同时，根据《劳动争议调解仲裁法》规定，被申请人收到书面通知，无正当理由拒不到庭或者未经仲裁庭同意中途退庭的，可以缺席裁决。

（5）注意“一裁终局”。一般劳动争议案件的处理程序包括一裁两审，即劳动仲裁和法院一审、二审。劳动仲裁是法定前置程序，劳动争议当事人中的任何一方对劳动仲裁的裁决结果不服的，均可在法定期限内向有管辖权的基层人民法院提起诉讼。《劳动争议调解仲裁法》确定了部分案件的一裁终局制度，一裁终局是指仲裁裁决为终局裁决，裁决书自作出之日起便发生法律效力。

终局裁决的事项有：

①追索劳动报酬、工伤医疗费、经济补偿或者赔偿金，不超过当地月最低工资标准 12 个月金额的争议。

②因执行国家的劳动标准在工作时间、休息休假、社会保险等方面发生的争议。

劳动者对以上事项的仲裁裁决不服的，可自收到仲裁裁决书之日起 15 日内向人民法院提起诉讼。用人单位不服的，不得直接提起诉讼。

案例

陈某于 2010 年 4 月 15 日进入一家商务咨询公司从事保洁工作，双方签订了截至 2010 年 10 月 31 日的劳动合同。同年 10 月 31 日陈某离职，并于 11 月 3 日向劳动争议仲裁委员会提起劳动仲裁申请，要求公司支付 2010 年 5 月 1 日至 10 月 31 日的超时加班工资差额 508.2 元、奖金 1 500 元、劳动合同终止的经济补偿金 1 900 元，并按月工资 1 900 元的标准支付 2010 年 11 月 1 日至裁决之日的误工费。12 月 3 日，劳动争议仲裁委员会作出裁决，公司支付陈某劳动合同终止经济补偿金1 900元。并且裁决书载明："如不服本裁决，当事人可自裁决书送达之日起15日内向企业所在地人民法院起诉；期满不起诉的，本裁决书即发生法律效力。"公司对此不服，遂于12月14日向法院提起诉讼，要求不支付陈某终止劳动合同的经济补偿金。经过案件开庭庭审和辩论后，法院认为该案为一裁终局案件，遂决定将该案予以注销，如单位不服劳动仲裁，应向中级人民法院起诉要求撤销裁决。

评析

对于一裁终局案件中劳动者的救济途径，根据《劳动争议调解仲裁法》第四十八条的规定，劳动者对属于终局裁决的仲裁裁决不服的，可以自收到仲裁裁决书之日起15日内向人民法院提起诉讼。关于用人单位的救济途径，根据《劳动争议调解仲裁法》第四十九条规定，用人单位对属于终局裁决的仲裁裁决不服的，如果有下列情形之一，可以自收到仲裁裁决书之日起30日内向劳动争议仲裁委员会所在地的中级人民法院申请撤销裁决：（1）适用法律、法规确有错误的；（2）劳动争议仲裁委员会无管辖权的；（3）违反法定程序的；（4）裁决所根据的证据是伪造的；（5）对方当事人隐瞒了足以影响公正裁决的证据的；（6）仲裁员在仲裁该案时有索贿受贿、徇私舞弊、枉法裁决行为的。人民法院经组成合议庭审查核实裁决有上述情形之一的，应当裁定撤销。

四、诉讼解决

1. 什么是劳动争议诉讼

劳动争议诉讼是指劳动争议当事人不服劳动争议仲裁机构的裁决，在法定期限内向人民法院起诉，人民法院依法受理后，依照法定程序对劳动争议进行审理和判决的活动。

2. 通过诉讼解决劳动争议应注意的事项

（1）清楚劳动争议的"先裁后审"制度。劳动争议仲裁是劳动争议诉讼的法定前置程序，当事人必须首先提请劳动争议仲裁委员会进行仲裁，若当事人不服劳动争议仲裁委员会作出的裁决，依法向人民法院起诉，人民法院才予以受理。仲裁裁决后如对仲裁裁决不服的，应在收到裁决书后15日内向人民法院起诉，未经仲裁而直接向人民法院起诉的，人民法院不予受理。

（2）清楚当事人可以起诉的情形。

①仲裁委不予受理或者逾期未作出决定的，申请人可以提起诉讼。

②对仲裁裁决不服的，除《劳动争议调解仲裁法》另有规定外，可以起诉。（另有规定指劳动报酬纠纷、劳动标准纠纷等对用人单位适用“一裁终局”，仲裁生效后，用人单位不得提起诉讼）

③仲裁裁决被法院裁定撤销的，可以起诉。

（3）正确书写和提交起诉状。提起诉讼的劳动争议案件一般由用人单位所在地或者劳动合同履行地的基层人民法院受理。书写起诉状确有困难的，可以口头起诉，由人民法院记入笔录，并告知对方当事人。起诉状的样本如下所示。

民事起诉状

原告： 性别： 出生年月：

民族： 文化程度：

工作单位： 职业：

住址： 电话：

委托代理人： 职务：

工作单位：

住址： 电话：

（如无代理人，不需要填写有关委托代理人的内容）

被告： 地址：

电话： 法定代表人姓名： 职务：

诉讼请求：

事实和理由：

（简要写明事情的经过、起诉的原因以及相应的法律依据等，还有证据和证据来源、证人姓名和住址等情况）

此致

______人民法院

起诉人：（签名或盖章）

______年____月____日

附：1. 本诉状副本 × 份（按被告人数确定份数）；

2. 证据 × 份。

（如果有多个被告，则按顺序列在一起，不必写多份起诉状）

五、举报投诉

劳动者对用人单位违反劳动法律法规、侵犯其合法权益的行为，有权向劳动保障行政部门举报投诉。

我国劳动保障行政部门一般设立举报、投诉信箱，公开举报、投诉电话。当劳动者的合法权益受到侵害时，可采取电话举报、寄送书面材料举报等形式进行投诉。进行举报投诉时应注意以下问题。

（1）讲清被举报用人单位的名称、联系地址、电话、法定代表人或者主要负责人的姓名和职务。

（2）讲清被举报用人单位违反劳动法律法规的事实和投诉请求事项。

（3）讲清举报人的姓名、联系地址、电话、性别、年龄、职业和工作单位。

劳动保障行政部门对举报人反映的违反劳动保障法律的行为应当依法予以查处，并为举报人保密；对举报属实，为查处重大违反劳动保障法律的行为提供主要线索和证据的举报人，给予奖励。对符合下列条件的投诉，劳动保障行政部门应当在接到投诉之日起 5 个工作日内依法受理，并于受理之日立案查处：①违反劳动保障法律的行为发生在 2 年内的；②有明确的被投诉用人单位，且投诉人的合法权益受到侵害是被投诉用人单位违反劳动保障法律的行为所造成的；③属于劳动保障监察职权范围并由受理投诉的劳动保障行政部门管辖的。

对于投诉材料不全的投诉，劳动保障监察机构应当告知投诉人补正投诉材料。对不属于劳动保障监察职权范围的投诉，劳动保障监察机构应当告知投诉人；对属于劳动保障监察职权范围但不属于受理投诉的劳动保障行政部门管辖的投诉，应当告知投诉人向有关劳动保障行政部门提出。

六、信访

虽然信访不属于《劳动争议调解仲裁法》中规定的劳动争议的处理方式之

一，劳动者无法直接通过信访方式解决与用人单位间的劳动纠纷，但劳动者可以通过信访向各级人民政府递交材料反映情况。劳动者个人或群体可以通过书信、电子邮件、走访、电话、传真等多种参与形式，向各级人民政府、县级以上人民政府工作部门反映情况，提出建议、意见或者投诉请求。

《信访条例》第十四条　信访人对下列组织、人员的职务行为反映情况，提出建议、意见，或者不服下列组织、人员的职务行为，可以向有关行政机关提出信访事项：

（一）行政机关及其工作人员；

（二）法律、法规授权的具有管理公共事务职能的组织及其工作人员；

（三）提供公共服务的企业、事业单位及其工作人员；

（四）社会团体或者其他企业、事业单位中由国家行政机关任命、派出的人员；

（五）村民委员会、居民委员会及其成员。

对依法应当通过诉讼、仲裁、行政复议等法定途径解决的投诉请求，信访人应当依照有关法律、行政法规规定的程序向有关机关提出。

第二十条　信访人在信访过程中应当遵守法律、法规，不得损害国家、社会、集体的利益和其他公民的合法权利，自觉维护社会公共秩序和信访秩序，不得有下列行为：

（一）在国家机关办公场所周围、公共场所非法聚集，围堵、冲击国家机关，拦截公务车辆，或者堵塞、阻断交通的；

（二）携带危险物品、管制器具的；

（三）侮辱、殴打、威胁国家机关工作人员，或者非法限制他人人身自由的；

（四）在信访接待场所滞留、滋事，或者将生活不能自理的人弃留在信访接待场所的；

（五）煽动、串联、胁迫、以财物诱使、幕后操纵他人信访或者以信访为名借机敛财的；

（六）扰乱公共秩序、妨害国家和公共安全的其他行为。

课后练习

一、选择题

1. 李某因追索工资与所在公司发生争议，遂向律师咨询。该律师提供的下列哪些意见是合法的？（　　）（此题多选）

A. 解决该争议既可与公司协商，也可申请调解，还可直接申请仲裁

B. 应向劳动合同履行地或者用人单位所在地的劳动争议仲裁委员会提出仲裁请求

C. 如追索工资的金额未超过当地月最低工资标准的 12 个月金额，则仲裁裁决为终局裁决，用人单位不得再起诉

D. 即使追索工资的金额未超过当地月最低工资标准的 12 个月金额，只要李某对仲裁裁决不服，仍可向法院起诉

2. 下列哪些情形不属于《劳动争议调解仲裁法》规定的劳动争议范围？（　　）（此题多选）

A. 张某自动离职 1 年后，回原单位要求复职被拒绝

B. 郑某辞职后，不同意公司按存款本息购回其持有的职工股，要求做市场价评估

C. 秦某退休后，因社会保险经办机构未及时发放社会保险金，要求公司协助解决

D. 刘某因工伤致残后，对劳动能力鉴定委员会评定的伤残等级不服，要求重新鉴定

二、思考与探究

1. 劳动仲裁的受理范围有哪些？

2. 劳动争议的特点是什么？请结合具体案例进行分析。

3. 课后查阅资料，结合实际案例撰写劳动争议仲裁申请书以及起诉书。

4. 本课所讲的重要概念你理解了吗？

劳动争议

劳动争议仲裁

一裁终局

三、案例分析

1. 李某2003年与某公司签订劳动合同，2013年解除劳动合同。2014年李某因失业到社保办理失业救济金领取手续时，发现该公司未为其缴纳过失业保险费，导致李某申领失业救济时受到损失。

思考：（1）本案是否属于劳动争议仲裁受理范围？

（2）李某可以如何提起仲裁请求？

2. 代某于2015年4月1日入职公司从事网络送餐工作，双方订立了为期3年的劳动合同，约定月工资为底薪5 000元加提成。2016年10月31日，公司以“业绩太差”为由与代某解除劳动合同。代某提出劳动仲裁申请，要求该公司支付违法解除劳动合同的赔偿金2万元及工作期间的休息日加班费4万元。仲裁审理后认为，某公司解除劳动合同不符合法律规定，构成违法解除，且代某存在休息日加班事实，公司应向代某支付休息日加班费。因当事人双方未能达成调解协议，最终仲裁委员会裁决公司向代某支付违法解除劳动合同的赔偿金2万元及休息日加班费1.8万元。

该仲裁裁决属于一裁终局裁决，公司对裁决不服，请问有何救济途径？

第八课
遵守劳动纪律，提高职业技能

劳动者与用人单位确立了劳动关系，就必须履行其应尽的义务，其中最主要的义务就是完成劳动生产任务。遵守劳动纪律，是保证生产正常进行、提高劳动生产率、完成生产任务的必然要求。努力提高职业技能，不仅是完成劳动生产任务的保证，也是劳动者增强自身就业能力和实现个人理想的前提条件。

做遵章守纪的劳动者

一、什么是劳动纪律

劳动纪律是指用人单位依法制定的，全体职工在劳动过程中必须遵守的工作秩序和劳动规则。劳动者遵守劳动纪律，是社会化大生产的必然要求，是保证生产和工作正常进行的前提条件。只有通过劳动纪律把劳动者的行为统一和协调起来，生产过程才能有序地进行。同时，加强劳动纪律也是提高劳动生产率的重要保障。所以，每一名劳动者都必须严格遵守劳动纪律。

二、做一名遵章守纪的劳动者

每一个用人单位都应根据生产和工作的需要，结合自身实际，制定有关劳动纪律方面的规章制度。只要这些规章制度符合法律法规的规定，并且在制定过程中做到了民主、公正，劳动者就应当严格遵守。遵章守纪是劳动者履行劳动合同的义务，也是实现和维护自身权益的必要条件。因为权利和义务是密切联系的，任何权利的实现总是以义务的履行为条件。如果劳动者严重违反劳动纪律或者用人单位规章制度，用人单位可以按照《劳动法》的规定解除劳动合同，出现这种情况，劳动者无疑将蒙受损失。

延伸阅读

用人单位内部规章制度（以下简称规章制度）本质上是用人单位单方面制定的用来管理劳动者的手段，在客观上起着约束、规范劳动者的作用。《中华人民共和国宪法》第五十三条把“遵守劳动纪律”作为公民的一项基本义务。《劳动法》第三条据此将“遵守劳动纪律和职业道德”作为劳动者的基本劳动义务，同时《劳动法》第四条和《劳动合同法》第四条都规定用人单位应当依法建立和完善劳动规章制度。用人单位制定的规章制度应该符合以下三点：第一，规章制度是通过合法的民主程序制定的；第二，规章制度的内容没有违反我国现行的法律法规和政策；第三，直接涉及劳动者切身利益的规章制度已经公示或者告知劳动者。

案例

2009 年 7 月，王某应聘到某公司工作，岗位为流水线工人。2013 年 9 月，在公布国庆节值班表时，王某因认为班长李某没有安排自己在国庆节值班，使自己无法拿到法定的“三薪加班费”，与李某发生争执。情绪激动之时，王某出手伤人，将李某打倒在地。后公司认为王某在工作期间打伤同事，行为恶劣，给公司造成了严重影响，于同年 9 月 29 日以王某违反公司管理制度为由，将王某辞退。王某向劳动争议仲裁委员会提出申请，认为公司无故解除劳动合同，向公司索要各项经济补偿金共计 49 500 元。庭审中，公司辩称，公司在车间墙壁上公示的规章制度中有明确规定，员工不得在工作时间酗酒、斗殴以及进行其他严重扰乱公司秩序的行为，否则公司有权将其辞退。王某打伤李某的行为严重影响了公司的秩序，公司是按章办事，故不同意王某的仲裁请求。仲裁委员会经审理认为，王某与其所在公司签订的劳动合同中，明确约定了员工应严格遵守公司制定的规章制度，公司可依据规章制度给予相应处罚，甚至解除合同。王某与李某因“三薪”加班问题发生争执，庭审中双方均认可。王某违反公司规章制度是事实，公司不存在违法解除劳动合同的情形，故裁决驳回王某的仲裁请求。

评析

根据我国《劳动合同法》第三十九条第二款规定，劳动者严重违反用人单位的规章制度的，用人单位可以解除劳动合同。而在其后关于用人单位需支付劳动者经济补偿金的相关规定中，因严重违反用人单位的规章制度导致遭到解约的劳动者，并不在有权得到经济补偿金的范围之内。本案例中，王某因工作上的异议，在工作时间打伤同事，公司依据规章制度辞退王某，不属于“无故辞退”，故王某无权要求公司向其支付经济补偿金。

做一名遵章守纪的劳动者，应从以下几个方面严格要求自己。

（1）严格履行劳动合同，自觉承担违约责任。

（2）严格遵守用人单位有关考勤的规章制度，按规定的时间、地点到达工作岗位；按规定请休事假、病假、年休假和探亲假等。

（3）严格遵守用人单位有关生产和工作的规章制度，根据生产和工作岗位职责及具体要求的需要，保质保量地完成生产和工作任务。爱护用人单位的财产和物品，自觉保护生产和工作环境。

（4）严格遵守用人单位有关安全卫生的规章制度，严格遵守技术操作规程和安全卫生规程，服从管理，正确使用劳动防护用品。

（5）严格遵守用人单位有关保守秘密的规章制度，自觉履行劳动合同中规定的有关竞业禁止方面的约定，保守用人单位的商业秘密和技术秘密。

（6）严格遵守其他与生产、工作密切相关的规章制度。

案例

2019 年 9 月，小陶应聘到一家国有企业工作。2020 年 3 月 21 日，小陶独自值夜班，平时好玩的他便使用企业的生产监控计算机玩游戏，结果将计算机损坏，而且不能修复，给企业造成了 8 000 余元的直接经济损失。小陶所在企业经研究后决定，根据企业的规章制度给予其警告处分，并要求其照价赔偿造成的经济损失。当时小陶的月工资为 3 000 元，按照有关规定，企业每月从其工资中扣除 800 元，直至还清其所造成的损失为止。

评析

在工作岗位上利用生产设备玩游戏，并将设备损坏，这明显违反了用人单位的规章制度，不仅影响了生产的正常进行，而且给用人单位造成了经济损失。小陶受到这样的处罚应该说是恰当的。我们作为在校学生，要吸取这样的教训，牢固树立纪律观念，将来做一名遵章守纪的劳动者，为实现自己的人生理想做好准备。如果像小陶这样，不遵守用人单位的规章制度，不仅会给企业生产造成影响，而且自己也要承担相应的处分和经济处罚。

法条链接

《中华人民共和国劳动法》第三条　劳动者享有平等就业和选择职业的权利、取得劳动报酬的权利、休息休假的权利、获得劳动安全卫生保护的权利、接受职业技能培训的权利、享受社会保险和福利的权利、提请劳动争议处理的权利以及法律规定的其他劳动权利。

劳动者应当完成劳动任务，提高职业技能，执行劳动安全卫生规程，遵守劳动纪律和职业道德。

做有技能本领的劳动者

一、什么是职业技能

劳动者要履行应尽的义务、实现劳动合同的承诺，在遵守劳动纪律和职业道德的同时，还必须具备相应的职业技能，以保证自己所承担的生产和工作任务可以顺利完成。职业技能是指在职业活动范围内，对从业人员工作能力水平的规范性要求。

小贴士

所谓技能，是指人在意识支配下所具有的肢体动作能力。技能是知识与动作的协调统一，是一个人“既会动脑又会动手”的综合能力的具体体现。劳动的本质是工具的运用，人在劳动时的肢体动作能力主要是对工具的操作，因此，技能也被称作操作能力。

二、职业技能的特点

职业技能有其具体标准和要求，是以完成某项特定的劳动工作任务为核心制定的。各种职业技能具有如下共同特点。

（1）职业技能一定要在具体工作实践中或在模拟条件下的实际操作中进行训练和培养。

（2）职业技能一旦掌握，一般不易忘却。当然，高水平的职业技能需要在有意识的实践和培训中反复训练，才能得到巩固和提高。

（3）各种职业所要求的职业技能形式有差别，但职业本身没有高低贵贱之分。

我们不能说肢体技能一定比言语技能的水平低，或者说某种职业的技能水平一定比另一种职业的技能水平高。决定某一职业技能水平高低的主要因素有以下几点：一是该项技能中所包含智能成分的比例大小；二是该项技能所使用工具或手段的复杂程度、技术含量和复合性成分；三是掌握该项技能的难易程度。一般来说，某种职业技能水平的等级越高，其工作职责和服务范围越大，其控制的系统和工具越复杂，对劳动者的智力和工作经验的要求越高，同时也需要更加严格的培训和长期的实践训练。

三、我国的职业资格证书制度

1. 什么是职业资格证书

职业资格证书制度是目前我国劳动就业制度的一项重要内容，也是一种特殊形式的国家考试制度。它是指按照国家制定的职业技能标准或任职资格条件，通过政府认定的考核鉴定机构，对劳动者的技能水平或职业资格进行客观公正、科学规范的评价和鉴定，对合格者授予相应的国家职业资格证书的考试制度。

职业资格证书是劳动者具有从事某一职业所必备的学识和技能的证明，它是劳动者求职、任职、独立开业的资格凭证，是用人单位招聘、录用劳动者的主要依据。

小贴士

我国自1993年推行职业资格证书制度以来，已初步建立起职业资格证书制度的法律法规和工作体系。与学历文凭证书不同，职业资格证书与某一职业能力的具体要求密切结合，反映特定职业的实际工作标准和规范，以及劳动者从事这种职业所达到的实际能力水平。取得不同等级的职业资格证书，要通过职业技能鉴定所（站）组织的职业技能鉴定考试。职业技能鉴定所（站）是经劳动保障行政部门批准设立的实施职业技能鉴定的场所，它是职业技能鉴定的基层组织，负责进行规定范围内的职业技能鉴定活动。职业技能鉴定是一项基于职业技能水平的考核活动，属于标准参照型考试，由考试考核机构对劳动者从事某种职业所应掌握的技术理论知识和实际操作能力作出客观的测量和评价。国家实施职业技能鉴定的主要内容包括职业知识、操作技能和职业道德三个方面，这些内容是依据国家职业（技能）标准、职业技能鉴定规范（考试大纲）和相应教材来确定的，并通过编制试卷进行鉴定考核。职业技能鉴定分为知识要求考试和操作技能考核两部分，知识要求考试一般采用笔试，操作技能考核一般采用现场操作加工典型工件、生产作业项目、模拟操作等方式进行。计分一般采用百分制，两部分成绩都在60分以上为合格，80分以上为良好，95分以上为优秀。

2. 职业资格等级的技能要求和鉴定要求

国家职业资格共分为 5 级，各等级的名称、技能和鉴定要求如下。

（1）国家职业资格五级（初级技能）

能够运用基本技能独立完成本职业的常规工作。参加初级鉴定的人员必须是学徒期满的在职职工或职业学校的毕业生。

（2）国家职业资格四级（中级技能）

能够熟练运用基本技能独立完成本职业的常规工作；并在特定情况下，能够运用专门技能完成技术较为复杂的工作；能够与他人进行合作。参加中级鉴定的人员必须是取得初级技能证书并连续工作 5 年以上的，或是经劳动行政部门审定的以中级技能为培养目标的技工学校以及其他学校毕业生。

（3）国家职业资格三级（高级技能）

能够熟练运用基本技能和专门技能完成较为复杂的工作，包括完成部分非常规性工作；能够独立处理工作中出现的问题；能指导他人进行工作或协助培训一般操作人员。参加高级鉴定的人员必须是取得中级技能证书 5 年以上、连续从事本职业（工种）生产作业不少于 10 年，或是经过正规的高级技工培训并取得了结业证书的人员。

（4）国家职业资格二级（技师）

能够熟练运用专门技能和特殊技能完成复杂的、非常规性的工作，掌握本职业的关键操作技能技术，能够独立处理和解决技术或工艺问题，在操作技能技术方面有创新，能组织指导他人进行工作，能培训一般操作人员，具有一定的技术管理能力。参加技师鉴定的人员必须是取得高级技能证书的人员。

（5）国家职业资格一级（高级技师）

能够熟练运用专门技能和特殊技能在本职业的各个领域完成复杂的、非常规性的工作，熟练掌握本职业的关键操作技能技术，能够独立处理和解决高难度的技术或工艺难题，在技术攻关、工艺革新和技术改革方面有创新，能组织开展技术改造、技术革新和进行专业技术培训，具有技术管理能力。参加高级技师鉴定的人员必须是取得技师资格 3 年以上的人员。

四、提高职业技能，实现成才理想

我国虽然已是制造业大国，但尚未成为制造业强国。成为制造业强国需要一批掌握先进技术和工艺、具有较强技术创新能力的高技能领军人才和高素质的劳动者。现在国家非常重视高技能人才的培养，出台了一系列激励政策和配套措施。

小贴士

青岛港集装箱码头技师许振超，创造了震惊世界航运界的集装箱装卸效率，主持编写了国内第一本《港口桥吊作业手册》；鞍钢化工总厂的机修工人李晏家自学30门课程，产生技术创新成果56项，创造经济效益3 000多万元……。这些高技能人才大多是在平凡的岗位上成长起来的普通工人，他们没有高学历、高文凭，但他们干一行、爱一行，钻一行、精一行。作为工人中的杰出群体，这些高技能人才充分体现了爱岗敬业、艰苦奋斗、无私奉献的优秀品质，也体现了中国产业工人与时俱进、开拓进取、争优创新的不懈追求。

习近平总书记指出："技术工人队伍是支撑中国制造、中国创造的重要力量。职业技能竞赛为广大技能人才提供了展示精湛技能、相互切磋技艺的平台，对壮大技术工人队伍、推动经济社会发展具有积极作用。"提高职业技能，是促进中国制造和服务迈向中高端的重要基础。

小贴士

2020年举办的中华人民共和国第一届职业技能大赛，以"新时代 新技能 新梦想"为主题，数千名能工巧匠用汗水和智慧在大赛舞台上同台竞技、激烈比拼，向公众展示了他们的精湛技艺。此次大赛是新中国成立以来规格最高、项目最多、规模最大、水平最高的综合性国家职业技能赛事。

截至2021年年初，我国技能劳动者超过2亿人，其中高技能人才超过5 000

万人。21 世纪头 20 年是我国发展的重要战略机遇期，要走出一条科技含量高、经济效益好、资源消耗低、环境污染少的可持续发展道路，就必须依靠科技进步和劳动力素质的提高。我们要在学习好专业理论知识的同时，坚持不懈地进行技能锻炼，不断提高技能本领，实现自己的成才理想。

课后练习

一、思考与探究

1. 本课所讲的重要概念你理解了吗？

劳动纪律

职业技能

职业资格证书

2. 作为一名合格的劳动者，应当从哪些方面增强遵章守纪的意识，规范自己的行为？

二、案例分析

小王高中毕业后升入某工程技术学校数控加工专业。进入该校学习后，无论是理论课还是实践课，他的成绩始终保持第一。2018 年，他参加某市技工学校技能比武大赛，取得了数控加工中心专业第二名的好成绩。不久，他又被市劳动和社会保障局推荐参加首届全国数控技能大赛，最终进入决赛并取得了第 27 名的好成绩。根据大赛规程，他被晋升为技师。之后，小王相继接到许多院校发来的邀请函，聘请他去工作，近百家企业也以高薪发出邀请。经过权衡，他选择了进入某学院，成为一名大学讲师。

（1）你对小王的经历有何感想？

（2）结合你现在的实际条件，制订一份技能成才计划。